普通高等学校"十四五"规划土建类专业新形态教材
课 程 思 政 建 设 与 一 流 课 程 建 设 示 范 教 材
省级一流课程"土木工程施工"配套教材
校级课程思政示范课"土木工程施工"配套教材

土木工程施工

主　编　王晓琴　周楚兵　韩　阳
副主编　孙　兵　郑先君　左妹华　陈方舟
主　审　杨吉新

U0278638

华中科技大学出版社
中国·武汉

图书在版编目(CIP)数据

土木工程施工/王晓琴,周楚兵,韩阳主编.—武汉:华中科技大学出版社,2023.6
ISBN 978-7-5680-9564-8

Ⅰ.①土… Ⅱ.①王… ②周… ③韩… Ⅲ.①土木工程-工程施工-高等学校-教材 Ⅳ.①TU7

中国国家版本馆 CIP 数据核字(2023)第 101937 号

土木工程施工   王晓琴　周楚兵　韩　阳　主编
Tumu Gongcheng Shigong

策划编辑:王一洁
责任编辑:周江吟
责任校对:阮　敏
责任监印:朱　玢
出版发行:华中科技大学出版社(中国·武汉)　　　电话:(027)81321913
　　　　　武汉市东湖新技术开发区华工科技园　　邮编:430223
录　　排:华中科技大学惠友文印中心
印　　刷:武汉市洪林印务有限公司
开　　本:889mm×1194mm　1/16
印　　张:25
字　　数:689 千字
版　　次:2023 年 6 月第 1 版第 1 次印刷
定　　价:79.80 元

前　言

　　"操千曲而后晓声,观千剑而后识器。"土木工程施工在课程内容上涉及面广,实践性强,需要综合运用土木工程专业的基本理论。本书在编写上,力求按照"体现时代特征,突出实用性、创新性"的指导思想,综合土木工程施工的特点,将基本理论与工程实践,基本原理与新技术、新方法,专业知识与思政元素紧密结合。鉴于我国经济建设快速发展的需要,工程建设越来越需要宽口径、厚基础的专业人才,因此,本书在内容上涵盖了建筑工程、道路工程、桥梁工程、地下工程等专业领域,力求构建大土木的知识体系。在保证基本知识体系完整的基础上,本书内容具有一定的弹性,以便学生扩大知识面。

　　本书图文并茂、层次分明、条理清楚、结构合理,密切结合现行施工及验收规范。各章末尾附有知识归纳和独立思考板块,便于教师更好地组织教学并方便学生自学。

　　(1)依托数字教育背景,打造立体化教材。

　　扩大第二课堂内容,将现代信息技术融入教材,打造智慧学习环境,构建线上、线下相结合的教学模式。本书编写以数字化为抓手,结合"学习通"网络教学平台,建设"土木工程施工"线上课程,支持泛在化学习新环境。施工过程、学科前沿等内容可在线获取,形成"线上网络课程+线下课堂教学"的互补教学形式。鼓励学生多形式学习,提高学习效率,提升数字化教育背景下学生自主学习能力。

　　(2)结合创新创业教育,体现协同培养模式。

　　落实创新创业教育,面向实际,深入实践,与学生创新、创业、就业结合,与学生全面成长、成才、成功结合,与工程项目、社会资源结合,满足应用型人才培养要求。产学协同,围绕培养学生系统工程观展开,丰富人才培养内容,完善协同育人方式,使学生做到"以知促行、以行求知、知行相长",培养学生新时代核心竞争力。

　　(3)融入思政元素,拓展"育人+育才"思路。

　　本书各章节深入挖掘思政元素,从爱国情怀、工匠精神到人文情怀、创新精神,并创造性地与古诗词相联系,将较为枯燥的模式化施工过程转换为立体的人物故事,拓展了育人育才思路。

　　本书由武汉城市学院王晓琴、周楚兵、郑先君、孙兵、杨芸、臧园、吴晓杰、章芳芳、李婧琳,以及郑州财经学院韩阳、惠州学院左妹华、遵义师范学院陈方舟、南京工程学院贾彩虹、中国建筑第三工程局有限公司胡红成、中铁大桥局集团有限公司蔡正东共同编写。王晓琴、周楚兵、韩阳担任主编,孙兵、郑先君、左妹华、陈方舟担任副主编,贾彩虹、胡红成、蔡正东、杨芸、臧园、吴晓杰、章芳芳、李婧琳参编。本书第1章和第9章由孙兵、韩阳编写,第2章由吴晓杰编写,第3章和第6章由杨芸、左妹华编写,第4章和第14章由周楚兵、陈方舟编写,第5章由章芳芳编写,第7章由李婧琳编写,第8章和第16章由王晓琴、胡红成编写,第10章和第13章由臧园、贾彩虹编写,第11章、第12章和第15章由郑先君、蔡正东编写。

　　本书由武汉理工大学杨吉新教授主审。

　　由于编写时间比较仓促,书中不足之处在所难免,敬请读者批评指正。

编　者
2023 年 3 月

教学支持说明

普通高等学校"十四五"规划土建类专业新形态教材系华中科技大学出报社重点规划的系列教材。

为了提高教材的使用效率,满足高校授课教师的教学需求,更好地提供教学支持,本教材配备了相应的教学资料(PPT 电子教案、教学大纲等)和拓展资源(案例库、习题库、试卷库、视频资料等)。

我们将向使用本教材的高校授课教师免费赠送相关教学资源,烦请授课教师通过电话、QQ、邮件或加入土建专家俱乐部 QQ 群等方式与我们联系。

联系方式:

地址:湖北省武汉市东湖新技术开发区华工园六路华中科技大学出版社

邮编:430223

电话:027-81339688 转 782

E-mail:wangyijie027@163.com

土建专家俱乐部 QQ 群:947070327

土建专家俱乐部 QQ 群二维码:

土建专家俱乐部 QQ 群作为资源共享、专业交流、经验分享的平台,欢迎您的加入!

目　　录

第1章　三十功名尘与土——土方工程

【导入语】　土方,古代北方地区部落,屡见于甲骨文。《诗·商颂·长发》中有"洪水芒芒,禹敷下土方。外大国是疆"的记载,将土方与治理洪水的大禹联系在一起。如今,挖土、填土、运输的工作量,通常都用立方米计算,简称土方,而土方开挖过程也离不开降水工作。

1.1　土方工程概述

土方工程的主要内容包括平整、开挖、填筑等主要分项工程和稳定土壁、控制地下水等辅助性分项工程。

1.1.1　土方工程的特点与施工要求

1. 土方工程的特点

(1)面广量大。

有些大型工矿企业或机场的场地平整可达数十平方千米,大型基坑开挖土方量可达数百万立方米,且面积大、挖掘深,路基、堤坝及地下工程施工中土方量更大。合理选择施工方法及施工机械对于降低成本、缩短工期有着重要意义。

(2)工作强度大。

一般土的密度为 $1.5\sim2.5\ t/m^3$,挖掘及运输强度大。石方或冻土坚硬,开挖难度大。土方工程施工由于条件限制很难完全实现机械化作业,需要大量的人力进行作业,因此在土方工程施工前要合理选择施工方案,尽量降低工人的劳动强度。

(3)施工条件复杂。

土方工程施工多为露天作业,受建设地点的周围环境、气候条件、工程地质、水文地质条件的影响大,不确定因素多。因此,在组织土方工程施工前,应详细分析与核对各项技术资料,进行现场调查,并根据现有施工条件制定技术可行、经济合理的施工设计方案。施工多为露天作业,土的成分较为复杂,且地下情况难以确切掌握。因此,施工中直接受到地区、气候、水文和地质等条件及周围环境的影响。

(4)危险性大。

施工中易产生有毒气体,发生溜滑、坍塌、冒水、沉陷等事故。

2. 土方工程的施工要求

(1)尽可能采用机械化施工,以降低劳动强度、缩短工期。

(2)合理安排施工计划,尽量避开冬、雨期施工,否则应做好相应的准备工作。

(3)统筹安排,合理调配土方,降低施工费用,减少运输量和占用农田。

(4)在施工前要做好调查研究,了解施工地区的地形、地质、水文、气象资料及工程性质、工期和质量要求,拟定合理的施工方案和技术措施,以保证工程质量和安全,加快施工进度。

1.1.2 土的工程分类

土的种类繁多,其分类方法也很多,如根据土的颗粒级配或塑性指数,将土分为碎石类土、砂土和黏性土;根据土的沉积年代,将黏性土分为老黏性土、一般黏性土和新近沉积黏性土;根据土的工程特性,将土分出特殊性土,如软土、人工填土、黄土、膨润土、红黏土、盐渍土和冻土。

从土木工程施工的角度,按施工开挖难易程度分为八类,见表1-1。

表 1-1　土的工程分类

土的分类	土的级别	土 的 名 称	密度/(kg/m³)	开挖方法及工具
一类土(松软土)	I	砂土;粉土;冲积砂土层;疏松的种植土;淤泥(泥炭)	600~1500	用锹、锄头挖掘,少许用脚蹬
二类土(普通土)	II	粉质黏土;潮湿的黄土;夹有碎石、卵石的砂;粉土混卵(碎)石;种植土;填土	1100~1600	用锹、锄头挖掘,少许用镐翻松
三类土(坚土)	III	软及中等密实黏土;重粉质黏土;砾石土;干黄土、含有碎石卵石的黄土;粉质黏土;压实的填土	1750~1900	主要用镐,少许用锹、锄头挖掘,部分用撬棍
四类土(砂砾坚土)	IV	坚硬密实的黏性土或黄土;含碎石、卵石的中等密实的黏性土或黄土;粗卵石;天然级配砂石;软泥灰岩	1900	先用镐、撬棍,后用锹挖掘,部分用楔子及大锤
五类土(软石)	V~VI	硬质黏土;中密的页岩、泥灰岩、白垩土;胶结不紧的砾岩;软石灰岩及贝壳石灰岩	1100~2700	用镐或撬棍、大锤挖掘,部分使用爆破方法
六类土(次坚石)	VII~IX	泥岩;砂岩;砾岩;坚实的页岩、泥灰岩;密实的石灰岩;风化花岗岩;片麻岩及正长岩	2200~2900	用爆破方法开挖,部分用风镐
七类土(坚石)	X~XIII	大理岩;辉绿岩;玢岩;粗、中粒花岗岩;坚实的白云岩、砂岩、砾岩、片麻岩、石灰岩;微风化安山岩;玄武岩	2500~3100	用爆破方法开挖
八类土(特坚石)	XIV~XVI	安山岩;玄武岩;花岗片麻岩;坚实的细粒花岗岩、闪长岩、石英岩、辉长岩、角闪岩、玢岩、辉绿岩	2700~3300	用爆破方法开挖

1.1.3 土的工程性质

土的工程性质对土方工程施工有直接影响,也是进行土方施工设计必须掌握的基本数据。其中对施工影响较大的是含水率、渗透性、密实度、可松性等。含水率、渗透性、密实度这些内容在土力学中有详细分析,在此不再赘述。本小节只介绍土的可松性和原状土经机械压实后的沉降量。

1. 土的可松性

土的可松性即自然状态下的土,经过开挖后,其体积因松散而增大,以后虽经回填压实,仍不能恢复。由于土方体积按天然密度体积(亦称自然方)计算,回填土按压实后的体积(亦称实方)计算。土的可松性在土方平衡、调配、计算土方机械生产率及运输工具数量、堆场面积以及计算填方所需的挖土、预留土量等均有重要意义。土的可松性程度可用最初可松性系数 K_s 和最终可松性系数 K_s' 表示,其计算公式如下。

$$\begin{cases} K_s = \dfrac{V_2}{V_1} \\ K_s' = \dfrac{V_3}{V_1} \end{cases}$$ (1.1)

式中:K_s——最初可松性系数;

K_s'——最终可松性系数;

V_1——土的天然密实体积(m^3);

V_2——土经开挖后的松散体积,亦称虚方(m^3);

V_3——土经回填压实后的体积(m^3)。

各类土的可松性系数见表1-2。

表 1-2　土的可松性系数

土的类别	体积增加百分比/(%)		可松性系数	
	最初	最终	K_s	K_s'
一类土(松软土)	8~17	1~2.5	1.08~1.17	1.01~1.03
二类土(普通土)	20~30	3~4	1.20~1.30	1.03~1.04
三类土(坚土)	14~28	1.5~5	1.14~1.28	1.02~1.05
四类土(砂砾坚土)	24~30	4~7	1.24~1.30	1.04~1.07
五类土(软石)	26~32	6~9	1.26~1.32	1.06~1.09
六类土(次坚石)	33~37	11~15	1.33~1.37	1.11~1.15
七类土(坚石)	30~45	10~20	1.30~1.45	1.10~1.20
八类土(特坚石)	45~50	20~30	1.45~1.50	1.20~1.30

2. 原状土经机械压实后的沉降量

原状土经机械往返压实或经其他压实措施后,会产生一定的沉陷,根据不同土质,其沉降量一般在 3~30 cm。可按经验公式[式(1.2)]计算。

$$S = \frac{P}{C}$$ (1.2)

式中:S——原状土经机械压实后的沉降量(cm);

P——机械压实的有效作用力(kg/cm^2);

C——原状土的抗陷系数(MPa),可按表1-3取值。

表 1-3　不同土的 C 值参考表

土　质	C/MPa	土　质	C/MPa
沼泽土	0.01~0.015	大块胶结的砂、潮湿黏土	0.035~0.06
凝滞的土、细粒砂	0.018~0.025	坚实的黏土	0.1~0.125
松砂、松湿黏土、耕土	0.025~0.035	泥灰石	0.13~0.18

1.2　土　方　计　算

在土方工程施工之前,必须计算土方的工程量。土方的工程量不仅影响施工的进度,同时也直接影响工程造价,因此快速、准确地计算土方量是必要的。土方工程量计算包括土方平整量、土方的开挖量和调配量计算。施工的土体一般比较复杂,几何形状不规则,要做到精确计算比较困难。工程施工中,往往采用具有一定精度的近似的方法进行。

场地平整土方量的计算有多种方法,如断面法、方格网法等。在此,主要介绍用方格网法计算土方量。

1.2.1　场地设计标高

场地平整前,要确定场地的设计标高,计算挖方和填方的工程量,然后确定挖方和填方的平衡调配方案,再选择土方机械、拟定施工方案。

场地设计标高应满足规划、生产工艺及运输、排水及最高洪水位等要求,并力求使场地内土石方挖填平衡且土石方量最小。

对于小型场地,如原地形比较平缓,一般对场地设计标高无特殊要求,可按场地平整施工中挖填土石方量相等的原则确定,即"挖填平衡法"。对于大型场地,"挖填平衡法"虽然能使挖方量与填方量平衡,但不能保证总的土石方量最小。应用最小二乘法的原理,可求得既满足挖方量与填方量平衡,又满足总的土石方量最小这两个条件的最佳设计平面,即"最佳设计平面法"。

下面主要介绍"挖填平衡法"的原理和步骤。

1. 场地设计标高 H_0 的初定

根据场地内总挖方量等于总填方量的原则,首先将场地划分成有若干个方格的方格网,每格的大小依据场地平坦程度确定,一般边长为 10～40 m,如图 1-1(a)所示;然后找出各方格角点的地面标高。当地形平坦时,地面标高可根据地形图上相邻两条等高线的标高,用插入法求得;当地形起伏或无地形图时,地面标高可用仪器测出。

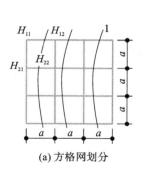　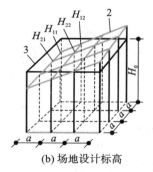

(a) 方格网划分　　　　　(b) 场地设计标高

图 1-1　场地设计标高 H_0 计算示意

1—等高线;2—自然地面;3—场地设计标高平面

按照挖填方平衡的原则,场地设计标高即为各个方格平均标高的平均值,如图 1-1(b)所示,可按式(1.3)计算。

$$H_0 = \frac{\sum (H_{11} + H_{12} + H_{21} + H_{22})}{4N} \tag{1.3}$$

式中：H_0——所计算的场地设计标高（m）；

N——方格数量；

$H,\cdots,H_{22}$——任一方格的四个角点的标高（m）。

从图 1-1（a）可以看出，H_{11} 是 1 个方格的角点标高，H_{12} 及 H_{21} 是相邻 2 个方格的公共角点标高，H_{22} 是相邻 4 个方格的公共角点标高。如果将所有方格的四个角点全部相加，则它们在式（1.3）中分别要加 1 次、2 次、4 次。

如令 H_1 表示 1 个方格仅有的角点标高，H_2 表示 2 个方格共有的角点标高，H_3 表示 3 个方格共有的角点标高，H_4 表示 4 个方格共有的角点标高，则场地设计标高 H_0 可改写成

$$H_0 = \frac{\sum H_1 + 2\sum H_2 + 3\sum H_3 + 4\sum H_4}{4N} \tag{1.4}$$

2. 场地设计标高的调整

按上述计算的标高进行场地平整时，场地将是一个水平面。但实际上场地均需有一定的泄水坡度。因此，应根据排水要求，确定各方格角点实际的设计标高。

（1）单向泄水时，场地方格中各角点设计标高的计算方法。

场地用单向泄水时，以计算的初步设计标高 H_0 作为场地中心线（与排水方向垂直的中心线）的标高，如图 1-2（a）所示。场地内方格任意一角点的设计标高计算如下。

$$H_n = H_0 \pm l_x i_x \tag{1.5}$$

式中：l_x——该点至设计标高 H_0 的距离；

i_x——场地泄水坡度（不小于 2‰）；

H_n——场地内各方格任一角的设计标高。

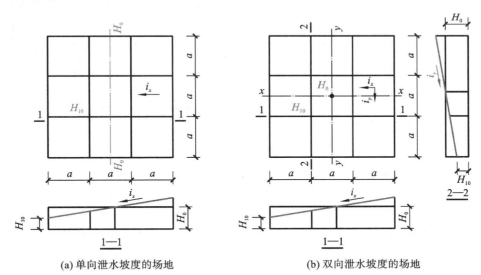

(a) 单向泄水坡度的场地　　　　(b) 双向泄水坡度的场地

图 1-2　场地泄水坡度示意

（2）双向泄水时，场地方格中各角点设计标高的计算方法。

场地用双向泄水时，以计算的初步设计标高 H_0 作为场地中心点的标高，如图 1-2（b）所示。场地内方格任意一角的设计标高计算如下。

$$H_n = H_0 \pm l_x i_x \pm l_y i_y \tag{1.6}$$

式中：l_x，l_y——分别为该点沿 X—X、Y—Y 方向距场地中心线的距离；

i_x，i_y——分别为场地沿 $X—X$、$Y—Y$ 方向的泄水坡度。

【典型例题 1.1】 某建筑场地方格网、自然地面标高如图 1-3 所示，方格边长 $a=20$ m。泄水坡度 $i_x=0.2\%$，$i_y=0.3\%$，不考虑土的可松性及其他影响，试确定方格各角点的设计标高。

解：

（1）初步设计标高。

$$H_0 = \left(\sum H_1 + 2\sum H_2 + 3\sum H_3 + 4\sum H_4\right)/(4N)$$

$$= [70.09 + 71.43 + 69.10 + 70.70 + 2\times(70.40 + 70.95 + 69.71 + 71.22 + 69.37 + 70.95$$
$$+ 69.62 + 70.20) + 4\times(70.17 + 70.70 + 69.81 + 70.38)]\text{m}/(4\times 9) = 70.29 \text{ m}$$

（2）调整设计标高。

$$H_n = H_0 \pm l_x i_x \pm l_{y_i} i_y$$
$$H_1 = (70.29 - 30\times 0.2\% + 30\times 0.3\%)\text{m} = 70.32 \text{ m}$$
$$H_2 = (70.29 - 10\times 0.2\% + 30\times 0.3\%)\text{m} = 70.36 \text{ m}$$
$$H_3 = (70.29 + 10\times 0.2\% + 30\times 0.3\%)\text{m} = 70.40 \text{ m}$$

其他如图 1-4 所示。

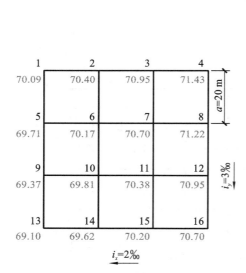

图 1-3　某场地方格网（单位：m）　　　　**图 1-4　方格网角点设计标高及施工高度（单位：m）**

除考虑排水坡度外，由于土具有可松性，填土会有剩余，也须相应地提高设计标高。场内挖方和填土，以及就近借、弃土，均会引起场地挖或填方量的变化，必要时也须调整设计标高。

1.2.2　场地土方量计算

用方格网法计算时，先根据每个方格角点的自然地面标高和实际采用的设计标高，算出相应的角点填挖高度，然后计算每一个方格的土方量，并算出场地边坡的土方量，这样即可得到整个场地的挖方量、填方量。其具体步骤如下。

1. 计算场地各方格角点的施工高度

各方格角点的施工高度,即挖、填方高度

$$h_n = H_n - H_n'$$ (1.7)

式中:h_n——该角点的挖、填方高度(m),以"+"为填方高度,以"−"为挖方高度;

H_n——该角点的设计标高(m);

H_n'——该角点的自然地面标高(m)。

2. 绘出零线

零线是场地平整时,施工高度为"0"的线,是挖、填的分界线。确定零线时,要先找到方格线上的零点。零点是在相邻两角点施工高度分别为"+""−"的格线上,是两角点之间挖填方的分界点。方格线上的零点位置如图 1-5 所示,可按式(1.8)计算。

$$x = \frac{ah_1}{h_1 + h_2}$$ (1.8)

式中:h_1、h_2——相邻两角点挖、填方施工高度(m),以绝对值代入;

a——方格边长(m);

x——零点距角点 A 的距离(m)。

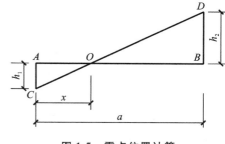

图 1-5　零点位置计算

参考实际地形,将方格网中各相邻零点连接起来,即成为零线。零线绘出后,也就划分出场地的挖方区和填方区。

3. 场地土方量计算

计算场地土方量时,先求出各方格的挖、填土方量和场地周围边坡的挖、填土方量,把挖、填土方量分别加起来,就得到场地挖方及填方的总土方量。下面以四方棱柱体法为例进行介绍。

(1)全挖全填格。

如图 1-6 所示,方格四个角点全部为挖方(或填方),其挖方或填方的土方量为

$$V = \frac{a^2}{4}(h_1 + h_2 + h_3 + h_4)$$ (1.9)

式中:V——挖方或填方的土方量(m³);

h_1、h_2、h_3、h_4——方格四个角点的挖填高度(m),以绝对值代入。

(2)部分挖部分填格。

如图 1-7 和图 1-8 所示,当方格的四个角点中,有的为挖方、有的为填方时,该方格的挖方量或填方量为

$$V_挖 = \frac{a^2}{4} \frac{\left(\sum h_挖\right)^2}{\sum h}$$ (1.10)

$$V_填 = \frac{a^2}{4} \frac{\left(\sum h_填\right)^2}{\sum h}$$ (1.11)

式中:$V_挖$、$V_填$——挖方、填方的土方量(m³);

$\sum h_挖$、$\sum h_填$——挖方、填方各角点的施工高度之和(m);

$\sum h$——方格四个角点的施工高度绝对值之和(m)。

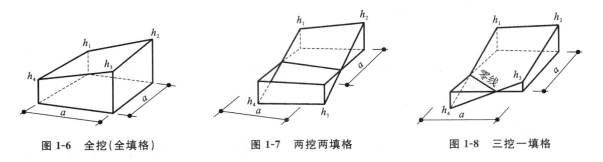

图 1-6　全挖(全填格)　　　　图 1-7　两挖两填格　　　　图 1-8　三挖一填格

1.2.3　基坑、基槽和路堤的土方量计算

当基坑上口与下底两个面平行时,如图 1-9 所示,其土方量可按拟柱体的体积公式计算。

$$V = \frac{H}{6}(F_1 + 4F_0 + F_2) \qquad (1.12)$$

式中:H——基坑深度(m);

F_1、F_2——基坑上口与下底面面积(m^2);

F_0——F_1 与 F_2 之间的中截面面积(m^2)。

当基槽和路堤沿长度方向断面呈连续性变化时,如图 1-10 所示,其土方量可用上述方法分段计算。

$$V_1 = \frac{L_1}{6}(F_1 + 4F_0 + F_2) \qquad (1.13)$$

式中:V_1——第一段的土方量(m^3);

L_1——第一段的长度(m)。

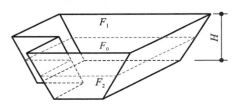

图 1-9　基坑土方量计算

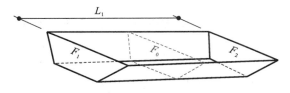

图 1-10　基槽土方量计算

然后,再将各段土方量相加,即得总土方量。

【典型例题 1.2】　某基坑坑底平面尺寸如图 1-11 所示,坑深 5.5 m,四边均按 1:0.4 的坡度放坡,土的可松性系数 $K_s = 1.30$,$K_s' = 1.12$,坑深范围内箱形基础的体积为 2000 m^3。试求:基坑开挖的土方量和须预留回填土的松散体积。

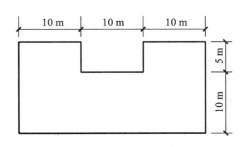

图 1-11　某基坑坑底平面尺寸

解:

(1)基坑开挖土方量。

由题知,该基坑每侧边坡放坡宽度为 5.5 m×0.4=2.2 m

坑底面积为 $F_1 = 30\ m \times 15\ m - 10\ m \times 5\ m = 400\ m^2$

坑口面积为 $F_2=(30\text{ m}+2\times2.2\text{ m})\times(15\text{ m}+2\times2.2\text{ m})-(10\text{ m}-2\times2.2\text{ m})\times5\text{ m}=639.4\text{ m}^2$

基坑中截面面积为 $F_0=(30\text{ m}+2\times1.1\text{ m})\times(15\text{ m}+2\times1.1\text{ m})-(10\text{ m}-2.2\text{ m})\times5\text{ m}=514.8\text{ m}^2$

基坑开挖土方量为

$$V=\frac{H(F_1+4F_0+F_2)}{6}=\frac{5.5\text{ m}\times(400\text{ m}^2+4\times514.8\text{ m}^2+639.4\text{ m}^2)}{6}=2840\text{ m}^3$$

（2）须回填夯实土的体积。

$$V_3=2840\text{ m}^3-2000\text{ m}^3=840\text{ m}^3$$

（3）须留回填松土体积。

$$V_2=\frac{V_3K_s}{K_s'}=\frac{840\text{ m}^3\times1.3}{1.12}=975\text{ m}^3$$

1.3　土方边坡与基坑支护

完成场区平整,并利用设计提供的基点坐标经过定位放线之后,就可进行基坑开挖。在基坑（槽）及地下结构工程施工时,应保持基坑（槽）土壁的稳定,防止塌方事故的发生。一旦塌方,不仅妨碍土方工程施工,造成人员伤亡,还会危及邻近建筑物、道路和地下管线的安全,后果严重。基坑开挖方法取决于基坑深度、周围环境、土的物理力学性能等因素。为缩短工期,降低工人劳动强度,应尽可能利用机械开挖。尤其在多雨季节或地区,尽量缩短挖土时间,对工程非常有利。在基坑开挖时,须解决好降水、排水、支护等问题。

当周围环境允许且开挖基坑不太深时,基坑宜放坡开挖,比较经济。放坡开挖时须注意边坡的稳定,尤其对于较深的基坑。当基坑深度较大且周围环境不允许放坡开挖时,须事先做好支护结构后再进行开挖。施工支护结构需支出较多的费用,且须进行详细合理的计算和设计。

对于大型基坑,应事先拟定详细的开挖方案,要全面考虑挖土顺序、挖土方法、运土方法和与支护结构施工的配合,以期顺利地进行土方开挖,为后续工作创造条件。

1.3.1　土方边坡

1. 边坡稳定条件及其影响因素

边坡稳定条件是在土体的重力及外部荷载作用下所产生的剪力小于土体的抗剪强度。土体的下滑力主要由下滑土体重力的分力构成,它受坡上荷载、含水率、静水及动水压力的影响。而土体的剪力主要由土质决定,且受气候、含水率及动水压力的影响。因此,在确定土方边坡坡度时,应考虑土质、挖方深度或填方高度、边坡留置时间、排水情况、边坡上的荷载情况以及土方施工方法等因素。

2. 放坡与护面

（1）坡度表示。

坡度常用 $1:m$ 表示（图 1-12）,其物理意义为

$$边坡坡度=\frac{H}{B}=\frac{1}{\dfrac{B}{H}}=1:m \tag{1.14}$$

式中：m——坡度系数。

（2）边坡形式。

土方边坡的常用形式如图 1-12 所示。当土层类别不同时或考虑施工需要，边坡也可做成折线形或台阶形，如图 1-13 所示。

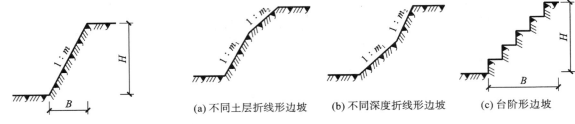

图 1-12　土方边坡的常用形式

(a) 不同土层折线形边坡　　(b) 不同深度折线形边坡　　(c) 台阶形边坡

图 1-13　土方边坡的其他形式

（3）坡度的确定。

当土质均匀、开挖范围内无地下水、土的含水率正常且施工期较短时，可垂直下挖且不加设支撑的深度限制：较密实的砂土或碎石土为 1 m；粉土或粉质黏土为 1.25 m；黏土或碎石土为 1.5 m；坚硬黏土为 2.0 m。

临时性挖方边坡坡度应根据工程地质和开挖深度，并结合当地同类土的稳定坡度来确定。当地质条件良好、土质均匀时，高度在 3 m 以内的临时性挖方边坡宜按表 1-4 的规定来确定坡度。

对于深度较大或留置时间长的挖、填方边坡，则应进行设计计算，按设计要求施工。

表 1-4　临时性挖方边坡坡度值

土 的 类 别		边 坡 坡 度
砂土	不包括细砂、粉砂	1∶1.50～1∶1.25
一般黏性土	坚硬	1∶1.00～1∶0.75
	硬塑	1∶1.25～1∶1.00
碎石类土	密实，中密	1∶1.00～1∶0.50
	稍密	1∶1.50～1∶1.00

（4）边坡的失稳与保护。

在一般情况下，基坑边坡失稳、发生滑动的主要原因是土质及外界因素的影响使土体的抗剪强度降低或剪应力增加。引起抗剪强度降低的原因有：风化等造成的土质变松；黏土中的夹层浸水而产生润滑作用；细砂、粉砂土因振动而液化等。引起剪应力增加的原因有：坡顶堆放重物或存在动载；雨水、地面水浸入或污水管线渗漏，使土的含水率提高而增加了土体自重；水的渗流而产生动水压力等。因此施工中应注意防范。

当边坡留置的时间较长或气候不利时，应做好边坡保护。常用方法有覆盖法、挂网法、挂网抹面或喷射混凝土法、土袋或砌砖石压坡法等。

1.3.2　基坑支护

开挖基坑（槽）时，若地质条件及周围环境许可，采用放坡开挖是较经济的。但当在建筑稠密地区、现场无放坡条件，或开挖深度大、周围环境对变形限制严格，或放坡不能保证安全时，就需要设置支护结构。

视频 1-1
基坑开挖与
网喷护坡

基坑支护必须能够保证基坑周边建（构）筑物、地下管线及道路的安全和正常使用，并保证地下部位施工对空间的要求。设计支护结构时，应按失效后果的严重程度，确定其各个部位的安全等级（分为一、二、三级），从而采取相应的支护形式。

常用基坑支护结构按作用原理分为土钉墙、重力式水泥土墙、支挡式结构三大类。选择支护结构时，应依据土的性状及地下水条件、基坑深度及周边环境、地下结构或基础的形式及施工方法、基坑平面形状及尺寸、场地条件和工期，以及经济效益、环保要求等综合考虑。

1. 土钉墙

基坑分层开挖时，在侧壁上设置的密布土钉群、喷射混凝土面板及原位土体所组成的支护结构，称为土钉墙。它属于边坡稳定型支护，能有效提高边坡的稳定性，增强土体破坏的延性，对边坡起到加固作用。由于土钉墙施工简单、造价较低，近年来得到了广泛应用。

视频 1-2
土钉墙护
壁施工

（1）构造要求。

土钉墙支护剖面和立面构造如图 1-14、图 1-15 所示，墙面的坡度不宜大于 1∶0.2。土钉是在土壁钻孔后插入钢筋、注入水泥浆或水泥砂浆而形成的。对难以成孔的砂、填土等，也可打入带有压浆孔的钢管，经压浆而形成"管锚"。土钉长度宜为基坑深度的 0.5～1.2 倍，竖向及水平间距宜为 1～2 m，且呈梅花形布置，与水平面夹角宜为 5°～20°。土钉钻孔直径宜为 70～120 mm，插筋宜采用直径 16～32 mm 的带肋钢筋，注浆强度不得低于 20 MPa。墙面板由喷射 80～100 mm 厚 C20 以上混凝土形成，墙面板内应配置直径 6～10 mm、间距 150～250 mm 的钢筋网。为使混凝土墙面板与土钉有效连接，应设置承压板或直径 14～20 mm 的加强钢筋，与土钉钢筋焊接并压住钢筋网。在土钉墙的顶部，墙体应向平面延伸不少于 1 m，并在坡顶和坡脚设挡、排水设施，坡面上可根据具体情况设置泄水管，以防墙面板后积水。

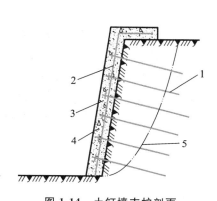

图 1-14　土钉墙支护剖面

1—土钉；2—钢筋网；3—承压板或加强钢筋；
4—混凝土墙面板；5—可能滑坡面

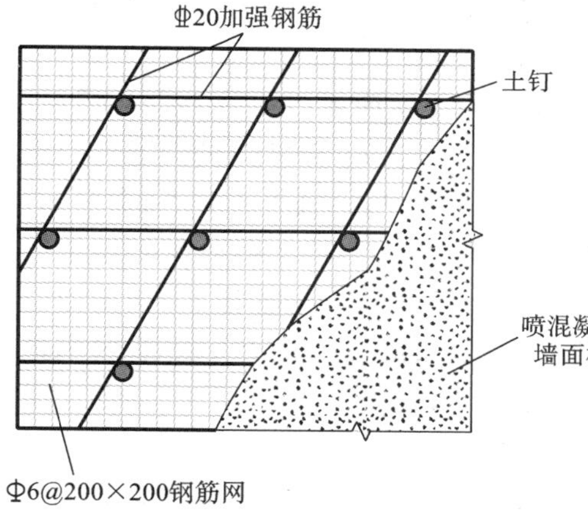

图 1-15　土钉墙立面构造

⏀20加强钢筋
土钉
喷混凝土墙面板
⏀6@200×200钢筋网

（2）土钉墙的施工。

土钉墙的施工顺序为：按设计要求自上而下分段、分层开挖工作面，修整坡面→打入钢管（或钻土钉孔→插入钢筋）→注浆→绑扎钢筋网→安装加强筋，并与土钉钢筋焊接→喷射面板混凝土。逐层施工，并设置坡顶、坡面和坡脚的排水系统。当土质较差时，可在修整坡面前先喷一层混凝土再进行土钉施工。施工要点如下。

①分层分段进行基坑开挖。

基坑开挖应按设计要求分层分段进行，每层开挖高度由土钉的竖向间距确定，每层挖至土钉以下不大于 0.5 m 处；分段长度按土体能维持不塌的自稳时间和保证施工流程相互衔接要求而定，一般可取 10～20 m。

视频 1-3
土钉墙支护
施工实录

视频 1-4
巴山站　围
护结构土钉
墙　边坡开
挖、挂网、钻
孔、注浆技
术交底

②成孔。

钢管可用液压冲击设备打入。成孔则常采用洛阳铲，也可用螺旋钻、冲击钻或工程钻机钻孔。成孔的允许偏差为：孔深 ±50 mm；孔径 ±5 mm；孔距 ±100 mm；倾斜角 ±3°。

③定位支架。

土钉钢筋应设置对中定位支架再插入孔内。支架常采用 $\phi6$ 钢筋弯成船形与土钉筋焊接，每点 3 个，互成 120°，每 1.5～2.5 m 设置一点。

④土钉注浆。

注浆前应将孔内松土清除干净，注浆材料采用水泥浆或水泥砂浆。水泥浆的水胶比宜为 0.5～0.55；水泥砂浆的灰砂比宜为 0.5～1，水胶比为 0.4～0.45。浆体应拌和均匀，随拌随用，并在初凝前用完。注浆时，注浆管应插至距孔底 200 mm 内，使浆液由孔底向孔口流动，在拔管时要保证管口始终埋在浆内，直至注满。注浆后，液面如有下降应进行补浆。

⑤钢筋网铺设。

面板中的钢筋网应在土钉注浆后铺设，也可先喷射一层混凝土后再铺设。钢筋网与土层坡面净距应大于 20 mm，钢筋间搭接长度应不小于 300 mm。采用双层钢筋网时，第二层钢筋网应在第一层钢筋网被混凝土覆盖后铺设。钢筋网用插入土壁中的钢筋固定，并与土钉钢筋连接牢固，喷射混凝土时不得晃动。

⑥喷射混凝土墙面板。

优先选用不低于 32.5 MPa 的普通硅酸盐水泥，石子粒径不大于 15 mm，水泥与砂石的质量比宜为 1∶4.5～1∶4，砂率宜为 45%～55%，水胶比为 0.40～0.45。喷射作业应分段进行，同一分段内喷射顺序应自下而上，一次喷射厚度宜为 30～80 mm。喷射混凝土时，喷头与受喷面应保持垂直，距离宜为 0.6～1.0 m。喷射混凝土的回弹率不应大于 15%；喷射表面应平整，呈湿润光泽，无干斑、流淌现象。混凝土终凝 2 h 后，应喷水养护 3～7 d。待混凝土达到 70% 设计强度后，方可进行下一层作业面的开挖。

（3）特点与适用范围。

土钉墙支护具有构造简单、施工方便快速、节省材料、费用较低等优点，适用于淤泥质土、黏土、粉土、砂土等土质，且无地下水、开挖深度在 12 m 以内的基坑。当基坑较深、开挖时稳定性差、需要挡水时，可加设锚杆、微型桩、水泥土墙等以构成复合式土钉墙。

2. 重力式水泥土墙

重力式水泥土墙是通过沉入地下设备将喷入的水泥与土进行掺和，形成柱状的水泥加固土桩，并相互搭接而成，依靠其自重和刚度进行挡土护壁，且具有截水功能。

（1）构造要求。

重力式水泥土墙的平面布置多采用连续式和格栅形（图 1-16）。当采用格栅形时，水泥土的置换率（水泥土面积与格栅总面积之比）为 0.6～0.8，格栅内侧的长宽比不宜大于 2。在软土地区，当

基坑开挖深度 $h \leqslant 5$ m 时,可根据土质情况,取墙体宽度 $B = (0.6 \sim 0.8)h$,嵌入基底下的深度 $h_d = (0.8 \sim 1.3)h$。水泥土桩之间的搭接宽度不宜小于 150 mm。水泥土墙的顶面宜设置厚度不小于 150 mm 的 C15 混凝土连续面板。

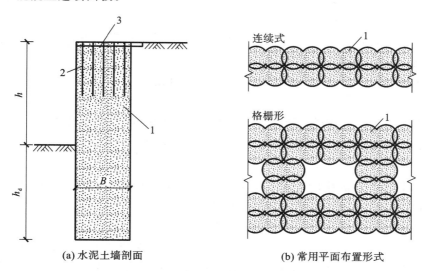

(a) 水泥土墙剖面   (b) 常用平面布置形式

图 1-16 二轴搅拌水泥土墙的一般构造

1—搅拌桩;2—插筋;3—面板

　　水泥土的水泥掺入比一般为 $12\% \sim 14\%$,采用 42.5 级的普通硅酸盐水泥,可掺外加剂改善水泥土的性能和提高早期强度,水泥土的 28 d 抗压强度不应低于 0.8 MPa。

　　(2) 水泥土墙的施工。

　　水泥土墙按施工机具和方法不同,分为深层搅拌法、旋喷法和粉喷法。深层搅拌水泥土墙常采用双轴搅拌桩机和注浆设备作业,其施工常用"一喷二搅"(一次喷浆、二次搅拌)或"二喷三搅"工艺。当水泥掺入比较小、土质较松时可用前者,反之用后者。一喷二搅的施工流程如图 1-17 所示。当采用二喷三搅工艺时,可在图 1-17(e)所示步骤再次注浆,之后重复(d)和(e)步骤。施工要点如下。

视频 1-5
搅拌桩墙
演示

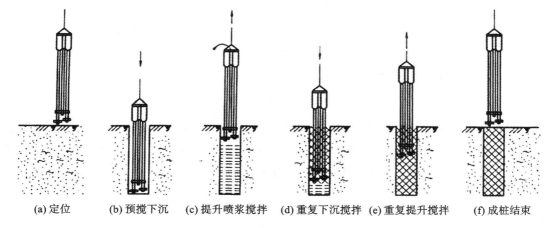

(a) 定位　　(b) 预搅下沉　　(c) 提升喷浆搅拌　　(d) 重复下沉搅拌　　(e) 重复提升搅拌　　(f) 成桩结束

图 1-17 一喷二搅的施工流程

①施工前,应进行成桩工艺及水泥掺入量或水泥浆的配合比试验,以确定相应的水泥掺入比和水泥浆水胶比。

②施工中应控制水泥浆喷射速率与提升速度的关系,保证每根桩的水泥浆喷注量和均匀性,以满足桩身强度要求。

③为保证水泥土墙搭接可靠,相邻桩的施工时间间隔不宜大于 12 h。施工始末的头尾搭接处,应采取加强措施,消除搭接勾缝。

④墙水泥土墙达到设计强度要求后,方能进行基坑开挖。

(3)特点与适用范围。

重力式水泥土墙支护具有挡土、截水双重功能,坑内无支撑,便于机械化挖土作业,施工机具较简单,成桩速度快,造价较低,但相对位移较大;当基坑长度大时,要采取中间加墩、起拱等措施,以减少位移。

重力式水泥土墙支护适用于淤泥、淤泥质土、黏土、粉质黏土、粉土,具有薄夹砂层的土、素填土等土层,基坑深度一般为 4～6 m,最深不宜超过 7 m。

3. 支挡式结构

支挡式结构是以挡土构件或再加设拉锚、支撑等形成的支护结构。它主要是依靠结构本身来抵抗坑壁土体下滑并限制其变形。该种支护结构种类较多,属于非重力式。挡土构件(挡墙)按有无截水功能,分为透水式和止水式两种。

(1)挡土构件(挡墙)。

①钢板桩挡墙。

钢板桩的截面形状有 Z 形、U 形(图 1-18)及多种组合形式。钢板桩由带锁口或钳口的热轧型钢制成,互相连接并被打入地下,形成连续钢板桩墙,既能挡土又能起到止水帷幕的作用,可作为坑壁支护、防水围堰等。钢板桩打设方便,承载力较大,可重复使用,有较好的经济效益,但其刚度较小,沉桩时易产生噪声。

视频 1-6	视频 1-7	视频 1-8
钢板桩深基	振动锤打	钢板桩拔桩
坑支护施工	支护桩	

(a) Z形钢板桩　　　　　(b) U形钢板桩

图 1-18　常用钢板桩截面形式

钢板桩按固定方法不同可分为悬臂式和锚撑式:悬臂式是依靠入土部分的土压力维持其稳定,悬臂长度不得大于 5 m;锚撑式是在板桩中上部用锚杆、拉锚或内部支撑加以固定,以提高板桩支护能力,可用于 5～15 m 深的基坑。钢板桩沉入时应在两侧设置围檩,以固定桩位和保证垂直度。常采用液压插板机、振动沉桩设备或打桩机等沉桩。

②型钢水泥土墙。

型钢水泥土墙是在水泥土墙内插入型钢而成的复合挡土隔水结构(图 1-19)。型钢承受土的侧压力,而水泥土具有良好的抗渗性能,因此,型钢水泥土墙具有挡土与止水的双重作用。其特点是构造简单、止水性能好、工期短、造价低(型钢可回收)、环境污染小。

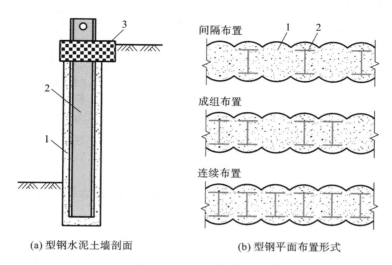

(a) 型钢水泥土墙剖面　　　　(b) 型钢平面布置形式

图 1-19　型钢水泥土墙构造

1—搅拌桩;2—H 型钢;3—冠梁

水泥土墙厚度一般为 650~1000 mm,水泥土的抗压强度不低于 0.5 MPa,内部插入 500 mm×200 mm~850 mm×300 mm 的 H 型钢。水泥土墙底部应深于型钢 0.5~1 m,顶部浇筑钢筋混凝土冠梁,其截面高度不小于 600 mm,宽度比墙厚大 350 mm 以上。

视频 1-9
型钢水泥
土墙施工

水泥土墙常采用三轴搅拌设备,采取套接一孔的方法施工,以提高搭接防渗效果。施工中,搅拌下沉和提升过程中均应注入水泥浆液,控制下沉速度不大于 1 m/min,提升速度不大于 2 m/min。且在桩底部须重复搅拌注浆予以加强。型钢应在搅拌桩施工结束后 30 min 内靠自重或辅以振动下插至设计标高。型钢顶部应露出冠梁不少于 500 mm。型钢插入前应在表面涂刷减摩材料,与冠梁接触部分还应设置泡沫塑料片等硬质隔离材料,以利于拔除回收。

型钢水泥土墙适用于填土、淤泥质土、黏性土、粉土、砂土、饱和黄土等地层,深度为 8~10 m,甚至更深的基坑支护。

③排桩式挡墙。

视频 1-10
钢筋混凝土
灌注桩施工

该类挡墙常用钻孔灌注桩、挖孔灌注桩、钢管桩及钢管混凝土桩等,在开挖前设置于基坑周边形成桩排,并通过顶部浇筑的冠梁等相互联系而成。它挡土能力强、适用范围广,但一般无截水功能。下面主要介绍钢筋混凝土排桩挡土结构。

混凝土灌注桩排桩常用钻机钻孔或人工挖孔,而后下钢筋笼、灌注混凝土成桩(螺旋钻机钻孔可用压灌混凝土后插筋法施工)。桩的排列形式有间隔式、连续式、交错式和咬合式等(图 1-20)。

间隔式设置时,桩间土通过土拱作用将土压传到桩上。为防止表土塌落,宜在桩间表面铺设钢筋网或钢丝网,并喷射不少于 50 mm 厚的 C20 混凝土进行防护。

灌注桩间距、桩径、桩长、埋置深度及配筋等,应根据基坑开挖深度、土质、地下水位高低以及所承受的土压力经计算确定。常用桩径为 800~1500 mm,排桩的中心距不宜大于桩径的 2 倍。桩身混凝土强度等级不低于 C25,一般纵向受力钢筋不少于 8 根;箍筋做成螺旋状,间距为 100~200 mm;

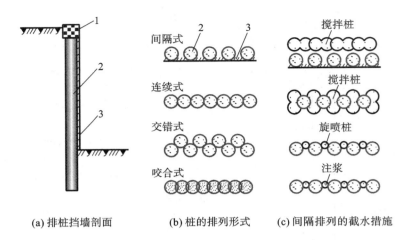

(a) 排桩挡墙剖面　　(b) 桩的排列形式　　(c) 间隔排列的截水措施

图 1-20　混凝土排桩挡墙形式

1—冠梁;2—灌注桩;3—钢丝网混凝土护面

且每隔 1～2 m 在内部设置一道焊接加劲箍,以增加钢筋笼的刚度,并利于成型和起吊时绑扎。纵向筋的保护层厚度应不小于 35 mm,水下灌注混凝土时不小于 50 mm。冠梁的宽度不得小于桩径,高度不小于桩径的 60%,并按需配筋。桩的施工方法详见第 2 章相关内容。

灌注桩排桩支护具有桩体刚度较大、抗弯强度高、变形较小、安全度高、施工方便、设备简单、噪声低、振动小等优点。但一次性投资较大,桩不能回收利用;间隔设置者无止水功能,必要时,应通过搅拌、旋喷的水泥土桩或注浆等止水措施予以封闭。

视频 1-11
高压旋喷水
泥土桩施工

排桩式挡墙适用于黏性土、砂土、开挖面积较大、深度大于 6 m 的基坑,以及邻近有建筑物,不允许附近地基有较大沉降时采用。土质较好时,外露悬臂高度可达到 7～8 m;设置撑、锚时,可用于 10～30 m 深基坑的支护。

④地下连续墙。

地下连续墙是在待开挖的基坑周围,修筑一圈厚度 600 mm 以上连续的钢筋混凝土墙体,以满足基坑开挖及地下施工过程中的挡土、截水防渗要求,还可用于逆作法施工。地下连续墙适用于黏土、砂砾石土、软土等多种地质条件,地下水位高、施工场地较小且周围环境限制严格的深基坑工程。地下连续墙的施工方法详见第 2 章相关内容。

(2)挡墙的支锚结构。

①形式。

挡墙的支撑结构形式按构造特点可分为悬臂式、抛撑式、锚拉式、锚杆式、坑内水平支撑五种(图 1-21)。

a. 悬臂支撑形式的挡墙不设支撑或锚拉,嵌固能力较差,要求埋深大;且挡墙承受的弯矩、剪力较大而集中,受力形式差,易变形,不适于深基坑。

b. 抛撑式支撑的挡墙受力较合理,但挡墙根部的土需待抛撑设置后开挖,再补做结构,且对基础及地下结构施工有一定影响,还应注意做好后期的换撑工作。抛撑式支撑适用于土质较差、面积大的基坑。

c. 锚拉式由拉杆和锚桩组成,抗拉能力强,挡墙位移小,受力较合理;锚桩长度一般不小于基坑深度的 30%,其打设位置应距基坑有足够远的距离,因此需有足够的场地;且由于拉锚只能在地面附近设置一道,基坑深度不宜超过 12 m。

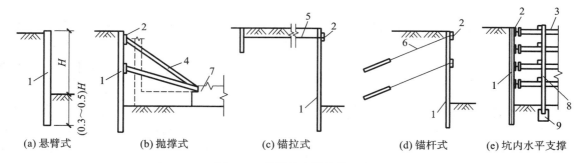

图 1-21　挡墙的支撑结构形式

1—挡墙；2—围檩（连梁）；3—支撑；4—抛撑；5—拉锚；6—锚杆；

7—先施工的基础；8—支承柱；9—灌注桩

d. 锚杆式土层锚杆具有较强的锚拉能力，且可依据基坑深度随开挖设置多道，并常施加预应力，以提高土壁的稳定性、减少挡墙的位移和变形；不影响基坑开挖和基础施工；费用较低。锚杆式支撑常用于土质较好且周围无障碍的基坑支挡结构中，多道设置时基坑深度可超过 30 m。

e. 坑内水平支撑是设置在基坑内的由钢或混凝土组成的支撑部件，其刚度大、支撑能力强、安全可靠，易于控制挡墙的位移和变形。坑内水平支撑可依据基坑深度设置多道，但会给坑内挖土和地下结构施工带来不便，且须进行换撑作业，费用也较高。坑内水平支撑适用于深度较大，周围环境不允许设置锚杆或软土地区的深基坑支护。

视频 1-12
挡墙锚
杆支护

② 常用支锚的构造与施工。

土层锚杆由设置在钻孔内的钢拉杆与注浆体组成。钢拉杆一端埋入稳定土层中的注浆体内，另一端通过冠梁或腰梁与挡墙相连。土层锚杆按承载方式分为拉力型和压力型锚杆，按施工方式分为钻孔灌浆式和自钻式。考虑对环境影响还有钢绞线和可回收的锚杆。

a. 土层锚杆的构造。土层锚杆由锚头、拉杆和锚固体组成。锚头由锚具、承压板和台座组成，拉杆采用钢绞线或钢筋制成，锚固体是由水泥浆或水泥砂浆将拉杆与土体连接成一体的抗拔构件，如图 1-22 所示。

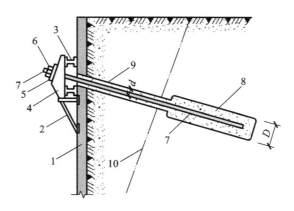

图 1-22　土层锚杆的构造

1—挡墙；2—承托支架；3—腰梁；4—台座；5—承压板；6—锚具；7—钢拉杆；

8—水泥浆或砂浆锚固体；9—非锚固段；10—滑动面；D—锚固体直径；d—拉杆直径

锚杆以土的主动滑动面为界,分为非锚固段(自由段)和锚固段。非锚固段处在可能滑动的不稳定土层中,可以自由伸缩,其作用是将锚头所承受的荷载传递到主动滑动面外的锚固段。锚固段处在稳定土层中,与周围土层牢固结合,将荷载分散到稳定土体中。非锚固段长度不宜小于 5 m,且进入稳定土层不小于 1.5 m。锚固段不宜设置在淤泥、泥炭质土及松散土层中,其长度由计算确定,但不小于 6 m。

锚杆的埋置深度要使锚杆的覆土厚度不小于 4 m,以避免地面出现隆起现象。锚杆上下层间距不宜小于 2 m,水平间距不宜小于 1.5 m,避免产生群锚效应而降低承载力。锚杆的倾角宜为 15°~25°,不应大于 45°或小于 10°,应根据地层结构确定,使其锚固体处于较好的土层中。锚杆钻孔直径一般为 100~150 mm。

b. 土层锚杆的施工。土层锚杆施工应在挡墙施工完成、土方开挖过程中进行。当每层土挖至土层锚杆标高后,施工该层锚杆,待预应力张拉后再挖下层土,逐层向下设置,直至完成。

土层锚杆的施工程序:土方开挖→放线定位→钻孔→清孔→插钢筋(或钢绞线)及灌浆管→压力灌浆→养护→上横梁→张拉→锚固。

视频 1-13
锚杆钻孔
及插筋

土层锚杆的成孔方法主要有套管护壁成孔、螺旋钻杆干成孔、浆液护壁成孔等。套管护壁成孔法施工对土体扰动及对环境影响小,孔壁稳定,锚杆承载力高,适应土层广。

拉杆插入孔洞前,应沿拉杆全长设置定位支架,间距 1~1.5 m,使各根钢绞线相互分离,且保证浆体保护层厚度不小于 10 mm。自由段涂润滑油或防腐漆,外设隔离套管。

注浆是土层锚杆施工的重要工序,分一次常压注浆法和二次压力注浆法。一次常压注浆法可采用水胶比 0.5~0.55 的水泥浆或灰砂比 0.5~1,水胶比 0.4~0.45 的水泥砂浆,浆内常掺入早强剂和微膨胀型外加剂,通过重力填满锚杆孔,注浆方法同土钉。采用二次压力注浆法时需要同时插入两根注浆管,其中二次注浆管应在锚杆末端 1/4~1/3 锚固段长度范围内,每 0.5~0.8 m 设置一道注浆孔(每道 2 个孔),并有止逆构造。待第一次注浆体初凝后、终凝前进行二次压力注浆,终止压力不小于 1.5 MPa;或一次注浆体达到 5 MPa 后进行第二次劈裂注浆,使浆液冲破第一次的浆体向锚固体与土的接触面间扩散,这样能大大提高锚杆的承载力。

预应力锚杆张拉锚固,应在锚固段浆体强度大于 15 MPa 且达到设计强度等级的 75%后进行。张拉顺序应考虑对邻近锚杆的影响,采取分级加载,取设计拉力值的 10%~20%预张拉 1~2 次,使各部位接触紧密,锚筋平直,再张拉至锁定值的 1.1~1.5 倍,按设计要求锁定。

视频 1-14
冠梁施工与
锚杆张拉

c. 坑内水平支撑。坑内水平支撑是由挡土构件的冠梁或周边围檩(横档)、内部水平支撑及支承柱等组成的内支撑体系。其平面布置形式由基坑的开挖深度、平面形状及尺寸、周围环境保护要求、地下结构的形式及施工程序、土方开挖的顺序和方法而定。坑内水平支撑的常用形式如图 1-23 所示,具体结构构造应通过设计计算确定。

水平支撑杆件常采用 H 型钢、钢管或钢筋混凝土制作。钢支撑主要用于对撑、角撑等形式,混凝土支撑还可构成框架式、桁架式、环形支撑及其组合形式等。其中钢支撑可对挡土构件施加预压应力。支承柱宜采用型钢或格构式钢柱,以大直径灌注桩作为基础,以承托水平支撑并保证其抗压能力。

支承柱应提前设置,其位置应尽量减少对地下结构施工的影响。坑内水平支撑是在挡土构件施工后,在基坑内开始设置,并随基坑开挖向下逐道设置。施工中,必须保证先撑后挖,且在支撑能力足够时向下开挖。

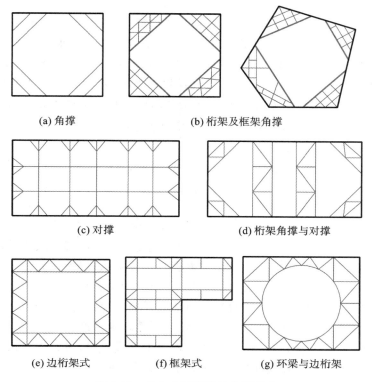

(a) 角撑   (b) 桁架及框架角撑

(c) 对撑   (d) 桁架角撑与对撑

(e) 边桁架式   (f) 框架式   (g) 环梁与边桁架

图 1-23 坑内水平支撑的常用形式

【案例分析 1.1】

1. 工程概况及初步准备工作

某大厦建筑的地基基础以岩土为主,建筑主体分为地下三层以及地上部分。整个施工区域的周边布满了地下管线。由于基础施工面积达到了 6500 m²,按照施工要求,地基深度需要达到 23 m。施工过程中会用到爆破等技术手段,所以结合地质实际情况,该工程中需要进行深基坑支护施工,以保证建筑基础结构的稳定性。

2. 方案确定

通过勘察,工作人员发现工程所在地属于海岸阶地,地面表层是由人工进行回填改造的,基本上保持了原来的地貌。而岩石上层为粗砂砾和填土,下层则是花岗岩。工作人员将基岩的中风化带作为支护施工的持力层。在砂石层和素土层,工作人员以钢筋混凝土配合长螺旋灌注桩的方式进行支护,然后辅以高压旋喷止水桩来进行加固。另外,工作人员考虑到后续的爆破施工需求,采用锚喷体系对坡面进行支护施工,同时进行长螺旋灌注桩和高压旋喷桩交替施工,以增强坡体的稳定性。

3. 基坑支护体系

由于施工场地具有一定局限性,工作人员决定采用不放坡开挖。这时,工作人员需要采用长螺旋灌注桩支护方式对基坑边坡位置进行加固。但是该区域的岩体结构存在滑落的情况,所以在深基坑支护施工的过程中,工作人员必须利用锚板墙对岩体结构进行加固,防止垂直开挖时出现支护桩桩脚悬空的情况,从而减少安全隐患。

4. 具体施工

在采用长螺旋灌注桩方式时,考虑到施工挡水的问题,工作人员利用导管来排放承压水,使承压水能够沿着周边沟渠流出。同时,为了避免支护结构长期暴露在自然环境中而影响土体稳定性,工作人员还对深基坑支护工作与基坑土体开挖工作进行协调,并且开展分层支护作业,提高边坡的稳定性。除此之外,工作人员还进行了预应力抗拔锚杆施工,以确保预应力能够达到施工设计要求。在这个过程中,工作人员还开展了锚板墙体施工工作。当锚板墙体施工的强度达到设计要求之后,工作人员立即进行锚杆锁定,以提高基础工程的稳定性。

1.4 地下水控制

当基坑开挖至地下水位以下时,由于土的含水层被切断,地下水将会不断渗入基坑内。这样不仅会使施工条件恶化,无法进行土方开挖,而且当土被水浸泡后,还将导致边坡塌方和地基承载力下降。因此,为了保证工程质量和施工安全,必须进行基坑降水,以保持开挖土体的干燥。工程中常用的降水方法有集水井降水法和轻型井点降水法。集水井降水法一般适用于降水深度较小且土层为粗粒土层或渗水量小的黏性土层的情况。当基坑开挖较深,又采用刚性土壁支护结构挡土并形成止水帷幕时,基坑内降水也多采用集水井降水法。如降水深度较大,或土层为细砂、粉砂及软土地区,宜采用轻型井点降水法;但若仍有局部区域降水深度不足,可辅以集水井降水法。无论采用何种降水方法,均应持续到基础施工完毕,且土方回填后方可停止降水。

1.4.1 集水井降水

1. 降水方法

视频 1-15
集水井降
水演示

集水井降水法是在基坑开挖过程中,沿坑底周围或中央开挖有一定坡度的排水沟,并在排水沟上每隔一定距离设置集水井,使水在重力作用下经排水沟流入集水井,然后用水泵抽出基坑外的降水方法。排水沟的截面一般为 500 mm×500 mm,坡度为 0.3%～0.5%;集水井的直径一般为 600～800 mm,间距为 20～40 m,其深度随着挖土的加深而加深,并保持低于挖土面 700～1000 mm,坑壁可用竹木材料等简易加固。当基坑挖至设计标高后,集水坑底应低于基坑底面 1.0～2.0 m,并铺设碎石滤水层(厚 0.3 m)或下部砾石(厚 0.1 m)、上部粗砂(厚 0.1 m)的双层滤水层,以免由于抽水时间过长而将泥沙抽出,并防止坑底土被扰动。四周的排水沟及集水井一般应设置在基础范围以外,地下水流的上游。基坑面积较大时,可在基坑范围内设置盲沟排水。根据地下水量、基坑平面形状及水泵能力,集水井每隔 20～40 m设置一个。

集水井降水法适用于面积较小,降水深度不大的基坑(槽)开挖工程;不适用于软土、淤泥质土或土层中含有细砂、粉砂的情况。因为,采用集水井降水法时,将产生自下而上或从边坡向基坑方向的动水压力,容易导致流砂现象或边坡塌方。

2. 流砂现象

若采用集水井降水法,当基坑开挖到达地下水位以下,而土质又为细砂、粉砂时,坑底的土可能会形成流动状态,随地下水涌入基坑,这种现象称为“流砂”。一旦发生流砂现象,基底土将完全丧失承载能力,土边挖边冒,施工条件极端恶化,甚至危及邻近建筑物的安全。

在基坑开挖中,防治流砂的原则是"治流砂必先治水"。

防治流砂的主要途径有:减小或平衡动水压力;设法使动水压力方向向下;截断地下水流。其具体措施如下。

(1)枯水期施工法。

枯水期地下水位较低,基坑内外水位差小,动水压力小,不易产生流砂。

(2)抢挖并抛大石块法。

分段抢挖土方,使挖土速度超过冒砂速度,在挖至标高后立即铺竹、芦席,并抛大石块,以平衡动水压力,将流砂压住。此法适用于治理局部的或轻微的流砂。

(3)设止水帷幕法。

将连续的止水支护结构(如连续板桩、深层搅拌桩、密排灌注桩等)打入基坑底面以下一定深度,形成封闭的止水帷幕,从而使地下水只能从支护结构下端向基坑渗流,增加地下水从坑外流入基坑内的渗流路径,减小水力坡度,从而减小动水压力,防止流砂产生。

(4)人工降低地下水位法。

采用井点降水法(如轻型井点、管井井点、喷射井点等),使地下水位降低至基坑底面以下,地下水的渗流向下,则动水压力的方向也向下,因此水不能渗流入基坑内,可有效地防止流砂的产生。因此,此法应用广泛且较可靠。

此外,还可采用地下连续墙、压密注浆法、土壤冻结法等阻止地下水流入基坑,以防止流砂产生。

1.4.2　轻型井点降水

井点降水法,就是在基坑开挖前预先在基坑四周埋设一定数量的滤水管(井),利用抽水设备,在基坑开挖前和开挖过程中不断地抽出地下水,使地下水位降低到坑底以下,直至基础工程施工完毕为止的方法。

井点降水法采用的井点包括轻型井点、喷射井点、电渗井点、管井井点及深井井点等类别。各自适用范围见表1-5。施工时可根据土的渗透系数、要求降低水位的深度、工程特点、设备条件及经济性等具体条件选择。其中轻型井点降水应用最广泛。轻型井点降低地下水位,是沿基坑周围以一定间距埋入井点管(下端为滤管)至蓄水层内,井点管上端通过弯联管与地面上水平铺设的集水总管相连接,利用真空原理,通过抽水设备将地下水从井点管内不断抽出,使原有地下水位降至坑底以下。

视频 1-16
井点降
水原理

表 1-5　井点的类别及适用范围

井点类别		土的渗透性/(m/d)	降水深度/m
轻型井点	一级轻型井点	0.1～50	3～6
	多级轻型井点	0.1～50	视井点级数而定
喷射井点		0.1～50	8～20
电渗井点		<0.1	视选用的井点而定

井 点 类 别		土的渗透性/(m/d)	降水深度/m
管井类	管井井点	20～200	3～5
	深井井点	10～250	>15

1. 轻型井点设备

轻型井点设备由管路系统和抽水设备组成。管路系统包括井点管、滤管、弯联管及总管。

井点管的直径为 50 mm,长度为 5～7 m,上端用弯联管(透明硬塑料管)与总管相连,下端用螺丝套筒与滤管相连。滤管的直径为 50 mm,长度为 1～1.5 m,管壁上钻有 $\phi12～\phi19$ 星状排列的滤孔,外包两层滤网,为使水流畅通,在骨架与滤网之间用塑料细管或钢丝绕成螺旋状,将其隔开,滤网外面再用粗钢丝网保护。

总管为直径 100～127 mm 的无缝钢管,每段长 4 m,其上装有与井点管连接的短接头,间距为 0.8 m 或 1.2 m。

抽水设备有干式真空泵、射流泵及隔膜泵等,常用 W5、W6 型干式真空泵,其抽吸深度为 5～7 m,最大负荷长度分别为 100 m 和 120 m。

2. 轻型井点系统布置

轻型井点系统的布置,应根据基坑或沟槽的平面形状和尺寸、深度、土质、地下水位高低与流向、降水深度要求等因素综合确定。

(1)平面布置。

①当基坑或沟槽宽度小于 6 m,且降水深度不大于 5 m 时,可用单排线状井点,布置在地下水流的上游一侧,两端延伸长度一般以不小于基坑(沟槽)宽度为宜,如图 1-24(a)所示。

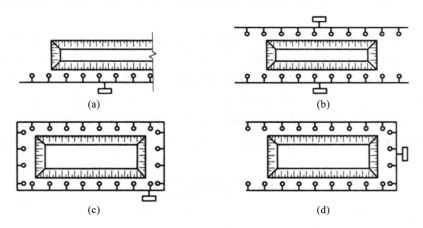

图 1-24 轻型井点的平面布置

②当宽度大于 6 m,或土质不良、渗透系数较大时,则宜采用双排线状井点,如图 1-24(b)所示。

③面积较大的基坑宜采用环状井点,如图 1-24(c)所示;有时也可布置为 U 形,如图 1-24(d)所示,以利于挖土机械和运输车辆出入基坑。

(2)高程布置。

轻型井点的降水深度在考虑设备水头损失后,不超过 6 m。井点管距离基坑壁一般为 0.7～

1.0 m,以防止局部发生漏气,如图 1-25 所示。

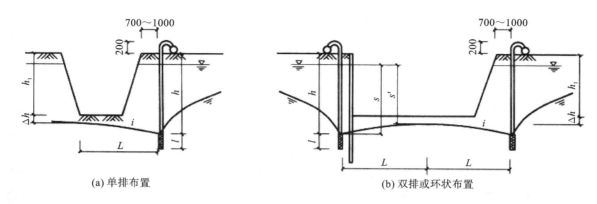

图 1-25　轻型井点高程布置图(单位:mm)

（3）抽水设备的选择。

一般采用真空泵抽水设备。W5 型真空泵的总管长度不大于 100 m;W6 型真空泵的总管长度不大于 120 m。采用多套抽水设备时,井点系统应分段,各段长度应大致相等。分段地点宜选择在基坑转弯处,以减少总管弯头数量,提高水泵的抽吸能力。水泵宜设置在各段总管中部,使泵两边水流平衡。分段处应设阀门或将总管断开,以免管内水流紊乱,影响抽水效果。

视频 1-17 轻型井点降水施工

（4）轻型井点的施工。

准备工作(包括设备、动力、水源及必要材料的准备)→开挖排水沟、观测附近建筑物的标高→挖土至总管理设面,排放总管→水冲法冲孔,边冲边沉冲管,冲孔直径为 300 mm,保证砂滤层深度比滤管底深 0.5 m→拔出冲管,插入井点管,填灌粗砂滤层,填至滤管顶 1～1.5 m;黏土封口,以防漏气→用弯联管将井点管与总管相连接→安装抽水设备→试抽,检查有无漏气现象。开始抽水后,应细水长流,不应停抽。整个抽水过程中加强观测,采取适当措施,防止周围地面的不均匀沉降。

视频 1-18 施工现场井点降水操作流程

1.4.3　喷射井点

当基坑开挖所需降水深度超过 6 m 时,一级的轻型井点就难以达到预期的降水效果,这时如果场地许可,可以采用二级甚至多级轻型井点以增加降水深度,达到设计要求。但是这样一来会增加基坑土方施工工程量、增加降水设备用量并延长工期,二来也扩大了井点降水的影响范围而对环境不利。为此,可考虑采用喷射井点。

视频 1-19 喷射井点演示

根据工作流体的不同,以压力水作为工作流体的称为喷水井点;以压缩空气作为工作流体的称为喷气井点,两者的工作原理是相同的。喷射井点系统主要由喷射井点、高压水泵(或空气压缩机)和管路系统组成,如图 1-26 所示。喷射井管由内管和外管组成,在内管的下端装有喷射扬水器,喷射扬水器与滤管相连。当喷射井点工作时,由地面高压离心水泵供应的高压工作水经过内外管之间的环行空间直达底端,在此处工作流体由特制内管的两侧进水孔至喷嘴喷出。在喷嘴处由于断面突然收缩变小,工作流体具有极高的流速(30～60 m/s),在喷口附近形成负压(形成真空),将地下水通过滤管吸入。吸入的地下水在混合室与工作水混合,然后进入扩散室,在强大压力的作用下,地下水同工作水一同被扬升出地面,经排水管道系统排至集水池或水箱。水箱中的水一部分用低压泵排走,另一部分供高压水泵压入井管外管内作为工作水流。如此循环作业,将地下水不断从井点管中抽走,使地下水位渐渐下降,达到设计要求的降水深度。

喷射井点用作深层降水,在粉土、极细砂和粉砂中较为适用。在较粗的砂粒中,由于出水量较大,循环水流就显得不经济,这时宜采用深井泵。一般一级喷射井点可降低地下水位 8～20 m,甚至 20 m 以上。

1.4.4　电渗井点

在黏土和粉质黏土中进行基坑开挖施工,由于土体的渗透系数较小,为加速土中水分向井点管中流入,提高降水施工的效果,除了应用真空产生抽吸作用,还可加用电渗。

电渗井点一般与轻型井点或喷射井点结合使用,利用轻型井点或喷射井点管本身作为阴极,金属棒(钢筋、钢管、铝棒等)作为阳极。通入直流电(采用直流发电机或直流电焊机)后,带有负电荷的土粒即向阳极移动(即电泳作用),而带有正电荷的水则向阴极方向集中,产生电渗现象。在电渗与井点管内的真空双重作用下,黏土中的水被强制由井点管快速排出,井点管连续抽水,从而渐渐降低地下水位。

对于渗透系数较小(小于 0.1 m/d)的饱和黏土,特别是淤泥和淤泥质黏土,单纯利用井点系统的真空产生的抽吸作用可能较难将水从土体中抽出排走,而利用黏土的电渗现象和电泳作用特性,一方面可加速土体固结,增加土体强度,另一方面也可以达到较好的降水效果。电渗井点的原理如图 1-27 所示。

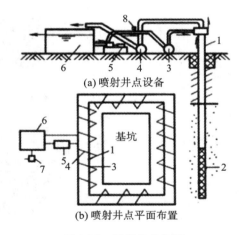

图 1-26　喷射井点布置

1—喷射井管;2—滤管;3—供水总管;4—排水总管;
5—高压离心水泵;6—水池;7—排水泵;8—压力表

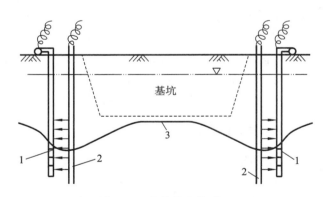

图 1-27　电渗井点的原理

1—井点管;2—金属棒;3—地下水降落曲线

1.4.5　管井井点和深井井点

对于渗透系数为 20～200 m/d 且地下水丰富的土层、砂层,用明排水法会造成土颗粒大量流失,引起边坡塌方,用轻型井点则难以满足排降水的要求。这时候可采用管井井点。管井井点就是沿基坑每隔一定距离设置一个管井,或在坑内降水时每隔一定距离设置一个管井,每个管井单独用一台水泵不断抽取管井内的水来降低地下水位。管井井

视频 1-20
管井井点
演示

视频 1-21
深井井点
埋设与降水

点具有排水量大、排水效果好、设备简单、易于维护等特点,其降水深度为 3～5 m,可代替多组轻型井点。

对于渗透系数大、涌水量大、降水较深的砂类土,以及用其他井点降水不易解决的深层降水,可采用深井井点系统。深井井点降水是在深基坑的周围埋置深于基坑的井管,通过设置在井管内的潜水泵将地下水抽出,使地下水位低于坑底的降水方法。该方法排水量大,降水深(可达 50 m),不受吸程限制,排水效果好;井距大,对平面布置的干扰小;可用于各种情况,不受土层限制;成孔(打井)用人工或机械均可,较易于解决;井点制作、降水设备及操作工艺、维护均较简单,施工速度快。如果井点管采用钢管、塑料管,可以整根拔出重复使用。但其一次性投资大,成孔质量要求严格;降水完毕,井管拔出较困难。它适用于渗透系数较大(10～250 m/d)、土质为砂类土、地下水丰富、降水深、面积大、时间长的情况,在有流砂和重复挖填土方区使用,效果更佳。

1.5　土方的机械化开挖

视频 1-22
大型土方
工程机械
化施工

当面积和土方量较大时,为提高生产率,降低劳动强度,降低工程成本,加快建设速度,多采用机械化开挖方式和先进的作业方法。机械化开挖常用的机械主要包括挖掘机械(如单斗挖土机、多斗挖土机等)、挖运机械(如推土机、铲运机、装载机等)、运输机械(如翻斗车、自卸汽车、皮带运输机等)和密实机械(如压路机、蛙式夯、振动夯等)四大类,施工机械应依据工程特点及工程量、现有机械情况、配套要求,并考虑经济效益合理选用。

近年来中国工程机械不断发展创新,一路向前。2023 工程机械十大品牌中中国企业占据四位,分别是三一重工、徐工、中联重科、柳工。中国工程机械更不断刷新工程机械史上"最大""最长""最重"的纪录(图 1-28)。

1.5.1　推土机施工

推土机是土方工程施工的主要机械之一,常用的推土机有履带式推土机(图1-29)和液压轮胎式推土机(图 1-30)。推土机除了可以升降推土板,还可调整推土板的角度,因此具有较大的灵活性。

推土机操纵灵活,运转方便,所需工作面较小、行驶速度快、易于转移,能爬 30°左右的缓坡,因此应用范围较广。

推土机适于开挖一至三类土,多用于平整场地、开挖深度不大的基坑、移挖作填、回填土方、堆筑堤坝以及配合挖土机集中土方、修路开道等。为了提高推土机的生产率,必须增大铲刀前的土壤体积,减少推土过程中土壤的散失,缩短切土、运土回程等每一工作循环的延续时间。因此,常用的施工方法如下。

1. 下坡推土

如图 1-31 所示,推土机顺地面坡势沿下坡方向推土,借助机械往下的重力作用,可增大铲刀切土深度和运土数量,提高推土机推土能力和缩短推土时间,一般可提高生产率 30%～40%,但推土坡度应在 15°以内。

2. 并列推土

如图 1-32 所示,对于大面积的施工区,可用 2～3 台推土机并列推土。推土时两铲刀相距 15～30 cm;倒车时,分别按先后次序退回。这样,可以减少土的散失而增大推土量,能提高生产率 15%～

(a) 世界最大轮式起重机
徐工QAY1200起重机

(b) 世界最长臂架泵车
中联重科ZLJ5910THBS 101-7RZ泵车

(c) 世界载重最大自卸铁路货车
中国南车100吨自卸铁路货车

(d) 世界最大电动轮自卸车
中冶京诚（湘潭）重工HMTK600B

图 1-28　中国工程机械世界之最

图 1-29　液压履带式推土机

图 1-30　液压轮胎式推土机

30%，但平均运距不宜超过 75 m，也不宜小于 20 m，且推土机数量不宜超过 3 台，否则倒车不便，行驶不一致，反而影响生产率的提高。

3. 分批集中，一次推送

当运距较远而土质又比较坚硬时，由于切土的深度不大，宜采用多次铲土，分批集中，一次推送，以便在铲刀前保持满载，有效地利用推土机的功率，缩短运土时间。

视频 1-23
推土机作业

图 1-31　下坡推土

图 1-32　并列推土

4. 槽形推土

当运距远,挖土层较厚时,利用前次推土的槽形推土,可大大减少土壤散失,从而增大推土量。

此外,对于推运疏松土壤,且运距较大时,还应在铲刀两侧加装挡板,以增加铲刀的铲土体积,减少土壤向两侧散失。在土层较硬的情况下,则可在铲刀前面加装活动松土齿,当推土机倒退回程时,即可将土翻松。这样,便可减少切土时的阻力,从而可提高切土运行速度。

1.5.2　铲运机施工

视频 1-24
铲运机工
作原理

铲运机是一种能独立完成挖土、运土、卸土、填筑等工作的土方机械。按有无动力设备分为自行式和拖式两种。自行式铲运机的行驶和工作,都靠本身的动力设备完成,如图 1-33 所示;拖式铲运机需由拖拉机牵引及操纵,如图 1-34 所示。

铲运机的工作装置是铲斗,铲斗前方有一个能开启的斗门,铲斗前设有切土刀片。切土时斗门打开,铲斗下降,刀片切入土中。铲运机前进时,被切下的土挤入铲斗,铲斗装满后将其提起,斗门关闭,开始运土。行至卸土地点后,提起斗门,边走边卸土并刮平。

图 1-33　自行式铲运机

图 1-34　拖式铲运机

铲运机管理简单,生产率高,且运转费用低,在土方工程中常应用于大面积场地平整、填筑路基和堤坝等。铲运机适宜在一、二类土且地形起伏不大(坡度在 20°以内)时,运距 60～800 m 的大面积场地平整、大型沟槽开挖或路基填筑施工。

铲运机的生产率主要取决于铲斗装土容量和铲土、运土、卸土、回程的工作循环时间。为提高生产率,可采用下坡铲土、推土机助铲等方法,以缩短装土时间并使铲斗装满。

铲运机的开行路线主要有环形路线和"8"字形路线两种形式。铲运机运行路线应根据填、挖方区的分布情况并结合当地具体条件进行合理选择。环形路线是一种简单又常用的路线。当地形起伏不大,施工地段较短时,多采用环形路线。根据铲土与卸土的相对位置不同,分为两种情况,每一循环只完成一次铲土和卸土,如图 1-35(a)、(b)所示。当挖填交替且挖填方之间的距离又较短时,则可采用大循环路线。一个循环能完成多次铲土和卸土,如图 1-35(c)所示,可减少铲运机的转弯次数,提高工作效率。"8"字形路线是装土、运土和卸土,轮流在两个工作面上进行,每一循环完成两次铲土和两次卸土作业,如图 1-35(d)所示。这种运行路线,装土、卸土沿直线开行,上下坡时斜向行驶,比环形路线运行时间短,减少了转弯次数和空驶距离;同时每次循环两次转弯方向不同,可避免机械行驶时的单侧磨损;适用于取土坑较长(300~500 m)的路基填筑或地形起伏较大的场地平整。

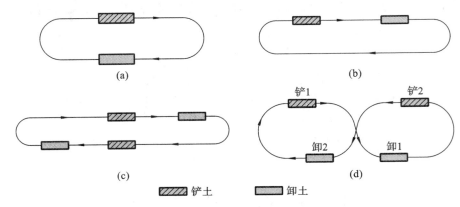

图 1-35　铲运机运行路线

1.5.3　单斗挖土机施工

单斗挖土机是基坑(槽)开挖的常用机械。按行走机构不同,它分为履带式和轮胎式两类;按传动方式不同,它分为机械和液压传动两种;按工作装置不同,它分为正铲、反铲、拉铲和抓铲四种。

视频 1-25
正铲挖土机
流程演示

1. 正铲挖土机

如图 1-36 所示,正铲挖土机的特点是"前进向上,强制切土"。它适用于开挖停机面以上的一至四类土和经爆破的岩石、冻土。与运土汽车配合能完成整个挖运任务,可用于大型干燥基坑以及土丘的开挖。正铲挖土机的开挖方式有正向挖土、侧向卸土和正向挖土、后方卸土两种。

正向挖土、侧向卸土是挖土机沿前进方向挖土,运输工具在挖土机一侧开行和装土。采用这种作业方式,挖土机卸土时铲臂回转角度小,装车方便,循环时间短,生产效率高而且运输车辆行驶方便,避免了倒车和小转弯,因此应用最广泛。

视频 1-26
利勃海尔
R9350 正铲
挖土机施工

由于正铲挖土机作业于坑下,无论采用哪种卸土方式,都应先挖掘出口坡道,坡道的坡度为(1∶10~1∶7)。

正向挖土、后方卸土是挖土机沿前进方向挖土,运输工具停在挖土机后方装土。这种作业方式的工作面较大,但挖土机卸土时铲臂回转角度大,运输车辆要倒车驶入,增加工作循环时间,生产效率降低。一般只用于开挖工作面较狭窄且较深的基坑(槽)、沟渠和路堑等。

2. 反铲挖土机

如图 1-37 所示,反铲挖土机的特点是"后退向下,强制切土"。它适用于开挖停机面以下的一至三类土,适用于开挖深度不大的基坑、基槽或管沟等及含水量大或地下水位较高的土方。反铲挖土机可以与自卸汽车配合,装土运走,也可弃土于坑槽附近。反铲挖土机的开挖方式有沟端开挖和沟侧开挖两种。

沟侧开挖是挖土机沿沟槽一侧直线移动,边走边挖,运输车辆停在机旁装土或直接将土卸在沟槽的一侧。卸土时铲臂回转半径小,能将土弃于距沟边较远的地方,但挖土宽度(一般为 0.8R,R 为挖掘半径)和深度较小,边坡不易控制。由于机身停在沟边工作,边坡稳定性差,只在无法采用沟端开挖方式或挖出的土无须运走时采用。

视频 1-27 反铲挖土流程

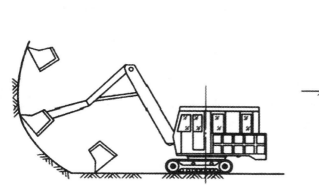

图 1-36 正铲挖土机外形及工作状况

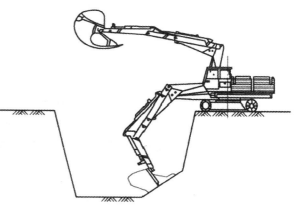

图 1-37 反铲挖土机外形及工作状况

沟端开挖是挖土机停在基槽(坑)的一端,向后倒退着挖土,汽车停在两旁装车运土,也可直接将土甩在基槽(坑)的两边堆土。此方法的优点是挖掘宽度不受挖土机械最大挖掘半径的限制,铲臂回转半径小,开挖的深度可达到最大挖土深度。

视频 1-28 反铲挖掘臂

视频 1-29 长臂反铲挖土机施工

视频 1-30 修坡反铲挖土机施工

3. 抓铲挖土机

如图 1-38 所示,抓铲挖土机的特点是"直上直下,自重切土"。它适用于开挖停机面以下的一至二类土,如挖窄而深的基坑、疏通旧有渠道以及挖取水中淤泥等,或用于装卸碎石、矿渣等松散材料。在软土地基的地区,常用于开挖基坑、沉井等。开挖方式有沟侧开挖和定位开挖两种。

沟侧开挖是抓铲挖土机沿基坑边移动边抓土,适用于边坡陡直或有支护结构的基坑开挖。定位开挖是抓铲挖土机立于基坑一侧抓土,对较宽的基坑,则在两侧或四周抓土。挖淤泥时,抓斗易被淤泥吸住,应避免用力过猛,以防翻车。

视频 1-31 抓铲挖土机作业

视频 1-32 拉铲挖土机作业

4. 拉铲挖土机

如图 1-39 所示,拉铲挖土机的特点是"后退向下,自重切土"。它适用于开挖停机面以下的一至二类土,适用于开挖较深较大的基坑(槽)、沟渠,挖取水中泥土以及填筑路基、修筑堤坝等。拉铲挖土机大多将土直接卸在基坑(槽)附近堆放,或配备自卸汽车装土运走,但工效较低。拉铲挖土机的开挖方式有沟端开挖和沟侧开挖两种。

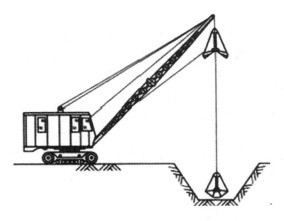

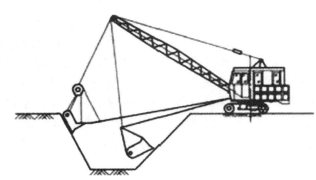

图 1-38 抓铲挖土机外形及工作状况   图 1-39 拉铲挖土机外形及工作状况

1.5.4 土方施工机械的选择

大型基坑(槽)、管沟等土方机械化施工方案应合理地选择土方机械,使它们在施工中配合协调,以充分发挥机械的效能,加快施工进度,保证工程质量,降低工程成本。因此,施工前要经过经济和技术分析比较,制定合理的施工方案,指导施工。

1. 制定施工方案的依据

制定土方机械化施工方案的依据如下:

(1) 工程类型及规模;

(2) 施工现场的工程及水文地质情况;

(3) 现有机械设备条件;

(4) 工期要求。

2. 施工方案的选择

大型基坑(槽)施工,可根据基坑(槽)深度、土质、地下水及土方量等情况,采取不同的施工方案。当地下水位低于基坑(槽)底部时,可以用正铲挖土机挖土,自卸汽车运土;当基坑(槽)中有地下水时,可先用正铲挖土机开挖地下水位以上的土,再用反铲或拉铲挖土机开挖地下水位以下的土,用自卸汽车运土,也可配合井点降水疏干基坑中的地下水,再用正铲挖土机开挖,还可以用推土机推土、装载机装土、自卸汽车运土。

独立基坑(槽)(如厂房柱基等)开挖时,可根据基坑(槽)、柱距大小采取单个基坑(槽)开挖(柱距较大时),整条开挖(柱距较小时,各柱基基坑挖通一条宽基槽)或整片开挖(柱基较密且厂房内设备基础又较多时)等不同施工方案,并选择相应施工机械。

开挖管沟常用反铲挖掘机施工,并根据管沟周围情况,采取沟端开挖或沟侧开挖。

采用机械挖土时,为了不使地基土遭受破坏,基坑(槽)底部预留 200～300 mm 土层,由人工清理整平。

3. 挖土机与自卸汽车配套计算

组织土方机械化施工,必须使主导机械和辅助机械的台数相互配套,协调工作。

主导机械(如挖土机)的数量,应先根据其生产率和每班完成的工作量来考虑,并由机械故障或其他原因而临时停工等因素,算出所需的机械台班数,再根据工期及工作面大小来确定具体数量。

待机械数量确定后,按充分发挥其效能的原则确定出配套机械的数量。

1.5.5　基坑开挖

1. 开挖的原则

(1) 放坡开挖。

当场地允许并经验算能保证土坡稳定时,可采用放坡开挖。开挖较深时应采用多级放坡,并在各级间留宽度不少于 1.5 m 的平台。做好地下水及地面水的处理;土质较差或留置时间较长的坡面应进行护坡;坑顶不宜堆土或存在堆载,否则应减缓坡度或加固。

(2) 有围护无内支撑的基坑开挖。

采用土钉墙、土层锚杆支护的基坑,开挖应与土钉、锚杆施工相协调,形成循环作业,并提供成孔施工的所需工作面。开挖应分层分段进行,每层挖深宜为土钉或锚杆的竖向间距,每层分段长度不宜大于 30 m,开挖后及时进行支护施工。采用重力式水泥土墙、板墙悬臂支护的基坑,其强度及龄期应满足时间要求,面积大者可采取平面分块、均匀对称开挖方式,并及时浇筑垫层。

(3) 有内支撑的基坑开挖。

应遵循"先撑后挖、限时支撑、分层开挖、严禁超挖"的原则,尽量减少基坑无支撑的暴露时间和空间。挖土机和车辆不得直接在支撑上行走或作业。

2. 开挖的方法

基坑土方的常用开挖方法包括下坡分层开挖、盆式开挖和岛式开挖。

(1) 下坡分层开挖。

如图 1-40 所示,下坡分层开挖常用于无坑内支撑的工程。分层厚度取决于边坡稳定、土钉及锚杆层距及机械挖深能力,并在适当位置留出坡道将土运出。每层土按机械开挖半径、挖运方便及周边环境分条分块进行开挖。

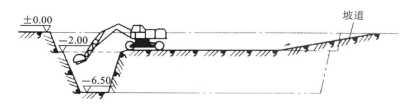

图 1-40　下坡分层开挖示意

(2) 盆式开挖。

如图 1-41 所示,盆式开挖适用于基坑中部支撑较为密集的大面积工程:先开挖基坑中部土方形成盆状,再开挖周边土方。这种开挖方法使基坑支护挡墙受力较晚,可在支撑系统养护阶段进行开挖。

(3) 岛式开挖。

如图 1-42 所示,岛式开挖适用于坑内支撑系统沿基坑周边布置、中部留有较大空间的工程:先挖基坑周边土方,在较短时间内完成支撑系统,在支撑系统养护阶段再开挖基坑中部岛状土体。该法对基坑变形控制较为有利。

3. 开挖施工要点

(1) 应根据地下水位、机械条件、进度要求等合理选用施工机械,以充分发挥机械效率,节省机

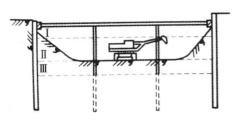

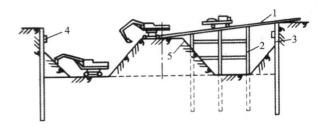

图 1-41　盆式开挖示意　　　　　　　　图 1-42　岛式开挖示意

械费用,加快工程进度。

　　(2) 土方开挖前应制定开挖方案,绘制开挖图,包括确定开挖路线、顺序、范围、基底标高、边坡坡度、排水沟、集水井位置以及挖出的土方堆放地点等。

　　(3) 基底标高不一致时,可采取先整片挖至平均标高,然后再挖较深部位。当一次开挖深度超过挖土机最大挖掘高度时,宜分层开挖,并修筑坡道,以便挖土及运输车辆进出。

　　(4) 应有人工配合修坡和清底,将松土清至机械作业半径范围内,再用机械掏取运走。大基坑宜另配一台推土机清土、送土、运土。

　　(5) 挖掘机、运土汽车进出基坑的运输道路,应尽量利用基础一侧或地下车库坡道部位作为运输通道,以减少挖土量。

　　(6) 软土地基或在雨期施工时,大型机械在坑下作业,需铺垫钢板或铺路基箱垫道。

　　(7) 对某些面积不大、深度较大的基坑,应尽量不开或少开坡道,采用机械接力挖运土方,或采用长臂挖土机作业,并使人工与机械合理地配合挖土。

视频 1-33　　视频 1-34
机械开挖与　　钎探
人工清底

　　(8) 机械开挖时,基底及边坡应预留一层 200～300 mm 厚土层用人工清底、修坡、找平,以保证基底标高和边坡坡度正确,避免超挖和土层遭受扰动。

　　(9) 基坑挖好后,应紧接着进行下一工序,尽量减少暴露时间。否则,基坑底部应保留 100～200 mm 厚的土暂时不挖,作为保护,待下一工序开始前再挖至设计标高。

　　(10) 经钎探、验槽(必要时还需进行地基处理)满足要求后,方可进行基础施工。

新设备

　　多斗挖掘机:用多个铲斗连续挖掘、运送和卸料的挖掘机械。其特点是连续作业、生产率高、单位能耗较小,适于挖掘硬度较低、不含大石块的土壤。多斗挖掘机分链斗式挖掘机、轮斗式挖掘机(曾称斗轮式挖掘机),如图 1-43、图 1-44 所示。

　　作为中国工程机械的排头兵,世界工程机械 10 强徐工研制的 ET110 步履式挖掘机外形像蜘蛛,又被称为“钢铁蜘蛛侠”(图 1-45)。跋山涉水如履平地,灵活机动操控自如。ET110 是徐工集团苦心研发的新一代智能产品,显示出了徐工在挖掘机领域里的巨大科研和创新实力,创造了中国工程机械前沿科技领域的又一座丰碑。它是一种可在高原、平原地区使用的、能适应各种地形、多用途的步履式挖掘机。它采用步履、轮式驱动结合的复合式结构,能全轮驱动、全轮转向、轮腿复合。因此,ET110 型步履式挖掘机不仅可在普通环境下作业,在高寒、高海拔地区,陡峭的山坡、

视频 1-35
超大型轮斗
式挖掘机

视频 1-36
ET110 步
履式挖掘机

水网、沼泽地带一样可以自如地作业。ET110 步履式挖掘机通过自主编制的专用控制软件、CAN 总线技术和可编程控制器对液电系统进行集成,可将全车各路信息全部进行收集和智能化管理,提高了整机的稳定性、安全性和可靠性。ET110 设计的多功能电液集成操纵手柄,可控制整机 24 个动作,使操作方便、准确、灵活、易学,达到操纵相对简单的目的。

图 1-43 链斗式挖掘机

图 1-44 轮斗式挖掘机

图 1-45 ET110 步履式挖掘机

1.6 土方填筑与压实

1.6.1 土料选择与填筑方法

为了保证填土工程的质量,必须正确选择土料和填筑方法。

回填土料应符合设计要求,淤泥和淤泥质土、过盐渍土、强膨胀性土、有机质含量大于等于 8% 的土不得用作填料;碎石类土或爆破石渣的粒径不得超过每层铺填厚度的 2/3,且不得用作表层填料;土料的含水率应满足压实要求。

不同填料不应混填。当采用透水性不同的土料时,不得掺杂乱倒,应分层填筑,并将透水性较小的土料填在上层,以免填方内形成水囊或浸泡基础。

填方施工宜采用水平分层铺填、分层压实,每层铺填的厚度应根据土的种类及压实机械而定。每层填土压实后,应检查压实质量,符合设计要求后,方能填筑上一层。当填方位于坡面上时,应先将斜坡挖成台阶状,然后再分层填筑,以防填土滑移。

1.6.2 填土压实方法

填土压实方法包括碾压法、夯实法及振动压实法等。

平整场地等大面积填土工程多采用碾压法,小面积的填土工程宜用夯实法,而振动压实法对非黏性土效果更好。

1. 碾压法

碾压法是利用机械滚轮的压力压实填土,常采用压路机碾压。压路机有钢轮和胶轮等形式,按重量分为轻型、重型等多种型号;按碾压方式,分为平碾、羊足碾和振动碾。羊足碾产生的压强较大,对黏性土压实效果好。振动碾能力强、效率高。常用压路机如图 1-46 所示。

视频 1-37
压实机械

(a) 两轴光轮压路机

(b) 20 t振动压路机

(c) 25 t轮胎压路机

(d) 羊足碾

图 1-46 常用压路机

碾压时,对松土应先用轻碾初步压实,再用重碾或振动碾压,否则易造成土层强烈起伏,影响效率和效果。先压边部再压中间。碾压机械行驶速度不宜过快,一般平碾不应超过 2 km/h,羊足碾不应超过 3 km/h,且应先慢后快。

2. 夯实法

夯实法是利用夯锤自由下落的冲击力来夯实填土，分机械夯实和人工夯实两种。常用的夯实机械有夯锤、蛙式夯、电动跳夯和内燃机跳夯(图 1-47)等；人工夯实可用木夯、石夯等。

视频 1-38　视频 1-39　视频 1-40
蛙式夯　　内燃机跳夯　平板夯

(a) 蛙式夯　　　　　　(b) 电动跳夯　　　　　(c) 内燃机跳夯

图 1-47　常用的夯实机械

3. 振动压实法

振动压实法是通过振动力，使土颗粒发生相对位移而达到紧密状态。平板振动机如图 1-48 所示。此外，振动压路机是一种振动和碾压同时作用的高效能压实机械，比一般压路机提高功效 1～2 倍，可节省动力 30%。振动压实适于填料为爆破石渣、碎石类土、杂填土和粉土等非黏性土的密实。

(a) 双向振动平板夯　　　　　　(b) 单向振动平板夯

图 1-48　常用的平板振动机

1.6.3　填土压实的影响因素与控制

填土压实质量与许多因素有关，其中主要影响因素为压实功、土的含水率以及铺土厚度。

1. 压实功的影响

填土压实质量与压实机械在其上所做的功成正比。压实功包括压实机械的吨位(或冲击力、振动力)及压实遍数(或时间)。土的干密度与所耗的功的关系如图 1-49 所示。在开始压实时，土的干密度急剧增加；待接近最大干密度时，压实功虽然增加许多，但土的干密度几乎没有变化。因此，在施工中不要盲目过多地增加压实遍数。

2. 含水率的影响

在同一压实功条件下，填土的含水率对压实质量有直接影响(图1-50)。较为干燥的土，由于颗粒间的摩阻力较大而不易压实；含水率过高的土，又易压成"橡皮土"。当含水率适中时，水起了润滑和黏结作用，从而易于压实。各种土的最佳含水率和所能获得的最大干密度，可由击实试验确定，也可参考表1-6。现场施工时，可通过"紧握成团、轻捏即碎"(黏性土或灰土)的经验法或快速测试仪，检测土的含水率是否在最佳范围内。

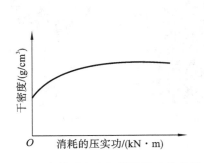

图 1-49　土的干密度与所消耗功的关系

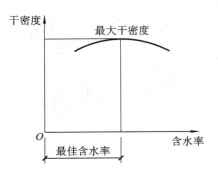

图 1-50　含水率与干密度的关系

表 1-6　土的最佳含水率和最大干密度参考值

土 的 种 类	最佳含水率/(%)	最大干密度/(g/cm³)
砂土	8~12	1.80~1.88
粉土	16~22	1.61~1.80
粉质黏土	12~15	1.85~1.95
黏土	19~23	1.58~1.70

3. 铺土厚度的影响

土在压实功的作用下，压应力随深度增加而逐渐减小(图1-51)，其影响深度与压实机械、土的性质及含水率等有关。铺土厚度应小于压实机械压土时的有效作用深度，但其中还有最优土层厚度问题。铺得过厚，要压很多遍才能达到规定的密实度。铺得过薄，则也要增加机械的总压实遍数。恰当的铺土厚度能使土方压实而机械的功耗最少。填方每层的铺土厚度和压实遍数见表1-7。

表 1-7　填方每层的铺土厚度和压实遍数

压 实 机 械	每层铺土厚度/mm	每层压实遍数
平碾	250~300	6~8
羊足碾	200~350	8~16
振动压实机	250~350	3~4
蛙式打夯机	200~250	3~4
人工打夯	<200	3~4

1.6.4　填土压实的质量检验

填土压实后必须达到要求的密实度,密实度应按设计规定的压实系数 λ_c 作为控制标准。压实系数 λ_c 为土的控制干密度与最大干密度之比(即 $\lambda_c = \rho_d / \rho_{max}$)。压实系数一般由设计根据工程性质、使用要求以及土的性质确定,例如,作为承重结构的地基,在持力层范围内,λ_c 应为 $0.96 \sim 0.97$;在持力层范围以下,应为 $0.94 \sim 0.95$;一般场地平整应为 0.9 左右。

检查土的实际干密度,可采用环刀法取样,其取样组数为:基坑回填及室内填土,每 $100 \sim 500$ m² 取样一组(每个基坑不少于一组);基槽或管沟回填,每层按长度 $20 \sim 50$ m 取样一组;场地平整填土,每层按 $400 \sim 900$ m² 取样一组。取样部位在每层压实后的下半部分。试样取出后,测定其实际干密度 ρ'_d(单位为 g/cm³),应满足

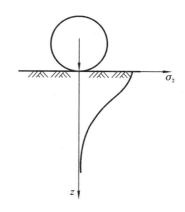

图 1-51　压实作用沿深度的变化

$$\rho'_d \geqslant \lambda_c \rho_{max} \tag{1.15}$$

填土压实后的干密度,应有 90% 以上符合设计要求,其余不足 10% 的最低值与设计值的差不得大于 0.08 g/cm³,且不得集中。

【案例分析 1.2】

1. 项目概况

本工程项目位于马銮湾片区西部,南起东孚西二路,北接东孚北路;东孚南路(二期)道路长度为 805.518 m,道路修建宽度为 43 m,车道数为双向四车道,二分路左线道路长度为 1714.55 m,道路修建宽度为 30 m,车道数为四车道,二分路右线道路长度为 1683.52 m,道路修建宽度为 30 m,车道数为四车道,车行道路面类型为沥青混凝土路面。同时沿线敷设地下综合管廊。

2. 基坑回填注意事项

(1) 管廊位于非道路下方时,结构顶板以下的部位,其回填土通常可借助素土分层碾压的方式进行回填,保证每层回填土都夯实后再进行下一层土的碾压工作,要求每层回填土的压实系数不低于 0.9。结构顶板以上的部位可借助素土回填的方式进行,无须分层碾压,压实系数应不低于 0.9。

(2) 管廊位于道路下方时,对于距离道路面层 1.95 m 以内的土层,应按照道路相关施工规范和标准进行土方回填工作;距离道路面层 1.95 m 以外的土方,为保证基础的承载力和沉降位移,应利用级配砂石进行分层回填、碾压及夯实,要求每层回填土的压实系数不低于 0.95。

(3) 为了避免管廊两侧土方回填后产生的侧压力不均匀,在进行土方回填工作时,应对称施工,要求两侧的土方回填高度偏差不超过 0.3 m,压实系数保持一致。按照道路施工规范和要求进行素土回填,避免采用变形量过大、稳定性较差的材料进行回填,例如淤泥、膨胀土等。

(4) 在进行土方回填时,应提前对土层的含水率等参数进行测定,以指定匹配的碾压次数及施工方案,明确土层种类,保证土方回填效果。若采用黏性土或者砂质土等进行回填,为提高施工效果,可选择在土层达到最佳含水量的情况下进行施工;当采用碎石等进行回填时,可通过洒水等方式提高土层的含水率,以便达到土方回填的压实度要求。

3. 土方回填施工技术标准和要求

(1) 主要机械设备及注意事项。

土方回填施工的主要设备种类较少,主要有用于碾压夯实的压路机,开挖运输土方的铲车、装载机及挖掘机,控制施工高度的辅助工具钢尺、标准木桩等。

在进行土方回填时,应结合实际土层情况及压实系数要求制定适宜的施工方案,注意对称施工,并时刻观测回填土方的侧压力是否对称,管廊结构强度是否符合设计规范要求。为保证土方碾压夯实效果,回填前应进行坑内清洁工作,检测基坑四周强度是否符合规范标准,严格按照已制定的施工组织计划组织材料设备进场施工,对施工人员及设备操作人员进行充分的交底及培训,明确施工方案及要求,避免盲目施工,保证现场安全文明施工情况。

（2）土方回填材料性能。

①适宜的含水率控制。若采用素土进行回填,为保证基坑回填效果,应提前测定素土的含水率,最适宜的含水率范围通常为11％～15％。若含水率较高,应对素土进行晾晒干燥处理,若含水率较低,可对素土进行洒水处理,提高含水率。

②合理的砂石级配及含水量。若采用天然级配砂石作为主要回填材料,应提前测定砂石颗粒的级配等级,清理砂石中垃圾等杂物;结合现场实际情况对天然级配砂石的含水量进行控制。

③现场夯实试验。进行大面积土方回填之前,应选取一定范围的土层进行现场夯实试验,确定回填材料的回填厚度与击实次数。

4．土方回填施工步骤

土方回填的施工步骤通常为:先进行基坑底部杂物清理,提前对回填材料进行性能试验,按回填厚度要求进行材料摊铺及击实碾压,待碾压一定程度后,对土层的压实度进行检测,若压实度满足要求,则进行找平及验收工作,并记录相关数据。

5．施工操作要点

（1）基坑底部清理。

在进行基坑回填之前,应检查基坑底部施工情况,将多余的积水、淤泥、垃圾杂物等提前排除。检查基坑边坡的稳定性及基坑底部土层的松散程度;若边坡稳定性不满足施工要求,应对其进行加固;若底部土层较松散,应在保证管廊结构不受影响的前提下,对基坑进行充分碾压夯实。

（2）回填材料参数测定。

根据现场实际情况,选择适宜的主要土方回填材料,按照规范要求提前进行材料性能的参数测定,确保材料能够满足施工要求。

（3）回填材料分层摊铺。

根据已测定的回填材料参数,制定合理的基坑回填施工方案,确定合理的分层施工厚度及摊铺面积。根据主体的施工进度进行基坑回填的穿插作业,为保证管廊结构两侧压力的对称性,进行基坑回填时,应注意对称施工,两侧回填材料摊铺厚度偏差不得超过0.3 m,否则容易对管廊结构造成挤压破坏。

（4）分层击实碾压。

受回填空间限制,所回填的材料无法采用机械进行夯实碾压,一般借助人工夯实来实现局部土方的碾压工作,在进行人工夯实施工时,在靠近管廊结构的部位应做好成品保护措施,避免因碾压造成管廊结构挤压破坏或防水层破损。在进行机械碾压时,应按照匀速、反复多次的方式进行,确保每一层的压实度满足要求。碾压顺序由外向内,对称碾压,每次碾压应控制一定宽度的重叠,防止漏压。以机械压实为主,人工夯实为辅,对基坑回填土进行充分压实碾压,保证碾压后的压实标高满足设计要求。

（5）土层压实度检测。

按厚度要求对回填土进行分层压实。施工完毕,每层压实都需要进行找平工作,对每层的压实度进行检测,一旦发现压实度不符合要求的,应按照规范和技术要求进行重新碾压,直至压实度满足要求后,再进行找平和验收工作。压实度应符合表1-8要求。

（6）压实土层的找平及验收。

按照施工方案完成所有土层的压实碾压工作后，应及时进行找平，找平后的高度应与设计标高一致；按 20～50 mL 组的取样原则进行随机取样，对土样进行压实度检测，待检测结果符合设计要求后方可进行隐蔽验收。

表 1-8　压实度标准

填挖类型	路床顶面以下深度/cm	道路类型	压实度/（%）	检验频率		检测方法
				范围	点数	
填方	0～80	城市快速路、主干路	≥95	人工夯实：每层基坑长度25 m或500 m²；机械碾压：每层基坑长度50 m或1000 m²	每层6点	环刀法、灌水法或灌砂法
		次干路	≥94			
		支路及其他小路	≥92			
	80～150	城市快速路、主干路	≥93			
		次干路	≥92			
		支路及其他小路	≥91			
	＞150	城市快速路、主干路	≥92			
		次干路	≥91			
		支路及其他小路	≥90			

6. 综合管廊墙背回填的施工质量控制措施

为了进一步控制管廊侧墙背的土方回填效果，保证施工质量，在进行基坑回填前，应根据现场实际情况，综合考虑回填材料性能、地基承载力等因素，制定合理的土方回填施工方案。在进行墙背回填前，应清理干净周边的垃圾杂物等，将原地面开挖成台阶形式以便进行分层回填施工。按照规范要求选择主要回填材料，并进行材料性能参数测定，明确分层回填的厚度及击实次数。在实际回填施工过程中，应详细记录施工数据及施工异常现象，并对每层回填土进行压实度测定，压实标准为 96%。特别关注墙背回填土和管廊结构回填土之间的密实度不得偏差过大，避免产生不均匀沉降或管廊结构的挤压破坏。若管廊结构所处的地基承载力较小，可通过加载预压等方式进行加固处理。5 m 以上的墙背回填完成后必须进行沉降观测，待沉降结果符合规范要求，经监理工程师复核审查后，方可进行下一道施工工序。根据勘察报告可知地下水位比较高，开挖回填期间降水必须持续，确保无积水。此外，墙背回填前做好施工前的排水，确保施工中不留积水。

压实检测时，检测频率与布点应遵循以下原则：每单侧面、每层 50 m² 至少自检一点。墙背回填的检测项目如表 1-9 所示。

表 1-9　墙背回填的检测项目

次　项	检查项目	规定值或允许偏差	检查方案
1	压实度	≥96%	每50 m²检测1处
2	纵断高程/mm	+10，−15	每50 m²检测1处
3	宽度	不小于设计值	每个墙背检测1处
4	平整度/mm	15	3 m直尺：每50 m²检测1处×10尺
5	横坡/（%）	±0.3	水准仪：每个墙背检测1处
6	中线偏位/mn	50	每个墙背检测1处

次 项	检查项目	规定值或允许偏差	检查方案
7	边坡	坡度不大于设计值	每一个墙背处两侧各检测 1 处
	平顺度	符合设计要求	

压实检测结束后报监理、中心试验室照自检频率的 20% 抽检,根据规范设计要求进行检测。当全部检测点均满足设计要求方可认定为合格。进行布点时应尽可能选择具备典型特征的测点。若采用天然级配砂石作为回填材料,在布点时出现松散、石窝等现象,应对其进行处理后再重新布点检测。布点顺序主要参照由底到面,每层随机抽样的原则进行。每次回填压实后进行压实度检测,检测方法按照规范设计要求执行与计算,若出现局部压实度不满足设计要求,应分析原因并针对性解决。

7. 结论

目前城市道路管廊工程不断发展,对管廊结构基坑回填的要求也逐步提高,为提高管廊结构基坑回填施工质量及效果,防止道路路面出现不均匀沉降等现象,在进行土方回填施工时,应结合现场实际情况提前制定合理的回填方案,做好管廊结构成品保护,严控回填施工质量,保证压实度满足设计要求。

知识归纳

1. 土方工程的主要内容包括平整、开挖、填筑等主要分项工程和稳定土壁、控制地下水等辅助性分项工程。

2. 土方工程施工特点,施工准备工作。

3. 基坑、基槽、路堤土方工程量计算,场地平整标高与土方量计算。

4. 基坑支护形式、构造及施工。

5. 基坑开挖施工中降低地下水位方法。

6. 井点降水类型、适用范围及主要原理。

7. 常用土方开挖施工机械的性能和使用范围。

8. 填土压实和路基填筑的要求和方法。

独立思考

一、简答题

1. 土方工程施工的特点及组织施工的要求有哪些?

2. 什么是土的可松性?可松性系数的意义及用途如何?

3. 影响土方边坡稳定的因素主要有哪些?

4. 结合土钉墙支护施工实录,简述土钉墙支护的原理及施工顺序。

5. 常用支护结构的挡墙形式有哪几种,各适用于何种情况?

6. 对地下水的控制方法有哪些?基坑降水的方法有哪几种?其各自的适用范围如何?

7. 简述流砂现象发生的原因及主要防治方法。

8. 单斗挖土机按工作装置分为哪几种类型?其各自特点及适用范围如何?

9. 简述土方填筑工程对土料的要求及填筑施工要点。

10. 简述影响填土压实质量的主要因素及保证质量的主要方法。

二、计算题

某基坑坑底平面尺寸如图 1-52 所示,坑深 4 m,四边均按 1∶0.5 的坡度放坡,土的可松性系数 $K_s=1.25$,$K_s'=1.08$,坑深范围内箱形基础的体积为 1200 m³。试求:基坑开挖的土方量和需预留回填土的松散体积。

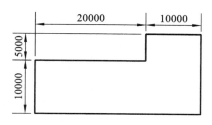

图 1-52(单位:mm)

第2章　根深本固基稳上宁——深基础工程

【导入语】　范晔在《后汉书·列传·郭符许列传》中有"墙高基下,虽得必失"的著名论述;《齐民要术·园篱》中记载有"凡作园篱法,于墙基之所,方整深耕";《淮南子·泰族训》有"根深则本固,基美则上宁"的论述;北宋文学家苏辙的《新论》中更有"欲筑室者,先治其基"的明确说法。这些都十分生动地强调了深基础扎实牢固对上部结构安全的重要性。如今,在土木工程中建筑师们更加重视基础的重要作用,尤其是深基础,其意义更加重大。

2.1　预制桩施工

宋代李诫的著作《营造法式》中就有关于基础的论述:"凡开基址,须相视地脉虚实,其深不过一丈,浅止于五尺或四尺"。一般多层建筑物或小型建(构)筑物当地基条件较好时,多采用天然浅基础。随着现代建筑结构体系的变化和结构规模的不断增加,建(构)筑物的上部荷载较大或对沉降有严格要求的高层建筑、地下建筑以及桥梁基础等,则应采用深基础。

深基础是埋深较大,以下部坚实土层或岩层作为持力层的基础,把所承受的荷载相对集中地传递到地基的深层。土木工程中,深基础有桩基础、地下连续墙、沉井(沉箱)基础等。其中,桩基础承载力强、沉降小、施工技术特点突出且经济效果好,成为深基础的主要应用形式。桩基础按施工方法分为灌注桩和预制桩两种。

预制桩施工是指将在工厂或施工现场制成的各种材料、各种形式的桩,按桩位布置图定位后用沉桩设备将桩打入、压入或振入土中,直至设计深度的施工方法。

2.1.1　预制桩的特点和分类

与其他深基础施工相比较,预制桩施工具有以下特点:

(1) 桩在工厂预制成型,故桩身质量稳定、施工速度快;

(2) 不易穿透较厚的砂土等硬夹层(除非采用预钻孔、射水等辅助沉桩措施);

(3) 桩的贯入能力受多种因素制约,常出现因桩打不到设计标高而截桩,造成浪费;

(4) 沉桩过程产生挤土效应,特别是在饱和软黏土地区沉桩可能导致周围建筑物、道路、管线等损伤;

(5) 预制桩由于承受运输、起吊、打击应力,需要配置较多钢筋,混凝土标号也要相应提高,其造价往往高于灌注桩;

(6) 锤击沉桩时,产生的噪声污染较大。

预制桩在工程中应用较为广泛,但由于噪声大,不适于在人员密集区域使用,多在空旷的野外施工地点应用。

预制桩按材料可分为木桩、钢筋混凝土桩和钢管桩。其中,木桩承载力低,耐久性差,因此很少使用。钢筋混凝土桩截面可以制作成方形或圆形两种,有预应力高强混凝土管桩(PHC)、预应力混凝土管桩（PC）和高强预应力混凝土空心方桩（PHS）、空心方桩（PS）等，如图2-1所示。钢管桩分为无缝和有缝两种，为了防止钢管桩锈蚀，影响强度和使用寿命，在出厂前应进行环氧粉末喷涂，如图2-2所示。

图2-1 钢筋混凝土预制桩

图2-2 钢管桩

2.1.2 预制桩的制作、起吊、运输与堆放

1. 预制桩的制作

较短的钢筋混凝土桩（不宜超过12 m）一般在工厂预制；较长的在现场预制，长度不宜超过30 m。桩身混凝土强度不低于C30，桩的接头不宜超过两个。桩身配筋与沉桩方法有关：锤击沉桩的纵向钢筋配筋率不宜小于0.8%；静力压入法施工的桩身配筋率不宜小于0.6%。当桩的纵向钢筋直径不小于14 mm，桩身宽度或直径不小于350 mm时，纵向钢筋不应少于8根。纵向钢筋的保护层厚度不小于30 mm，若采用锤击法沉桩还应在桩顶设置钢筋网片。

预应力混凝土管桩是在工厂用离心法，通过先张法工艺施加预应力而制成的，混凝土通常采用C60、C80，每节长度4～12 m，接头不宜超过4个。桩身最小配筋率不小于0.4%，且预应力钢筋数量不少于6根，预应力钢筋应沿桩身圆周均匀配置。主筋连接宜采用对焊，且接头位置应错开。

为保证桩身质量，预制桩制作场地应平整、坚实，具有足够的强度和小变形，不得产生不均匀沉降。预制桩的混凝土浇筑，应由桩顶向桩尖连续进行严禁中断，且充分振捣密实，及时覆盖洒水养护，养护时间不少于7 d。桩的表面应平整密实，无裂缝。应做好相应记录，包括混凝土浇筑日期、混凝土强度等级、外观检查、质量鉴定记录，以供验收查用。

现场多采用叠浇法预制，重叠层数不宜超过4层。层与层之间应涂刷隔离剂，上层桩或邻桩的浇筑，必须在下层桩或邻桩的混凝土达到设计强度的30%以后方可进行。

2. 预制桩的起吊

规范规定：混凝土预制桩须在混凝土强度达到设计强度的70%方可起吊。

吊点设置应按照起吊后桩的正、负弯矩基本相等的原则，如图2-3所示。桩起吊时应设置吊环或其他保护起吊点局部安全的措施，起吊过程应平稳并保护桩身完好。

3. 预制桩的运输

打桩前，桩应运输到现场或桩架处，宜随打随运，避免二次搬运。规范规定：预制桩应达到100%设计强度值时方可运输。桩的运输距离比较短时，可直接用起重机吊运或桩下垫滚筒托运，严禁在场地直接拖拉桩体；运输距离比较长时，可采用大平板车或轻便轨道平台车运输。运输时，支垫点应与吊点位置一致，将桩放置平稳、垫实并固定，避免较大振动。

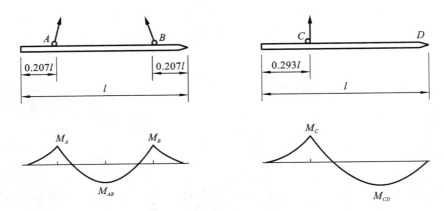

图 2-3　吊点位置

4. 预制桩的堆放

为保证不影响桩身质量,避免出现堆放场地不均匀沉降导致桩身开裂问题,预制桩的堆放场地进行硬化处理且保持排水畅通。桩身下应设置垫木,其位置应与吊点位置相同。对混凝土空心桩,当场地条件许可时宜采用单层堆放,当叠层堆放时不宜超过 4 层。当桩叠层堆放超过 2 层时,应用吊机取桩,严禁拖拉。不同规格、不同材质的桩应分别堆放,以便于施工。

运到打桩位置堆放时,应布置在桩架附设的起重钩工作半径范围内,并考虑起重方向,避免空中转向。

2.1.3　预制桩沉桩

预制桩的沉桩方法有锤击法、静压法、振动法等。

1. 沉桩设备

(1) 锤击沉桩设备。

锤击沉桩设备是利用冲击力将桩贯入地层的沉桩机械,由桩锤、桩架及动力装置三部分组成。常用的桩锤有落锤、柴油锤、蒸汽锤、液压锤等。

落锤用人力或卷扬机拉起桩锤后,使其自由下落,利用锤的重力夯击桩顶,使之入土。落锤装置简单、使用方便、费用低,但施工速度慢、效率低,且桩顶易被打坏。落锤适用于施打小直径的钢筋混凝土预制桩,在软土层中应用较多。

柴油锤是以柴油为燃料,利用设在筒形汽缸内的冲击体的冲击力与燃烧压力,推动锤体跳动夯击桩体。其体积小、锤击能量大、锤击速度快、施工性能好,适用于各种土层及各类桩型,也可打斜桩。但由于振动大、噪声大、废气飞散等严重污染,目前柴油锤在国外及我国的一些大中城市已受到限制。

蒸汽锤是利用蒸汽的动力进行锤击,它需要配备一套锅炉设备对桩锤外供蒸汽。根据其工作情况又可分为单动式汽锤与双动式汽锤。单动式汽锤的冲击力较大,可以打各种桩,每分钟锤击数为 25～30 次,常用锤重为 3～10 t。双动式汽锤的外壳是固定在桩头上的,而锤在外壳内上下运动;工作效率高,锤重一般为 0.6～6 t,适用于打各种桩。

液压锤的冲击块通过液压装置提升至预定高度后再快速释放,以自由落体方式打击桩体。液压锤具有很好的工作性能,且无烟气污染、噪声较小,但它结构复杂、维修保养的工作量大、价格高、作业效率比柴油锤低。

选择桩锤时,应根据地质条件、桩的类型、桩身结构强度、桩的长度、桩群密集程度以及施工条件等因素来综合考虑。宜采用"重锤低击"方法,此方法对桩顶的冲量小、动量大,桩顶不易被打碎,大部分能量用于克服桩身摩擦力与桩尖阻力。实践证明:当桩锤重大于桩重的 2 倍时,能取得较好的效果。

桩架是悬吊桩锤支持桩身,并为桩锤导向的打桩设备。桩架的形式较多,常用的是步履式和履带式。

步履式打桩架是通过两个可相对移动的底盘互为支撑、交替走步的方式前进,如图 2-4 所示。它无须铺设轨道,移动就位方便,打桩效率高。

履带式打桩架是以履带式车体为主机的一种多功能打桩机,如图 2-5 所示。其性能灵活,移动方便,适用范围较广,可适应各种预制桩施工。

图 2-4　步履式桩架

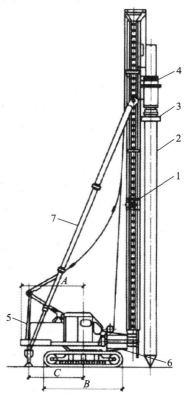

图 2-5　履带式桩架

1—立柱;2—桩;3—桩帽;4—桩锤;
5—机体;6—支撑;7—斜撑

桩架的高度是选择桩架时需考虑的一个重要问题。桩架的高度应满足施工要求,一般为桩长、滑轮组高度、桩锤高度、桩帽高度与起锤移位高度之和。

（2）静压沉桩设备。

静压沉桩设备是利用无噪声、无振动的油压、桩机自重和附属的卷扬机及配重等设备将桩分段压入土中的施工机械。液压式压桩机主要由桩架、液压夹桩器、动力设备及吊桩起重机等组成(图2-6)。它可利用起重机起吊桩体,并通过液压夹桩器把桩的腰部夹紧并下压,当压桩力大于沉桩阻力时,桩便被压入土中。

图 2-6　液压式压桩机

（3）振动沉桩设备。

振动沉桩设备则指利用高频振动，以高加速度振动桩身，使桩周围的土体结构变化，强度降低后靠桩身自重将桩沉入土中的沉桩设备，主要由电机振动锤和桩架组成。

2．施工准备

施工准备是正式开始沉桩施工前的一系列准备工作，通常包括如下内容。

（1）施工现场地质状况、附近建筑物及附近地下管线等相关资料的调查和搜集。

（2）清除妨碍沉桩施工的地上、地下障碍物，场地平整必要的硬化处理并做好防、排水工作以及确保现场施工道路畅通和水源、电源和网络接好。

（3）图纸会审，及时与设计单位和业主单位沟通充分理解设计意图，按设计桩位进行放线、测量；桩基轴线的定位点及水准点应设置在不受沉桩影响的地点，水准点设置不少于 2 个。

（4）安装打桩机进行试打，以检验设备和工艺是否符合要求。按照规范的规定，试桩不得少于 2 根。

（5）确定合理的沉桩顺序。

由于预制桩沉桩时不可避免地会发生"挤土效应"，为避免其带来的不利影响，保证打桩施工顺利进行，确定合理的沉桩顺序十分重要。

常用的三种沉桩顺序为：由一侧向单一方向进行；自中间向两个方向对称进行；自中间向四周进行，如图 2-7 所示。

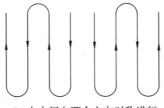
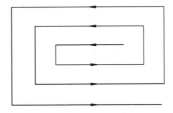

(a) 由一侧向单一方向进行　　　　(b) 由中间向两个方向对称进行　　　　(c) 由中间向四周进行

图 2-7　打桩顺序

在实际施工时,还常遇到如下情况:①桩埋置深度不同,宜先深后浅;②在斜坡地带,应先沉坡顶处桩后沉坡脚处桩;③若桩长、桩径等规格不同,则应先长后短、先大后小;④毗邻建筑物时,应先施工邻近建筑物的桩,再施工远离建筑物的桩。

【典型例题 2.1】　以下预制桩打桩顺序中,正确的是(　　)。
A. 对于密集桩群应自四周向中间逐排施打
B. 当一侧毗邻建筑物时,应由毗邻建筑物处向另一方向施打
C. 根据基础的设计标高,应先浅后深施打
D. 根据桩的规格应先小后大、先短后长施打
答案:B

3. 沉桩施工

(1)锤击沉桩。

锤击沉桩是利用锤击设备将桩压入土中的施工方法,一般适用于黏质土和砂类土。

通常,锤击沉桩施工工序为:准备工作—桩机就位—沉第一节桩—接桩—桩顶下沉到位。按照测定好的桩位,安装桩机就位,将桩锤和桩帽吊起,然后提升吊桩并将其送至导杆内,垂直对准桩位缓缓送下插入土中。沉桩前,应对桩架、桩锤、动力设备等主要部件进行检查,开锤前应再次检查桩锤、桩帽或送桩的中轴线共线。

沉第一节桩时,应严格控制桩锤的动能,锤的落距应较小,待桩入土至一定深度且稳定后,测定其垂直度合格,再按规定的落距锤击。混凝土桩的接桩可用焊接、法兰连接以及机械连接等方法,此处仅介绍应用较多的焊接接桩方法。

视频 2-1
锤击沉桩
施工

混凝土桩的焊接接桩是通过上、下节桩对接端预埋桩帽对焊而成。预埋桩帽应采用低碳钢,连接时下节桩段的桩头应高出地面 0.5 m,在桩头处设置导向箍,确保垂直对正。先点焊固定再连续施焊,焊接完成后应自然冷却不少于 8 min 方可继续沉桩。焊工属于特殊工种,必须做到执证上岗。在焊接过程中,应充分发扬大国工匠——焊接火箭"心脏"的高凤林和"两丝"钳工顾秋亮的敬业精神,每个环节都谨慎操作,确保焊接接头的质量稳定可靠。

如桩顶标高低于自然地面,则须用送桩管将桩送入土中,应确保送桩管与桩的纵轴线重合,拔出送桩管后桩孔应及时回填或加盖。在打桩过程中,如遇有贯入度突然发生急剧变化;桩身突然发生倾斜、移位;有严重回弹;桩顶或桩身出现严重裂缝或破碎或桩不下沉等异常情况,应暂停打桩,及时研究处理。

锤击沉桩的停锤应符合如下要求:设计桩尖处为硬塑黏性土、碎石土、中密以上的砂土或风化岩等土层时,以桩尖已沉入该土层设计标高且贯入度达到设计的控制值为准;当贯入度已达控制贯入度,而桩尖高程未达设计高程时,应继续锤入 100 mm 或继续锤击 30~50 次,如无异常即可停锤;设计桩尖处为一般性黏性土或其他松软土层时,以桩尖高程为控制,贯入度作为校核。

【典型例题 2.2】　某大楼采用桩基础的深基础形式,若采用锤击沉桩法施工,则终止锤击的控制以(　　)为主。
A. 锤击数　B. 贯入度　C. 锤击力　D. 桩端设计标高
答案:D

（2）静压沉桩。

静压沉桩方法利用无噪声、无振动的压力将桩压入土中，用于软弱土层、填土及一般黏土层和严防振动的情况，但不宜用于地下有较多孤石或者有超过 2 m 的硬隔层的情况。该方法液压操作，自动化程度高、行走方便、运转灵活，可提高桩的施工质量；无振动、无噪声、无污染，对周围环境影响小，适合在人口密集的城市中施工。与锤击法相比，该方法混凝土等级可降低 1～2 级，节省钢筋40%左右，施工速度快，施工周期可比锤击法缩短 1/3。

静力压桩的施工顺序为：施工准备—桩机就位调整—压第一节桩—接桩—继续沉桩—送桩—沉桩到位—拔出送桩。

桩机应根据土质设置平衡配重，防止阻力过大而桩机自重不足。为保证桩能顺利压入，压桩机的最大压桩力应取其机架质量与配重之和的 90%，该值不得小于设计的单桩竖向极限承载力标准值，必要时由现场试验确定。

当第一节桩压入土中，其上端距地面 2 m 左右时，接第二节桩，继续压入，压同一根桩应连续施工，减少停顿时间，以免产生过大的启动阻力。压桩中应随时测量桩身的垂直度，当偏差大于 1%时，应找出原因并设法纠正。施工中，应由专人或开启自动记录设备做好施工记录。如遇到初压，桩身发生较大移位、倾斜；压入过程中桩身突然下沉或倾斜；压桩阻力剧变；遇到与勘察报告中的土层性质明显不符、难以穿越的硬层，出现异常响声或压桩机工作状态异常时，应暂停压桩，分析原因及时研究处理。

视频 2-2
静力压桩
施工

按设计要求终压值及试桩标准确定终止压桩控制：一般摩擦桩以桩端标高控制；端承桩则以桩端标高控制为主，并参照终压值控制。

（3）振动沉桩。

振动法是利用振动锤沉桩，将桩与振动锤连接在一起，振动锤产生的振动力通过桩身带动土体振动而将桩沉入土中。该方法在砂土中施工效率较高，适用于砂类土、黏质土和中密及较松的砾类土，不适于硬质土层中使用。每一根桩沉桩作业应一次性完成，不可中途停顿，以免土层的摩阻力恢复，增加下沉难度。

振动沉桩停振标准应以通过试桩验证的桩尖高程控制为主，以控制贯入度为校核。

（4）打桩的质量控制。

打桩的质量检查主要包括预制桩沉桩过程中的每米进尺的锤击数、最后 1 m 锤击数、最后贯入度及桩尖标高、桩身垂直度和桩位等。

预制桩的垂直偏差应控制在 1%以内，斜桩的倾斜度偏差不得大于倾斜角正切值的 15%（倾斜角系桩的纵向中心线与铅垂线之间的夹角）。按桩顶标高控制的桩，桩顶标高允许偏差为－50～100 mm。

预制桩（钢桩）桩位允许偏差见表 2-1。

表 2-1 预制桩（钢桩）桩位允许偏差

项　　目		允许偏差/mm
桩数为 1～3 根桩基中的桩		100
桩数为 4～16 根桩基中的桩		1/2 桩径或边长
桩数大于 16 根桩基中的桩	最外边的桩	1/3 桩径或边长
	中间桩	1/2 桩径或边长

2.2　灌注桩施工

灌注桩是直接在桩位上就地成孔,然后在孔内安放钢筋笼、灌注混凝土成桩的施工方法。根据成孔工艺不同,可分为干作业成孔灌注桩、泥浆护壁钻孔灌注桩、套管成孔灌注桩和爆扩成孔灌注桩等。

与预制桩相比,灌注桩不受土层变化的限制,而且不用截桩与接桩。由于避免了锤击应力,灌注桩的混凝土强度及配筋只要满足设计和使用要求即可。灌注桩具有节约材料、成本低廉、施工不受地层变化的限制、无挤土影响、噪声小等优点。但灌注桩施工操作严格,不能立即承受荷载,施工周期较长,在软土地基中易出现缩径、断裂等问题。

2.2.1　干作业成孔灌注桩

干作业成孔灌注桩是用螺旋钻机在桩位处钻孔,然后在孔内放入钢筋笼,再浇筑混凝土成桩。钻孔机械一般采用螺旋钻机(图 2-8),它由主机、滑轮组、螺旋钻杆、钻头、滑动支架、出土装置等组成。螺旋钻机利用动力旋转钻杆,使钻头的螺旋叶片旋转削土,土块沿螺旋叶片上升排出孔外。成孔效率高、无振动、无噪声,宜用于均质黏土层,也能穿透砂层,适用于成孔深度内无地下水的情况。

操作时要求钻杆垂直,一节钻杆钻入后,应停机接上第二节,继续钻进至要求深度。钻孔过程中如发现钻杆摇晃或难钻进,可能是遇到石块等异物,应立即停机检查。全叶片螺旋钻机成孔直径一般为 300～600 mm,钻孔深度为 8～20 m。钻至设计标高时,在原位空转清土,停钻后提出钻杆弃土,应随时清理孔口积土。在钻进过程中,遇

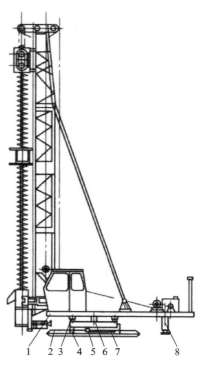

图 2-8　步履式螺旋钻机
1—上底盘;2—下底盘;3—回转滚轮;
4—行车滚轮;5—钢丝滑轮;6—回转轴;
7—行车油缸;8—支架

到塌孔、缩孔等异常情况,应及时研究解决。钢筋笼应一次绑好,吊放入孔完毕后,再次测量孔内虚土厚度。对于摩擦桩,虚土厚度不得大于 300 mm;对于端承桩,虚土厚度不得大于 100 mm。混凝土应连续浇筑,每次浇筑高度不得大于 1.5 m,灌注时应分层捣实。

2.2.2　泥浆护壁钻孔灌注桩

泥浆护壁成孔是用泥浆保护孔壁并排出土渣而成孔,不论地下水位高或低的土层皆适用。且施工速度快,质量稳定,受气候环境影响小,应用普遍。泥浆护壁钻孔灌注桩的施工工艺过程为:测定桩位—埋设护筒—泥浆制备—成孔—清孔—吊放钢筋笼—二次清孔—水下浇筑混凝土。

1. 成孔方法

一般采用回转钻机、冲击钻、冲抓锥等机具成孔。其中以回转钻机应用较多,根据泥浆循环方式的不同,分为正循环回旋钻机和反循环回旋钻机两种,其循环方式如图 2-9 所示。

视频 2-3
正循环钻孔
灌注桩

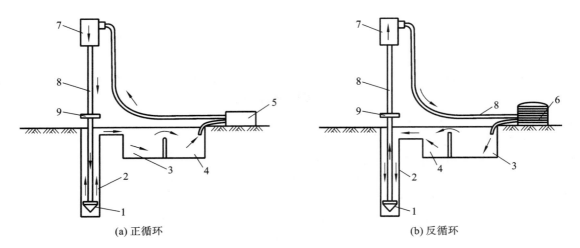

图 2-9　泥浆循环成孔工艺

1—钻头；2—泥浆循环方向；3—沉淀池；4—泥浆池；5—泥浆泵；
6—砂石泵；7—水龙头；8—钻杆；9—钻机回转装置

（1）正循环回转法。

利用钻机旋转切削土体钻进，泥浆泵将泥浆压进泥浆笼头，通过钻杆中心从钻头喷入钻孔内，泥浆挟带钻渣沿钻孔向上流动，从护筒顶部排浆孔排出至沉淀池，钻渣在此沉淀，而泥浆流入泥浆池循环使用。该方法适用于细粒土、砂类土、卵石粒径小于 2 cm 且含量少于 20％的卵石土、软岩。其优点是钻进与排渣同时连续进行，在适用的土层中钻进速度较快，但须设置泥浆槽、沉淀池等，施工占地较多，且机具设备较复杂。

（2）反循环回转法。

此法与正循环法泥浆输送正好相反，即泥浆输入钻孔内，然后从钻头的钻杆下口吸进，通过钻杆中心排出至沉淀池内。该方法适用于细粒土、砂类土、卵石粒径小于钻杆内径 2/3 且含量少于 20％的卵石土、软岩。其钻进与排渣效率较高，但接长钻杆时装卸麻烦，钻渣容易堵塞管路。

反循环工艺的泥浆上流的速度较高，排放土渣的能力强。应根据桩型、钻孔深度、土层情况、泥浆排放条件、允许沉渣厚度等进行选择，但对孔深大于 30 m 的端承桩，宜采用反循环。

（3）冲击钻成孔。

冲击钻主要用于在岩土层中成孔，成孔时将冲锥式钻头提升一定高度后，以自由下落的冲击力来破碎岩层，然后用掏渣筒来掏取孔内的渣浆。冲击钻机施工中需以护筒、掏渣筒及打捞工具等辅助作业，其机架可采用井架式、桅杆式或步履式等，一般均为钢结构。

（4）冲抓锥法。

三角立架、滑轮组、钢丝绳、卷扬机等使得锥头落入孔内抓土，锥头内有重铁块和活动抓片，下落时松开卷扬机制动，抓片张开，锥头自由下落冲入土中。然后开动卷扬机拉升锥头，此时抓片闭合抓土，将冲抓锥整体提升至地面卸土，于孔外卸土。成孔过程中不需要钻杆，钻进与提锥卸土均方便，适用的土质较广泛。冲抓锥法机械简单、成本较低，但施工自动化程度低，清运渣土劳动强度大，施工速度较慢。

2．埋设护筒

当钻孔较深时，在地下水位以下的孔壁在净水压力下会向孔内坍塌，严重的甚至发生流砂现象。故钻孔内应保持比地下水位高的水头，稳定孔壁，防止坍孔。钻孔前，先在孔口处理设护筒，保持钻孔过程中护筒内泥浆液面高于地下水位,起到增加桩孔内水压作用。同时,护筒还能起到隔离地表水、保护孔口地面、固定桩孔位置、导向钻头等作用。护筒常用 3～5 mm 厚的钢板制成,内径应比桩径大 200～400 mm 并在顶部开设 1～2 个溢浆孔。埋在桩位处,其顶面应高出地面或水面 400～600 mm。护筒埋设深度应根据设计要求或桩位处的地质水文条件情况确定,一般情况宜为 2～4 m,周围固定牢固,防止移位,见图 2-10。

(a)

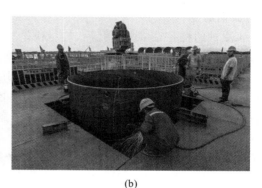
(b)

图 2-10　埋设固定钢护筒

3. 泥浆制备

护壁泥浆是由水、高塑性黏土或膨润土和外加剂拌和而成的混合物。泥浆具有保护孔壁、悬浮排出土渣和冷却机具和切土润滑等作用。除地层本身全为黏性土,能在钻进过程中形成合格泥浆外,其他情况必须在开工前专门配制合格的泥浆。

调制泥浆时,先将土加水浸透,然后搅拌成浆。泥浆的性能指标(如相对密度、黏度、含砂量、pH 值、稳定性等)要符合规定的要求。泥浆的选料既要考虑护壁效果,又要考虑经济性,应尽可能使用当地材料。同时,为减少对环境的影响,应设置泥浆循环净化系统。泥浆应根据成孔方法和地层情况进行相对密度、黏度、含砂率、胶体率、泥皮厚度和酸碱度等性能检测,应符合表 2-2 的要求。

表 2-2　泥浆性能指标

钻孔方法	地层情况	泥浆性能指标					
		相对密度	黏度 /(Pa·s)	含砂率 /(%)	胶体率 /(%)	泥皮厚度 /mm	酸碱度
正循环	一般地层	1.05～1.2	16～22	8～4	≥96	≤2	8～10
	易坍地层	1.2～1.45	19～28	8～4	≥96	≤2	8～10
反循环	一般地层	1.02～1.06	16～20	≤4	≥95	≤3	8～10
	易坍地层	1.06～1.10	18～28	≤4	≥95	≤3	8～10
	卵石层	1.10～1.15	20～35	≤4	≥95	≤3	8～10
冲抓	一般地层	1.10～1.20	18～24	≤4	≥95	≤3	8～11

注:①地下水位高或流速大时,指标取高限,反之取低。
　　②地质状态好,孔径或孔深小时,指标取低限,反之取高。
　　③泥浆的各种性能指标测定方法参考现行施工技术规范。

4. 清孔

钻孔达到要求的深度后,需要清除孔底沉淀物(沉渣),以防止灌注桩沉降大,提高灌注桩承载力,这个过程称为清孔。以原土造浆的钻孔,清孔可用射水法,同时钻机只钻不进,待泥浆相对密度降到1.1左右即可认为清孔合格。注入单独制备泥浆的钻孔,采用换浆法循环清孔,泥浆相对密度降到1.15~1.25即可认为清孔合格。清孔满足要求后,应在吊入钢筋笼并在浇筑混凝土前进行第二次清孔。二次清孔应满足孔底500 mm以内的泥浆相对密度小于1.25,含砂率不大于8%,黏度不大于28 Pa·s。孔底沉渣厚度:端承桩不大于50 mm;摩擦桩不大于100 mm。

5. 吊放钢筋笼

钻孔灌注桩的桩孔钻成并清孔后,应尽快吊放钢筋骨架并灌注混凝土。钢筋笼由主筋、加强筋和螺旋箍筋组成,其构造应满足设计要求。主筋间距允许偏差为±10 mm,箍筋允许偏差为±20 mm,钢筋接头应焊接牢固,各主筋接头应错开。采用吊机或钻机钻架吊起,垂直放入孔内,钢筋笼轴线与孔轴线偏差不大于20 mm。吊放过程中应控制好位置,防止剐蹭孔壁导致塌孔。吊放到设计位置后,应采取措施反压并固定其位置,以防止浇筑混凝土过程中钢筋笼上浮移位。

6. 灌注混凝土

在无水或少水的浅桩孔中灌注混凝土时,应分层浇筑振实,每层高度一般为0.5~0.6 m,不得大于1.5 m。混凝土坍落度根据土层性状选择,一般黏性土中宜为50~70 mm;砂类土中宜为70~90 mm;黄土中宜为60~90 mm。

水下灌注混凝土时,常用导管法灌注(图2-11)。导管采用壁厚3 mm以上的无缝钢管,组装完成后应进行导管水密承压和接头抗拉拔试验,试水压力为孔底静水压力的1.5倍,试验合格后方可在孔内安装导管。导管下放位需时保证导管口距孔底300~500 mm,导管顶部连接储料漏斗。灌注混凝土前应安装隔水栓,并确保隔水栓能够在混凝土作用下顺利滑出,不堵塞导管口,保证灌注顺利进行。

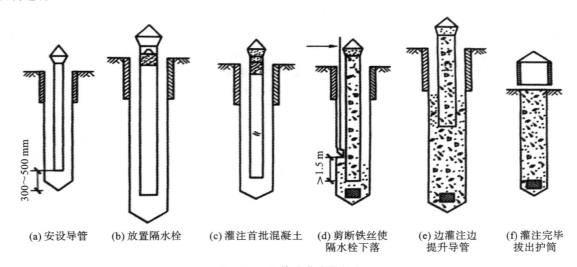

(a) 安设导管　(b) 放置隔水栓　(c) 灌注首批混凝土　(d) 剪断铁丝使隔水栓下落　(e) 边灌注边提升导管　(f) 灌注完毕拔出护筒

图 2-11　导管法灌注混凝土

首批混凝土用量需根据桩径、导管距孔底深度、导管初次埋置深度、孔内泥浆深度、孔内泥浆重度、混凝土重度等因素计算确定。首批混凝土灌注应保证导管口埋入混凝土内1~1.5 m,混凝土灌注应连续不间断,直至灌满全孔,泥浆全部排出。为保证混凝土质量,还应超灌0.5~1.0 m高度,结硬后凿除超灌部分,去除浮浆影响,以保证设计标高处桩顶强度满足要求。混凝土灌注过程中,应有专人指挥,控制拔管速度,整个过程必须保证导管口埋入混凝土面内2~6 m,严禁将导管口拔出混凝土灌注面,防止断桩。

灌注桩施工必须要提前进行安全和技术交底,应有书面交底文件。施工过程中需要有技术专业人员现场指挥,遇到问题及时解决。

【典型例题2.3】 某城市桥梁工程,采用钻孔灌注桩基础,桩身混凝土灌注前,项目技术负责人到场就施工方法对作业人员进行了口头交底,随后立即进行1号桩混凝土灌注。首批混凝土灌注时出现了堵管情况,项目部立刻进行了处理。现场灌注过程中,导管埋深保持在0.5~1.0 m,但拔管指挥人员因故离开现场。后经检测发现,1号桩出现断桩。

(1)试分析堵管原因。

(2)指出上述操作中,混凝土灌注过程中的错误之处,并改正。

解:

(1)发生导管原因有两个。

①灌注前未检验隔水栓(球)大小是否恰当,能否顺利滑出;②导管口离桩底过近,混凝土无法顺利充入桩孔内。

(2)操作不当之处及改正如下。

①项目技术负责人到场就施工方法对作业人员进行了口头交底。

改正:应该要有书面交底文件,并明确作业人员清楚各项要求。

②灌注过程中,导管埋深保持在0.5~1.0 m。

改正:首批混凝土浇筑应保证导管口埋入混凝土内1~1.5 m,后续过程必须保证导管口埋入混凝土面内2~6 m。

③拔管指挥人员因故离开现场。

改正:整个灌注过程中,专业指挥人员必须在场指挥,以保证质量。

2.2.3 套管成孔灌注桩

套管成孔灌注桩又称为打拔管灌注桩,是利用锤击或振动的方法将带有活瓣桩尖或预制钢筋混凝土桩尖(图2-12)的钢管沉入土中,然后将钢筋笼放入钢管内,再灌注混凝土,并随灌随将钢管拔出,利用拔管时的振动将混凝土捣实的成桩方法。

拔管时,钢筋混凝土预制桩尖留在桩底土中;活瓣桩尖在拔管时活瓣打开随钢管一起拔出。沉管设备与预制桩的沉管设备相同,此处不再赘述。沉管灌注桩施工过程如图2-13所示。

1. 振动沉管灌注桩

振动沉管灌注桩是利用振动沉桩设备将带有活瓣桩尖或预制钢筋混凝土桩尖钢管锤击沉入土中,然后边浇混凝土边拔管成桩的方法。适用于一般黏性土、淤泥、淤泥质土、粉土、湿陷性黄土、稍密及松散的砂土层。施工中,将桩管中心对准桩位中心,桩尖活瓣合拢,放松卷扬机钢绳,利用振动机和桩管自重将桩尖压入土中,开动振动箱,桩管即在强迫振动下迅速沉入土中。沉管过程中为防地下水或泥浆进入管中,可在沉管前贯入一些混凝土或水泥砂浆封住活瓣桩尖缝隙。沉管时,应根据不同土质条件,调整振动频率,必须严格控制最后的贯入速度,其值按设计要求或根据试桩和当地的施工经验确定。沉管至设计标高后,应先浇筑混凝土至钢筋骨架底部标高处,然后安放钢筋笼,再继续边拔管边浇筑混凝土至桩顶标高。

拔管时,应先启动振动箱片刻,再开动卷扬机拔桩。拔管过程中,应保持桩管内混凝土面高出桩管底2 m以上,以防止桩出现缩径问题。拔管法可采用单打法、复打法和反插法。

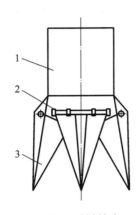

图 2-12　活瓣桩尖

1—桩管；2—锁轴；3—活瓣

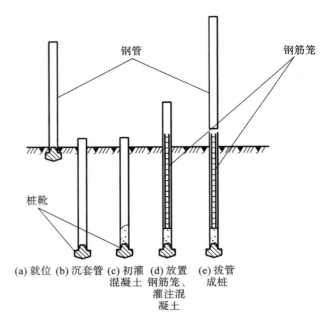

(a) 就位　(b) 沉套管　(c) 初灌　(d) 放置　(e) 拔管
　　　　　　　　　　　　混凝土　钢筋笼、　成桩
　　　　　　　　　　　　　　　　灌注混
　　　　　　　　　　　　　　　　凝土

图 2-13　沉管灌注桩施工过程

单打法也叫一次拔管法。在沉入土中的套管内灌满混凝土，振动 5～10 s，开始拔管，边振边拔。每提升 0.5～1 m 停拔，振动 5～10 s 后再拔，如此反复直到套管全部拔出。按如下要求控制拔管速度：一般土层内宜为 1.2～1.5 m/min；较软弱土层中宜为 0.6～0.8 m/min。采用活瓣式桩尖时宜慢，预制桩尖时可适当加快。

复打法是指在同一桩孔内进行两次单打，或者根据需要进行局部复打的方法。复打施工程序为：在第一次拔管完毕后，清除桩管外壁上污泥，在原桩位上再次安设桩尖，进行第二次沉管及浇筑混凝土，使第一次浇筑未凝固的混凝土向四周挤压以扩大桩径。应注意，钢筋笼应在第二次复打时放入，且应注意复打拔管应在第一次浇筑的混凝土初凝以前。两次沉管轴线应重合，局部复打应超过断桩或缩径区 1 m 以上，全长复打第二次沉管深度宜接近原桩长。

视频 2-4
套管成孔
灌注桩施工
锤击单打

反插法施工时，先振动再开始拔管，每提升 0.5～1.0 m，再向下把桩管反插下沉 0.3～0.5 m，在拔管过程中逐段添加混凝土，使管内混凝土始终高于地下水位 1.0～1.5 m，如此反复进行并始终保持振动，直至套管全部拔出地面。反插的次数按设计要求确定，并控制拔管速度不得大于 0.5 m/min。反插法能使桩的截面增大，从而提高桩的承载能力。

振动沉管灌注桩能适应复杂地层，不受持力层起伏和地下水位高低限制。能用小桩管打出大截面桩，一般单打法的桩截面可比桩管扩大约 30%，复打法可扩大约 80%，反插法可扩大约 50%。套管可较好防止塌孔、断桩等问题，桩质量可靠。

2. 锤击沉管灌注桩

锤击沉管灌注桩是用锤击打桩机将带有活瓣桩尖或预制钢筋混凝土桩尖钢管锤击沉入土中，然后缓缓放下套管，压进土中，然后边浇混凝土边拔管成桩的方法。适用于黏性土、淤泥、淤泥质土、稍密的砂土及杂填土层，不能在密实的砂砾石、漂石层中使用。

施工时，用桩架吊起钢套管，缓缓放下套管，安装桩尖，使其对准桩平面中心后将桩尖压入土中。套管上端安装桩帽,检查确保套管与桩锤在一垂直线上(套管轴线偏斜不大于0.5%),然后即可起锤沉套管。先用低锤轻击,观察无偏移后才可正常施打,直至符合设计要求的贯入度或沉入标高。检查管内无泥浆或水进入,即可灌注混凝土。套管内混凝土应尽量灌满,然后开始拔管。拔管时应保持连续密锤低击不停,在管底未拔到桩顶设计标高之前,倒打或轻击不得中断。拔管时应经常探测混凝土落下的扩散情况,保持管内混凝土高于地面,直至钢管全部拔出为止。控制拔出速度,对一般土层,不大于 1 m/min;软弱土层及软硬土层交界处,应控制在 0.8 m/min 以内。桩的中心距小于 5 倍桩管外径或小于 2 m 时,均应跳打。中间空出的桩须待邻桩混凝土达到设计强度的 50% 以后方可施打,以防止因挤土而使前面的桩发生桩身断裂。桩锤冲击频率视锤的类型而定:单动汽锤采用倒打拔管,频率不低于 70 次/min;自由落锤轻击不得少于 50 次/min。

视频 2-5
套管成孔
灌注桩施工
振动复打

　　为了提高桩的质量和承载能力,常采用复打扩大灌注桩。其施工顺序与振动复打法相同。

【案例分析】　邻近地铁线深厚卵砾石地层复杂地质条件下全套管大深度旋挖钻孔新技术灌注桩施工

　　1. 工程概况

北京市海淀区玉渊潭房地产桩基工程(慈寿寺地铁站西北角),场地东侧紧邻地铁 10 号线,场地南侧紧贴地铁 6 号线。桩径 1200 mm,桩深 27 m,桩直线间隔分布,桩间锚索加固。排桩中心线距离地铁线路最近仅 2 m。

　　2. 施工难点

邻近地铁的砂卵石复杂地层中,大深度全套管钻孔灌注桩施工(不能使用泥浆,不能扰动邻近地铁基础,进行大荷载摩擦桩、平衡法荷载试验时,施工风险大)

　　3. 技术创新

　　(1)国产全回转钻机与大型岩石旋挖钻机配套组合施工,形成大深度全回转套管旋挖钻孔灌注桩工法。

　　(2)QHZ-2000 型全回转套管钻机 10 天完成了三根直径 1200 mm、深度 61.7 m 的全套管灌注桩,创国内卵砾石地层全回转套管钻进的深度纪录。

　　(3)是目前理想的集"安全、广谱和绿色环保"于一身的先进大口径桩基施工技术。

2.3　其他深基础施工

2.3.1　地下连续墙施工

　　地下连续墙是在泥浆护壁条件下,利用专门的挖槽机械,在地下挖出窄而深的沟槽,并在其内安放钢筋笼、灌注混凝土而形成的一道具有防渗(水)、挡土和承重功能的连续地下墙体结构。该技术起源于欧洲,是一种特殊的深基础形式,是在基础埋深大、地下水位高、土质差或周围环境要求高及施工场地受限的情况下,深基础施工的有效手段。地下连续墙可作为防渗墙、挡土墙,也可用于承受垂直和水平荷载,具有足够刚度的大型高层建筑的外墙基础。其具有刚度大、整体性好、施工时无振动、噪声低等优点,可用于任何土质。

　　地下连续墙施工前必须具备工程地质资料、区域内障碍物资料,特别是地下土层变化、各种地下管线等情况,以便采取相应保护措施,保证施工正常进行。此外,施工过程中还应对基坑、支护结构和周边环境进行观察和监测,当出现异常情况时,应及时采取措施。

现浇地下连续墙主要流程如图2-14所示。在设计位置先修筑导墙,在泥浆护壁条件下分单元槽段进行开挖、清渣、安装接头构件、吊放钢筋笼、插入导管、灌注混凝土。接着再间隔施工下一个单元槽段,各接头管作为接头构件时,应待混凝土初凝后拔出。待邻近两个槽段的混凝土具有足够强度后,施工其间的连接槽段,直至形成整体闭合的连续墙体。

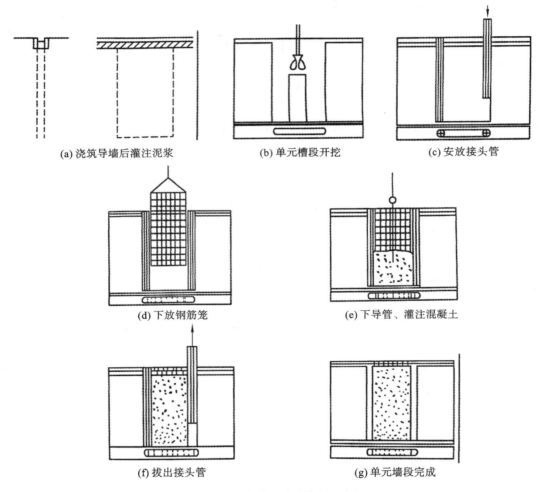

(a) 浇筑导墙后灌注泥浆　　　(b) 单元槽段开挖　　　(c) 安放接头管

(d) 下放钢筋笼　　　(e) 下导管、灌注混凝土

(f) 拔出接头管　　　(g) 单元墙段完成

图 2-14　现浇地下连续墙主要流程

导墙的作用是保证槽壁垂直,防止挖槽机械碰坏槽壁,在导向和保护作用的同时,还可以容蓄泥浆、作为吊放钢筋笼和导管的支承点。导墙厚度一般为 200～500 mm,深度 2 m 左右,且顶面略高出施工地面,以防止地表水流入。导墙常用含筋率较低的现浇钢筋混凝土,也有采用预制钢筋混凝土或钢制工具式导墙,以便周转使用,提高效率。两侧导墙之间应沿纵向间隔适当距离设置上下两道支撑。

成槽施工是地下连续墙施工的关键工序,常用的成槽机械有抓斗式和钻头式两种。施工时应将地下墙划分为多个具有一定长度的槽段,一般每槽段长 6～10 m,施工现场也可以根据具体情况采用更长或更短的槽段长度。

不同地层成槽方法有所不同,用旋转式钻机挖槽有"分层平挖"与"分层直挖"两种方法;用抓斗挖槽有"分条抓"与"分块抓"等方法,如图 2-15 所示。还有多种机械相结合的施工法,如"两钻一抓""三钻两抓""钻铣法""钻凿抓(铣)法"等,后两种方法在润扬长江公路大桥南汉悬索桥北锚碇基础施工中有成功的运用。

视频 2-6
地下连续墙
施工工艺

挖槽质量控制应包括槽位、槽深、槽宽和倾斜度。垂直度偏差一般不应超过1/200;槽位允许偏差为±30 mm,槽底高度不得高于墙底设计高度;槽宽在任一深度上应保证地下连续墙的设计厚度;相邻两槽段竖向中心线的偏差在任一深度上不得大于设计墙厚的 1/3。

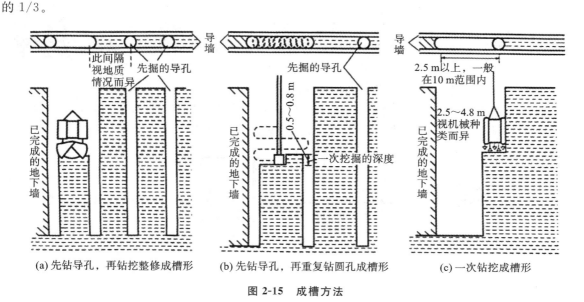

(a) 先钻导孔,再钻挖整修成槽形　　(b) 先钻导孔,再重复钻圆孔成槽形　　(c) 一次钻挖成槽形

图 2-15　成槽方法

地下连续墙施工接头一方面要满足结构受力和防渗要求,另一方面要求施工简单,质量可靠,不影响下一槽段施工。目前常用的接头形式有接头管、接头箱、接头隔板、双反弧接头等。一般来说,对于受力和防渗要求较小的施工接头,宜采用接头管;对受力、防渗和整体性要求高的宜采用接头箱或隔板式接头。

泥浆护壁和清孔要求可参考灌注桩相关内容。清槽后尽快吊放钢筋笼、浇筑混凝土,以防槽段塌方。混凝土灌注应采用导管法,单元槽段长度小于 4 m 时,可采用一根导管灌注;大于 4 m 时,宜采用 2～3 根导管同时灌注,导管间净距宜小于 3 m。混凝土应比设计强度等级提高一级,坍落度宜为 180～200 mm。

【典型例题 2.4】　现浇壁板式地下连续墙施工中,控制挖槽精度的是(　　　)。
A.导沟　B.接头管　C.导墙　D.导管
答案:C

【典型例题 2.5】　采用锁口管接头的地下连续墙的施工工序包括:①开挖单元槽段;②吊放钢筋笼;③下导管;④吊放接头管;⑤拔出接头管;⑥灌注水下混凝土;⑦导墙施工。正确的施工顺序是(　　　)。
A.①⑦③②④⑤⑥　B.⑦①④②③⑥⑤　C.⑦①③②④⑥⑤　D.①⑦④③②⑥⑤
答案:B

2.3.2　沉井施工

沉井基础是先在地表制作成一个井筒状的结构物(沉井),然后在井壁的围护下通过从井内不断挖土,使沉井在自重作用下逐渐下沉,达到预定设计标高后,再进行封底,构筑内部结构的一种深基础形式。沉井基础广泛应用于桥梁、烟囱、水塔的基础;水泵房、地下油库、水池竖井等深井构筑物和盾构或顶管的工作井。

沉井施工技术比较稳妥可靠,挖土量少,对邻近建筑物的影响比较小,基础埋置较深,稳定性好,能支承较大的荷载。沉井的施工方法与基础所在地点的地质和水文情况有关。施工前,应根据设计单位提供的地质资料,决定是否增加补充施工钻探。沉井下沉前,应对附近的建筑物和施工设备采取有效的防护措施。在下沉过程中,应经常进行沉降观测并观察基线、基点的设置情况。

视频 2-7
沉井施工

沉井基础施工一般可分为旱地施工、水中筑岛施工及浮运沉井施工三种。旱地沉井基础施工流程如图 2-16 所示。沉井可就地制造、挖土下沉、封底、填充井孔以及浇筑顶板。

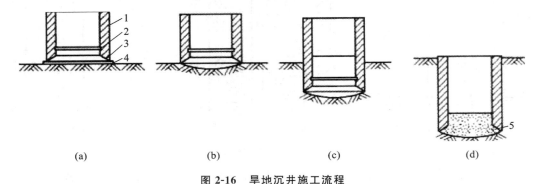

(a)　　　　　　(b)　　　　　　(c)　　　　　　(d)

图 2-16　旱地沉井施工流程

1—井壁;2—凹槽;3—刃脚;4—承垫木;5—素混凝土封底

在水流速度不大,水深较浅(3～4 m)处施工时,可采用在水中筑岛法施工,其工序与旱地施工相同。当水深较大(>10 m)时,筑岛法很不经济且施工困难,应改用浮运法施工。在岸边制作沉井,并利用在岸边铺成的滑道使沉井滑入水中,然后用绳索将沉井引到设计墩位,如图 2-17 所示。沉井井壁可做成空体形式或采用其他措施使沉井浮于水上。沉井就位后,用水或混凝土灌入空体,徐徐下沉至河底,每沉入一节,接长一节,直至沉井刃脚切入河床一定深度。

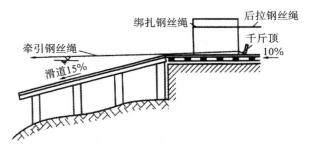

绑扎钢丝绳　　后拉钢丝绳

牵引钢丝绳　　　　　千斤顶

滑道15%　　　　　　10%

图 2-17　浮运沉井

知识归纳

1. 预制桩的沉桩方法有锤击沉桩、振动沉桩和静压沉桩,三种方法主要是施工机械不同,施工中均需注意桩位和垂直度的控制。

2. 灌注桩施工中成孔方法的选择要与地层情况相适应,干作业成孔一般适用于土质好且桩较小的情况,湿作业成孔中应注意泥浆护壁和泥浆的环保处理。

3. 护筒既有导向作用又有保护孔口不坍塌和防止场地水流入孔内的作用,护筒埋设要点包括护筒内径大小、长度要求,埋设深度和埋设后的固定措施。

4. 水下灌注混凝土是保证桩质量的关键工序,导管法灌注混凝土时技术要点多,注意下放前的试验检查,下放后灌注过程中的埋入深度控制、连续灌注施工不得间断以及灌注过程中应有专人指挥。

5. 地下连续墙基础施工的成槽机械、成槽方法和施工工序,接头管的形式和选用。

6. 沉井基础施工流程。

独立思考

1. 桩锤有哪些种类? 各适用于什么范围?

2. 简述不同情况下打桩顺序应如何确定?

3. 钢筋混凝土预制桩的起吊、运输及堆放应注意哪些问题?

4. 简述泥浆护壁钻孔灌注桩的施工流程及埋设护筒应注意事项。

5. 简述灌注桩混凝土灌注施工的要点。

6. 简述套管成孔灌注桩的施工工艺,以及单打法和复打法的注意要点。

7. 简述地下连续墙施工的工艺流程。

第 3 章 登高凭栏处——脚手架工程

脚手架就是在施工过程中常用的围护栏杆,是土木工程施工必须使用的重要设施,是为保证高处作业安全、顺利进行施工而搭设的工作平台或作业通道。在结构施工、装修施工和设备管道的安装施工中,都需要按照操作要求搭设脚手架,注意安全。

【案例分析 3.1】 由于建筑工程的工期长,施工人员在安全问题上往往会产生麻痹思想,其中脚手架管理更容易被忽视,致使涉及脚手架的安全事故时有发生,在不同程度上造成了人员伤亡、财产损失和对施工工期的影响,如图 3-1 所示。一个个惨烈的脚手架坍塌事故,都在提醒着我们"重视施工安全,防微杜渐,防患于未然"。

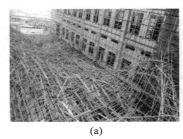  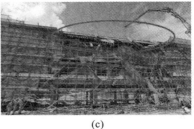

| (a) | (b) | (c) |

图 3-1 脚手架安全事故现场

2019 年 1 月 5 日上午 11 时许,福建省莆田市涵江区大洋乡可山村发生一起在建民房竹脚手架滑落事故,造成现场 4 人死亡,8 名受伤人员陆续送往医院救治,其中 1 人因抢救无效死亡。2020年 1 月 5 日 15 时 30 分左右,位于武汉市江夏区天子山大道 1 号的武汉巴登城生态休闲旅游开发项目一期工程发生一起较大建筑施工坍塌事故,造成 6 人死亡,5 人受伤。2020 年 10 月 8 日 10 时50 分,陆河县看守所迁建工程业务楼的天面构架模板发生坍塌事故,造成 8 人死亡、1 人受伤,事故直接经济损失共约 1163 万元。

这些事故的主要原因包括使用材料不合格、搭设不规范、未按要求使用等。因此,在脚手架的准备、搭设、使用、拆除、运输以及保管的全过程中,必须贯彻"安全第一,预防为主,综合治理"的方针,采取切实有效的措施,防止事故的发生。

3.1 脚手架的概述

脚手架是指在施工现场为安全防护、工人操作和施工运输而搭设的临时性支架。脚手架既是施工工具又是安全设施,其架构形式、材料选用以及搭设质量等对工程安全、质量、进度及成本有着重要的影响。

3.1.1 脚手架的发展

我国脚手架工程的发展大致经历了三个阶段:第一阶段是中华人民共和国成立初期到 20 世纪 60 年代,脚手架主要利用竹木材料(图 3-2);第二阶段是 20 世纪 60 年代末到 20 世纪 70 年代,钢管扣件式脚手架、各种钢制工具式脚手架与竹木脚手架并存;第三阶段是 20 世纪 80 年代至今,随着土木工程的发展,国内一些研究、设计、施工单位在从国外引入的新型脚手架基础上,经多年研究、应用,开发出一系列新型脚手架。

(a) 竹脚手架   (b) 木脚手架

图 3-2 脚手架第一阶段形式

3.1.2 脚手架的种类

脚手架种类较多,按用途分为操作(包括结构架和装修架)、防护和支撑脚手架;按搭设在建筑物内外的位置分为里、外脚手架;按支撑与固定的方式分为落地式、悬挑式、外挂式、悬吊式、爬升式和顶升平台等;按设置形式分为单排、双排和满堂脚手架;按杆件的连接方式又分为承插式、扣接式和盘扣式等。此外,按搭设脚手架的材料可分为竹、木、钢、铝合金脚手架。按搭设高度分为一般脚手架和高层建筑脚手架。

1. 对脚手架的基本要求

(1)架体的宽度、高度及步距应能满足使用要求。

(2)应具有足够的承载能力、刚度和稳定性。

(3)架体构造简单、搭拆方便,便于使用和维护。

(4)材料应能多次周转使用,以降低工程费用。

2. 脚手架搭设的一般要求

(1)脚手架的搭设应符合规范的规定,并且与墙面之间应设置足够和牢固的拉结点,不得随意加大脚手杆距离或不设拉结。

(2)脚手架的地基应整平夯实或加设垫木、垫板,使其具有足够的承载力,以防止发生整体或局部沉陷。

（3）脚手架斜道外侧和上料平台必须设置 1 m 高的安全栏杆和 18 cm 高的挡脚板（或挂防护立网），并随施工升高而升高。

（4）脚手板的铺设要满铺、铺平或铺稳，不得有悬挑板。

（5）脚手架的搭设过程中要及时设置连墙杆、剪刀撑，以及必要的拉绳和吊索，避免搭设过程中发生变形、倾倒。

3. 防电、避雷要求

脚手架与电压为 1～20 kV 以下架空输电线路的距离应不小于 2 m，同时应有隔离防护措施。脚手架应有良好的防电避雷装置。钢管脚手架、钢塔架应有可靠的接地装置，每 50 m 长应设一处，经过钢脚手架的电线要严格检查，谨防破皮漏电。施工照明线路通过钢脚手架时，应使用 12V 以下的低压电源。电动机具与钢脚手架接触时，必须要有良好的绝缘措施。

3.2　扣件式钢管脚手架

多立杆式脚手架由立杆、大横杆、小横杆、斜撑、脚手板等组成。其特点是每步架高可根据施工需要灵活布置，取材方便。扣件式钢管脚手架是属于多立杆式脚手架中的一种，如图 3-3 所示。

(a) 外架　　　　　　　　　　　　　(b) 里架

图 3-3　扣件式钢管脚手架

扣件式钢管脚手架是由扣件连接钢管构成主要的承重架体。其特点是：杆配件数量少；装卸方便，利于施工操作；搭设灵活，可搭设高度大；坚固耐用，使用方便。但其安全性较差，施工工效低。

3.2.1　主要组成部分

1. 钢管杆件

钢管杆件一般采用外径为 48 mm、壁厚为 3.5 mm 的焊接钢管或无缝钢管，也有外径为 50～51 mm、壁厚为 3～4 mm 的焊接钢管或其他钢管。用于立杆、大横杆、斜撑的钢管最大长度为 6.5 m，最大重力不宜超过 250 N，以便适合人工搬运。用于小横杆的钢管长度宜为 1.5～2.5 m，以适应脚手板的宽度。

2. 扣件

扣件用可锻铸铁铸造或用钢板压成，其基本形式有三种（图 3-4）：供两根成任意角度相交钢管连接用的回转扣件；供两根成垂直相交钢管连接用的直角扣件；供两根对接钢管连接用的对接扣

(a) 回转扣件

(b) 直角扣件

(c) 对接扣件

图 3-4　扣件形式

件。扣件质量应符合有关的规定,当扣件螺栓拧紧力矩达 20 N·m 时,扣件不得破坏。

3. 脚手板

脚手板一般用厚 2 mm 的钢板压制而成,长度为 2～4 m,宽度为 250 mm,表面应有防滑措施 [图 3-5(a)];或者采用竹脚手板,有竹笆板和竹片板两种形式[图 3-5(b)];也可采用厚度不小于 50 mm 的杉木板或松木板,长度为 3～6 m,宽度为 200～250 mm[图 3-5(c)]。

(a) 钢脚手板

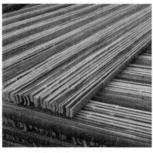
(b) 竹脚手板

(c) 木脚手板

图 3-5　脚手板种类

作业层脚手板应铺满、铺平、铺实,每块脚手板应设置在三根横向水平杆上。铺设时应采用对接或搭接。

4. 底座和垫板

底座一般采用厚 8 mm、边长 150～200 mm 的钢板做底板,其上焊 150～200 mm 高的钢管。底座形式有内插式和外套式两种(图 3-6),内插式的外径 D_1 比立杆内径小 2 mm,外套式的内径 D_2 比立杆外径大 2 mm,如图 3-7、图 3-8 所示。

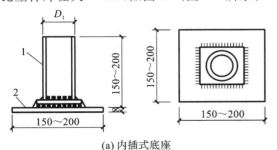
(a) 内插式底座

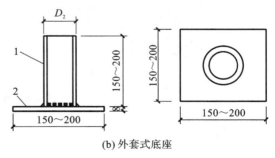
(b) 外套式底座

图 3-6　扣件式钢管脚手架底座(单位:mm)

1—承插钢管;2—钢板底座

图 3-7　扣件式钢管脚手架钢筋底座

图 3-8　扣件式钢管脚手架钢管底座

垫板常采用木垫板,其宽度不小于 200 mm,厚度不小于 50 mm,每块长度不小于 2 跨。

5. 连墙件

连墙件是将立杆和主体结构连接在一起,能传递拉力和压力的构件,可用钢管、型钢或粗钢筋等,其间距如表 3-1 所示。

表 3-1　连墙件的布置　　　　　　　　　　　　　　　　　　　　　　单位:m

脚手架类型	脚手架高度	垂直间距	水平间距
双排	≤60	≤6	≤6
	>50	≤4	≤6
单排	≤24	≤6	≤6

连墙件对保证架体的刚度和稳定、抵抗风荷载等水平荷载具有重要作用。每个连墙件抗风荷载的最大面积应小于 40 m²。连墙件应从底部第一根纵向水平杆处开始设置,连墙件与结构的连接应牢固,通常采用预埋件连接。连墙点宜采用菱形布置,其间距对双排落地架,每 3 步 3 跨设置 1 根,每根覆盖面积不得大于 40 m²;对双排悬挑架,每 2 步 3 跨设置 1 根,每根覆盖面积不得大于 27 m²。连墙杆应水平设置,宜与架体主节点连接,偏高不得超过 300 mm。

连墙件布置常用形式如图 3-9 所示。

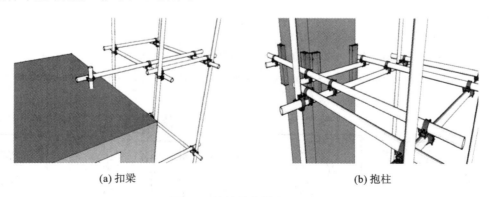

(a) 扣梁　　　　　　　　　　　　　　　(b) 抱柱

图 3-9　连墙件布置常用形式

3.2.2　构造要求

扣件式钢管脚手架搭设中应注意地基平整坚实,设置底座和垫板,并有可靠的排水措施,防止积水浸泡地基。构造简图如图 3-10、图 3-11 所示。

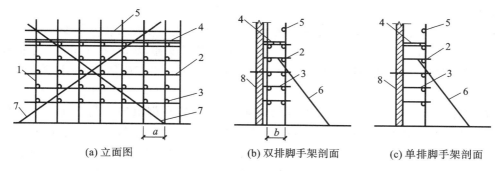

(a) 立面图　　　　(b) 双排脚手架剖面　　　(c) 单排脚手架剖面

图 3-10　脚手架的构造

1—立杆；2—大横杆；3—小横杆；4—脚手板；5—栏杆；6—抛撑；7—剪刀撑；8—墙体

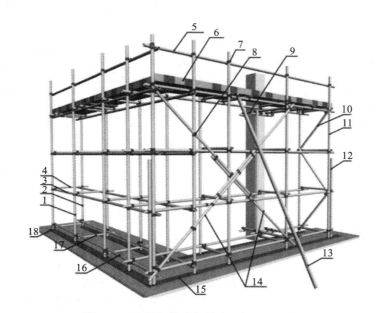

图 3-11　双排扣件式钢管脚手架三维示意

1—外立杆；2—内立杆；3—纵向水平杆；4—横向水平杆；5—栏杆；6—挡脚板；
7—直角扣件；8—旋转扣件；9—连墙杆；10—横向斜撑；11—主力杆；12—副立杆；
13—抛撑；14—剪刀撑；15—垫板；16—纵向扫地杆；17—横向扫地杆；18—底座

1. 立杆

立杆之间的纵向间距，当为单排设置时，立杆距墙 1.2～1.4 m；当为双排设置时，里排立杆距墙 0.4～0.5 m，里外排立杆之间间距为 1.5 m 左右。相邻立杆接头要错开，对接时需要用对接扣件连接，立杆的垂直偏差不得大于架高的 1/200。每根立杆底部宜设置底座和垫板，在距钢管底端不大于 200 mm 处，必须设置纵、横向扫地杆，用直角扣件与立杆固定，且小横杆在下。

2. 大横杆

上下两层相邻大横杆之间的间距为 1.8 m 左右。大横杆杆件之间的连接位置应错开，并用对接扣件连接，如采用搭接连接，搭接长度不应小于 1 m，并用三个回转扣件扣牢。与立杆之间应用直角扣件连接，纵向水平高差不应大于 50 mm。

3．小横杆

小横杆的间距不大于 1.5 m。当为单排设置时,小横杆的一头搁入墙内不少于 240 mm,一头搁于大横杆上,至少伸出 100 mm;当为双排设置时,小横杆端头距墙 50～100 mm。小横杆搁在大横杆上面,小横杆与大横杆之间用直角扣件连接。每隔三步的小横杆应加长,并注意与墙的拉结。

4．剪刀撑

剪刀撑是保证架体稳定、增加纵向刚度的斜向杆件,设置在脚手架外侧立面并沿架高连续布置。高度在 24 m 以下的脚手架在两端、转角必须设置,中间间隔不超过 15 m 设置一道;而高层脚手架则应在外侧全立面连续设置。每道剪刀撑的宽度应不小于 4 跨和 6 m,斜杆与地面的夹角为45°～60°。剪刀撑的斜杆除两端用回转扣件与脚手架的立杆或横向水平杆伸出端扣紧外,在其中间应增加 2～4 个扣结点。

5．脚手板

脚手板应铺满、铺平、铺实,每块脚手板应设置在三根横向水平杆上。铺设时采用对接或搭接,要求如图 3-12 所示。

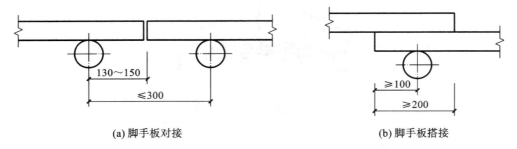

(a) 脚手板对接　　　　　　　　　　　(b) 脚手板搭接

图 3-12　脚手板对接、搭接构造(单位:mm)

3.2.3　搭设和拆除要点

1．搭设要点

(1)地基处理。为保证脚手架安全使用,搭设脚手架时,必须将地基土整平夯实后再浇混凝土基础,并铺设垫板、加设底座。在脚手架外侧还应设置排水沟,以防积水浸泡地基,引起脚手架不均匀下沉和倾斜变形。

视频 3-1
扣件式钢管
脚手架

(2)杆件搭设顺序:铺设垫板→放置纵向扫地杆→逐根竖立杆→安装横向扫地杆→安装第一步纵向水平杆→安装第一步横向水平杆→铺设脚手板→安装栏杆及挡脚板。安装第二步横向水平杆后,应加设临时抛撑杆(上端与第二步纵向水平杆扣紧,在装设两道连墙杆后可拆除)。安装第三、四步纵横向水平杆后,应安装连墙杆,并加设剪刀撑。

2．拆除要点

(1)拆架时应划出工作区和设置围栏,并派专人看守,严禁行人进入。

(2)拆卸应按与搭设作业相反的顺序进行。连墙件应待其上部杆件拆完方可松开、拆去。当脚手架拆至下部最后一根长立杆的高度(约 6.5 m)时,应先在适当位置搭设临时抛撑加固后,再拆除连墙件。

(3)统一指挥,上下呼应,动作协调。拆除长杆时应两人协同作业。当解开与另一人有关的结扣时应先告知对方,以防坠落。

(4)拆下的杆、配件应吊运至地面,严禁抛扔。

3.3　碗扣式钢管脚手架

碗扣式钢管脚手架(图 3-13)是我国参考国外经验自行研制的一种多功能脚手架,其杆件节点处采用碗扣连接,由于碗扣是固定在钢管上的,构件全部轴向连接,力学性能好,其连接可靠,组成的脚手架整体性好,不存在扣件丢失问题。碗扣式钢管脚手架在我国近年来发展较快,现已广泛用于房屋、桥梁、涵洞、隧道、烟囱、水塔、大坝、大跨度棚架等多种工程施工中,取得了显著的经济效益。

图 3-13　碗扣式钢管脚手架

3.3.1　主要组成部分

碗扣式钢管脚手架由钢管立杆、横杆、碗扣接头等组成。其基本构造和搭设要求与扣件式钢管脚手架类似,不同之处主要在于碗扣接头。碗扣接头(图 3-14)由上碗扣、下碗扣、横杆接头和上碗扣的限位销等组成。在立杆上焊接下碗扣和上碗扣的限位销,将上碗扣套入立杆内。在横杆和斜杆上焊接插头。组装时,将横杆和斜杆插入下碗扣内,压紧和旋转上碗扣,利用限位销固定上碗扣。碗扣间距为 600 mm,碗扣处可同时连接 9 根横杆,可以互相垂直或偏转一定角度,可组成直线形、曲线形、直角交叉形等多种形式。

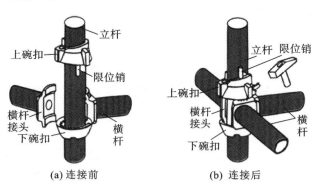

(a) 连接前　　　　　　(b) 连接后

图 3-14　碗扣接头

3.3.2　搭设要求

碗扣式钢管脚手架的立杆横距为 1.2 m,纵距根据脚手架荷载可为 1.2 m、1.5 m、1.8 m、2.4 m,步距为 1.8 m、2.4 m。搭设时立杆的接长缝应错开,第一层立杆应用长 1.8 m 和 3.0 m 的立杆错开布置,往上均用 3.0 m 长杆,至顶层再用 1.8 m 和

视频 3-2
碗扣式钢管
脚手架

3.0 m 两种长度找平。高 30 m 以下的脚手架垂直度应在 1/200 以内,高 30 m 以上的脚手架垂直度应控制在 1/600～1/400,总高垂直度偏差应不大于 100 mm。

3.4　门式钢管脚手架

　　门式钢管脚手架是一种工厂生产、现场搭设的脚手架,是当今国际上应用最普遍的脚手架之一。它不仅可作为外脚手架,也可作为内脚手架或满堂脚手架。门式钢管脚手架因其几何尺寸标准化、结构合理、受力性能好、施工中装拆容易、安全可靠、经济实用等特点,广泛应用于建筑、桥梁、隧道、地铁等工程施工,若在门架下部安放轮子,也可以作为机电安装、油漆粉刷、设备维修、广告制作的活动工作平台。

3.4.1　主要组成部分

　　门式钢管脚手架是用普通钢管材料制成工具式标准件,在施工现场组合而成的。其基本单元由一副门式框架、两副剪刀撑、一副水平梁架和四个连接器组合而成(图 3-15)。若干基本单元通过连接器在竖向叠加,扣上臂扣,组成一个多层框架。在水平方向,用加固杆和水平梁架使相邻单元连成整体,加上斜梯、栏杆柱和横杆组成上下步相通的外脚手架。

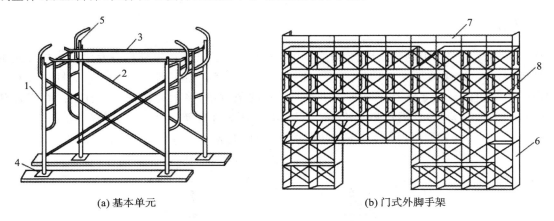

(a) 基本单元　　　　　　　　　　　　　　(b) 门式外脚手架

图 3-15　门式钢管脚手架

1—门式框架;2—剪刀撑;3—水平梁架;4—螺旋基脚;5—连接器;6—梯子;7—栏杆;8—脚手板

3.4.2　搭设要求

　　里脚手架一般只需要搭设一层。采用高度为 1.7 m 的标准型门架,能适应 3.3 m 以下层高的墙体砌筑或装修。当层高大于 3.3 m 时,可加设可调底座。当层高大于 4.2 m 时,可再接一层高 0.9～1.5 m 的梯形门架。

　　外脚手架一般按以下程序搭设:铺设垫木→拉线、放底座→自一端起立门架并随即装剪刀撑→装水平架梁或脚手板→装梯子→装连墙杆→重复以上步骤,逐层向上安装→装加强整体刚度的剪刀撑→装设顶部栏杆。

视频 3-3
门式钢管
脚手架安装
流程

3.5　悬挑脚手架

悬挑脚手架,是利用建筑结构外边缘向外伸出的悬挑结构来支承外脚手架,将脚手架的荷载全部传递给建筑结构,其搭设高度(或每个分段高度)一般不宜超过 20 m。该种脚手架由悬挑支承结构和脚手架架体两部分组成。脚手架架体的组成和搭拆与落地式外脚手架基本相同。支承结构有型钢挑梁和悬挑三脚桁架等形式,如图 3-16 所示。

(a) 型钢挑梁　　　　　　　　　　　　　　　(b) 悬挑三脚桁架

图 3-16　悬挑脚手架

其中,型钢挑梁的形式应用较多,其构造如图 3-17、图 3-18 所示。

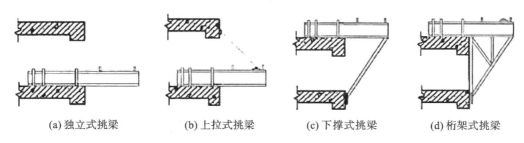

(a) 独立式挑梁　　　(b) 上拉式挑梁　　　(c) 下撑式挑梁　　　(d) 桁架式挑梁

图 3-17　悬挑脚手架中型钢挑梁的构造

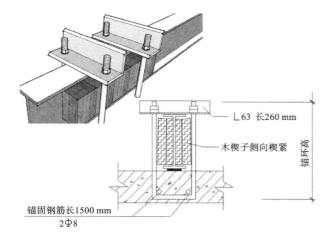 

图 3-18　独立式型钢挑梁与楼面固定的构造

1. 悬挑脚手架选用材料

（1）悬挑脚手架的悬挑梁宜采用双轴对称截面的型钢,钢梁截面高度不应小于 160 mm。

（2）选用的型钢应有产品质量合格证,严禁使用锈蚀或变形严重、有裂缝的型钢。

（3）拉索式悬挑脚手架所用的钢丝绳出现下列情况之一的不得使用:断丝严重、断丝局部聚集、绳股断裂;内、外部磨损或腐蚀的;绳股挤出、钢丝挤出、扭结、弯折、压扁等变形的。

（4）螺栓连接件变形、磨损、锈蚀严重和螺栓损坏的,不得使用。

（5）斜撑式悬挑脚手架的斜撑梁不得锈蚀、变形严重、开裂。

（6）预埋钢筋扣环和拉环应采用热轧光圆钢筋,直径不小于 16 mm,具体规格由计算确定。

（7）钢管、扣件、安全网、脚手片等其他材料的材质选择,参照落地式脚手架的条文规定。

2. 悬挑梁设置

（1）悬挑梁与建筑结构连接应采用水平形式,固定在建筑梁板混凝土结构上,水平锚固段应大于悬挑段的 1.25 倍,与建筑物连接可靠。

（2）悬挑梁和建筑物的固定可采用两道及以上预埋 U 形圆钢或螺栓扣环,两道预埋的扣环应设置在悬挑梁的端部。预埋 U 形拉环应使用 HPB235 级钢筋,其直径不宜小于 16 mm,采用冷弯成型。

（3）采用预埋 U 形圆钢扣环的,应在悬挑梁调整好位置后用铁楔从两不同方向楔紧,并固定。采用预埋 U 形螺栓扣环的,应在悬挑梁调整好位置后用铁质压板双螺母固定,螺栓丝口外露不应少于 3 扣。

（4）悬挑脚手架的拉索柔性材料仅作为安全储备措施,不得作为悬挑结构的受力构件。

（5）拉索的预埋 U 形圆钢拉环宜预埋在建筑物梁底或梁侧,U 形圆钢拉环预埋处的混凝土应达到拆模条件时方可悬拉拉索。

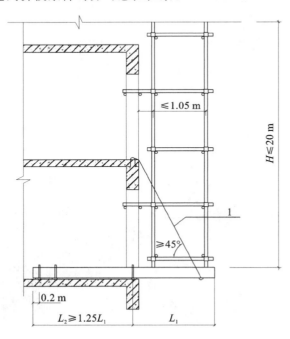

图 3-19 型钢梁悬挑脚手架的搭设构造

（6）预埋 U 形圆钢扣环、拉环埋入混凝土的锚固长度不应小于 $30 d$,并应焊接或绑扎在主筋上。

3. 悬挑脚手架的搭设

型钢梁悬挑脚手架的搭设构造如图 3-19、图 3-20 所示,具体要求如下。

（1）悬挑脚手架每段搭设高度不宜大于 20 m。

（2）悬挑脚手架立杆底部与悬挑型钢连接应有固定措施,防止滑移。

（3）悬挑架步距不应大于 1.8 m,立杆纵向间距不应大于 1.05 m。

（4）悬挑脚手架的底层和建筑物的间隙必须封闭且防护严密,以防坠物。

（5）与建筑主体结构的连接应采用刚性连墙件。连墙件间距水平方向不应大于 6 m,垂直方向不应大于 4 m。

（6）悬挑脚手架在下列部位应采取加固措施:①架体立面转角及一字形外架两端处;②架体与塔吊、电梯、物料提升机、卸料平台等设备需要

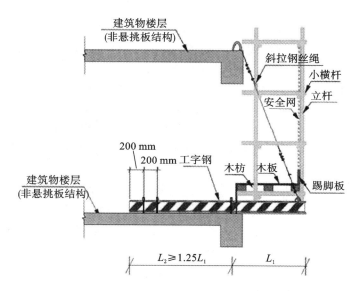

图 3-20 独立型钢挑梁脚手架三维示意

断开或开口处;③其他特殊部位。

（7）悬挑脚手架的其他搭设要求,按照落地式脚手架规定执行。

3.6 悬吊式脚手架

悬吊式脚手架也称为吊篮脚手架,主要用于外墙装修施工。它是将吊篮悬挂在从建筑物中部或顶部悬挑出来的支架上,通过设在每个吊篮上的提升机械和钢丝绳,使吊篮升降,以满足施工要求。与其他脚手架相比,可大量节省材料和劳力,缩短工期,操作方便灵活,经济效益较好。

吊篮脚手架主要由吊架系统、支撑系统和升降系统组成,如图 3-21 所示。

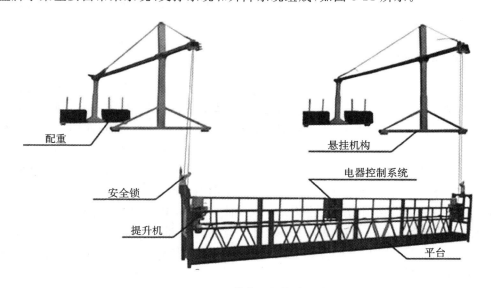

图 3-21 吊篮脚手架构造组成

吊篮脚手架安装与使用要点如下。

（1）根据平面位置及悬挂高度选择和布置吊篮。吊篮的宽度为 0.7～0.8 m；单个吊篮的最大长度为 7.5 m，悬挂高度在 60～100 m 时，不得超过 5.5 m。吊篮与外墙的净距宜为 200～300 mm，两吊篮间距不得小于 300 mm。

（2）安装时，支架应放置稳定，伸缩梁宜调至最长，前端高出后端 50～100 mm。配重量应使抵抗力矩较倾覆力矩大 3 倍以上，并设置支架侧向稳定拉索或支撑。

（3）设备安装、调试完成后，应进行试运行。每次使用前，应提离地面 200 mm，进行全面检查。

（4）必须设置作业人员挂设安全带的安全绳及安全锁扣，安全绳应固定在建筑物可靠位置，且不得与吊篮上任何部位有联系。

（5）吊篮内作业人员不应超过 2 人。严禁超载运行，且应保持荷载均衡。严禁用吊篮运输物料或构配件等。

（6）作业人员应从地面进入吊篮内，不得从建筑物顶部、窗口或其他孔洞上下吊篮。

（7）吊篮操作人员必须经过培训、考试合格后上岗，作业前应佩戴工具袋，系好安全带。

（8）在吊篮下方设置安全隔离区和警告标志。如遇有雨雪、大雾、风沙及 5 级以上大风等恶劣天气，应停止作业，并将吊篮平台停放至地面。

视频 3-4
吊篮施工
技术交底

3.7　附着式升降脚手架

附着式升降脚手架是沿结构外表面满搭的脚手架，在结构和装修工程施工中应用较为方便，但费料耗工、一次性投资大、工期长。因此，近年来在高层建筑及筒仓、竖井、桥墩等施工中发展了多种形式的外挂脚手架，其中应用较为广泛的附着式升降脚手架，包括互升降式、自升降式、整体升降式三种类型。

附着式升降脚手架的主要特点有：脚手架无须满搭，只搭设满足施工操作及安全各项要求的高度；地面无须做支撑脚手架的坚实地基，也不占施工场地；脚手架及其上承担的荷载传给与之相连的结构，对这部分结构的强度有一定要求；随施工进程，脚手架可随之沿外墙升降，结构施工时由下往上逐层提升，装修施工时由上往下逐层下降。

3.7.1　互升降式脚手架

互升降式脚手架将脚手架分为甲、乙两种单元，通过倒链交替对甲、乙两单元进行升降。当脚手架需要工作时，甲单元与乙单元均用附墙螺栓与墙体锚固，两架之间无相对运动；当脚手架需要升降时，一个单元仍然锚固在墙体上，使用倒链对相邻一个架子进行升降，两架之间便产生相对运动。通过甲、乙两单元交替附墙，相互升降，脚手架即可沿着墙体上的预留孔逐层升降。

互升降式脚手架的性能特点有：结构简单，易于操作控制；架子搭设高度低，用料省；操作人员不在被升降的架体上，增加了操作人员的安全性；脚手架结构刚度较大，附墙的跨度大。

它适用于框架剪力墙结构的高层建筑、水坝、筒体等施工，其具体操作过程如下。

（1）施工前的准备。施工前应根据工程设计和施工需要进行布架设计，绘制设计图。编制施工组织设计，制定施工安全操作规定。在施工前还应将互升降式脚手架所需要的辅助材料和施工机具准备好，并按照设计位置预留附墙螺栓孔或设置好预埋件。

（2）安装。互升降式脚手架的组装可有两种方式：在地面组装好单元脚手架，再用塔式起重机吊装就位；或在设计爬升位置搭设操作平台，在平台上逐层安装。爬架组装固定后的允许偏差应满足:沿架子纵向垂直偏差不超过 30 mm;沿架子横向垂直偏差不超过 20 mm;沿架子水平偏差不超过 30 mm。

（3）爬升。脚手架爬升前应进行全面检查。检查的主要内容有:预留附墙连接点的位置是否符合要求,预埋件是否牢靠;架体上的横梁设置是否牢固;升降单元的导向装置是否可靠;升降单元与周围的约束是否解除,升降有无障碍;架子上是否有杂物;所适用的提升设备是否符合要求等。当确认以上各项都符合要求后方可进行爬升,如图 3-22 所示,提升到位后,应及时将架子同结构固定;然后,用同样的方法对与之相邻的单元脚手架进行爬升操作,待相邻的单元脚手架升至预定位置后,将两单元脚手架连接起来,并在两单元操作层之间铺设脚手板。

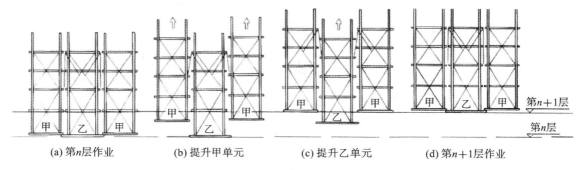

(a) 第n层作业　　(b) 提升甲单元　　(c) 提升乙单元　　(d) 第n+1层作业

图 3-22　互升降式脚手架爬升过程

（4）下降。与爬升操作顺序相反,利用固定在墙体上的架子对相邻的单元脚手架进行下降操作,同时把留在墙面上的预留孔修补完毕,最后脚手架返回地面。

（5）拆除。爬架拆除前应清理脚手架上的杂物。拆除爬架有两种方式:一种是同常规脚手架拆除方式,采用自上而下的顺序;另一种是用起重机将脚手架整体吊至地面拆除。

3.7.2　自升降式脚手架

自升降式脚手架的升降运动是通过手动或电动倒链交替对活动架和固定架进行升降来实现的。从升降架的构造来看,活动架和固定架之间能够进行上下相对运动。当脚手架工作时,活动架和固定架均用附墙螺栓与墙体锚固,两架之间无相对运动;当脚手架需要升降时,活动架与固定架中的一个架子仍然锚固在墙体上,使用倒链对另一个架子进行升降,两架之间便产生相对运动。通过活动架和固定架交替附墙,互相升降,脚手架即可沿着墙体上的预留孔逐层升降,其具体过程如图 3-23 所示。

3.7.3　整体升降式脚手架

在超高层建筑的主体施工中,整体升降式脚手架有明显的优越性,它结构整体好、升降快捷方便、机械化程度高、经济效益显著,是一种很有推广使用价值的超高建(构)筑物外脚手架,也是住房和城乡建设部重点推广的十项新技术之一。

整体升降式脚手架以电动倒链为提升机,使整个外脚手架沿建筑物外墙或柱整体向上爬升。搭设高度依建筑物施工层的层高而定,一般取建筑物标准层 4 个层高加 1 步安全栏的高度为架体的总高度。脚手架为双排,宽以 0.8~1 m 为宜,里排杆离建筑物净距为 0.4~0.6 m。脚手架的横杆和立杆间距都不宜超过 1~8 m,可将 1 个标准层高分为 2 步架,以此步距为基数确定架体横杆、立杆的间距。

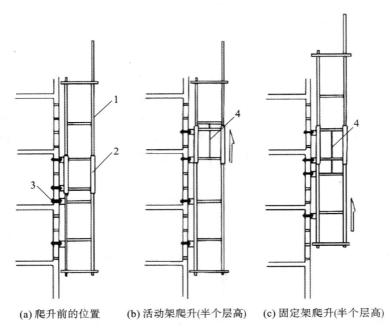

(a) 爬升前的位置   (b) 活动架爬升(半个层高)   (c) 固定架爬升(半个层高)

图 3-23   自升降式脚手架爬升过程

1—活动架；2—固定架；3—附墙螺栓；4—倒链

架体设计时可将架子沿建筑物外围分成若干单元,每个单元的宽度参考建筑物的开间而定,一般为 5~9 m,其具体操作如下。

视频 3-5
SDG-03型
整体装配式
升降脚手架

1. 施工前的准备

按平面图先确定承力架及电动倒链挑梁安装的位置和个数,在相应位置上的混凝土墙或梁内预埋螺栓或预留螺栓孔。各层的预留螺栓或预留孔位置要求上下误差不超过 10 mm。加工制作型钢承力架、挑梁、斜拉杆,准备电动倒链、钢丝绳、脚手管、扣件、安全网、木板等材料。因为整体升降式脚手架的高度一般为 4 个施工层层高,在建筑物施工时,建筑物的最下几层层高往往与标准层不一致,且平面形状也往往与标准层不同,所以一般在建筑物主体施工到 3~5 层时开始安装整体升降式脚手架。下面几层施工时往往要先搭设落地外脚手架。

2. 安装

先安装承力架,承力架内侧用 M25~M30 的螺栓与混凝土边梁固定,承力架外侧用斜拉杆与上层边梁拉结固定,用斜拉杆中部的花篮螺栓将承力架调平;再在承力架上面搭设架子,安装承力架上的立杆;然后搭设下面的承力桁架。再逐步搭设整个架体,随搭随设置拉结点,并设斜撑。在比承力架高 2 层的位置安装工字钢挑梁,挑梁与混凝土边梁的连接方法与承力架相同。电动倒链挂在挑梁下,并将电动倒链的吊钩挂在承力架的花篮挑梁上。在架体上每个层高满铺厚木板,架体外面挂安全网。

3. 爬升

短暂开动电动倒链,将电动倒链与承力架之间的吊链拉紧,使其处在初始受力状态。松开架体与建筑物的固定拉结点。松开承力架与建筑物相连的螺栓和斜拉杆,开动电动倒链开始爬升,爬升过程中应随时观察架子的同步情况,如发现不同步应及时停机进行调整。爬升到位后,先安装承力架与混凝土边梁的紧固螺栓,并将承力架的斜拉杆与上层边梁固定,然后安装架体上部与建筑物的各拉结点。待检查符合安全要求后,脚手架方可开始使用,进行上一层的主体施工。在新一层主体施工期间,将电动倒链及其挑梁摘下,用滑轮或手动倒链转至上一层重新安装,为下一层爬升做准备,如图 3-24 所示。

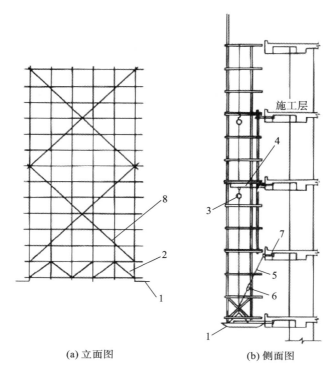

(a) 立面图　　　　　　　(b) 侧面图

图 3-24　整体升降式脚手架

1—上弦杆;2—下弦杆;3—承力桁架;4—承力架;5—斜撑;6—电动倒链;

7—挑梁;8—倒链;9—花篮螺栓;10—拉杆;11—螺栓

4. 下降

与爬升操作顺序相反,利用电动倒链顺着爬升用的墙体预留孔倒行,脚手架即可逐层下降,同时把留在墙面上的预留孔修补完毕,最后脚手架返回地面。

5. 拆除

爬架拆除前应清理脚手架上的杂物。拆除方式与互升降式脚手架类似。

▌ **知识归纳** ◣

1. 脚手架的架体的宽度、高度及步距应能满足使用要求。应具有足够的承载能力、刚度和稳定性。架体构造简单、搭拆方便,便于使用和维护。材料应能多次周转使用,以降低工程费用。

2. 扣件式钢管脚手架是由扣件连接钢管构成主要的承重架体。杆配件数量少;装卸方便,利于施工操作;搭设灵活,可搭设高度大;坚固耐用,使用方便。但安全性较差,施工工效低。

3. 碗扣式钢管脚手架的杆件节点处采用碗扣连接,由于碗扣是固定在钢管上的,构件全部轴向连接,力学性能好,其连接可靠,组成的脚手架整体性好,不存在扣件丢失问题。

4. 门式钢管脚手架是用普通钢管材料制成工具式标准件,在施工现场组合而成的。其基本单元由一副门式框架、两副剪刀撑、一副水平梁架和四个连接器组合而成。若干基本单元通过连接器在竖向叠加,扣上臂扣,组成一个多层框架。

5. 悬挑脚手架,是利用建筑结构外边缘向外伸出的悬挑结构来支承外脚手架,将脚手架的荷载全部传递给建筑结构,其搭设高度(或每个分段高度)一般不宜超过 20 m。悬挑脚手架由悬挑支承结构和脚手架架体两部分组成。

6. 悬吊式脚手架也称为吊篮脚手架,主要用于外墙装修施工。它是将吊篮悬挂在从建筑物中部或顶部悬挑出来的支架上,通过设在每个吊篮上的提升机械和钢丝绳,使吊篮升降,以满足施工要求。

7. 附着式升降脚手架是沿结构外表面满搭的脚手架,在结构和装修工程施工中应用较为方便,但费料耗工,一次性投资大,工期长。其中应用较为广泛的附着式升降脚手架,包括互升降式、自升降式、整体升降式三种类型。

独立思考

1. 脚手架的基本要求有哪些?

2. 脚手架搭设的一般要求有哪些?

3. 扣件式钢管脚手架的组成部分有哪些?

4. 简述扣件式钢管脚手架搭设顺序。

5. 简述碗扣式钢管脚手架的搭设要求。

6. 简述悬挑脚手架的搭设要求。

7. 吊篮脚手架安装与使用要点有哪些?

8. 附着式升降脚手架的主要特点有哪些?

第4章 砼心砼行耀未来——混凝土结构工程

4.1 模板工程

战国时期的孟轲在《孟子·离娄上》中提出"离娄之明,公输子之巧,不以规矩,不能成方圆"。意思是即使有离娄那样的好眼力,公输子那样高超的技巧,不用圆规和曲尺,也不能画出方形和圆形。在土木工程施工中,对于混凝土构件的造型及成型,模板是十分重要的。模板由与混凝土直接接触的面板及支撑、连接件组成。

模板的种类较多,具体分类如下:

①按结构类型分,有基础、柱、墙、梁、楼板、楼梯模板等;

②按作用及承载种类分,有侧模板、底模板等;

③按构造及施工方法分,有拼装式(如木模板、胶合板模板)、组合式(如定型组合式钢模板、铝合金模板、钢框胶合板模板)、工具式(如大模、台模)、移动式(如爬模、滑模、隧道模)、永久式(如压型钢板模板、预应力混凝土薄板、叠合板)等;

④按材料分,有木、钢、钢木、铝合金、胶合板、塑料、玻璃钢模板等。

目前,木(竹)胶合板、钢模板占据主要地位,铝合金模板、塑料模板将得到快速发展。

对模板的基本要求如下:

①要保证结构和构件的形状、尺寸、位置和饰面效果;

②具有足够的强度、刚度和整体稳定性;

③构造简单、装拆方便,能多次周转使用,且便于钢筋安装和混凝土浇筑、养护;

④表面平整、拼缝严密,不得漏浆;

⑤材料轻质、高强、耐用、环保、经济,利于周转使用。

4.1.1 模板的形式与构造

1. 木模板和胶合板模板

木模板、胶合板模板的主要优点是制作拼装随意,适用于浇筑外形复杂、数量不多的混凝土结构或构件。此外,因木材导热系数低,混凝土冬期施工时,木模板有一定的保温养护作用。

木模板的木材主要采用松木和杉木,其含水率不宜过高,以免干裂,一般含水率应低于19%。拼板由一些板条用拼条钉拼而成(胶合板模板则用整块胶合板加工制作成需要的形状)。板的厚度一般为25~50 mm,板的宽度不宜超过200 mm,以保证干缩时缝隙均匀,浇水后易于补缝。但不限制梁底板的板条宽度,以减少漏浆。拼板的拼条(次肋)间距取决于新浇混凝土的侧压力和板条的厚度(多为 400～500 mm)。土木工程施工中不同的结构构件常用的木模板的构造及支撑方法如下。

(1) 基础模板。

基础的特点是高度较小而体积较大。在安装基础模板前,应将地基垫层的标高及基础中心线先行核对,弹出基础边线(独立柱基将模板中心线对准基础中心线;条形基础将模板对准基础边线)。然后再校正模板上口的标高,使之符合设计要求。经检查无误后将模板钉(卡、栓)牢撑稳。在安装柱基础模板时,应与钢筋工配合进行。

图 4-1 所示为基础模板常用形式。如果地质良好、地下水位较低,可取消阶梯形模板的最下一阶,进行原槽浇筑。模板安装时应牢固可靠,保证混凝土浇筑后不变形和不发生位移。

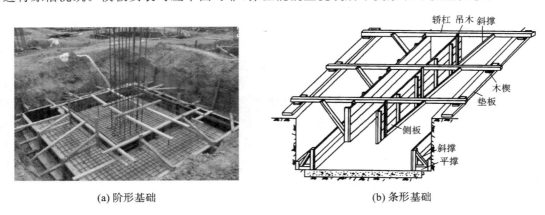

(a) 阶形基础　　　　　　　　　　　　(b) 条形基础

图 4-1　基础模板常用形式

(2) 柱模板。

柱子的特点是断面尺寸不大但比较高。因此,柱模板主要解决垂直度、施工时的侧向稳定及抵抗混凝土的侧压力等问题。同时也应考虑方便浇筑混凝土、清理垃圾与钢筋绑扎等问题。柱模板底部应留有清理孔,以便于清理安装时掉下的木屑垃圾,待垃圾清理干净,混凝土浇筑前再钉牢。柱身较高时,为使混凝土的浇筑振捣方便,保证混凝土的质量,沿柱高每 2 m 左右设置一个浇筑孔,做法与底部清理孔一样,待混凝土浇到浇筑孔部位时,再钉牢盖板继续浇筑。如图 4-2 所示即为矩形柱模板。

竖向模板安装时,应在安装基层面上测量放线,并应采取保证模板位置准确的定位措施。对竖向模板及支架,安装时应有临时稳定措施。安装位于高空的模板时,应有可靠的防倾覆措施。应根据混凝土一次浇筑高度和浇筑速度,采取合理的竖向模板抗侧移、抗浮和抗倾覆措施。

在安装柱模板前,应先绑扎好钢筋,同时在基础面上或楼面上弹出纵横轴线和四周边线,固定小方盘;然后立模板,并用临时斜撑固定;再在顶部用垂球校正,检查其标高位置无误后,用斜撑卡牢固定。柱高超过 4 m 时,一般应四面支撑;柱高超过 6 m 时,不宜单根柱支撑,宜几根柱同时支撑连成构架。对通排柱模板,应先装两端柱模板,校正固定,再在柱模上口拉通长线校正中间各柱模板。

(3) 梁模板。

梁的特点是跨度较大而宽度一般不大。梁的下面一般是架空的。混凝土对梁模板既有横向侧压力,又有垂直压力。这要求梁模板及其支架稳定性要好,有足够的强度和刚度,不致发生超过规范允许的变形。如图 4-3 所示为梁模板。

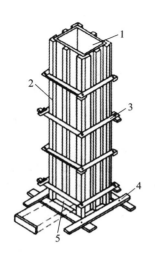

图 4-2　矩形柱模板

1—内拼板；2—外拼板；3—柱箍；

4—梁缺口；5—清理孔

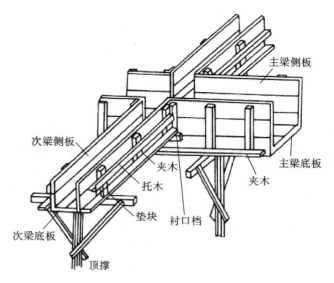

图 4-3　梁模板

梁模板应在复核梁底标高、校正轴线位置无误后进行安装。当梁的跨度大于或等于 4 m 时,应使梁底模中部略为起拱,以防止灌注混凝土后跨中梁底下垂;其模板起拱高度宜为梁、板跨度的 1/1000~3/1000,起拱不得减少构件的截面高度。

支架立柱安装在基土上时,应设置具有足够强度和支承面积的垫板,且应中心承载;基土应坚实,并应有排水措施;支柱间距应按设计要求,当设计无要求时,一般不宜大于 2 m;支架的垂直斜撑和水平斜撑应与支架同步搭设,架体应与成型的混凝土结构拉结。支柱之间应设水平拉杆、剪刀撑,使之互相拉撑成为整体,离地面 50 cm 设一道,之后每隔 2 m 设一道;当梁底距地面高度大于 6 m 时,宜搭排架支模,或满堂脚手架式支撑;上下层模板的支柱,一般应安装在同一条竖向中心线上,或采取措施保证上层支柱的荷载能传递到下层的支撑结构上,防止压裂下层构件。梁较高或跨度较大时,可留一面侧模,待钢筋绑扎完后再安装。

（4）现浇楼盖模板。

现浇有梁板楼盖包括梁和板。楼板的特点是面积大、厚度薄。因而对模板产生的侧压力较小,底模所受荷载也不大,板模板及支撑系统主要用于抵抗混凝土的垂直荷载和其他施工荷载,保证板不变形或下垂。故板模板多采用定型板或胶合板,将其放置在格栅上,格栅支撑在梁侧模板外的横楞上,尺寸不足处用零星木材补足。

板模板安装时,首先复核板底标高,搭设模板支架,然后用阴角模从四周与墙、梁模板连接再向中央铺设。为方便拆模,木模板宜在两端及接头处钉牢,中间尽量少钉或不钉;钢模板拼缝处采用最少的 U 形卡即可;支柱底部应设长垫板及木楔找平。挑檐模板必须撑牢拉紧,防止向外倾覆,确保安全。

2. 组合模板

组合式模板是由工厂制造、具有多种标准规格面板和相应配件的模板体系。它具有通用性强、装拆方便、周转次数多的特点。施工时,可按设计要求事先组拼成梁、柱、墙的大块模板,整体吊装就位;也可采用散装散拆方法。

（1）组合式钢模板。

组合式钢模板是目前使用较广泛的一种通用性组合模板。按肋高分为 55、60、70、86 等系列（肋高大，则刚度及块体大）。组合式钢模板的部件，主要由钢模板、连接件和支承件三部分组成。

①钢模板。

钢模板采用 Q235 或低合金钢材制成，钢板厚度 2.5 mm，对于 ≥400 mm 宽面钢模板应采用 2.75 mm 或 3.0 mm 钢板。钢模板主要包括平模、阴角模、阳角模、连接角模，如图 4-4 所示。

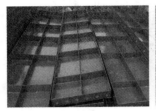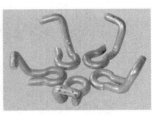

(a) 平模P   (b) 阳角模Y   (c) 阴角模E   (d) 连接角模J   (e) U形卡

图 4-4　组合式钢模板构造组成

结合我国建筑模数制，55 系列钢模板的肋高为 55 mm，平模宽度有 300 mm、250 mm、200 mm、150 mm、100 mm 五种规格，长度有 1500 mm、1200 mm、900 mm、750 mm、600 mm、450 mm 六种规格，可横竖拼装。当配板设计出现空缺时，可用木枋补足。

平模与角模边框留有连接孔，孔距均为 150 mm，以便连接。平模的代号为 P，例如，宽 300 mm、长 1500 mm 的平模，其代号为 P3015。

②连接件。

定型钢模板的连接件主要有 L 形插销、U 形卡、钩头螺栓、紧固螺栓、对拉螺栓等，如图 4-5 所示。

③支承件。

支承件包括支承梁、板模板的托架、支撑桁架和顶撑及支撑墙模板的斜撑等。

模板的支设方法主要有两种，即单块就位组装（散装）和预组拼安装。采用预组拼方法，可以提高工效和模板的安装质量。预组拼时，可分片组拼，也可整体组拼。

（2）组合式铝合金模板。

组合式铝合金模板是新一代的绿色模板技术。它主要由模板系统、支撑系统、紧固系统、附件系统等构成，具有质量轻、刚度大、稳定性好、板面大、精度高、拆装方便、周转次数多、回收价值高、利于环保等特点。

该种模板常采用 3.2 mm 厚平板与加强背肋。54 型铝合金模板共有 135 种规格，最大板面尺寸为 2700 mm×900 mm。

组合式铝合金模板以销连接为主，施工方便快捷。可将墙与楼板或梁与楼板模板拼装为一体，实现一次浇筑，且稳定性好，如图 4-6 所示。顶板模板和支撑系统实现了一体化设计，支撑杆件少，且可采用早拆技术，提高模板的周转率。

组合式铝合金模板，由于质量轻，可全人工拼装，也可以拼成中型或大型模板后，用机械吊装，可作为柱、梁、墙、楼板的模板以及爬模等使用。铝模板的支设与拆除过程见视频 4-1。

（3）钢框胶合板模板。

钢框胶合板模板由钢框和防水木胶合板或竹胶合板组成，如图 4-7 所示。胶合

视频 4-1
奇正全铝
合金模板

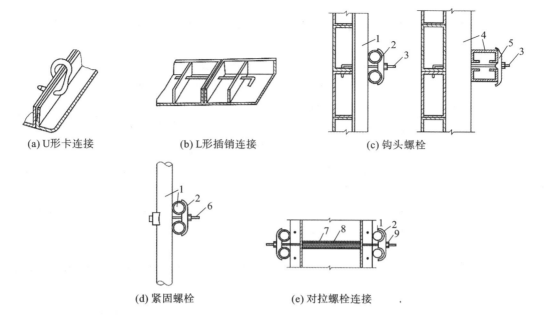

(a) U形卡连接　　　(b) L形插销连接　　　(c) 钩头螺栓

(d) 紧固螺栓　　　　(e) 对拉螺栓连接

图 4-5　钢模板的连接件

1—圆钢管钢楞；2—"3"形扣件；3—钩头螺栓；4—内卷边槽钢钢楞；
5—蝶形扣件；6—紧固螺栓；7—对拉螺栓；8—塑料套管；9—螺母

板平铺在钢框上,用沉头螺栓与钢框连牢。通过钢边框上的连接孔,可用连接件纵横连接,组装各种尺寸的模板,它具有定型组合钢模板的优点,且质量轻、易脱模、保温好、可打钉,能周转 50 次以上,还可翻转或更换面板。

图 4-6　铝合金模板支设的墙体、楼梯模板

图 4-7　钢框胶合板模板

钢框胶合板模板按肋高有 55、70、75 系列,模板的宽度有 300 mm、600 mm 两种,长度有 900 mm、1200 mm、1500 mm、1800 mm、2400 mm 等,可作为混凝土结构柱、梁、墙、楼板的模板。墙、梁、板采用钢框胶合板模板施工时,其安装拆除过程见视频 4-2。

视频 4-2
钢木结合
模板展示

3. 工具式模板

（1）大模板。

大模板是用于墙体施工的大型工具式模板,具有施工速度快、机械化程度高、混凝土表观质量好等优点,但其通用性较差。在剪力墙结构、筒体结构施工中应用广泛。

①大模板的构造。

大模板由面板、次肋、主肋、穿墙螺栓、稳定机构和附件组成,如图 4-8 所示。下面介绍钢制大模板部分组成。

a. 面板。面板用 5~6 mm 厚的钢板制成,表面平整光滑,拆模后墙表面可不再抹灰。

b. 次肋。次肋的作用是固定模板、保证模板的刚度,并将力传递到主肋上去。次肋可单向设置或双向设置,常用 8 号槽钢或钢管制作,间距一般为 300~500 mm。

c. 主肋。主肋的作用是保证模板刚度,并作为穿墙螺栓的固定点,承受模板传来的水平力和垂直力。一般用背靠背的两根 8 号以上槽钢或铝、钢管制作,间距为 0.9~1.2 m。

d. 穿墙螺栓。穿墙螺栓的主要作用是承受主肋传来的混凝土侧压力并控制墙体厚度。为保证抽拆方便,穿墙螺栓常做成锥形,也可加设塑料套管。

e. 稳定机构。稳定机构的作用是调整模板的垂直度,并保证模板的稳定性。一般通过旋转花篮螺栓套管,即可达到调整模板垂直度的目的。

②大模板的安装与拆除。

大模板停放时,应按照其自稳角度面对面放置,没有稳定机构的模板应放在插放架内,避免倾覆伤人。在安装之前,应做好表面清理,并涂刷隔离剂。

大模板安装时,应按照布置图对号入座。按安装控制线调整位置,连接对拉螺栓后,调整垂直度并做好缝隙处理。

混凝土浇筑后,达到 1.2 MPa 以上强度方可拆除大模板。拆模时,应先解除对拉螺栓,再旋转稳定机构的花篮螺栓套管,使模板后仰脱模。塔式起重机起吊时要缓慢,防止碰撞墙体。

（2）爬升模板。

爬升模板(即爬模),是将大块模板与爬升或提升系统结合而形成的模板体系,适用于现浇混凝土竖直或倾斜结构(如墙体、桥墩、塔柱等)施工。目前已逐步形成“单块爬升”“整体爬升”等工艺。前者适用于较大面积房屋的墙体施工,后者多用于筒、柱、墩的施工。

①组成与构造。

爬升模板由大模板、爬架和爬升(提升)设备三部分组成(图 4-9)。模板可通过爬升(提升)设备,随结构浇筑混凝土的升高而交替升高。爬架可利用提升葫芦与模板互爬,或利用导轨通过液压千斤顶爬升。其爬行原理见视频 4-3。

视频 4-3
液压自爬模
系统的爬升
过程

②特点与适用。

爬升模板综合大模板与滑升模板工艺和特点,具有大模板和滑升模板共同的优点,适用于高层、超高层建筑的墙体或核心筒施工。

爬架支撑点在施工层下 1~2 层,混凝土的强度易于满足承受模板系统荷载的要求,可加快施工速度(如 2 天一层)。由于带有爬升机构,减少了施工中吊运大模板的工作量;本身装有操作脚手架,施工时有可靠的安全围护,故无须搭设外脚手架。模板逐层分块安装,垂直度和平整度易于调整和控制,可避免施工误差的积累。但爬升模板的位置固定,无法实行分段流水施工,因此模板周转率低,配置多于大模板。

（3）滑升模板。

滑升模板简称滑模,它是随着混凝土的浇筑,通过千斤顶或提升机等设备,带动模板沿着混凝土表面向上滑动而逐步完成浇筑的模板装置。主要用于现浇高耸的构筑物和建筑物,如剪力墙结构、筒体结构的墙体,尤以烟囱、水塔、筒仓、桥墩、沉井等更为适用。对有较多水平构件或截面变化频繁者,效果较差。

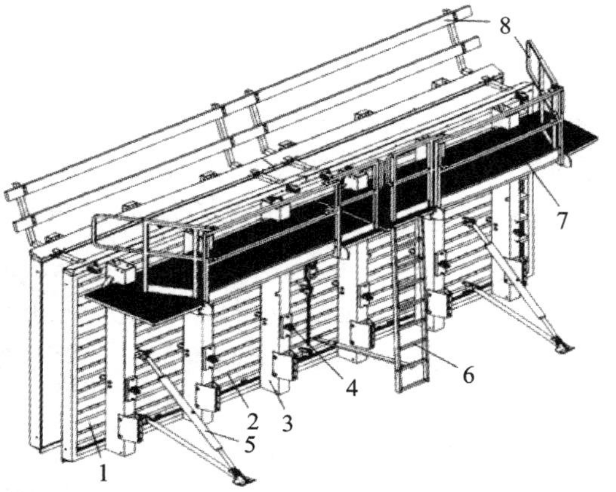

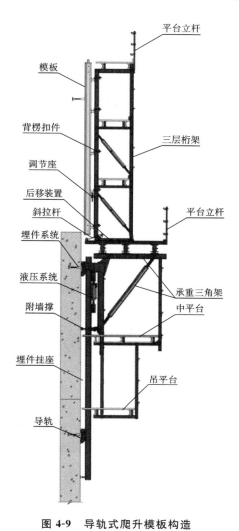

图 4-9　导轨式爬升模板构造

图 4-8　大模板构造与组装

1—面板；2—次肋；3—主肋；4—穿墙螺栓；

5—稳定机构；6—爬梯；7—操作平台；8—栏杆

滑模仅需一次安装和一次拆除，可节省大量模板、脚手架材料和装拆用工、用时，降低工程费用，加快施工进度。但滑模设备一次性投资较大，对施工技术和管理水平要求较高，质量控制难度较大。

①滑模的构造。

滑模由模板系统、操作平台系统和提升系统三部分组成。

a. 模板系统。

模板系统由模板、围圈和提升架组成。为保证结构准确成型，模板应具备一定的强度和刚度，以承受新浇混凝土的侧压力、冲击力和滑升时与混凝土产生的摩阻力。模板的高度取决于滑升速度和混凝土达到出模强度（0.2～0.4 MPa）所需要的时间，一般取 1.0～1.2 m。模板拼板宽度一般不超过 500 mm，多为钢模或钢木混合模板。为保证刚度，模板背面设有加劲肋。相邻模板用螺栓或 U 形卡连接到一起，模板挂在或搭在围圈上。

为减小滑升摩阻力，便于混凝土脱模，内外模板应形成上口小、下口大的形式。一般单面倾斜度为 0.2%～0.5%。

围圈多用槽钢制作,其作用是固定模板和保证模板刚度,并将模板与提升架连接起来。当提升架上升时,通过围圈带动模板上升。

提升架的作用是固定围圈的位置,防止模板侧向变形,承受模板系统和操作平台系统传来的全部荷载,并将其传给千斤顶。多用槽钢或工字钢制作。

b. 操作平台系统。

操作平台系统包括操作平台、内外吊脚手架和外挑三脚架,承受施工时的荷载。操作平台应具有足够的强度、刚度和稳定性,多用型钢制作骨架,上铺木板制成。当采用"滑一层墙体浇一层楼板"工艺时,平台的中间部分应做成便于拆卸的活动式结构,以便现浇楼板的施工。

c. 提升系统。

常用提升系统包括支承杆、液压千斤顶和操作台等,是滑模的动力装置。支承杆既是千斤顶的导轨,又是整个滑模的承重支柱。其接头可采用丝扣连接、榫接或焊接,接头部位应处理光滑,以保证千斤顶顺利通过。

液压穿心式千斤顶有楔块卡头式和钢珠卡头式两种。它可以通过给油回油,沿支承杆单向上升,从而带动模板系统向上滑升。

②滑升工艺。

滑模应根据混凝土凝结速度、出模强度、气温情况等,采用适宜的滑升速度。速度过快,会引起混凝土出模后流淌、坍落;速度过慢,与混凝土黏结力过大,会使滑升困难。滑升速度一般为 100～350 mm/h。一般每滑升 300 mm 高度浇筑一层混凝土。滑升时,要保证全部千斤顶同步上升,防止结构倾斜。

滑模主要用来浇筑竖向结构,例如柱、墙等,而现浇楼板常采用逐层空滑法。此法是当墙体滑到上一层楼板板底标高后,将模板空滑至其下口脱离墙体一定高度后,吊走操作平台的活动平台板,进行楼板的支模、扎筋和浇筑混凝土工作,然后再继续滑升墙体,如此逐层进行。也可采用楼板后跟或最后降模施工。采用滑模建造筒仓施工过程见视频 4-4。

视频 4-4
滑模建造
筒仓演示

4. 永久式模板

永久式模板在浇混凝土时起模板作用,而施工后无须拆除,并可成为结构的一部分。其种类有压型金属薄板、混凝土薄板、玻纤水泥波形板等。其特点是施工简便、速度快,可减少大量支撑,不但节约材料,也可减少施工层之间的干扰和等待,从而缩短工期。

(1)压型钢板模板。

压型钢板模板在钢框架结构的楼板施工中应用广泛,它是采用镀锌等防腐处理的薄钢板,经冷轧成具有开口或闭口梯形、燕尾形截面的槽状钢板(图 4-10)。安装时,板块相互搭接,并通过栓钉与钢梁焊接,不但固定了模板,也能使混凝土楼板与钢框架连成一体,以提高结构的刚度。近几年,在压型钢板上焊接了钢筋桁架而使刚度大大提高的楼承板,得到了进一步应用。

(2)混凝土薄板模板。

混凝土薄板模板一般在构件厂预制,分为普通板和预应力板。带肋预应力混凝土薄板如图 4-11 所示。混凝土薄板既可作为现浇楼板的永久性模板,又可与现浇混凝土结合而形成叠合板。

4.1.2 模板的安装与拆除

模板安装应按照流水施工原理分层分段组织流水作业,协调横向和垂直方向的施工,确定安装

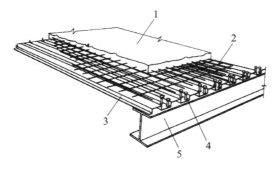

图 4-10　压型钢板模板示意

1—现浇板;2—钢筋;3—压型钢板;4—栓钉;5—钢梁

(a)　　　　　　　　　　　(b)

图 4-11　带肋预应力混凝土薄板

顺序,以便模板拆除。

竖向模板和支架的支撑部分安装在基土上时应加设垫板,且基土必须坚实并有排水措施,对湿陷性黄土必须有防水措施,对冻胀性土必须有防冻融措施。模板及其支架在安装过程中必须设置防倾覆的临时固定设施。

现浇钢筋混凝土梁板跨度大于或等于 4 m 时,模板应起拱,当设计无具体要求时,起拱高度宜为全跨长度的 1/1000～3/1000。

对于大模板、滑升模板、爬升模板等工业模板体系,施工安装应严格按照安装顺序与操作规程进行。

现场拆除模板时应遵守下列规则:拆模前应制定拆模顺序、方法以及安全措施;先拆除侧面模板,再拆除承重模板;大型模板宜整体拆除,并应采用机械化施工;支撑件和连接件应逐件拆除,模板应逐块拆卸传递,侧模拆除时的混凝土强度应能保证其表面及棱角不受损伤;拆除时,不应对楼地面造成冲击;拆除下来的模板应分类堆放、及时清运;模板及其支架在拆除时,混凝土强度应符合设计要求;设计无具体要求时,可参照《混凝土结构工程施工质量验收规范》执行。

模板早拆体系,早拆原理是根据短跨支撑、早期拆模的思想,利用早拆柱头、立柱和丝杠组成的竖向支撑,使原设计的楼板跨度处于短跨(立柱间距<2 m)受力状态,即可在其混凝土达到设计强度的 50% 后拆除模板,而竖向支撑原位保留。该体系可加快模板的周转速度,以减少楼板模板的用量;同时,又能够满足现浇结构保留支撑 2 层以上,以分散、传递施工超载的需求。

模板早拆体系是在一般模板的基础上,增添早拆支撑调整器(早拆柱头)即可。拆模时,旋转早拆头的上手柄,将龙骨及楼板模板降落拆除,而支柱不动。此种早拆体系可节省模板和钢楞,具有良好的经济效益。

4.1.3　模板的新技术

模板工程施工中出现的主要新技术有液压爬升模板技术、整体爬升模板技术、组合铝合金模板施工技术、组合式带肋塑料模板技术、清水混凝土模板技术、预制节段箱梁模板技术、管廊模板技术、3D打印装饰造型模板技术等。

4.2　钢　筋　工　程

混凝土结构用的普通钢筋,可分为热轧钢筋、热处理钢筋和冷加工钢筋。热轧钢筋包括低碳钢(HPB)钢筋、低(微)合金钢(HRB)钢筋;热处理钢筋包括用余热处理(RRB)或晶粒细化(HRBF)等工艺加工的钢筋,该类钢筋强度较高,但强屈比低且焊接性能不佳;冷加工钢筋强度较高但脆性大,已很少使用。

热轧或热处理钢筋按屈服强度分为 300 MPa、335 MPa、400 MPa、500 MPa 四个等级,按表面形状分为光圆钢筋和带肋钢筋;直径 12 mm 以下的钢筋来料多为盘圆,直径 16 mm 以上为直条。

4.2.1　钢筋的进场检验

钢筋进场时,应检查产品合格证及出厂检验报告等质量证明文件、钢筋外观,并抽样检验力学性能和质量偏差。钢筋外观检查应全数进行,要求钢筋平直,无损伤,表面无裂纹、油污、颗粒状或片状老锈。抽样检验应按国家标准分批次、规格、品种,每 5～60 t 抽取 2 根钢筋制作试件,通过试验检验其屈服强度、抗拉强度、伸长率、弯曲性能和质量偏差,检验结果应符合相关标准规定。

4.2.2　钢筋的连接

钢筋的连接方式包含焊接连接、机械连接、绑扎三大类。

1. 焊接连接

钢筋焊接分为压焊和熔焊两种形式。压焊包括闪光对焊、电阻点焊和气压焊;熔焊包括电弧焊和电渣压力焊。此外,钢筋与预埋件(T形接头)的焊接应采用埋弧压力焊,也可用电弧焊或穿孔塞焊,但焊接电流不宜过大,以防烧伤钢筋。

焊工必须持相应焊接方法的考试合格证上岗操作,并经现场焊接工艺试验合格,方可正式焊接。当环境温度低于 -5 ℃时应调整焊接参数或工艺,低于 -20 ℃时不得进行焊接,雨、雪及大风天气应采取遮挡措施。直径大于 28 mm 的热轧钢筋及细晶粒钢筋的焊接参数应经试验确定,余热处理钢筋不宜焊接。

(1)闪光对焊。

钢筋闪光对焊是利用对焊机使两段钢筋接触,通过低电压的强电流,待钢筋被加热到一定温度变软后,进行轴向加压顶锻,形成对焊接头。常用的钢筋闪光对焊工艺有连续闪光焊、预热闪光焊和闪光-预热闪光焊。

闪光对焊广泛用于钢筋连接及预应力筋与螺钉端杆的焊接。热轧钢筋的焊接宜优先采用闪光对焊。闪光对焊示意见图 4-12。

①连续闪光焊。

这种焊接的工艺过程是待钢筋夹紧在电极钳口上后,闭合电源,使两钢筋端面轻微接触。由于钢筋端部不平,开始只有一点或数点接触,接触面小而电流密度和接触电阻很大,接触点很快熔化并产生金属蒸气飞溅,形成闪光现象。闪光一开始就徐徐移动钢筋,使之形成连续闪光过程,同时接头也被加热。待接头烧平、闪去杂质和氧化膜、白热熔化时,随即施加轴向压力迅速进行顶锻,使两根钢筋焊牢。连续闪光焊适用于焊接直径在 25 mm 以下的 HPB300、HRB335、HRB400 级钢筋,适于焊接直径较小的钢筋。

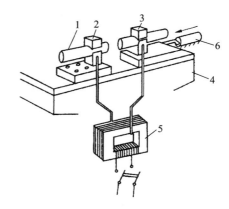

图 4-12　闪光对焊示意
1—钢筋;2—固定电极;3—活动电极;
4—机座;5—焊接变压器

连续闪光焊的工艺参数有调伸长度、烧化留量、顶锻留量及变压器级数等。

②预热闪光焊。

当钢筋直径较大、端面比较平整时,宜用预热闪光焊。它与连续闪光焊的不同之处在于前面增加一个预热时间,先使大直径钢筋预热后再连续闪光烧化进行加压顶锻。

③闪光-预热闪光焊。

端面不平整的大直径钢筋连接采用半自动或自动对焊机,焊接大直径钢筋宜采用闪光-预热闪光焊。这种焊接的工艺过程是进行连续闪光,使钢筋端部烧化平整;再使接头处做周期性闭合和断开,形成断续闪光使钢筋加热;接着连续闪光,最后进行加压顶锻。

闪光-预热闪光焊的工艺参数有调伸长度、一次烧化留量、预热留量和预热时间、二次烧化留量、顶锻留量及变压器级数等。

钢筋闪光对焊后,应对接头进行外观检查,对焊后钢筋应无裂纹和烧伤,接头弯折不大于 $4°$,接头轴线偏移量不大于 $0.1d$(d 为钢筋直径),且不大于 2 mm。此外,还应按规定进行抗拉试验和冷弯试验。HRB500 级钢筋应进行退火或回火处理,以消除脆性,改善接头塑性并防止脆断。

(2)电弧焊。

电弧焊是利用弧焊机使焊条与焊件之间产生高温,电弧使焊条和电弧燃烧范围内的焊件熔化,待其凝固便形成焊缝或接头。电弧焊广泛用于钢筋接头焊接、钢筋骨架焊接、装配式结构接头的焊接、钢筋与钢板的焊接及各种钢结构焊接。

钢筋电弧焊的接头形式有搭接焊接头(单面焊缝或双面焊缝)、帮条焊接头(单面焊缝或双面焊缝)、剖口焊接头(平焊或立焊)和熔槽帮条焊接头。

焊接接头的质量检查除外观检查外,还需要抽样做拉伸试验。如对焊接质量有怀疑或发现异常情况,还可进行非破损检验(X 射线、γ 射线、超声波探伤等)。

①帮条焊。

帮条焊宜采用双面焊,当不能进行双面焊时,可采用单面焊。当帮条钢筋级别与主筋相同时,帮条直径可与主筋相同或小一个规格;当帮条直径与主筋相同时,帮条钢筋级别可与主筋相同或低一个级别。

帮条焊接头的焊缝厚度不应小于主筋直径的 30%;焊缝宽度不应小于主筋直径的 70%。帮条焊时,两主筋端面的间隙应为 $2\sim5$ mm。

②搭接焊。

搭接焊可用于 HPB300、HRB335 及 HRB400 级钢筋,焊接时宜采用双面焊。当不能进行双面焊时,可采用单面焊。搭接长度、焊缝厚度均与帮条长度相同。搭接焊时,焊接端钢筋应预弯,并应使两钢筋的轴线在同一直线上(图 4-13)。

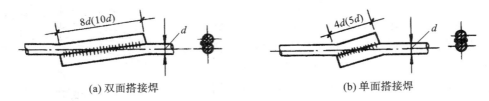

(a) 双面搭接焊　　　　　　　　　　(b) 单面搭接焊

图 4-13　搭接焊

③坡口焊。

坡口焊施工前在焊接钢筋端部切口形成坡口。坡口面应平顺,切口边缘不得有裂纹、钝边和缺棱。坡口平焊时,坡口角度宜为 55°～65°;坡口立焊时,坡口角度宜为 40°～55°,其中,下钢筋宜为 0～10°,上钢筋宜为 35°～45°。钢筋根部间隙,坡口平焊时宜为 4～6 mm;坡口立焊时宜为 3～5 mm;其最大间隙均不宜超过 10 mm。钢垫板厚度宜为 4～6 mm,长度宜为 40～60 mm。坡口平焊时,垫板宽度应为钢筋直径加 10 mm;坡口立焊时,垫板宽度宜等于钢筋直径。平焊与立焊见图 4-14。

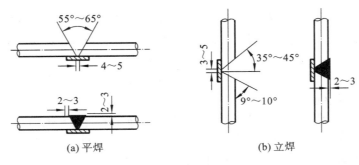

(a) 平焊　　　　　　　　　　(b) 立焊

图 4-14　坡口焊(单位:mm)

图 4-15　手工电渣压力焊

(3) 电渣压力焊。

电渣压力焊在施工中多用于现浇混凝土结构构件内竖向或斜向(倾斜度在 4∶1 范围内)钢筋的焊接接长。电渣压力焊有自动和手工电渣压力焊两类。与电弧焊相比,它的工效高、成本低,可进行竖向连接,故在工程中应用较普遍。手工电渣压力焊如图 4-15 所示。

在进行电渣压力焊时,宜选用合适的焊接变压器。夹具应灵巧,上下钳口同心,保证上下钢筋的轴线最大偏移量不大于 $0.1d$,同时不大于 2 mm。焊接时,先将钢筋端部约 120 mm 范围内的铁锈除尽,将夹具夹牢在下部钢筋上,并将上部钢筋扶直夹牢于活动电极中(自动电渣压力焊时还应在上下钢筋间放置引弧用的钢丝圈等);再装上药盒,装满焊药,接通电路,用手柄使电弧引燃(引弧);然后稳定一段时间,使之形成渣池并使钢筋熔化(稳弧),随着钢筋的熔化,用手柄使上部钢筋缓缓下送;当稳弧达到规定时间后,在断电同时用手柄进行加压顶锻(顶锻),以排除夹渣和气泡,形成接头;待冷却一定时间后,拆除药盒,回收焊药,拆除夹具并清除焊渣。引弧、稳弧、顶锻三个过程连续进行。电渣压力焊适用于直径 12~32 mm 的竖向钢筋现场接长,其施工过程如图 4-16 所示。

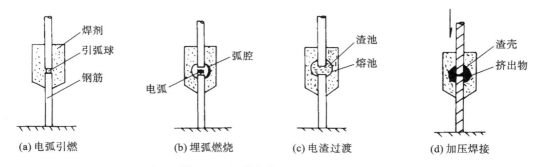

图 4-16　钢筋电渣压力焊施工过程

（4）电阻点焊。

电阻点焊主要用于小直径钢筋的交叉连接,直径 16 mm 以下钢筋、3~5 mm 钢丝的交叉连接,以制作网片、骨架等。如用来焊接近年来推广应用的钢筋网片、钢筋骨架等。它的生产效率高、节约材料,应用广泛。

当钢筋交叉点焊时,接触点只有一点,如图 4-17 所示,且接触电阻较大,在接触的瞬间,电流产生的全部热量都集中在一点上,使金属受热熔化,同时在电极加压下使焊点金属得到焊合。

图 4-17　钢筋交叉电焊

电阻点焊不同直径钢筋时,如较小钢筋的直径小于 10 mm,则大小钢筋直径之比不宜大于 3;如较小钢筋的直径为 12 mm 或 14 mm,则大小钢筋直径之比不宜大于 2。应根据较小直径的钢筋选择焊接工艺参数。

焊点应进行外观检查和强度试验。热轧钢筋的焊点应进行抗剪试验。冷加工钢筋的焊点除进行抗剪试验外,还应进行拉伸试验。

2. 机械连接

钢筋机械连接技术是一项新型钢筋连接工艺,被称为继绑扎、电焊之后的"第三代钢筋接头",具有接头强度高于钢筋母材、速度比电焊快 5 倍、无污染、节省 20% 钢材等优点。钢筋机械连接包括挤压连接、螺纹套管连接、熔融金属充填套管连接、水泥灌浆充填套管连接以及受压钢筋面平接等。其中,挤压连接、螺纹套管连接是近年来大直径钢筋现场连接的主要方法。

（1）钢筋挤压连接。

钢筋挤压连接也称钢筋套筒冷压连接。套筒挤压连接接头是通过挤压力使连接件钢套筒产生塑性变形并与带肋钢筋紧密咬合形成的接头,有径向挤压连接和轴向挤压连接两种形式。轴向挤压连接在现场施工不方便且接头质量不够稳定,没有得到推广;而径向挤压连接接头却由于其优良的质量,得到了大面积推广使用。现在工程中使用的套筒挤压连接接头,均为径向挤压连接。

钢筋挤压连接适用于竖向、横向及其他方向较大直径变形钢筋的连接。与焊接相比,它具有节省电能、不受钢筋焊接性好坏影响、不受气候影响、无明火、施工简便和接头可靠度高等优点。连接时将需要变形的钢筋插入特制钢套筒内,利用液压驱动的挤压机进行径向或轴向挤压,使钢套筒产生塑性变形,紧紧咬住变形钢筋以实现连接(图 4-18)。

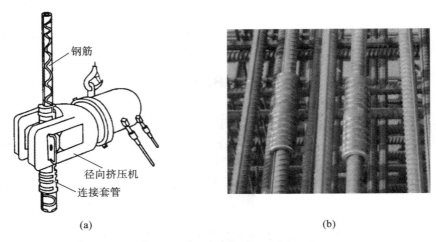

(a)   (b)

图 4-18　钢筋挤压连接及连接的钢筋

钢筋挤压连接的工艺参数主要有压接顺序、压接力和压接道数。压接顺序应从中间逐道向两端压接;压接力要能保证套筒与钢筋紧密咬合;压接力和压接道数取决于钢筋直径、套筒型号和挤压机型号。

(2)钢筋螺纹套管连接。

钢筋螺纹套管连接分为锥螺纹连接与直螺纹连接两种。钢筋螺纹套管连接的钢套管内壁,用专用机床加工有锥螺纹或直螺纹;钢筋的对接端头也在套螺纹机上加工有与套管匹配的螺纹。连接时,经过螺纹检查无油污和损伤后,先用手旋入钢筋,然后用扭矩扳手紧固至规定的扭矩即完成连接。钢筋螺纹套管施工速度快,不受气候影响,质量稳定,易对中,已在我国广泛应用。

由于钢筋的端头在套螺纹机上加工有螺纹,截面被削弱,为达到连接接头与钢筋强度等级相同的目的,目前有两种方法:一种是将钢筋端头先镦粗后再套螺纹,使连接接头处截面不削弱;另一种是采用冷轧的方法轧制螺纹,接头处经冷轧后强度有所提高,也可达到等强度的目的。

①钢筋锥螺纹连接。

锥螺纹连接接头是通过钢筋端头特制的锥形螺纹和连接件锥形螺纹咬合形成的接头。锥螺纹连接技术的诞生克服了套筒挤压连接技术存在的不足。锥螺纹丝头完全是提前预制,现场连接,占用工期短,现场只需用力矩扳手操作,无须搬动设备或拉扯电线,深受各施工单位的好评。但是锥螺纹连接接头的质量不够稳定。由于加工螺纹减小了母材的横截面积,降低了接头强度,锥螺纹连接接头一般只能达到母材实际抗拉强度的 85%～95%。此外,我国的锥螺纹连接技术和国外相比还存在一定差距,其中,最突出的一个问题就是螺距单一,直径 16～40 mm 钢筋采用的螺距均为2.5 mm,而 2.5 mm 螺距最适于直径 22 mm 钢筋的连接,太粗或太细的钢筋连接的强度都不理想,尤其是直径为 36 mm、40 mm 钢筋的锥螺纹连接,甚至很难达到母材实际抗拉强度的 90%。而许多生产单位自称达到钢筋母材标准强度,其实是利用了钢筋母材超强的性能,即钢筋实际抗拉强度大于钢筋抗拉强度的标准值。锥螺纹连接技术具有施工速度快、接头成本低的特点,自 20 世纪 90 年代初推广以来也得到了较大范围的应用,但其存在的缺陷较大,逐渐被直螺纹连接接头所代替。

②钢筋直螺纹连接。

等强度直螺纹连接接头是 20 世纪 90 年代钢筋连接的国际潮流,其接头质量稳定可靠,连接强度高,可与套筒挤压连接接头相媲美,而且又具有锥螺纹接头施工方便、速度快的特点,因此直螺纹连接技术的出现给钢筋连接技术带来了质的飞跃。目前我国直螺纹连接技术呈现百花齐放的景象,出现了多种直螺纹连接形式。

直螺纹连接接头主要有镦粗直螺纹连接接头和滚压直螺纹连接接头两类。这两种工艺采用不同的加工方式来增强钢筋端头螺纹的承载能力,达到接头与钢筋母材等强度的目的。

a. 镦粗直螺纹连接接头。

镦粗直螺纹连接接头是指通过钢筋端头镦粗后制作的直螺纹和连接件螺纹咬合形成的接头。其工艺是:先将钢筋端头通过镦粗设备镦粗,再加工出螺纹,其螺纹直径不小于钢筋母材直径,使接头与母材达到等强度。国外镦粗直螺纹连接接头,其钢筋端头既有热镦粗又有冷镦粗。热镦粗主要是消除镦粗过程中产生的内应力,但加热设备投入费用高。我国的镦粗直螺纹连接接头,其钢筋端头主要是冷镦粗,对钢筋的延性要求高;而对于延性较低的钢筋,镦粗质量较难控制,易产生脆断现象。

镦粗直螺纹连接接头的优点是强度高,现场施工速度快,工人劳动强度低,钢筋直螺纹丝头全部提前预制,现场连接为装配作业。其不足之处在于镦粗过程中易出现镦偏现象,一旦镦偏必须切掉重镦;镦粗过程中产生内应力,钢筋镦粗部分延性降低,易产生脆断现象,螺纹加工需要两道工序、两套设备才能完成。

b. 滚压直螺纹连接接头。

滚压直螺纹连接接头是指通过钢筋端头直接滚压、挤(碾)压肋滚压或剥肋后滚压制作的直螺纹和连接件螺纹咬合形成的接头。其利用了金属材料塑性变形后冷作硬化增强金属材料强度的特性,仅在金属表层发生塑性形变、冷作硬化,金属内部仍保持原金属的性能,因而使钢筋接头与母材达到等强度。

目前,国内常见的滚压直螺纹连接接头有三种类型:直接滚压直螺纹、挤(碾)压肋滚压直螺纹、剥肋滚压直螺纹。这三种形式连接接头获得的螺纹精度及尺寸不同,接头质量也存在一定差异。

直接滚压直螺纹连接接头(图 4-19)的优点为螺纹加工简单,设备投入少;不足之处在于螺纹精度差,存在虚假螺纹现象。钢筋粗细不均、公差大,加工的螺纹直径大小不一致,可能给现场施工造成困难,使套筒与丝头配合松紧不一致,甚至有个别接头出现拉脱现象。钢筋直径变化及横纵肋的影响,使滚丝轮寿命降低,现场施工易损件更换频繁,增加接头的附加成本。

挤(碾)压肋滚压直螺纹连接接头是用专用挤压设备先将钢筋的横肋和纵肋进行预压平处理,然后再滚压螺纹,目的是减轻钢筋肋对成型螺纹精度的影响。其特点是:成型螺纹精度相对直接滚压有一定提高,但仍不能从根本上解决钢筋直径大小不一致对成型螺纹精度的影响,而且螺纹加工需要两道工序、两套设备才能完成。

剥肋滚压直螺纹连接接头的工艺是先将钢筋端部的横肋和纵肋进行剥切处理,使钢筋滚丝前的柱体直径达到同一尺寸,然后再进行螺纹滚压成型。剥肋滚压直螺纹连接技术是由中国建筑科学研究院建筑机械化研究分院研制开发的钢筋等强度直螺纹连接接头的一种新形式,为国内外首创。通过对现有 HRB335、HRB400 级钢筋进行的型式试验、疲劳试验、耐低温试验以及大量的工

 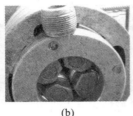  

(a)　　　　　　　　(b)　　　　　　　　(c)　　　　　　　　(d)

图 4-19　直接滚压直螺纹连接设备及加工后的钢筋螺纹

程应用,证明接头性能不仅达到了《钢筋机械连接技术规程》(JGJ 107—2016)中Ⅰ级接头性能要求,实现了等强度连接,而且接头还具有优良的抗疲劳性能和抗低温性能:通过 200 万次疲劳强度试验,接头处无破坏;在 −40 ℃低温下试验,接头仍能达到与母材等强度连接。剥肋滚压直螺纹连接技术不仅适用于直径为 16～40 mm(近期又扩展到直径为 12～50 mm)HRB335、HRB400 级钢筋在任意方向和位置的同、异径连接,而且还可应用于要求充分发挥钢筋强度、对接头延性以及疲劳性能要求高的混凝土结构中,如机场、桥梁、隧道、电视塔、核电站、水电站等。

剥肋滚压直螺纹连接接头与其他滚压直螺纹连接接头相比,具有如下特点:螺纹牙型好,精度高,牙齿表面光滑;螺纹直径大小一致性好,容易装配,连接质量稳定可靠;滚丝轮寿命长,接头附加成本低。滚丝轮可加工 5000～8000 个丝头,比直接滚压寿命提高了 3～5 倍;接头通过 200 万次疲劳强度试验,接头处无破坏;在 −40 ℃低温下试验,其接头仍能达到与母材等强度,抗低温性能好。

3. 钢筋的绑扎

绑扎目前仍为钢筋连接的主要手段之一,其工艺过程所采用的主要材料包括钢丝、垫块等,主要机具包括钢筋钩子、撬棍、板子、绑扎架、钢丝刷子、手推车、粉笔、尺子等。垫块用水泥砂浆制成,50 mm 见方,厚度同保护层,垫块内预埋 20～22 号火烧丝,或用塑料卡、拉筋、支撑筋等。钢丝可采用 20～22 号钢丝(火烧丝)或镀锌钢丝(铅丝),其切段长度要求满足使用要求。

钢筋绑扎前,应检查有无锈蚀,如存在锈蚀,则除锈后再运至绑扎位置;熟悉图样,按照设计要求检查已加工好的钢筋规格、形状、数量是否正确。钢筋绑扎时,钢筋交叉点用钢丝扎牢;板和墙的钢筋网,除外围两行钢筋的相交点全部扎牢外,中间部分交叉点可相隔交错扎牢,保证受力钢筋位置不产生偏移;梁和柱的箍筋应与受力钢筋垂直设置,弯钩叠合处应沿受力钢筋方向错开设置。受拉钢筋和受压钢筋接头的搭接长度及接头位置应符合施工及验收规范的规定。

钢筋安装或现场绑扎应与模板安装配合。柱钢筋现场绑扎时,一般在模板安装前进行;柱钢筋采用预制时,可先安装钢筋骨架,然后安装柱模板,或先安装三面模板,待钢筋骨架安装后再钉第四面模板。梁的钢筋一般在梁模板安装好后再安装或绑扎,梁断面高度较大或跨度较大、钢筋较密的大梁,可留一面侧模板,待钢筋绑扎或安装后再钉;楼板钢筋绑扎应在楼板模板安装后进行,并应按设计先画线,然后摆料、绑扎。

钢筋在混凝土中应有一定厚度的保护层(一般指从主筋外表面到构件外表面的厚度)。

4. 钢筋接头质量检验

为确保钢筋连接质量,钢筋接头应按有关规程规定进行质量检查与评定验收。

采用焊接连接的接头,评定验收其质量时,除按《钢筋焊接及验收规程》(JGJ 18—2012)中规定的方法检查其外观质量外,还必须进行拉伸或弯曲试验。

对闪光对焊接头,要求从同批成品中切取 6 个试件,3 个进行拉伸试验,3 个进行弯曲试验。做拉伸试验的试件,其抗拉强度均不得低于该级别钢筋规定的抗拉强度值,或至少有两个试件断于焊缝之外,呈延性断裂。做弯曲试验的试件,在规定的弯心直径下,弯曲至 90°时,不得在焊缝或热影响区发生破断。

对电弧焊接头,要求从成品中每批(现场安装条件下,每一楼层中以 300 个同类型接头为一批)切取 3 个试件做拉伸试验,其试验结果要求同闪光对焊。

对电渣压力焊接头,要求从每批成品(在现浇混凝土框架结构中,每一楼层中以 300 个同类型接头为一批;不足 300 个时,仍作为一批)中切取 3 个试件进行拉伸试验,其试验结果均不得低于该级别钢筋规定的抗拉强度值。

对套筒冷压接头,要求从每批成品(每 500 个相同规格、相同制作条件的接头为一批,不足 500 个仍为一批)中切取 3 个试件做拉伸试验,每个试件实测的抗拉强度值均为不应小于该级别钢筋的抗拉强度标准值的 1.05 倍或该试件钢筋母材的抗拉强度。

对锥形螺纹钢筋接头,要求从每批成品(每 300 个相同规格接头为一批,不足 300 个仍为一批)中取 3 个试件做拉伸试验,每个试件的屈服强度实测值不小于钢筋的屈服强度标准值,并且抗拉强度实测值与钢筋屈服强度标准值的比值不小于 1.35。

5. 钢筋连接的一般规定

①钢筋的接头宜设置在受力较小处;抗震设防结构的梁端、柱端箍筋加密区内不宜设置接头,且不得进行钢筋搭接。

②同一纵向受力钢筋不宜设置两个或两个以上接头。

③接头末端至钢筋弯起点的距离不应小于钢筋直径的 10 倍。

④钢筋接头位置宜相互错开。当采用焊接或机械连接时,在同一连接区段(35 倍钢筋直径且不小于 500 mm)内,受拉接头的面积百分率不应大于 50%;受压接头,或避开框架梁端、柱端箍筋加密区的 Ⅰ 级机械接头不限。

⑤直接承受动力荷载的结构构件中,不宜采用焊接接头;采用机械连接时,同区段内的接头量不应大于 50%。

4.2.3　钢筋的配料、加工及安装

1. 钢筋的配料

钢筋配料是根据构件的配筋图计算构件各钢筋的直线下料长度、根数及重量,然后编制钢筋配料单,作为钢筋备料加工的依据。

构件配筋图中注明的尺寸一般是钢筋外轮廓尺寸(即从钢筋外皮到外皮量得的尺寸),称为外包尺寸(又叫量度尺寸,见图 4-20)。在钢筋加工时,一般也按外包尺寸进行验收。钢筋加工前直线下料。如果下料长度按钢筋外包尺寸的总和来计算,则加工后的钢筋尺寸将大于设计要求的外包尺寸或者弯钩平直段太长,都会造成材料的浪费。这是由于钢筋弯曲时中轴线长度不变,外皮伸长,内皮缩短。只有按钢筋轴线长度尺寸下料加工,才能使加工后的钢筋形状、尺寸符合设计要求。

所以在施工现场施工时,要对钢筋进行翻样,翻样内容:

①将设计图纸上钢材明细表中的钢筋尺寸改为施工时的适用尺寸;

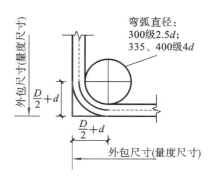

图 4-20　钢筋外包尺寸

②根据施工图纸计算钢筋的下料长度；

③列出钢筋配料单，见表 4-1。

表 4-1　钢筋配料单

项次	构件名称	钢筋编号	简图	直径	下料长度	单位根数	合计根数	重量

钢筋外包尺寸和轴线长度之间存在的差值称为"量度差值"。钢筋的直线段外包尺寸等于轴线长度，两者无量度差值；而钢筋弯曲段，外包尺寸大于轴线长度，两者间存在量度差值。

$$钢筋下料长度 = \sum 外包尺寸 - \sum 量度差值 + \sum 弯钩增长值 \qquad (4.1)$$

不同的钢筋弯心直径 D 及弯折角度 α 对应的钢筋中部弯曲处的量度差值如表 4-2 所示。

表 4-2　常用弯折角度的量度差值

弯折角度 α	弯弧内直径 D			
	$2.5d$	$4d$	$5d$	$6d$
30°	$0.29d$	$0.30d$	$0.31d$	$0.31d$
45°	$0.49d$	$0.52d$	$0.54d$	$0.57d$
60°	$0.77d$	$0.85d$	$0.90d$	$0.95d$
90°	$1.75d$	$2.07d$	$2.29d$	$2.50d$
135°	$2.24d$	$2.60d$	$2.83d$	$3.07d$

根据规范规定，钢筋做不大于 90° 的弯折，弯折处的弯弧内直径 D 不应小于钢筋直径 d 的 5 倍，则可以计算出量度差值的理论值，考虑到实际和理论的差异，可采用经验数据，对于分别为 30°、45°、60°、90° 的钢筋弯折角度，分别取 $0.35d$、$0.5d$、$0.85d$、$2d$ 的钢筋弯曲调整值。

（1）钢筋末端弯钩时下料长度的增长值。

HPB300 级钢筋末端做 180° 弯钩，其弯弧内直径不应小于钢筋直径 d 的 2.5 倍，弯钩的弯后平直部分长度不应小于钢筋直径 d 的 3 倍。当弯曲直径 $D = 2.5d$ 时，对于每个 180° 弯钩，钢筋下料长度的增长值为 $6.25d$（包括量度差值和平直部分长度）。

若不考虑平直段长度，同理可算得一个弯钩增加长度，如表 4-3 所示。

表 4-3　一个弯钩增加长度（不考虑平直段长度的最小值）

弯折角度 α	弯弧内直径 D			
	$2.5d$	$5d$	$4d$	$7d$
90°	$0.50d$	$1.21d$	$0.93d$	$1.78d$
135°	$1.87d$	$3.57d$	$2.89d$	$4.92d$
180°	$3.25d$	$5.92d$	$4.85d$	$8.07d$

（2）箍筋调整。

箍筋的末端应做成弯钩，箍筋弯钩的形式应符合设计要求，当设计无要求时，弯折角度要求不小于 90°；对有抗震设防要求的结构，应为 135°，如图 4-21 所示。要求箍筋弯钩的弯弧内直径不小于受力钢筋直径；且弯折角度为 135°时，HRB335、HRB400 级钢筋应不小于钢筋直径的 4 倍。箍筋弯后平直部分的长度，对抗震和受扭要求的结构，不小于箍筋直径的 10 倍和 75 mm；对一般结构，不小于箍筋直径的 5 倍。

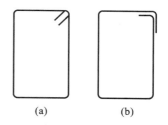

图 4-21　箍筋形状

箍筋调整值与箍筋直径有关，实际中可以按表 4-4 近似取值。

表 4-4　箍筋调整值（按平直段长 5d 计算）

箍筋量度方法	箍筋直径/mm			
	4～5	6	8	10～12
量外包尺寸	40	50	60	70
量内皮尺寸	80	100	120	150～170

【典型例题 4.1】　某抗震建筑有 10 根钢筋混凝土梁 L_1，配筋如图 4-22 所示，③号钢筋为 45°弯起。试绘出配料单。钢筋的每米理论质量见表 4-5。

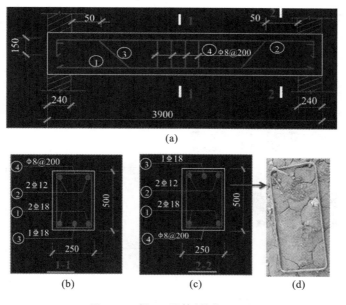

图 4-22　梁 L_1 配筋（单位：mm）

表 4-5　钢筋的每米理论质量

直径/mm	8	12	18
质量/(kg/m)	0.395	0.888	1.998

解:(1) 钢筋下料长度及质量计算。

构件处于室内环境,最外层钢筋保护层厚度取 20 mm。

①号筋 2 根,下料长度 $L_①=3900-2×20=3860(mm)$

②号筋 2 根,下料长度 $L_②=3860+2×6.25×12=4010(mm)$

③号筋 1 根,下料长度 $L_③=2432+2×270+2×628+2×150-2×2×18-4×0.5×18=4420$(mm)

上式中,"2432"为平直段长度 $=3900-240×2-50×2-(500-2×20-2×8)×2=2432(mm)$

"628"为斜段长 $=$ 竖向投影长度$/\cos45°=\sqrt{2}×(500-2×20-2×8)=628(mm)$

④号筋根数 $n=\dfrac{L}{@}+1=\dfrac{3900}{200}+1=21$,下料长度 $L_④=2×(250-2×20+500-2×20)+2×80=1500(mm)$

上式中,"80"为抗震结构的箍筋端部弯钩应为 135°/135°形式,平直段长度为:$\max\{10d,75\}=\max\{80,75\}=80(mm)$

抗震结构的箍筋平直段长度按 10d 计算,表中数值应×2取值,下料长度为 $L_④=2(250-2×20+500-2×20)+2×60=1460$ mm,可见这种估算,误差较小。

(2) 编制下料单。

将计算下料长度×钢筋的每米质量,即可得到质量,填于表 4-6 中,供计划、备料、加工及验收使用。

表 4-6 钢筋配料单

构件名称	钢筋编号	钢筋简图	钢筋直径/mm	下料长度/mm	单梁根数/根	合计根数/根	质量/kg
L_1 梁,共 10 根	①	3860	18	3860	2	20	154.2
	②	3860	12	4010	2	20	71.2
	③	270 ... 270 ... 628 628 150 45° 2432 150	18	4420	1	10	88.3
	④	210 460	8	1500	21	210	124.4
钢筋质量合计							438.1

2. 钢筋的加工

钢筋的表面应洁净、无损伤,在使用前应将油污和铁锈等清洗干净。带有颗粒状或片状老锈的钢筋不得使用。

在施工中,钢筋的品种、级别和规格应按设计要求采用。如遇有钢筋的品种、级别和规格与设计要求不符而需要替换,应办理设计变更文件,按变更后的要求加工安装。

为确保钢筋加工的形状、尺寸符合设计要求,在加工之前必须根据结构施工图,做好钢筋节点放样,明确墙、柱、梁、板钢筋的连接方式、位置、连接和锚固构造,确定梁柱节点、梁梁节点、梁与板之间钢筋的穿插顺序。根据配筋图和节点大样图,绘制各部分构件单根钢筋简图并加以编号,计算下料长度和根数,填写配料单,以备加工。加工后的半成品钢筋要分部位、分层、分段和构件名称分类堆放,并挂牌标示。

钢筋的加工包括调直、除锈、剪切、弯曲等。

钢筋的调直宜采用机械方法,也可采用冷拉方法。直径为 4～14 mm 的钢筋可采用钢筋调直机进行调直,它具有钢筋除锈、调直和切断三项功能。粗钢筋还可以采用锤直和扳直的方法调直。当采用冷拉方法调直钢筋时,HPB300 级钢筋的冷拉率不宜大于 4%;HRB335、HRB400 级和 RRB400 级钢筋的冷拉率不宜大于 1%。钢筋除锈可用钢丝刷、砂盘和酸洗等方法,目前常用电动除锈机除锈或喷砂除锈。经机械或冷拉调直的钢筋,一般不必再除锈,当保管不当,产生鳞片状锈蚀时,仍应进行除锈。

钢筋下料时须按下料长度进行剪切。钢筋断料时应注意长短搭配,尽量减少剩余废钢筋头,降低损耗。钢筋剪切可采用钢筋切断机和电动机切割。直径大于 40 mm 的钢筋需要用氧气乙炔火焰或电弧切割。

钢筋弯曲时,应按弯曲设备的特点及工地习惯画线,以便弯曲成所规定的(外包)尺寸。当弯曲形状比较复杂的钢筋时,可先放出实样,再进行弯曲。钢筋弯曲可采用钢筋弯曲机、钢筋箍筋弯曲机、成型机进行。当直径小于 25 mm 时,现场也可采用板钩弯曲。

钢筋加工误差应符合规范的规定,受力钢筋顺长度方向全长的净尺寸加工允许偏差为 ±10 mm;弯起钢筋弯折位置加工的允许偏差为 ±20 mm;箍筋内净尺寸加工的允许偏差为 ±5 mm。

钢筋加工成型后应按指定位置堆放,下设垫木,堆放高度不宜过高,以防钢筋被压弯变形。

3. 钢筋与安装

钢筋在安装时注意以下问题。

(1)接头位置。

距离弯折处大于或等于 $10d$(d 为钢筋直径),接头相互错开,在 1.3 倍搭接长度范围内,梁板接头率≤25%,柱接头率≤50%,见图 4-23。

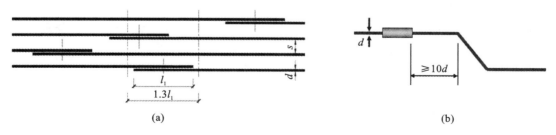

(a)   (b)

图 4-23 接头位置要求

(2)钢筋搭接长度。

钢筋搭接长度与混凝土强度等级、钢筋牌号、钢筋直径有关,具体数值可以参照图集《混凝土结构施工图平面整体表示方法制图规则和构造详图(现浇混凝土框架、剪力墙、梁、板)》。

（3）保证混凝土保护层的厚度。

钢筋在混凝土中应有一定厚度的保护层（一般指从主筋外表面到构件外表面的厚度）。施工中通过支设垫块或支架来确保混凝土厚度。

4. 钢筋工程新技术

随着工程技术的进步,钢筋工程出现的新技术有高强钢筋应用技术、高强钢筋直螺纹连接技术、钢筋焊接网应用技术、建筑用成型钢筋制品加工与配送技术、钢筋机械锚固技术等。这些新技术的出现助力了较多复杂工程的实施。在工程技术的不断发展当中将会不断出现更新的技术。

4.3　混凝土工程

混凝土工程施工主要流程为:配料→搅拌→运输→浇筑→养护→拆模。

4.3.1　混凝土的施工配制

混凝土应根据混凝土设计强度等级、耐久性和工作性要求进行配合比设计。对于具有特殊要求的混凝土,其配合比设计应符合专门的规定。

混凝土施工配料必须严格加以控制,混凝土所用原材料的计量必须准确,才能保证所拌制的混凝土满足设计和施工提出的要求,确保混凝土的质量。

各种原材料称量的偏差不得超过规范的规定:水泥、混合材料称量的允许偏差为$\pm2\%$;粗、细集料称量的允许偏差为$\pm3\%$;水、外加剂称量的允许偏差为$\pm2\%$。

混凝土配合比分为实验室配合比和施工配合比。由于实验室在试配混凝土时的砂、石是干燥的,而施工现场的砂、石均有一定的含水率,其含水率的大小随当时当地气候而异。为保证现场混凝土准确的水胶比,应按现场砂、石实际含水率对用水量予以调整。实验室配合比与施工配合比的换算如下。

设实验室的配合比为水泥:砂:石子$=1:X:Y$,水胶比为W/C。

现场测得的砂、石含水率分别为W_x、W_y。

则施工配合比为水泥:砂:石$=1:X(1+W_x):Y(1+W_y)$。

水胶比保持不变,则必须扣除砂、石中的含水量,即实际用水量$=W$（原用水量）$-X \cdot W_x - Y \cdot W_y$。

【典型例题 4.2】　某混凝土实验配合比为$1:2.56:5.5$,水胶比为 0.64,水泥用量为 275 kg/m^3,现场实测砂、石含水率为 4％、2％。试计算施工配合比及 1 m^3 混凝土各种材料用量。

解:混凝土施工配合比为水泥:砂:石:水

$=1:2.56\times(1+0.04):5.5\times(1+0.02):(0.64-2.56\times0.04-5.5\times0.02)$

$=1:2.66:5.61:0.428$

1 m^3 混凝土各组成材料用量如下。

水泥:275 kg。

砂:$275\times2.66=731.5$(kg)。

石子:$275\times5.61=1542.8$(kg)。

水:$275\times0.64-275\times2.56\times4\%-275\times5.5\times2\%=117.6$(kg)。

4.3.2　混凝土搅拌

1. 搅拌机械

混凝土制备的方法,除工程量很小且分散的场合用人工拌制外,皆应采用机械搅拌。混凝土搅拌机按其搅拌原理分为自落式和强制式两类(图 4-24、图 4-25)。自落式搅拌机的搅拌筒内壁焊有弧形叶片,当搅拌筒绕水平轴旋转时,弧形叶片不断将物料提高一定高度,然后自由落下而互相混合。因此,自落式搅拌机主要是以重力机理设计的。在这种搅拌机中,物料的运动轨迹如下:未处于叶片带动范围内的物料,在重力作用下沿拌和料的倾斜表面自动滚下;处于叶片带动范围内的物料,在被提升到一定高度后,先自由落下再沿倾斜表面滚下。由于下落时间、落点和滚动距离不同,物料颗粒相互穿插、翻拌、混合而达到均匀。自落式搅拌机宜搅拌塑性混凝土。

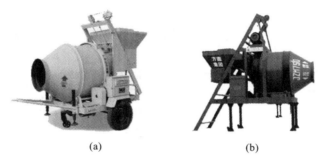

(a)　　　　　　　　　　　　　　(b)

图 4-24　自落式混凝土搅拌机

(a)　　　　　　　　　　　　　　(b)

图 4-25　强制式混凝土搅拌机

双锥反转出料式搅拌机是自落式搅拌机中较好的一种,宜搅拌塑性混凝土。双锥倾翻出料式搅拌机适用于大容量、大集料、大坍落度混凝土的搅拌,在我国多用于水电工程、桥梁工程和道路工程。

强制式搅拌机主要是根据剪切机理设计的。在这种搅拌机中有转动的叶片,这些不同角度和位置的叶片转动时通过物料,克服了物料的惯性、摩擦力和黏滞力,强制其产生环向、径向、竖向运动。这种由叶片强制物料产生剪切位移而达到均匀混合的机理,称为剪切搅拌机理。

强制式搅拌机的搅拌作用比自落式搅拌机强烈,宜搅拌干硬性混凝土和轻集料混凝土。但强制式搅拌机的转速比自落式搅拌机高,动力消耗大,叶片、衬板等磨损也大。

立轴式搅拌机通过盘底部的卸料口卸料,卸料迅速。但如卸料口密封不好,水泥浆易漏掉,所以立轴式搅拌机不宜搅拌流动性大的混凝土。卧轴式搅拌机具有适用范围广、搅拌时间短、搅拌质量好等优点,是目前国内外大力发展的机型。

选择搅拌机时，要根据工程量大小、混凝土的坍落度、集料尺寸等而定。既要满足技术上的要求，也要考虑经济效益并节约能源。

2. 搅拌制度

为了获得质量优良的混凝土拌和物，除正确选择搅拌机外，还必须正确确定搅拌制度，即搅拌时间、投料顺序和进料容量等。

（1）混凝土搅拌时间。

搅拌时间是指从原材料全部投入搅拌筒时起，到开始卸料时为止所经历的时间，与搅拌质量密切有关。它随搅拌机类型和混凝土的和易性的不同而变化。在一定范围内随搅拌时间的延长，混凝土强度有所提高，但过长时间的搅拌既不经济也不合理。因为搅拌时间过长，不坚硬的粗集料在大容量搅拌机中会因脱角、破碎等而影响混凝土的质量。加气混凝土也会因搅拌时间过长而使含气量下降。为了保证混凝土的质量，应控制混凝土搅拌的最短时间（表 4-7）。该最短时间是按一般常用搅拌机的回转速度确定的，不允许用超过混凝土搅拌机规定的回转速度进行搅拌以缩短搅拌延续时间。

表 4-7　强制式搅拌机搅拌混凝土的最短时间　　　　　　　　　　　　单位:s

混凝土坍落度/mm	搅拌机出料量/L		
	<250	250～500	>500
<40	60	90	120
40～100	60	60	90
>100	60		

（2）投料顺序。

投料顺序应从提高搅拌质量、减少叶片和衬板的磨损、减少拌和物与搅拌筒的黏结、减少水泥飞扬、改善工作环境等方面综合考虑确定。常用的有一次投料法和两次投料法。一次投料法是在上料斗中先装石子，再加水泥和砂，然后一次投入搅拌机。自落式搅拌机要在搅拌筒内先加部分水，投料时石子盖住水泥，水泥不致飞扬，且水泥和砂先进入搅拌筒形成水泥砂浆，可缩短包裹石子的时间。立轴强制式搅拌机因出料口在下部，不能先加水，应在投入原料的同时，缓慢均匀分散地加水。

两次投料法经过我国的研究和实践形成了"裹砂石法混凝土搅拌工艺"，它是在日本研究的造壳混凝土（简称 SEC 混凝土）的基础上结合我国的国情研究成功的，它分两次加水、两次搅拌。用这种工艺搅拌时，先将全部的石子、砂和 70% 的拌和水倒入搅拌机，拌和 15 s 使集料湿润，再倒入全部水泥进行造壳搅拌 30 s 左右，然后加入 30% 的拌和水再进行糊化搅拌 60 s 左右即完成。与普通搅拌工艺相比，用裹砂石法搅拌工艺可使混凝土强度提高 10%～20% 或节约水泥 5%～10%。在我国推广这种新工艺，有巨大的经济效益。此外，我国还对净浆法、净浆裹石法、裹砂法、先拌砂浆法等各种两次投料法进行了试验和研究。

（3）进料容量。

进料容量是将搅拌前各种材料的体积累积起来的容量，又称干料容量。进料容量 V_j 与搅拌机搅拌筒的几何容量 V_g 有一定的比例关系，一般情况下 $V_j/V_g = 0.22\sim0.40$。如任意超载（进料容量超过 10%），就会使材料在搅拌筒内无充分的空间进行拌和，影响混凝土拌和物的均匀性。反之，如装料过少，则又不能充分发挥搅拌机的效能。

4.3.3　混凝土的运输

1. 基本要求

对混凝土拌和物运输的基本要求是不产生离析现象、保证浇筑时规定的坍落度和在混凝土初凝之前能有充分时间进行浇筑和捣实。

此外,运输混凝土的工具要求不吸水、不漏浆,且运输时间有一定限制。混凝土从搅拌机中卸出后到浇筑完毕的延续时间不宜超过表 4-8 的规定。若在交通、输送及浇筑中出现间歇,其总的时间也应以表 4-8 的规定时间加 90 min 为限。

表 4-8　混凝土从搅拌机中卸出后到浇筑完毕的延续时间

条件	气温	
	≤25 ℃	>25 ℃
不掺外加剂	90 min	60 min
掺外加剂	150 min	120 mn

2. 机械运输

混凝土运输分为地面水平运输、垂直运输和高空水平运输三种情况。

混凝土地面水平运输,当采用预拌(商品)混凝土且运输距离较远时,多用混凝土搅拌运输车。混凝土如来自工地搅拌站,则多用小型翻斗车,有时还用皮带运输机和窄轨翻斗车,近距离也可用双轮手推车。

混凝土垂直运输多采用塔式起重机、混凝土泵、快速提升斗和井架。用塔式起重机时,混凝土多放在吊斗中,这样可直接进行浇筑。

混凝土高空水平运输时,如垂直运输,则采用塔式起重机,一般可将料斗中混凝土直接卸在浇筑点;如用混凝土泵,则用布料机布料;如用井架等,则以双轮手推车为主。混凝土搅拌运输车(图4-26)为长距离运输混凝土的有效工具:有一搅拌筒斜放在汽车底盘上,在混凝土搅拌站装入混凝土后,由于搅拌筒内有两条螺旋状叶片,在运输过程中搅拌筒可进行慢速转动进行拌和,以防止混凝土离析,运至浇筑地点,搅拌筒反转即可迅速卸出混凝土。搅拌筒的容量一般为 2～10 m³。

混凝土泵是一种有效的混凝土运输和浇筑工具(图 4-27)。它以泵为动力,沿管道输送混凝土,可以一次完成水平及垂直运输,将混凝土直接输送到浇筑地点,是一种高效的混凝土运输方法。道路工程、桥梁工程、地下工程、工业与民用建筑施工皆可应用,在我国正大力推广,上海目前商品混凝土 90% 以上是泵送的,已取得较好的效果。

图 4-26　混凝土搅拌运输车

图 4-27　混凝土泵

不同型号的混凝土泵排量不同,水平运距和垂直运距也不同。常用的混凝土泵的排量为 30～

90 m³/h,水平运距为 200～900 m,垂直运距为 50～300 m。目前,我国一次垂直泵送高度可达 400 m。当一次泵送困难时可用接力泵送。

常用的混凝土输送管为钢管、橡胶和塑料软管。其直径为 75～200 mm,每段长约 3 m,还配有 45°、90°等弯管和锥形管。将混凝土泵装在汽车上便成为混凝土泵车,在车上还装有可以伸缩或屈折的"布料杆",其末端是一软管,可将混凝土直接送至浇筑地点,使用十分方便。

泵送混凝土工艺对混凝土的配合比提出了以下要求:碎石最大粒径与输送管内径之比一般不宜大于 1∶3(卵石可为 1∶2.5),泵送高度为 50～100 m 时宜为 1∶4～1∶3,泵送高度在 100 m 以上时宜为 1∶5～1∶4,以免堵塞。如用轻集料,则以吸水率小者为宜,并宜用水预湿,以免在压力作用下强烈吸水,使坍落度降低而在管道中形成阻塞。砂宜用中砂,通过 0.315 mm 筛孔的砂应不少于 15%。砂率宜控制在 38%～45%,如粗集料为轻集料,还可适当提高。水泥用量不宜过少,否则泵送阻力增大,最小水泥用量为 300 kg/m³。水胶比宜为 0.4～0.6。

混凝土泵宜与混凝土搅拌运输车配套使用,且应使混凝土搅拌站的供应能力和混凝土搅拌运输车的运输能力大于混凝土泵的泵送能力,以保证混凝土泵能连续工作,保证不堵塞。进行输送管线布置时,应尽可能直,转弯要缓,管段接头要严,少用锥形管,以减少压力损失。如输送管向下倾斜,要防止因自重流动使管内混凝土中断、混入空气而引起混凝土离析,产生阻塞。为减小泵送阻力,使用前先泵送适量的水和水泥浆或水泥砂浆以润滑输送管内壁,然后进行正常的泵送。在泵送过程中,泵的受料斗内应充满混凝土,防止吸入空气形成阻塞。混凝土泵排量大,在浇筑大面积混凝土时,最好用布料机进行布料,泵送结束要及时清洗泵体和管道。

4.3.4　混凝土的浇筑

混凝土浇筑要保证混凝土的均匀性和密实性,要保证结构的整体性、尺寸准确和钢筋、预埋件的位置正确,拆模后混凝土表面要平整、光洁。

浇筑前应检查模板、支架、钢筋和预埋件的正确性,并进行验收。混凝土工程属于隐蔽工程,因而对混凝土量大的工程、重要工程或重点部位的浇筑,以及其他施工中的重大问题,均应随时填写施工记录。

1. 混凝土浇筑应注意的问题

(1)防止离析。

浇筑混凝土时,混凝土拌和物从料斗、漏斗、混凝土输送管、运输车内卸出时,如自由倾落高度过大,粗集料在重力作用下,克服黏着力后的下落动能大,下落速度较砂浆快,可能形成混凝土离析。为此,混凝土自高处倾落的自由高度不应超过 2 m,在竖向结构中限制自由倾落高度不宜超过 3 m,否则应沿串筒、斜槽或振动溜管等下料。

(2)正确留置施工缝。

混凝土结构多要求整体浇筑,当因技术或组织上的原因不能连续浇筑,且停顿时间有可能超过混凝土的初凝时间时,则应事先确定在适当的位置设置施工缝。混凝土的抗拉强度约为其抗压强度的 1/10,因而施工缝是结构中的薄弱环节,宜留在结构剪力较小而且施工方便的部位。例如,建筑工程的柱子宜留在基础顶面、梁或吊车梁牛腿的下面、吊车梁的上面、无梁楼盖柱帽的下面;与板连成整体的大截面梁应留在板底面以上 20～30 mm 处,当板下有梁托时,留置在梁托下部;单向板应留在平行于板短边的任何位置;有主次梁的楼盖宜顺着次梁方向浇筑,施工缝应留在次梁跨度的中间 1/3 梁跨长度范围内;楼梯应留在楼梯长度的中间 1/3 长度范围内;墙可留在门洞口过梁跨中 1/3 范围内,也可留在纵横墙的交接处;双向受力的楼板、大体积混凝土结构、拱、薄壳、多层框架等及其他复杂结构,应按设计要求留置施工缝。

在施工缝处继续浇筑混凝土时,应除掉水泥薄层和松动石子,表面加以湿润并冲洗干净,先铺水泥浆或与混凝土砂浆成分相同的砂浆一层,待已浇筑的混凝土强度不低于 1.2 N/mm^2 时才允许继续浇筑。

2. 特殊混凝土结构浇筑

(1)大体积混凝土的浇筑。

结构或构件的最小边长尺寸在 1 m 以上,或可能因温度变形而开裂的混凝土,其中心温度与表面温度之间的差值,以及混凝土表面温度与室外最低气温之间的差值,均应小于 20 ℃;经过计算确认结构物混凝土具有足够的抗裂能力时,其温差可为 25~30 ℃。大体积混凝土结构在土木工程中比较常见,如工业建筑中的设备基础;高层建筑中的地下室底板、结构转换层;各类结构的厚大桩基承台或基础底板以及桥梁的墩台等。其上有巨大的荷载,整体性要求高,往往不允许留施工缝,要求一次连续浇筑完毕。另外,大体积混凝土结构浇筑后水泥的水化热热量大,由于体积大,水化热聚积在内部不易散发,浇筑初期混凝土内部温度显著升高,而表面散热较快,这样形成较大的内外温差,混凝土内部产生压应力,而表面产生拉应力,如温差过大,则易于在混凝土表面产生裂纹。浇筑后期混凝土内部逐渐散热冷却产生收缩时,由于受到基底或已浇筑的混凝土的约束,接触处将产生很大的剪应力,在混凝土正截面形成拉应力。当拉应力超过混凝土当时龄期的极限抗拉强度时,便会产生裂缝,甚至会贯穿整个混凝土断面,由此带来严重的危害。大体积混凝土结构的浇筑,上述两种裂缝(尤其是后一种裂缝)都应设法防止。

要防止大体积混凝土结构浇筑后产生裂缝,就要降低混凝土的温度应力,这就必须减少浇筑后混凝土的内外温差。为此,应优先选用水化热低的水泥,降低水泥用量,掺入适量的粉煤灰,降低浇筑速度并减小浇筑层厚度,浇筑后宜进行测温,采取蓄水法或覆盖法进行降温或进行人工降温。控制内外温差不超过 25 ℃,必要时,经过计算和取得设计单位同意后可留施工缝而分段分层浇筑。

如要保证混凝土的整体性,则要求保证使每一浇筑层在初凝前就被上一层混凝土覆盖并捣实成为整体。为此,要求混凝土按不小于下述的浇筑强度(单位时间的浇筑量)进行浇筑。

$$Q = \frac{F \cdot H}{T} \tag{4.2}$$

式中:Q——混凝土单位时间最小浇筑量(m^3/h);

F——混凝土浇筑区的面积(m^2);

H——浇筑层厚度(m),取决于混凝土捣实方法;

T——下层混凝土从开始浇筑到初凝为止所允许的时间间隔(h),一般等于混凝土初凝时间减去运输时间。

大体积混凝土结构的浇筑方案可分为全面分层、斜面分层和分段分层三种(图 4-28)。全面分层法要求的混凝土浇筑强度较大,斜面分层法要求的混凝土浇筑强度较小。工程中可根据结构物的具体尺寸、捣实方法和混凝土供应能力,通过计算选择浇筑方案。目前应用较多的是斜面分层法。

(2)水下浇筑混凝土。

深基础、沉井与沉箱的封底等,常需要进行水下浇筑混凝土,地下连续墙及钻孔灌注桩则是在泥浆中浇筑混凝土。水下或泥浆中浇筑混凝土,目前多用导管法(图 4-29)。

导管直径为 250~300 mm(不小于最大集料粒径的 8 倍),每节长 3 m,用快速接头连接,顶部装有漏斗。导管用起重设备吊住,可以升降。浇筑前,导管下口先用隔水塞(混凝土木头等制成)堵

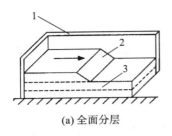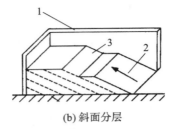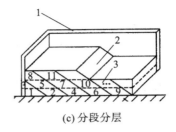

| (a) 全面分层 | (b) 斜面分层 | (c) 分段分层 |

图 4-28　大体积混凝土浇筑方案

1—模板；2—新浇筑混凝土；3—已浇筑混凝土

图 4-29　导管法水下浇筑混凝土

塞，隔水塞用钢丝吊住。然后在导管内浇筑一定量的混凝土，保证开管前漏斗及管内的混凝土量要使混凝土冲出后足以封住并高出管口。将导管插入水下，使其下口距底面的距离 h_1 约 300 mm 时进行浇筑，距离太小易堵管，太大则要求漏斗及管内混凝土量较多。当导管内混凝土的体积及高度满足上述要求后，剪断吊住隔水塞的钢丝进行开管，使混凝土在自重作用下迅速推出隔水塞进入水中。以后一边均衡地浇筑混凝土，一边慢慢提起导管，导管下口必须始终保持在混凝土表面之下 1～1.5 m。下口埋得越深，则混凝土顶面越平、质量越好，但混凝土浇筑也越难。

在整个浇筑过程中，一般应避免在水平方向移动导管，直到混凝土顶面接近设计标高时，才可将导管提起，换插到另一浇筑点。一旦发生堵管，如半小时内不能排除，应立即换插备用导管。待混凝土浇筑完毕，应清除顶面与水或泥浆接触的一层松软部分。

（3）高性能混凝土浇筑。

高性能混凝土是一种新型高技术混凝土，是在大幅度提高普通混凝土性能的基础上采用现代混凝土技术制作的混凝土。它以耐久性作为设计的主要指标，针对不同用途要求，对下列性能重点予以保证：耐久性、工作性、适用性、强度、体积稳定性和经济性。为此，高性能混凝土在配置上的特点是采用低水胶比，选用优质原材料，且必须掺加足够数量的矿物细掺料和高效外加剂。高性能混凝土具备如下优点。

①高性能混凝土具有一定的强度和高抗渗能力，但不一定具有高强度，中、低强度亦可。

②高性能混凝土具有良好的工作性能，混凝土拌和物应具有较高的流动性，混凝土在成型过程中不分层、不离析，易充满模型；泵送混凝土、自密实混凝土还具有良好的可泵性、自密实性能。

③高性能混凝土的使用寿命长，对于一些特护工程的特殊部位，控制结构设计的不是混凝土的强度，而是耐久性。能够使混凝土结构安全可靠地工作 50～100 年，是高性能混凝土应用的主要目的。

④高性能混凝土具有较高的体积稳定性，即混凝土在硬化早期应具有较低的水化热，硬化后期具有较小的收缩变形。

高性能混凝土浇筑前必须对欲浇筑混凝土的工作性能进行测定，在确保其工作性能后方能浇筑。混凝土拌和物的布料，应尽量垂直落下到浇筑地点中央，尽量避免再次搬动使混凝土产生离析,拌和物下落的高度不大于 1.5 m,以防止在下落过程中拌和物离析。混凝土拌和物不可直接落到钢筋和其他预埋件上,以免产生离析。散落在预埋件上的砂浆,如果混凝土浇筑时能够振动密实可不必清除。但疏松的干砂浆在浇筑第二层前必须清除掉。铺设混凝土应尽可能保持大致水平,混凝土分层厚度应在振动棒的合理振捣下使上下层结合成整体,分层厚度控制在 30 cm。铺料时采用人工摊铺,避免用振动棒搬移混凝土拌和物产生离析;铺料时四周高中间低,并将靠近模板的粗集料铲到中间;混凝土可以等间距堆积以便易于铺平混凝土拌和物。混凝土浇筑过程要连续进行,尽可能避免中断,上下层浇筑时间不能过长,所有与混凝土接触的物件应充分润湿,建议在浇筑前几个小时提前浸湿基础,也可在浇筑前把结构混凝土的模板和钢筋润湿。

3. 泵送混凝土结构浇筑

泵送混凝土是目前混凝土结构工程施工经常采用的一种技术手段,要求必须满足混凝土的设计强度,还要满足其可泵性要求。应根据混凝土原材料、运输距离、泵送管径、气温等具体施工条件试配。必要时,通过试泵送确定其配合比。

泵送混凝土宜采用预搅拌混凝土,宜与混凝土搅拌运输车配套使用,并保证混凝土搅拌站的供应能力和混凝土搅拌运输车的输送能力均大于混凝土泵送能力,以便混凝土泵连续工作,防止堵塞。

混凝土泵启动后,应先泵送适量水以湿润混凝土泵的料斗、活塞及输送管的内壁等直接与混凝土运输车接触的部位。经泵送水检查,确认混凝土泵和输送管中无异物后,应采用水泥浆或 1∶2 水泥砂浆,或与混凝土内粗集料以外的其他成分相同配合比的水泥砂浆润滑混凝土泵和输送管内壁。润滑用的水泥浆或水泥砂浆应分散布料,不得集中浇筑在一处。

混凝土泵送应连续进行,受料斗内应有足够的混凝土。当必须中断时,其中断时间不得超过混凝土从搅拌至浇筑完毕所允许的延续时间。

泵送混凝土应按照施工技术方案的要求进行,以保证混凝土的质量。

4.3.5 混凝土振捣

混凝土拌和物浇筑之后,需经密实成型才能赋予混凝土结构一定的外形和内部结构。其强度、抗冻性、抗渗性、耐久性等皆与密实成型的好坏有关。

混凝土拌和物密实成型的方法有以下三种:一是借助于机械外力(如机械振动)来克服拌和物内部的切应力而使之液化;二是在拌和物中适当多加水以提高其流动性,使之便于成型,成型后用分离法、真空作业法等将多余的水分和空气排出;三是在拌和物中掺入高效能减水剂,使其坍落度大大增加,可自流浇筑成型。此处仅讨论第一种方法。

混凝土振动机械按其工作方式分为内部振动器、表面振动器、外部振动器和振动台,如图 4-30 所示。

内部振动器又称插入式振动器,由电动机、软轴和振动棒三部分组成,适用于基础、柱、梁、墙等深度或厚度较大的结构构件的混凝土捣实。

用内部振动器振捣混凝土时,应垂直插入,并插入下层尚未初凝的混凝土中 $50\sim100$ mm,以促使上下层结合。插点的分布有行列式和交错式两种(图 4-31)。普通混凝土的插点间距不大于 $1.4R$(R 为振动器作用半径),轻集料混凝土的插点间距不大于 $1.0R$。

表面振动器又称平板振动器,它由带偏心块的电动机和平板(木板或钢板)等组成。其作用深度较小,多用在混凝土表面进行振捣,适用于楼板、地面、道路、桥面等薄型水平构件。

外部振动器又称附着式振动器,它通过螺栓或夹钳等固定在模板外部,通过模板将振动传给混

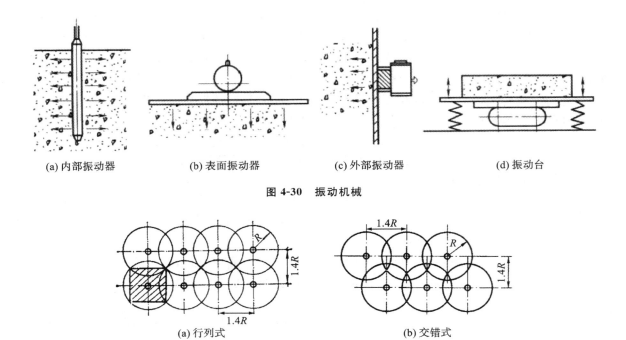

(a) 内部振动器　　(b) 表面振动器　　(c) 外部振动器　　(d) 振动台

图 4-30　振动机械

(a) 行列式　　　　　　　　　(b) 交错式

图 4-31　插点的布置方式

凝土拌和物,因而模板应有足够的刚度。它适用于振捣断面小且钢筋密的构件(如薄腹梁、箱形桥面梁等)、地下密封的结构,以及无法采用插入式振捣器的场合。其有效作用范围可通过实测确定。

振动台又称振动激励器或振动发生器。它是一种利用电动、电液压、压电或其他原理获得机械振动的装置,其原理是将激励信号输入一个置于磁场中的线圈,来驱动和线圈相连的工作台。

4.3.6　混凝土养护

混凝土养护包括人工养护和自然养护,现场施工多采用自然养护。混凝土浇捣后之所以能逐渐硬化,主要是水泥水化作用的结果,而水化作用则需要适当的温度和湿度条件。所谓混凝土的自然养护,即在平均气温高于 5 ℃的条件下于一定时间内使混凝土保持湿润状态。

混凝土浇筑后,如天气炎热、空气干燥,不及时进行养护,混凝土中的水分会蒸发过快,出现脱水现象,使已形成凝胶体的水泥颗粒不能充分水化,不能转化为稳定的结晶,缺乏足够的黏结力,从而会在混凝土表面出现片状或粉状剥落,影响混凝土的强度。此外,在混凝土尚未具备足够的强度时,其水分过早的蒸发还会产生较大的收缩变形,出现干缩裂纹,影响混凝土的整体性和耐久性。所以,混凝土浇筑后初期阶段的养护非常重要。混凝土浇筑完毕 12 h 以内就应开始养护,干硬性混凝土应于浇筑完毕后立即进行养护。

自然养护分为洒水养护和喷涂薄膜养生液养护两种。

洒水养护即用草帘等将混凝土覆盖,经常洒水使其保持湿润。养护时间长短取决于水泥品种,普通硅酸盐水泥和矿渣硅酸盐水泥拌制的混凝土不少于 7 d;掺有缓凝型外加剂或有抗渗要求的混凝土不少于 14 d。洒水次数以能保证湿润状态为宜。

喷涂薄膜养生液养护适用于不易洒水养护的高耸构筑物和大面积混凝土结构。它是将过氯乙烯树脂塑料溶液用喷枪喷涂在混凝土表面上,溶液挥发后在混凝土表面形成一层塑料薄膜,将混凝土与空气隔绝,阻止其中水分的蒸发以保证水化作用的正常进行。有的薄膜在养护完成后能自行老化脱落,否则,不宜喷洒在要做粉刷的混凝土表面上。在夏季,薄膜成型后要防晒,否则易产生裂纹。

地下建筑或基础,可在其表面涂刷沥青乳液以防止混凝土内水分蒸发。

混凝土必须养护至其强度达到 1.2 N/mm² 以上,方能上人或在其上方安装模板和支架。

大体积混凝土养护注意事项:大体积混凝土应在浇筑完毕后及早洒水养护,混凝土表面应用草袋等覆盖,以保持混凝土表面经常湿润。模板上也应经常洒水。混凝土养护时间应不少于 21 d;在干燥、炎热气候条件下,养护时间应不少于 28 d;对裂缝有严格要求时应再适当延长。

混凝土养护时的温度控制方法可分为降温法和保温法两类。

降温法是在混凝土内部预埋水管,通入冷却水,以降低混凝土内部最高温度。冷却在混凝土刚浇筑完时就开始进行,可以有效地控制因混凝土内外温差而引起的结构物开裂。冷却水管可采用直径为 25 mm 或 19 mm 的钢管或铝管,按蛇形排列,水平管距为 1.5~3.0 m,垂直管距为 1.5~3.0 m,并通过立管相连接。通水流量一般为 14~20 L/min,为了保证水管的降温效果,可将进、出水管的直径加大到 50 mm。

保温法是在结构物外露的混凝土表面以及模板外侧覆盖保温材料(如草袋、锯末、湿砂等),利用混凝土的初始温度加上水泥水化热的温升,在缓慢散热过程中,使混凝土获得必要的强度,并控制混凝土的内外温差小于 20 ℃。

除上述采用降温法和保温法控制混凝土温度外,还可以采用蓄水法和水浴法。

4.3.7　混凝土冬期施工

混凝土冬期施工是指在寒冷地区日平均气温稳定在 5 ℃ 以下或最低气温稳定在 -3 ℃ 以下,当这种气温连续保持 5 d 或多于 5 d 时,混凝土的施工就按冬期施工的要求来进行。

冬期混凝土的拌制应满足下列要求。

①冬期施工的混凝土宜选用硅酸盐水泥或普通硅酸盐水泥,水泥强度等级不宜低于 32.5 级,每立方米混凝土的水泥用量不宜少于 300 kg,水胶比不应大于 0.6,并加入早强剂,必要时还应加入防冻剂。

②拌制混凝土用的集料必须清洁,不得含有冰雪和冻块,以及易冻裂的物质。在掺含钾、钠离子的外加剂时,不得使用活性集料。

③拌制掺外加剂的混凝土时,如外加剂为粉剂,可与混合料一起放入搅拌;如外加剂为液体,则与水一起加入。

④当施工期处于 0 ℃ 左右时,可在混凝土中添加早强剂,掺量应符合使用要求及规范规定,对于有限期拆模要求的混凝土,还得相应提高混凝土设计等级。

⑤搅拌掺有外加剂的混凝土时,搅拌时间应取常温搅拌时间的 1.5 倍。

⑥混凝土的出机温度不宜低于 10 ℃,入模温度不得低于 5 ℃。

混凝土搅拌场地应尽量靠近施工地点。混凝土浇筑前,应清除模板和钢筋上的冰雪和杂物。当采用商品混凝土时,在浇筑前,应了解掺入防冻剂的性能,并做好相应的防冻保暖措施。现场应留置同条件养护的混凝土试块作为拆模依据。

冬期浇筑的混凝土转入负温养护前,混凝土的抗压强度不应低于设计强度的 40%。采用的保温材料应保持干燥。保温材料不宜直接覆盖在刚浇筑完毕的混凝土层上,可先覆盖塑料薄膜,上部再覆草袋等保温材料。拆模后的混凝土也应及时覆盖保温材料,以防混凝土表面温度的骤降而产生裂缝。

4.3.8 混凝土质量缺陷的防治

1. 缺陷分类及其产生原因

（1）麻面。

麻面是指结构构件表面出现许多的小凹点，而尚无钢筋暴露的现象。它是模板内表面粗糙、未清理干净、润湿不足；模板拼缝不严密而漏浆；混凝土振捣不密实，气泡未排出以及养护不好所致。

（2）露筋。

露筋即钢筋没有被混凝土包裹而外露。它主要是绑扎钢筋或安装钢筋骨架时未放垫块或垫块、钢筋产生位移，结构断面较小、钢筋过密等使钢筋紧贴模板，混凝土保护层厚度不够所致。有时也因混凝土结构物缺边、掉角而露筋。

（3）蜂窝。

蜂窝是指混凝土表面无水泥砂浆，露出石子的深度大于 5 mm，但小于保护层厚度的蜂窝状缺陷。它主要是混凝土配合比不准确（浆少石多），或搅拌不匀、浇筑方法不当、振捣不合理，造成砂浆与石子分离。模板严重漏浆等原因也会造成蜂窝。

（4）孔洞。

孔洞是指混凝土结构存在着较大的孔隙，局部或全部无混凝土。它是集料粒径过大、钢筋配置过密导致混凝土下料中被钢筋挡住；或混凝土流动性差，混凝土分层离析，混凝土振捣不实；或混凝土受冻、混凝土中混入泥块杂物等所致。

（5）缝隙及夹层。

缝隙及夹层是指施工缝处有缝隙或夹有杂物。它是施工缝处理不当以及混凝土中含有垃圾杂物所致。

（6）缺棱、掉角。

缺棱、掉角是指梁、柱、板、墙以及洞口直角边上混凝土局部残损掉落。它产生的主要原因是混凝土浇筑前模板未充分润湿，使棱角处混凝土中水分被模板吸去而水化不充分，引起强度降低，拆模时则棱角损坏；另外，拆模过早或拆模后保护不善，也会造成棱角损坏。

（7）裂缝。

裂缝有温度裂缝、干缩裂缝和外力引起的裂缝三种。其产生的原因主要有：结构和构件下的地基产生不均匀沉降；模板、支撑没有固定牢固；拆模时混凝土受到剧烈振动；环境或混凝土表面与内部温差过大；混凝土养护不良及其中水分蒸发过快等。

（8）强度不足。

混凝土强度不足的原因是多方面的，主要有原材料不符合规定的技术要求，混凝土配合比不准、搅拌不匀、振捣不密实及养护不良等。

2. 缺陷处理

（1）表面抹浆修补。

对数量不多的小蜂窝、麻面、露筋、露石的混凝土表面，可用钢丝刷或加压水洗刷基层，再用 1∶2.5～1∶2 的水泥砂浆填满抹平，抹浆初凝后要加强养护。当表面裂缝较细且数量不多时，可将裂缝用水冲洗并用水泥浆抹补；对宽度和深度较大的裂缝，应将裂缝附近的混凝土表面凿毛或沿裂缝方向凿成深为 15～20 mm、宽为 100～200 mm 的 V 形凹槽，扫净并洒水润湿，先刷水泥浆一层，然后用 1∶2.5～1∶2 的水泥砂浆涂抹 2～3 层，总厚度控制为 10～20 mm，并压实抹光。

（2）细石混凝土填补。

当蜂窝比较严重或露筋较深时,应按其全部深度凿去薄弱的混凝土和个别凸出的集料颗粒,然后用钢丝刷或加压水洗刷表面,再用比原混凝土强度等级高一级的细石混凝土填补并仔细捣实。

对于孔洞,可在混凝土表面采用施工缝的处理方法:将孔洞处不密实的混凝土和凸出的石子剔除,并将洞边凿成斜面,以避免死角,然后用水冲洗或用钢丝刷刷清,充分润湿 72 h 后,浇筑比原混凝土强度等级高一级的细石混凝土。细石混凝土的水胶比宜在 0.5 以内,并掺入水泥用量万分之一的铝粉(膨胀剂),用小振捣棒分层捣实,然后进行养护。

（3）化学注浆修补。

当裂缝宽度在 0.1 mm 以上时,可用环氧树脂注浆修补。修补时先用钢丝刷清除混凝土表面的灰尘、浮渣及散层,使裂缝处保持干净,然后把裂缝用环氧砂浆密封表面,做出一个密闭空腔,有控制地留置注浆口及排口,借助压缩空气把浆液压入缝隙,使之充满整个裂缝。压注浆液与混凝土有良好的黏结作用,使修补处具有很好的强度和耐久性,对 0.05 mm 以上的细微裂缝,可用甲凝修补。

作为防渗堵漏用的注浆材料,常用的有丙凝(能压注入 0.01 mm 以上的裂缝)和聚氨酯(能压注入 0.015 mm 以上的裂缝)等。

对混凝土强度严重不足的承重构件必须拆除返工。对强度不足、但经设计单位验算同意使用的承重构件,可不拆除,或根据混凝土实际强度提出加固处理方案,但其所在的分部分项工程验收不得评为优良,只能评为合格。

4.3.9　混凝土的质量检查

混凝土的质量检查包括施工过程中的质量检查及成品的强度、外观检查。

1. 施工过程中的质量检查

在拌制和浇筑过程中,对拌制混凝土所用原材料的品种、规格和用量的检查,每一工作班至少两次;当混凝土配合比由于外界影响有变动时,应及时检查并调整;混凝土的搅拌时间,应随时检查。

2. 混凝土试块的留置

为了检查混凝土的强度等级是否达到设计或施工阶段的要求,应在混凝土浇筑地点随机制作用于检验结构构件混凝土强度等级的试块并采用标准养护。

每拌制 100 盘且不超过 100 m^3 的同配合比的混凝土,取样不得少于一次。每工作班拌制的同一配合比的混凝土不足 100 盘时,取样不得少于一次。当一次连续浇筑超过 1000 m^3 时,同一配合比的混凝土每 200 m^3 不得少于一次。每一楼层,同一配合比的混凝土,取样不得少于一次。对有抗渗要求的混凝土结构,其混凝土试件应在浇筑地点随机取样。每次取样应至少留置一组标准养护试件,同条件养护试件的留置组数应根据实际需要确定。

标准养护就是在温度(20±3)℃和相对湿度为 90% 以上的潮湿环境或水中的标准条件下进行养护。评定强度用试块应在标准养护条件下养护 28 d,再进行抗压强度试验,所得结果就作为判定结构或构件是否达到设计强度等级的依据。

混凝土的试件是边长为 150 mm 的立方体,当采用非标准尺寸试件时,应将其抗压强度乘以尺寸折算系数,折算成边长为 150 mm 的标准尺寸试件抗压强度。尺寸折算系数按下列规定采用。

①当混凝土强度等级低于 C60 时,对边长为 100 mm 的立方体试件取 0.95,对边长为 200 mm

的立方体试件取 1.05。

②当混凝土强度等级不低于 C60 时,宜采用标准尺寸试件;使用非标准尺寸试件时,尺寸折算系数应由试验确定,其试件数量不应少于 30 个。

4.3.10 混凝土新技术

混凝土的新技术一方面主要是提供其强度、耐久性、密实性,另一方面向绿色化发展。出现的主要新技术有高耐久性混凝土技术、高强高性能混凝土技术、自密实混凝土技术、再生骨料混凝土技术、混凝土裂缝控制技术、超高混凝土泵送技术、透水混凝土与植生混凝土技术、混凝土楼地面一次成型技术。

知识归纳

1. 模板工程:模板的分类、模板的组成、不同类型模板的安装与拆除。
2. 钢筋工程:钢筋进场验收、钢筋的连接、钢筋配料、钢筋加工、钢筋安装。
3. 混凝土工程:混凝土配合比、混凝土浇筑要求、混凝土振捣方式、混凝土养护方法。

独立思考

1. 简述模板材料及其构成形式的未来发展方向。
2. 简述模板支撑体系的发展历程。
3. 简述模板拆除的注意事项和必要条件。
4. 钢筋工程的工艺过程包括哪些?
6. 钢筋的连接方式中哪些适合钢筋对接? 哪些适合钢筋搭接?
7. 混凝土浇筑时的振捣方式有哪些? 混凝土的养护方式包括哪些?
8. 阅读"中央电视台新楼基础底板浇筑案例分析",中央电视台新楼基础底板混凝土施工难点是什么? 采取何种措施予以解决?

中央电视台新楼基础底板浇筑案例分析

第5章　有备而来——预应力工程

【导入语】　在土木领域，有这样一位偶像级人物，他编写的《预应力混凝土结构设计》至今无人超越；美国土木工程学会特将"预应力奖"改为以他名字命名的奖，这是美国科技史上第一个以中国人名字命名的科学奖。他就是被誉为"预应力混凝土之父"的林同炎。近年来，高强度混凝土和高强度钢材的出现，既促进了预应力结构的发展，也进一步推动了预应力施工工艺的成熟和完善。

5.1　概　　述

预应力技术古已有之，是先人借此改善生活用具性能，加固补强劳作工具的一种工艺。如撑起布伞（引入预应力）可防雨挡风，木桶套箍（引入预应力）可耐久防漏等。

预应力结构是指在结构承受外荷载之前，预先对结构施加压应力，从而改善结构使用性能的结构形式。预应力结构通过施加预应力，可提高结构刚度、减少构件变形、提高抗裂度、充分利用高强钢材性能、节约钢材、减小自重和节省费用等。

预应力结构主要有预应力混凝土结构和预应力钢结构两种。目前，预应力在房屋建筑、桥梁等混凝土结构中得到广泛应用，在钢结构中也有了进一步的发展。

5.2　预应力混凝土结构

5.2.1　预应力混凝土结构定义、特点和分类

1. 预应力混凝土结构定义

预应力混凝土是指在结构或构件承受外荷载之前，预先在混凝土受拉区施加一定压应力从而抵消部分混凝土拉应力的混凝土。预应力混凝土结构是配置预应力钢筋并通过张拉或其他方法建立预加应力的混凝土结构。

因普通钢筋混凝土构件的抗拉极限应变较小，在使用中如果要使混凝土受拉不开裂，保证刚度、适用性和耐久性，构件中受拉钢筋的应力将仅有 $20 \sim 30$ N/mm^2；在允许开裂的构件中，为保证裂缝宽度在限宽范围内，受拉钢筋应力也将仅为屈服强度的 1/4～1/3，未能充分发挥其抗拉强度。为提高构件的抗裂性和控制裂缝宽度，采用提高混凝土强度等级的措施效果不明显。预应力混凝土是解决上述问题的有效方法。对受外荷载前的构件，预先在构件受拉区对混凝土施加预压应力，从而减小或抵消受荷后的混凝土拉应力。

2. 预应力混凝土特点

预应力混凝土可改善结构的使用性能，延缓裂缝出现并减小裂缝宽度；显著提高截面刚度，减小挠度，可用于大跨度混凝土结构；可提高受剪承载力；卸载后的结构变形或裂缝可恢复；增大钢筋

疲劳强度,提高构件疲劳承载力;可充分利用高强钢材和高强混凝土性能,减轻结构自重,节约材料,经济效益较好。虽然预应力混凝土单价高于普通钢筋混凝土,但在跨度较大结构中有较好的综合经济效应。

预应力混凝土工艺复杂,对施工质量有较高要求;需要有专门的张拉设备和锚固装置,不易控制预应力上拱度。

3. 预应力混凝土分类

（1）按预应力大小分为全预应力混凝土和部分预应力混凝土。

全预应力混凝土是在全部使用荷载作用下,构件受拉区边缘不允许出现拉应力的预应力混凝土。部分预应力混凝土是在全部使用荷载作用下构件边缘允许出现一定拉应力或裂缝的混凝土。

（2）按施加预应力方式分为先张法预应力混凝土和后张法预应力混凝土。

先张法预应力混凝土是先张拉预应力筋,后浇筑混凝土的预应力混凝土生产方法。这种方法需要专用的生产台座和夹具,以便张拉和临时固定预应力筋。待混凝土达到设计强度等级后,放松预应力筋,预应力靠钢筋与混凝土之间的黏结传递给混凝土。

后张法预应力混凝土是先浇筑混凝土后张拉预应力筋的预应力混凝土生产方法。这种方法在构件制作时需要预留孔道和使用专门的锚具。在混凝土达到设计所规定的强度等级后,张拉钢筋,其预应力通过锚具传递给混凝土。

（3）按预应力筋黏结状态分为有黏结预应力混凝土、无黏结预应力混凝土和缓黏结预应力混凝土。

有黏结预应力混凝土是指预应力筋全长与周围混凝土相黏结的混凝土。先张法的预应力筋直接浇筑在混凝土内,预应力筋和混凝土是有黏结的;后张法的预应力筋通过孔道灌浆使预应力筋和混凝土进行黏结。

无黏结预应力混凝土的预应力筋沿全长与周围混凝土能发生相对滑动。为防止预应力筋腐蚀和与周围混凝土黏结,采用涂油脂和缠绕塑料薄膜等措施生产的预应力混凝土,为无黏结预应力混凝土。

缓黏结预应力是指在施工阶段预应力钢绞线伸缩变形自由、不与周围缓凝黏合剂产生黏结,而在施工完成后的预定时期内预应力筋通过固化的缓凝黏合剂与周围混凝土产生黏结作用。

（4）按施工方式分为预制预应力混凝土、现浇预应力混凝土和叠合预应力混凝土。

预制预应力混凝土是在预制厂或在现场进行制作,经过运输和吊装安设到设计位置的预应力混凝土构件。现浇预应力混凝土是在设计的位置上支设模板进行制作。叠合预应力混凝土是结合预制和现浇进行制作,预制部分采用预应力,现浇部分采用非预应力。

5.2.2 预应力混凝土材料、锚(夹)具和张拉机具

预应力混凝土材料包括混凝土、预应力筋、预应力锚固体系(预应力筋用锚具、预应力筋用夹具、预应力筋连接器)、张拉机具、台座、制孔器等。

1. 混凝土

预应力混凝土强度等级不宜低于C40,且应不低于C30。在预应力混凝土构件的施工中,不能掺用对钢筋有侵蚀作用的氯盐等,否则会发生严重的质量事故。对混凝土的配置要求是高强度、低收缩、徐变小。施工采取的措施是控制水灰比、选用高标号水泥、控制水泥掺入量、注意掺合料的选择、加强振捣和养护。施加预应力时的混凝土强度要求应遵守设计规定,设计无规定时应经计算确定,并不低于设计强度的75%。

2. 预应力筋

预应力筋是指在预应力结构中用于建立预加应力的单根或成束预应力钢丝、钢绞线或钢筋等。预应力筋的发展趋势为高强度、低松弛、粗直径和耐腐蚀。

为避免在超载情况下发生脆性破断,预应力筋还必须具有一定的塑性。同时应具有良好的加工性能,以满足对钢筋焊接等加工要求。有黏结预应力筋应与混凝土有良好的黏结性能。

预应力筋应根据结构受力特点、环境条件和施工方法等选用。预应力筋宜采用钢丝、钢绞线、螺纹钢筋和纤维增强复合材料预应力筋等。

（1）预应力钢丝。

预应力钢丝包括中等强度预应力钢丝和消除应力钢丝两种。中等强度预应力钢丝和消除应力钢丝均分为光面和螺旋肋钢丝。

螺旋肋钢丝是通过专用拔丝模冷拔,使钢丝表面沿长度方向产生规则间隔肋条的钢丝,螺旋肋能增加与混凝土的握裹力,可用于先张法构件,如图 5-1 所示。

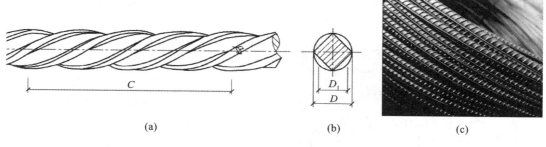

(a)　　　　　　　　　(b)　　　　　　　　　(c)

图 5-1　螺旋肋钢丝

消除应力钢丝按松弛性能又分为低松弛级钢丝和普通松弛级钢丝。钢丝在塑性变形下(轴应变)进行短时热处理,得到低松弛级钢丝。钢丝经过校直工序处理后,在适当温度下进行短时热处理,得到普通松弛级钢丝。

（2）预应力钢绞线。

钢绞线是由多根碳素钢丝在绞线机上成螺旋形纹合,并经低温回火消除应力制成的(图 5-2)。钢绞线的整根破断力大、柔性好,施工方便,具有广阔的发展前景,但价格比钢丝贵。预应力混凝土结构中,主要包括光面钢绞线和无黏结钢绞线。光面预应力钢绞线为 1×3 和 1×7 两种,如图 5-3、图 5-4 所示。无黏结预应力筋由预应力钢丝束或钢绞线、涂料层和护套层组成。在施加预应力后,预应力筋全长与四周混凝土无黏结,如图 5-5 所示。

　　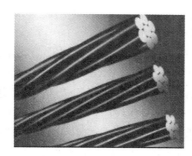　　

图 5-2　预应力钢绞线　　　　　图 5-3　1×7 钢绞线　　　　　图 5-4　1×3 钢绞线

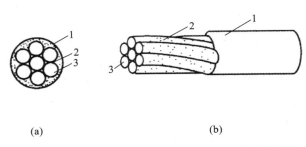
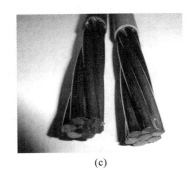

(a)   (b)   (c)

图 5-5　无黏结预应力筋

1—塑料护套;2—涂料层;3—钢丝束或钢绞线

无黏结预应力筋主要采用柔性较好的钢绞线或高强钢丝。目前常用涂料层包括防腐油脂和防腐蚀沥青等,可隔离无黏结预应力筋与混凝土、防止无黏结预应力筋腐蚀、减少张拉中的摩擦损失等。常用的护套层材料包括高密度聚乙烯和聚丙烯材料等,应保证其有足够的韧性、抗磨和抗冲击性,不侵蚀周围材料,低温下不脆变,高温下化学稳定性好。

图 5-6　预应力螺纹钢筋

(3)预应力螺纹钢筋。

预应力螺纹钢筋是用热轧方法在钢筋表面上轧出不带肋的螺纹外形。螺纹钢筋直径有18 mm、25 mm、32 mm、40 mm 和 50 mm 等,常用直径为 25 mm 和 32 mm。接长用连接螺纹套筒,端头锚固用螺母。螺纹钢筋具有锚固简单、施工方便和无须焊接等优点,如图 5-6 所示。

(4)纤维增强复合材料预应力筋。

纤维增强复合材料预应力筋包括碳纤维增强复合材料筋或芳纶纤维增强复合材料筋,且其纤维体积含量不应小于 60%。纤维增强复合材料预应力筋的截面面积应小于 300 mm^2。不应采用光圆表面的纤维增强复合材料筋。

3. 预应力筋用锚具

预应力筋用锚具是在后张法预应力混凝土结构或构件中,用于保持预应力筋的拉力并将其传递到混凝土上所用的永久性锚固装置。对锚具的要求是应符合《预应力筋用锚具、夹具和连接器》(GB/T 14370—2015)中的有关规定,受力安全可靠、预应力损失小、构造简单、紧凑、制作方便、用钢量少、张拉锚固方便迅速,设备简单。锚具还应满足分级张拉、补张拉和放松预应力筋等张拉工艺要求。锚固多根预应力筋用的锚具,除应具有整束张拉的性能外,还宜具有单根张拉的可能性。

目前,常见锚具有如下四种类型,我国采用最多的锚具是支承式锚具和夹片式锚具。

(1)支承式锚具。

①螺母式锚具。螺母式锚具由螺丝端杆、螺母和垫板三部分组成,如图 5-7 所示。螺母式锚具适用于直径 18～36 mm 的预应力钢筋,锚具长度一般为 320 mm,螺母直径应与预应力筋直径对应选取。预应力钢筋冷拉前,应进行螺母式锚具与预应力筋对焊连接,焊接后再与张拉机械相连进行预应力筋张拉,最后用螺母拧紧锚固。

②镦头锚具。可用于锚固单根粗钢筋,也可用于锚固多根数钢丝束。钢丝束镦

视频 5-1
螺母式锚具

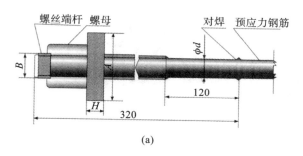

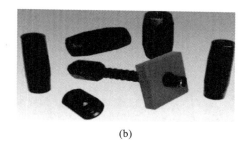

图 5-7　螺母式锚具(单位:mm)

头锚具分 A 型与 B 型,张拉端使用 A 型,由锚环与螺母组成;固定端使用 B 型,即锚
板。钢丝束镦头锚具如图 5-8 所示。

视频 5-2
镦头锚具

　　镦头锚具是将预应力筋穿过锚杯的蜂窝眼,再用专门的镦头机将钢筋或钢丝的
端头镦粗,将镦粗头的预应力束直接锚固在锚环上,待千斤顶拉杆旋入锚环内螺纹后
即可进行张拉,当锚环带动钢筋或钢丝伸长到设计值时,将螺母沿锚环外的螺纹旋紧
顶在构件表面,于是螺母通过支承垫板将预压力传到混凝土上。镦头锚具用 YC-60 千斤顶(穿心式
千斤顶)或拉杆式千斤顶张拉。

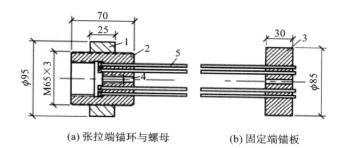

(a) 张拉端锚环与螺母　　　(b) 固定端锚板　　　(c) 镦头锚具实物

图 5-8　钢丝束镦头锚具(单位:mm)
1—螺母;2—锚杯;3—锚板;4—排气孔;5—钢丝束

　　镦头锚具操作简便快捷,不会出现锥形锚具易发生的"滑丝"现象,不发生相应的预应力损失。
但下料长度要求精确,否则张拉时会因各钢丝受力不均匀而发生断丝现象。

　　(2)锥塞式锚具。

　　①钢质锥形锚具。钢质锥形锚具又称弗氏锚具,由锚环和锚塞组成。锚环为带
有圆锥形孔洞的圆环,锚塞为周围带齿的圆锥体,中间有一个直径为 10 mm 的小孔
作为锚固后灌浆用。钢丝分布在锚环锥孔的内侧,由锚塞塞紧锚固。锚环内孔的锥
度应与锚塞的锥度一致。锚塞上刻有细齿槽,夹紧钢丝防止滑动。钢质锥形锚具适
用于锚固 12~24 根直径为 5 mm 的钢丝束,一般用锥锚式千斤顶进行张拉,如图 5-9
所示。

视频 5-3
钢质锥形
锚具

　　锥形锚具尺寸较小易分散布置,但易产生单根滑丝现象,且滑丝后无法重复张拉和接长,难以
补救应力损失。钢质锥形锚具的设计应满足自锁和自锚的条件。

　　②锥形螺杆锚具。锥形螺杆锚具由锥形螺杆、套筒和螺母组成。用于锚固 14~28 根直径为 5
mm 的钢丝束。锥形螺杆锚具常与 YL-60、YL-90 型拉杆式千斤顶和穿心式千斤顶配套使用,如图
5-10 所示。

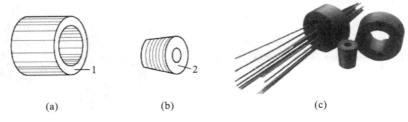

图 5-9　钢丝束锥形锚具

1—锚环；2—锚塞

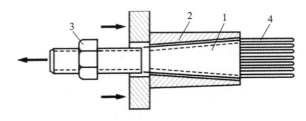

图 5-10　锥形螺杆锚具

1—锥形螺杆；2—套筒；3—螺母；4—预应力钢丝束

（3）夹片式锚具。

①JM 型锚具。JM 型锚具为单孔夹片式锚具，由锚环和夹片组成，可用于钢筋束或钢绞线的锚固，如图 5-11 所示。

②XM 型锚具。XM 型锚具为多孔夹片锚具，是一种新型锚具。XM 型锚具由锚板与三片夹片组成，如图 5-12 所示。

视频 5-4
夹片式锚具

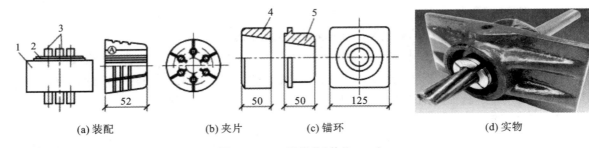

(a) 装配　　　(b) 夹片　　　(c) 锚环　　　(d) 实物

图 5-11　JM 型锚具（单位：mm）

1—锚环；2—夹片；3—钢筋束或钢绞线束；4—圆钳环；5—方锚环

该锚具广泛应用于现代预应力混凝土工程，它既适用于锚固钢绞线束，又适用于锚固钢丝束；既可锚固单根预应力筋，又可锚固多根预应力筋。当用于锚固多根预应力筋时，既可单根张拉、逐根锚固，也可成组张拉、成组锚固。另外，它还可用于工具锚固，也可用作工作锚具。当用作工具锚固时，可在夹片和锚板之间涂抹一层能在极大压强下保持润滑性能的固体润滑剂（如石墨、石蜡等），当千斤顶回程时，用锤轻轻一击，即可松开脱落。用作工作锚具时，具有连续反复张拉的功能，可用行程不大的千斤顶张拉任意长度的钢绞线。

视频 5-5
XM 型锚具

这种楔紧式锚具是在一块多孔锚板上，利用每个锥形孔装一副夹片夹持一根钢绞线。优点是任意一根钢绞线锚固失效，都不会引起整束锚固失效，且每束钢绞线根数不受限制。该锚具通用性

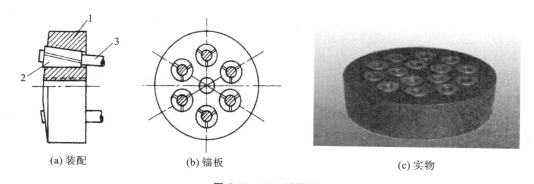

(a) 装配　　　　　(b) 锚板　　　　　　　　(c) 实物

图 5-12　XM 型锚具

1—锚板；2—夹片（三片）；3—钢绞线

强、性能可靠、施工方便且便于高空作业。

③QM 及 OVM 型锚具。QM 型锚具也属于多孔夹片锚具，由锚板与夹片组成。该锚具适用于钢绞线束。QM 型锚固体系配有专门的工具锚，以保证每次张拉后方便退楔，减少安装时间。OVM 型锚具是在 QM 型锚具基础上，将夹片改为二片式，并在夹片背部上部锯有一条弹性槽，以提高锚固性能，如图 5-13 所示。

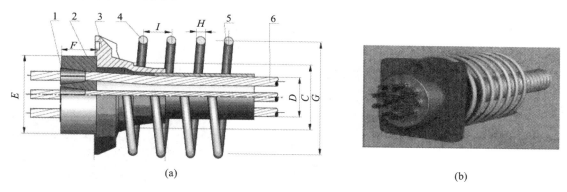

(a)　　　　　　　　　　　　　　　　　　　　(b)

图 5-13　OVM 型锚具

1—夹片；2—锚板；3—锚垫板；4—螺旋筋；5—波纹管；6—钢绞线

④BM 型锚具。BM 型锚具简称扁锚，是一种新型夹片式扁形群锚。该锚具由扁锚头、扁形垫板和扁形管道等组成，如图 5-14 所示。

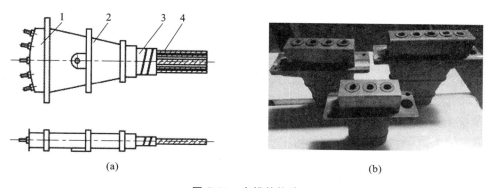

(a)　　　　　　　　　　　　　　　　　　　(b)

图 5-14　扁锚的构造

1—扁锚头；2—扁形垫板与喇叭管；3—扁形波纹管；4—钢绞线；5—夹片

该锚具尤其适用于空心板、低高度箱梁和桥面横向预应力筋张拉。扁锚的张拉槽口扁小,可减小混凝土板厚,便于预应力筋锚固,可减少钢材消耗。用于单根钢绞线张拉,施工较方便。

（4）握裹式锚具。

钢绞线束固定端锚具不仅可采用与张拉端相同的锚具,还可选用握裹式锚具。握裹式锚具包括挤压锚具与压花锚具两种。

①挤压锚具。挤压锚具是利用液压压头机将套筒挤紧在钢绞线端头上的一种锚具。该锚具适用于构件端部设计应力较大或端部尺寸受限的情况。套筒内衬有硬钢丝螺旋圈,在挤压后硬钢丝全部脆断,一半嵌入外钢套,一半压入钢绞线,从而增加钢套筒与钢绞线之间的摩阻力。锚具下设有钢垫板与螺旋筋,如图 5-15 所示。

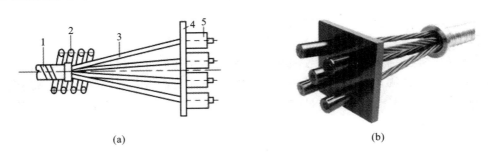

(a)　　　　　　　　　　　　　(b)

图 5-15　挤压锚具的构造

1—波纹管;2—螺旋筋;3—钢绞线;4—钢垫板;5—挤压锚具

②压花锚具。压花锚具是采用液压压花机将钢绞线端头压成梨形散花状的一种锚具。该锚具由带梨形自锚头的钢绞线、支托梨形自锚头用的钢筋支架、螺旋筋和约束圈等组成,如图 5-16 所示。

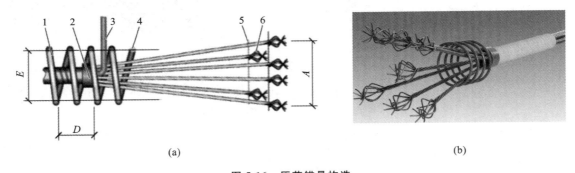

(a)　　　　　　　　　　　　　(b)

图 5-16　压花锚具构造

1—波纹管;2—约束圈;3—排气管;4—螺旋筋;5—支架;6—钢绞线梨形自锚头

4. 预应力筋用夹具

夹具是在先张法预应力混凝土构件生产过程中,用于保持预应力筋的拉力并将其固定在生产台座（或设备）上的工具性锚固装置;在后张法结构或构件张拉预应力筋过程中,在张拉千斤顶或设备上夹持预应力筋的工具性锚固装置。夹具本身必须具备自锁和自锚能力。

（1）钢丝的夹具。

夹具是可重复使用的工具。先张法中钢丝夹具分为两类:

①将预应力筋锚固在台座或钢模上的锚固夹具;

②张拉时夹持预应力筋用的张拉夹具。

常用的钢丝锚固夹具如图 5-17 所示。该夹具是常用的单根钢丝夹具,属锥塞式,适用于锚固

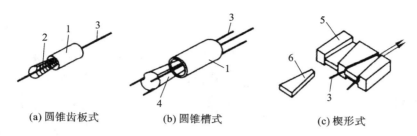

图 5-17　钢丝锚固夹具

1—套筒;2—齿板;3—钢丝;4—锥塞;5—锚板;6—楔块

直径 3～5 mm 的冷拔低碳钢丝和碳素(刻痕)钢丝。该夹具由套筒和锥塞组成,套筒为圆柱形,中间开圆锥形孔。锥塞有两种形式:一种为圆锥槽式夹具,在圆锥形销子上留有 1～3 个凹槽,在凹槽内刻有细齿;另一种为圆锥齿板式夹具,在圆锥形销子上切去一块,在切削面上刻有细齿。两种夹具均可以用于固定端,也可以用于张拉端。

常用的钢丝张拉夹具有钳式、偏心式和楔形式,如图 5-18 所示。

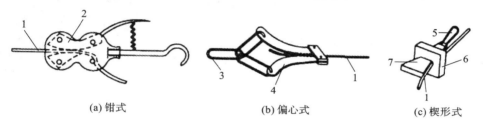

图 5-18　钢丝张拉夹具

1—钢丝;2—钳齿;3—拉钩;4—偏心齿条;5—拉环;6—锚板;7—楔块

（2）钢筋的夹具。

工程中多用螺丝端杆锚具、镦头锚具和销片夹具等进行钢筋锚固。钢筋张拉时可用连接器与螺丝端杆锚具连接,或用销片夹具、压销式夹具等。

销片式夹具由圆套筒和锥形销片组成。圆套筒内壁呈圆锥形,与销片锥度吻合。销片有两片式和三片式,钢筋被夹紧在销片凹槽内,销片凹槽内有齿纹,如图 5-19 所示。

压销式夹具适于夹持直径为 12 mm 的钢筋,有两块楔形夹片,夹片上有与所夹持钢筋直径相应的半圆形槽,槽内刻有齿纹便于夹紧钢筋。该夹具工作可靠,装拆方便,通过楔紧或敲退来夹紧或放松钢筋,如图 5-20 所示。

5. 预应力筋连接器

连接器是用于连接预应力筋的装置。永久留在混凝土结构或构件中的连接器应符合锚具的性能要求;用于先张法施工且在张拉后还将放张和拆卸的连接器应符合夹具的性能要求。用于不同预应力筋的连接器有不同的形式。

（1）钢丝束连接器。

钢丝束接长可采用 DMC 型连接器。该连接器是一个带内螺纹的套筒或带外螺纹的连杆。DMC 型连接器如图 5-21 所示。

（2）钢绞线束连接器。

按使用部位不同,钢绞线束连接器可分为锚头连接器与接长连接器。锚头连接器设置在构件端部,用于锚固前段钢绞线束,并连接后段束。锚头连接器的构造见图 5-22。

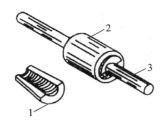

图 5-19　两片式销片夹具

1—销片；2—套筒；3—预应力筋

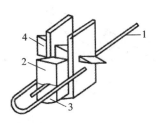

图 5-20　压销式夹具

1—钢筋；2—夹片（楔形）；

3—销片；4—楔形压销

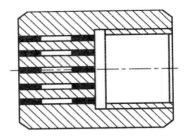

图 5-21　DMC 型连接器

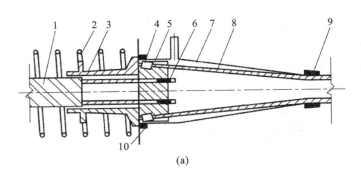

(a)

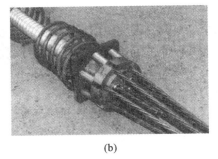

(b)

图 5-22　锚头连接器

1—波纹管；2—螺旋筋；3—铸铁喇叭管；4—挤压锚具；5—连接体；

6—夹片；7—白铁护套；8—钢绞线；9—钢环；10—打包钢条

接长连接器设置在孔道的直线区段，用于接长预应力筋。接长连接器与锚头连接器的不同是将锚板上的锥形孔改为孔眼，两段钢绞线端部均用挤压锚具固定。张拉时连接器应有足够的活动空间。接长连接器见图 5-23。

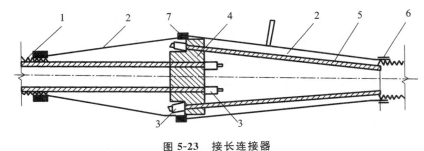

图 5-23　接长连接器

1—波纹管；2—白铁护套；3—挤压锚具；4—锚板；5—钢绞线；6—钢环；7—打包钢条

（3）套筒式连接器。

套筒式连接器可用于长线台座上钢筋与钢筋的连接或钢筋与螺丝端杆的连接。该连接器由两个半圆形套筒用连接钢筋焊接而成，使用时将套筒接在两根钢筋的端头，套上钢圈将其箍紧，如图 5-24 所示。

6. 张拉机具

预应力张拉机具主要有电动张拉机和液压张拉机两大类。电动张拉机仅用于先张法，液压张拉机可用于先张法与后张法。

(a)

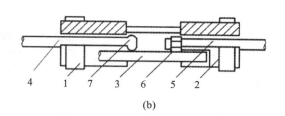
(b)

(c)

图 5-24　套筒式连接器

1—钢圈；2—半圆形套筒；3—连接钢筋；4—预应力筋；5—工具螺杆（或预应力筋）；6—螺母；7—镦头

（1）电动张拉机。

目前，在台座上生产先张法预应力构件时，预应力筋大多采用单根张拉式，即对预应力筋逐根进行张拉和锚固，常用的张拉机有电动螺杆张拉机和电动卷筒张拉机。

①电动螺杆张拉机。电动螺杆张拉机是根据螺旋推动原理制成，拉力控制一般采用弹簧测力计，上面设有行程开头，当张拉到规定的拉力时能自行停止。电动螺杆张拉机用于张拉钢丝，如图 5-25 所示。

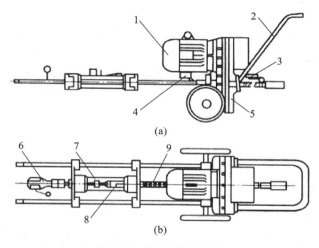
(a)

(b)

图 5-25　电动螺杆张拉机

1—电动机；2—手柄；3—前限位开关；4—后限位开关；5—减速箱；
6—夹具；7—测力计；8—计量标尺；9—螺杆

②电动卷扬张拉机。当一般千斤顶的行程不能满足长台座需要时，采用卷扬机张拉预应力筋，用杠杆或弹簧测力。用弹簧测力时，宜设行程开关，在张拉到规定拉力时，能自行停机，如图 5-26 所示。

（2）液压张拉机。

液压张拉机由液压千斤顶、油泵与压力表和限位板、工具锚（夹具）等组成。常用的液压千斤顶有普通液压千斤顶、拉杆式千斤顶、穿心式千斤顶、锥锚式千斤顶和前卡式千斤顶等。在工程中，应根据预应力筋张拉力和所用的锚具形式来确定千斤顶型号和吨位。

①普通液压千斤顶。先张法施工中常常会进行多根钢筋的同步张拉，当用钢台模以机组流水法或传送带法生产构件时，将进行多根预应力筋的张拉，可用普通液压千斤顶进行张拉。张拉时要求钢丝的长度基本相等，以保证张拉后各钢筋的预应力相同。应事先调整钢筋初应力，液压千斤顶成组张拉装置如图 5-27 所示。

②拉杆式千斤顶。拉杆式千斤顶可用于螺母锚具、锥形螺杆锚具和钢丝镦头锚具等。该千斤顶由主油缸、主缸活塞、回油缸、回油活塞、连接器、传力架、拉杆等组成。拉杆式千斤顶如图 5-28 所示。

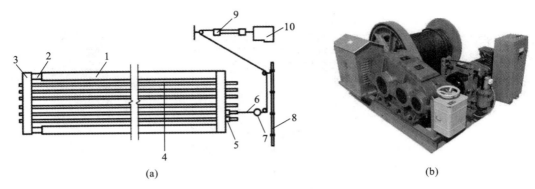

(a)　　　　　　　　　　　　　　　(b)

图 5-26　电动卷扬张拉机

1—台座；2—放松装置；3—横梁；4—钢筋；5—穿心夹具；6—张拉夹具；
7—弹簧测力计；8—固定梁；9—滑轮组；10—卷扬机

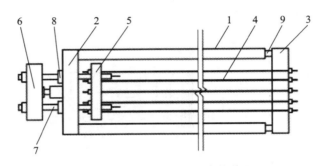

图 5-27　液压千斤顶成组张拉装置

1—台模；2、3—前后横梁；4—钢筋；5、6—拉力架横梁；7—大螺丝杆；8—液压千斤顶；9—放松装置

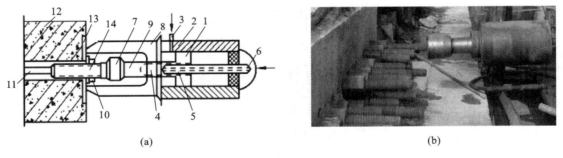

(a)　　　　　　　　　　　　　　　(b)

图 5-28　拉杆式千斤顶

1—主油缸；2—主缸活塞；3—进油孔；4—回油缸；5—回油活塞；6—油孔；7—连接器；
8—传力架；9—拉杆；10—螺母；11—预应力筋；12—混凝土构件；13—预埋铁板；14—螺丝端杆

③穿心式千斤顶。穿心式千斤顶具有穿心孔，利用双液压油缸张拉预应力筋和顶压锚具。该千斤顶适用于张拉带 JM 型锚具、XM 型锚具的钢筋。当配上撑脚与拉杆后，可作为拉杆式千斤顶来张拉带螺母锚具和镦头锚具的预应力筋。穿心式千斤顶宜用于大跨度结构、长钢丝束等引伸量大者，如图 5-29 所示。

④锥锚式千斤顶。锥锚式千斤顶又称三作用千斤顶，能完成张拉、

视频 5-6　　　视频 5-7
穿心式　　　　锥锚式
千斤顶　　　　千斤顶

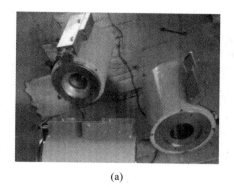
(a)

(b)

图 5-29　穿心式千斤顶

顶锚和退楔功能三个动作,一般用于张拉用钢质锥形锚具锚固的钢丝束。锚锥式千斤顶由张拉油缸、顶压油缸、退楔装置、锥形卡环、退楔翼片等组成,其构造如图 5-30 所示。

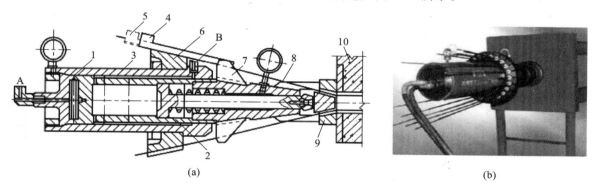
(a)
(b)

图 5-30　锥锚式千斤顶

1—张拉油缸;2—顶压油缸;3—退楔缸;4—楔块(张拉时位置);5—楔块(退出时位置);
6—锥形卡环;7—退楔翼片;8—钢丝;9—锥形锚具;10—构件;A、B—油嘴

⑤前卡式千斤顶。前卡式千斤顶是一种小型千斤顶,由外缸、内缸、活塞、前后端盖、顶压器、工具锚组成,如图 5-31 所示。该千斤顶较轻巧,适用于张拉单根钢绞线。

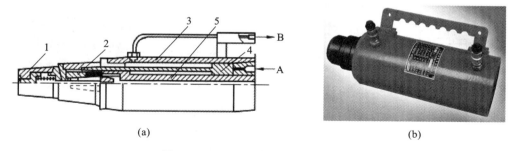
(a)
(b)

图 5-31　YDCQ 型前置内卡式千斤顶

A—进油;B—回油;1—顶压器;2—工具锚;3—外缸;4—活塞;5—拉杆

张拉机具应与锚具配套使用,锚具、夹具和连接器应根据钢筋种类和张拉施工方法等综合选择。工程中,后张法可参考表 5-1 进行设备选用。

为保证预应力筋张拉应力的准确性,应定期、配套校验张拉机具设备及仪表,确定张拉力与油表读数的关系,校验间隔期一般不超过 6 个月,校正后的千斤顶与油压表必须配套使用。当使用中出现异常或千斤顶维修后,应重新标定。

表 5-1   预应力筋、锚具及张拉机具的配套选用

预应力筋类型	锚具形式			张拉机械
	固定端		张拉端	
	安装在结构外	安装在结构内		
钢绞线及钢绞线束	夹片锚具、挤压锚具	挤压锚具、压花锚具	夹片锚具	穿心式
钢丝束	镦头锚具 夹片锚具 挤压锚具	镦头锚具 挤压锚具	镦头锚具	拉杆式
			锥塞锚具	锥锚式、拉杆式
			夹片锚具	穿心式
精轧螺纹钢筋	螺母锚具	—	螺母锚具	拉杆式

7. 台座

生产预应力混凝土构件采用台座法时,预应力筋的全部张拉力将由台座承受。台座应有足够的强度、刚度和稳定性。台座按照构造形式分墩式台座、槽式台座和钢模台座。

(1)墩式台座。

墩式台座由台墩、台面与横梁组成。其中,横梁包括固定横梁和活动横梁,用于空心板等张拉力较小的中小型构件,一般长度为 100~150 m;宽度一般为 2~3 m。在台座的端部都应留出张拉操作用地和通道,两侧要有构件运输和堆放的场地。为保证台座的正常工作,应对台座进行稳定性验算,包括抗倾覆验算和抗滑移验算,如图 5-32 所示。

视频 5-8
墩式台座

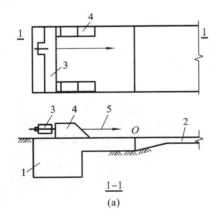
(a)

(b)

图 5-32   墩式台座
1—钢筋混凝土墩式台座;2—横梁;3—混凝土台面;4—牛腿;5—预应力筋

(2)槽式台座。

槽式台座可承受张拉力,又可作为蒸汽养护槽,适用于双向预应力构件和张拉吨位大的大型构件。槽式台座由钢筋混凝土压杆、砖墙、上下横梁、传力柱、柱垫、端柱等组成,如图 5-33 所示。

台座长度一般为 50~80 m,能承受较大的张拉力,台座变形较小,但较墩式台座材料消耗多。

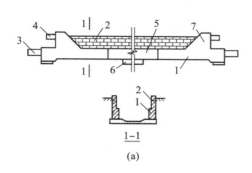

(a)　　　　　　　　　　　　　　　　(b)

图 5-33　槽式台座

1—钢筋混凝土压杆；2—砖墙；3—下横梁；4—上横梁；5—传力柱；6—柱垫；7—端柱

为了便于养护和运输，台座一般低于地面安装。槽式台座亦需进行强度和稳定性计算。端柱和传力柱的强度按钢筋混凝土结构偏心受压构件计算。

（3）钢模台座。

钢模台座将钢模板做成具有一定刚度的结构，用于预应力筋的锚固，预应力筋直接在模板上张拉，适用于流水线生产构件，如图 5-34 所示。

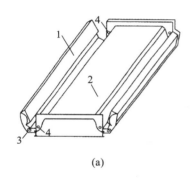

(a)　　　　　　　　　　　　　　　　(b)

图 5-34　钢模台座

1—侧模；2—底模；3—活动铰；4—预应力筋锚固孔

8. 制孔器

后张法混凝土构件需要通过制孔器来预留孔道。常用制孔器的形式有抽拔式和埋入式。抽拔式制孔器是指在预应力混凝土构件中预留制孔器具，待混凝土初凝后抽拔出制孔器具，形成预留孔道，常用橡胶抽拔管作为抽拔制孔器。埋入式制孔器是在预应力混凝土构件中永久埋置制孔器，形成预留孔道，常用铁皮管或金属波纹管作为埋入式制孔器。

9. 其他材料及设备

其他材料及设备包括用于预应力筋穿孔的穿索机、孔道密封防腐蚀的灌孔浆液和压浆机等。

5.2.3　预应力混凝土先张法施工

先张法施工是在浇筑混凝土之前，先将预应力筋拉到设计的控制应力值，并用夹具将张拉的预应力筋临时固定在台座或钢模上，然后再浇筑混凝土，待混凝土达到一定强度（不应低于设计的混凝土立方体抗压强度标准值的 75%），且预应力筋与混凝土具有足够的黏结力时，放松预应力钢筋，借助于混凝土与预应力的黏结，使混凝土产生预压应力。

先张法的主要优点有生产工艺简单、工序少、效率高、质量好、经济；适用于预制构件厂大批生产定型的中小型预应力混凝土构件。先张法主要应用于房屋建筑中的空心板、多孔板、槽形板、双T板、V形折板、托梁、檩条、槽瓦、屋面梁等，道路桥梁工程中的轨枕、桥面空心板、简支梁等，以及基础工程中的预应力方桩及管桩等。其施工示意见图5-35。

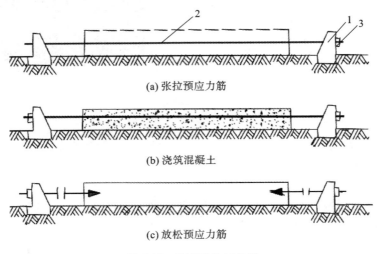

图 5-35　先张法施工示意
1—台座；2—预应力筋；3—夹具

1. 预应力混凝土先张法施工流程

在台座上生产先张法预应力构件时，施工流程如图5-36所示。

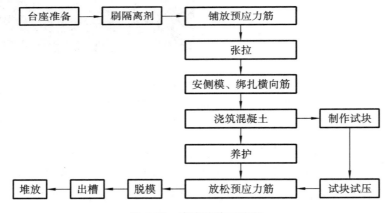

图 5-36　先张法施工流程

2. 预应力混凝土先张法施工工艺

先张法的施工工艺主要包括六个步骤。

（1）台座准备。

台座准备是把所需台座、千斤顶等安放到指定位置。

（2）预应力筋安装。

预应力筋安装包括预应力筋铺设和夹具安装，如图5-37所示。

视频 5-9
先张法
施工工艺

预应力筋宜采用砂轮锯或切断机切断,不得采用电弧切割。在铺放预应力筋前,为了便于脱模,应先刷隔离剂,防止隔离剂污损预应力筋,避免其影响与混凝土的黏结。铺设时,宜采用牵引车铺设,应把预应力钢筋从台座孔内穿入,从另一侧的孔内穿出,然后把夹具套在钢筋上,使用扳手等工具将夹具锁紧锁牢。如果钢丝需要接长,则需要采用连接器。预应力筋安装宜自下而上进行,先穿直线预应力筋,再通过转折器穿折线预应力筋,预应力筋与锚固梁间的连接,宜采用张拉螺杆。

图 5-37　预应力筋安装

【典型例题 5.1】　(多选题)预应力筋的下料,应采用(　　)切断。
A.切断机　　B.砂轮锯　　C.电弧焊　　D.钢锯条　　E.乙炔-氧气
答案:AB

(3)预应力筋张拉。

张拉前必须安放好预应力筋,应对台座、横梁及各项张拉设备进行详细检查,符合要求后方可进行操作。对先张法预应力构件,在浇筑混凝土前发生断裂或滑脱的预应力筋必须更换。预应力筋张拉前,应计算张拉力和张拉伸长值,根据张拉设备标定结果确定油泵压力表读数;根据工程需要搭设安全可靠的张拉作业平台;清理锚垫板和张拉端预应力筋,检查锚垫板后混凝土的密实性。

预应力筋的张拉应根据设计要求,采用合适的张拉方法、张拉顺序和张拉程序,并应有可靠的质量和安全保证措施。张拉时使用千斤顶张拉预应力筋。

当预应力筋数量不多,张拉设备拉力有限时,常采用单根张拉;当预应力筋数量较多且密集布筋,张拉设备拉力较大时,则可采用多根同时张拉。

预应力筋的张拉方法,应根据设计和专项施工方案的要求采用一端张拉或两端张拉。当设计无具体要求时,有黏结预应力筋长度不大于 20 m 时可采用一端张拉,否则宜两端张拉。预应力筋为直线形时,一端张拉的长度可放宽至 35 m。采用两端张拉时,可两端同时张拉,也可一端张拉锚固,另一端补张拉。当同一截面中多根预应力筋采用一端张拉时,张拉端宜分别设置在结构的两端。当两端同时张拉同一根预应力筋时,宜先在一端锚固,再在另一端补足张拉力后进行锚固。

张拉过程中注意机张拉具与预应力筋在一条直线上;控制预应力筋位置偏差;及时更换断丝或滑脱钢丝;台座两端应有防护设施。

①张拉控制应力 σ_{con}。

张拉时,应根据预应力筋情况,按照张拉控制应力进行张拉。张拉控制应力应符合设计规定。预应力筋的张拉控制应力值不宜超过表 5-2 规定的限值。

表 5-2　张拉控制应力 σ_{con} 限值

项　　次	预应力筋种类	张拉控制应力限值
1	消除预应力钢丝、钢绞线	$0.75 f_{ptk}$
2	中强度预应力钢丝	$0.70 f_{ptk}$
3	预应力螺纹钢筋	$0.85 f_{pyk}$

注:f_{ptk} 为预应力钢丝和钢绞线的抗拉强度标准值;f_{pyk} 为预应力螺纹钢筋的屈服强度标准值。

消除应力钢丝、钢绞线超张拉$\leq 0.80 f_{ptk}$;中强度预应力钢丝超张拉$\leq 0.75 f_{ptk}$;预应力螺纹钢筋超张拉$\leq 0.90 f_{pyk}$。

②张拉程序。

视频 5-10
张拉控
制应力

在预应力筋张拉前,应设计出具体完整的施工方案即张拉程序,以保证预应力筋达到预应力值,减少应力松弛损失。应力松弛是指钢材在常温、高应力状态下,由于塑性变形而使应力随时间的延续而降低的现象。张拉前几分钟内应力松弛发展快,后趋于平缓。

施工中为减少由于预应力筋松弛等引起的预应力损失,一般要进行超张拉。张拉程序一般分为两种:$0—1.05\sigma_{con}$(持荷 2 min)$—\sigma_{con}$(锚固);$0—1.03\sigma_{con}$(锚固)。

(4)模板架设。

绑扎好钢筋骨架、安装好预埋件等后,即可进行混凝土模板支设,一般采用钢模板,可重复使用。

梁体的侧模、端模均采用定型钢模板。模板必须清理干净,并均匀地涂上脱模剂。安装模板应在钢筋安装完成后进行,安装时严禁在台座上进行焊接。

(5)混凝土浇筑与养护。

混凝土浇筑应在预应力筋张拉、钢筋绑扎和支模后立即进行,一次浇筑完成。浇筑混凝土前应检查台座受力、夹具、预应力筋数量、位置和张拉吨位。浇筑时,混凝土应振捣密实,振动器不应碰撞预应力筋,以避免引起预应力损失。等混凝土进入终凝状态后开始进行养护作业。

可采用自然养护或湿热养护。当采用湿热养护时,由于混凝土和预应力筋的线膨胀系数不同,在温度升高时台座长度变化较小而预应力筋伸长,将引起预应力损失。这种温差预应力损失如果是在混凝土逐渐硬结时形成的,则永远不能恢复。应采取正确养护制度以减少温差引起的预应力损失。

(6)预应力筋放张与切除。

预应力筋的放张,必须待混凝土养护达到设计规定的强度后才可以进行。混凝土强度若设计有要求,则不低于设计要求强度;若设计无要求,则不低于混凝土强度标准值的 75%。放张过早会由于预应力筋回缩而引起较大的预应力损失。

先张法预应力筋的放张顺序,应符合下列规定:宜采取缓慢放张工艺进行逐根或整体放张;对轴心受压构件,所有预应力筋宜同时放张;对受弯或偏心受压的构件,应先同时放张预压应力较小区域的预应力筋,再同时放张预压应力较大区域的预应力筋;当不能按照上面规定放张时,应分阶段、对称、相互交错放张。放张后,预应力筋宜从张拉端开始依次向另一端切断。

①配筋不多的中小型构件可逐根放张。预应力丝的放张宜从生产线中间处开始,以减少回弹量且有利于脱模;对于构件应从外向内对称、交错逐根放张,以免构件扭转、端部开裂或钢丝断裂。采用砂轮锯或切断机进行切割。

视频 5-11
楔块放张

②配筋多的构件,钢丝应同时放张。如逐根放张,则最后几根钢丝将由于承受过大的拉力而突然断裂,易使构件端部开裂。放张后预应力筋一般由放张端开始,逐次向另一端切断。预应力筋放张包括砂箱、钢丝钳、氧炔焰切割、楔块、千斤顶放张等(图 5-38、图5-39)。

5.2.4 有黏结预应力混凝土后张法施工

后张法施工是先浇筑混凝土,并预留预应力筋孔道,待混凝土达到规定强度后,将预应力筋穿

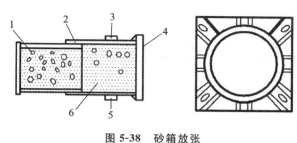

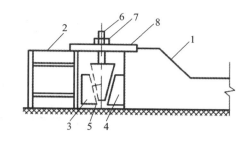

图 5-38　砂箱放张

1—侧模活塞；2—钢套箱；3—进砂口；

4—钢套箱底板；5—出砂口；6—砂

图 5-39　楔块放张

1—台座；2—横梁；3、4—钢块；

5—钢楔块；6—螺杆；7—承力板；8—螺母

入预留孔道内，再用张拉机具张拉预应力筋至规定的控制应力，用锚具将预应力筋锚固在混凝土构件端部，使混凝土产生预压力的方法。

后张法不需要台座，直接在混凝土构件上进行预应力筋的张拉，在张拉过程中构件受到预压力并完成混凝土的弹性压缩；现场生产避免了构件的长途运输和搬运。后张法锚具留在构件上，施工工艺较复杂，费用较高。

后张法适用于现浇预应力混凝土结构，也可用于大型预应力预制混凝土构件。主要应用于房屋建筑中的薄腹梁、吊车梁和屋架等；桥梁工程中的 T 形梁、箱形梁、悬索和斜拉索等。其施工示意见图 5-40。

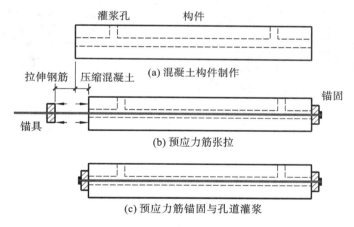

图 5-40　后张法施工示意

1. 有黏结预应力混凝土后张法施工流程

有黏结后张法的施工工艺流程包括预留孔道、浇筑混凝土、制作预应力筋、穿预应力筋、张拉预应力筋、孔道灌浆和封堵等。

后张法预应力混凝土构件的施工流程如图 5-41 所示。

2. 有黏结预应力混凝土后张法施工工艺

（1）预留孔道。

有黏结预应力混凝土构件应按预应力筋设计位置和形状预留孔道。孔道留设如图 5-42 所示。孔道形状有直线、曲线和折线三种。预留孔道要求如下。

①孔道规格、形状、数量和位置应符合设计要求。

②孔道应平顺，弯曲处不开裂，端部锚垫板的承压面应与预应力筋或孔道曲线末端的切线保持

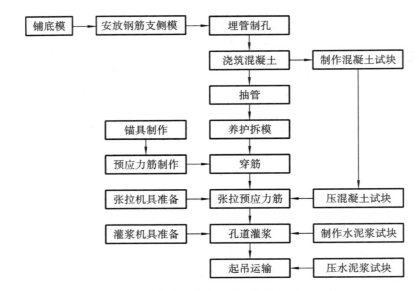

图 5-41　后张法预应力混凝土构件的施工流程

(a) 预制构件　　　　　　　(b) 现浇构件

图 5-42　孔道留设

垂直。

③孔道接口处,波纹管口要相接,接头管长度应满足要求,绑扎要密封牢固。

④预留孔道的内径宜比预应力束外径及需穿过孔道的连接器外径大 6~15 mm,且孔道的截面积宜为穿入预应力束截面积的 3~4 倍。

⑤孔道材料应与定位钢筋绑扎牢固。定位钢筋直径不宜小于 10 mm,圆形管道定位钢筋间距宜为 1.0~1.5 m,扁形管道定位钢筋间距宜为 0.8~1.0 m。预应力筋曲线曲率较大处、扁形管道或塑料波纹管的定位间距,宜适当缩小。若施工时构件需要预先起拱,其预留孔道宜随构件同时起拱。

⑥预应力孔道应根据工程特点设置排气孔、泌水孔及灌浆孔,排气孔可兼作泌水孔或灌浆孔。当曲线孔道波峰和波谷的高差大于 300 mm 时,应在孔道波峰设置排气孔,排气孔间距不宜大于 30 m;当排气孔兼作泌水孔时,其外接管伸出构件顶面高度不宜小于 300 mm。

预留孔道是后张法施工的一项重要工序,主要内容包括选择和安装制孔器、抽拔制孔器和孔道通孔检验。制孔器分为埋入式和抽拔式。

视频 5-12
后张法预应力
混凝土施工
工艺

①预埋管法。

预埋管法可采用薄钢管、镀锌钢管、金属螺旋管和塑料波纹管,主要采用波纹管。埋入后不再抽出,可用于各类形状的孔道,是目前现浇预应力混凝土结构施工主要的留孔方法。

视频 5-13
预埋螺旋管

波纹管使用前应进行灌水试验,检查有无渗漏,应按设计图中预应力筋曲线坐标在箍筋上定出曲线位置。固定波纹管时,应采用钢筋支架,箍筋底部垫实,支架应焊在箍筋上。波纹管固定后必须用铁丝扎牢。使用时应尽量避免反复弯曲。安装后应检查接头是否密封和管壁有无破损等,并及时用胶带修补。波纹管固定如图 5-43 所示。

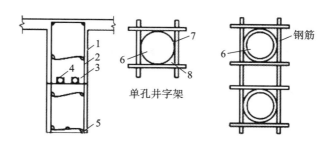

图 5-43　波纹管固定
1—梁侧模;2—箍筋;3、7—钢筋支架;4、6—波纹管;5—垫块;8—焊接

②钢管抽芯法。

钢管抽芯法用于直线孔道。钢管要求平直、表面光滑,每根不超过 15 m,超过 15 m 的用两根钢管,中间用套管连接。钢管在构件孔道位置上安装并用钢筋井字架固定,固定间距不大于 1 m。混凝土浇筑后,每隔 10~15 min 转动钢管(两根钢管时旋转方向要相反),在初凝后、终凝前,以手指按压混凝土,无明显压痕又不沾浆即可抽管,常温下一般在混凝土浇筑后 3~5 h 可抽管。抽管顺序是先上后下,先中间后周边。当部分孔道有扩孔时,先抽无扩孔管道,后抽扩孔管道;抽管时应边抽边转、速度均匀,与孔道成一条直线。抽管后,及时检查孔道并做好孔道清理工作,以防止穿筋困难。钢管连接如图 5-44 所示。

视频 5-14
钢管抽芯法

图 5-44　钢管连接(单位:mm)

③胶管抽芯法。

胶管抽芯法可用于直线或曲线孔道。胶管由于具有弹性好和便于弯曲的特点。常用胶管有 5~7 层夹布胶管和钢丝网胶管两种。夹布胶管质软、弹性好,使用时为增加胶管的刚度,应在管中充入 0.6~0.8 N/mm² 的压力水或空气(无充水或充气设备时,可在管内插入细钢筋或钢丝代替),此时胶管外径增大 3~4 mm,然后浇筑混凝土。待混凝土初凝后,将胶管中的压力水(或空气)放出,抽出胶管,孔道即形成。采用夹布胶管留孔,由于胶管充水或充气后管径膨胀,放水或放气后管径缩小,自行与混凝土脱离,很容易抽拔。为了使黏结混凝土浇筑后无须转动胶管,只需在抽管前放水(气)降压,待管径缩小与混凝土脱离即可抽管;抽管时间比钢管略迟;抽管顺序是先上后下,先曲后直。

（2）浇筑混凝土。

在浇筑混凝土之前，应进行预应力隐蔽工程验收，验收合格方可进行混凝土浇筑。混凝土立方体抗压强度满足设计要求后，方可施加预应力。在张拉预应力筋前，应进行混凝土强度试验，提供混凝土强度试压报告。在设计图纸上应标明施加预应力时构件的混凝土等级；设计若无要求，C30或C35混凝土不应低于设计强度的100%，C40及以上混凝土不应低于设计强度的75%。

为了搬运等需要，后张预应力构件可提前施加部分预应力，以便承受自重等荷载。张拉时混凝土立方体强度不应低于设计强度等级的60%。为防止混凝土强度不足而产生裂缝，必要时应进行张拉端的局部承压计算。

【典型例题5.2】 设计若无要求，采用后张法施工的C45预应力混凝土箱梁强度达到（　　）MPa时，可进行预应力张拉。

A. 15　B. 20　C. 30　D. 35

答案：D

解析：如设计无要求，对C45混凝土不应低于设计强度的75%。45 MPa×75%＝33.75 MPa，故选D。

（3）制作预应力筋和穿筋。

①制作预应力筋。

对钢丝束主要包括下料、镦头和编束等工序；对钢绞线束主要包括下料和编束工序；对精轧螺纹钢筋主要包括下料和接长等工序。

当钢丝束采用镦头锚具时，同一束中各钢丝应等长下料，其长度的极差不应大于钢丝长度的1/5000，且不应大于5 mm。当成组张拉长度不大于10 m的钢丝时，同组钢丝长度的极差不得大于2 mm。当多根钢绞线同时穿一个孔道时，应对钢绞线进行编束，钢绞线编束宜用20号铁丝绑扎，间距2~3 m。编束时应先将钢绞线理顺，并尽量使各根钢绞线松紧一致。为保证钢丝束两端钢丝的排列顺序一致，穿束与张拉时不至于产生紊乱，每束钢丝都必须先进行编束。根据锚具形式，可以采用不同的编束方法。

②穿筋。

预应力筋穿入孔道按穿筋时间分为先穿束和后穿束，按穿束方法分为人工穿束和机械穿束。

先穿束在混凝土浇筑前穿束，省力，但穿束占用工期，预应力筋保护不当易生锈。按穿束与预埋波纹管之间的配合，先穿束法又可分为以下三种情况。

a. 先穿束后装管：将预应力筋先穿入钢筋骨架内，然后将螺旋管逐节从两端套入并连接。

b. 先装管后穿束：将螺旋管先安装就位，然后将预应力筋穿入。

c. 将波纹管和预应力筋组装后放入：在梁外侧的脚手架上将预应力筋与套管从钢筋骨架顶部放入就位，箍筋应先做成开口箍，再封闭。

后穿束在混凝土浇筑后进行，不占用工期。此法可在混凝土养护期内进行，穿束不占工期，便于用通孔器或高压水通孔，穿束后即进行张拉，预应力筋易于防锈，但穿束较为费力。长度在50 m以内的两跨曲线束，多采用人工穿束；对超长束、特重束、多波曲线束应采用卷扬机穿束。在穿束预应力筋时，预应力筋的端部应套有保护套，防止预应力筋损坏波纹管。

在穿束时应注意对预应力筋的保护，避免预应力筋扭曲；在穿束前应对孔道进行通孔，穿束困难时,不得强行穿过,待查明原因进行处理后方可继续施工;在穿束时应注意与锚具的连接顺序和方法。

（4）张拉预应力筋。

为保证预应力筋张拉后能够建立起有效的预应力值,应根据预应力混凝土构件的特点制定相应的张拉方案。张拉方案主要包括预应力筋的张拉设备选择、张拉方式、张拉顺序、张拉程序、预应力损失及校核等。

视频 5-15
预应力张拉
施工工艺

施加预应力时,混凝土强度应符合设计要求,且同条件养护的混凝土立方体抗压强度,应不应低于设计混凝土强度等级值的 75%;采用消除应力钢丝或钢绞线作为预应力筋的先张法构件,尚不应低于 30 MPa;不应低于锚具供应商提供的产品技术手册要求的混凝土最低强度要求;后张法预应力梁和板,现浇结构混凝土的龄期分别不宜小于 7 d 和 5 d。为防止混凝土早期裂缝而施加预应力时,可不受上述限制,但应满足局部受压承载力的要求。

① 张拉控制应力 σ_{con}。

张拉控制应力 σ_{con} 不宜超过表 5-2 规定的张拉控制应力限值,同先张法。

张拉工艺应能保证同一束中各根预应力筋的应力均匀一致;当预应力筋逐根或逐束张拉时,应保证各阶段不出现对结构不利的应力状态;同时宜考虑后批张拉预应力筋所产生的结构构件的弹性压缩对先批张拉预应力筋的影响,确定张拉力。

后张法宜采用应力控制方法,同时校核预应力筋的伸长值。当采用应力控制方法张拉时,实际伸长值与设计计算理论伸长值的相对允许偏差为 ±6%,允许误差的合格率应达到 95%,且最大偏差不应超过 10%。预应力筋张拉锚固后实际建立的预应力值与工程设计规定检验值的相对允许偏差为 ±5%。

【典型例题 5.3】　（多选题）下列预应力张拉要求中,错误的有(　　　)。

A. 有几套张拉设备时,可根据现场情况随机组合使用

B. 进行张拉作业前,必须对千斤顶进行标定

C. 当梁体混凝土强度达到设计规定的张拉强度时,方可进行张拉

D. 预应力张拉以实际伸长量控制为主

E. 预应力钢筋张拉时,应先调整到初应力再开始张拉和量测伸长值

答案:AD

② 张拉程序。

后张法预应力筋的张拉程序根据构件类型、锚固体系、预应力筋的松弛等因素来确定。张拉程序同先张法。预应力筋张拉时,应从零拉力加载至初拉力后,量测伸长值初读数,再以均匀速率加载至张拉控制力。塑料波纹管内的预应力筋,张拉达到张拉控制力后宜持荷 2～5 min。

③ 张拉顺序。

预应力筋宜按均匀对称的原则张拉。

现浇预应力混凝土框架结构,宜先张拉楼板、次梁的预应力筋,后张拉主梁的预应力筋;对预制屋架等平卧叠浇构件,应从上而下逐榀张拉。后张法预应力混凝土屋架等构件,一般在施工现场平卧重叠制作,重叠层数为 3～4 层,其张拉顺序宜先上后下逐层进行。为减少上下层之间摩擦引起的预应力损失,可逐层增加张拉力。

④张拉方法。

后张法预应力筋应根据设计和专项施工方案的要求采用一端或两端张拉。采用两端张拉时，宜两端同时张拉，也可一端先张拉锚固，另一端补张拉。当设计无具体要求，有黏结预应力筋长度不大于 20 m 时，可一端张拉，否则宜两端张拉；预应力筋为直线形时，一端张拉的长度可延长至 35 m。

【典型例题 5.4】 (2013 一建市政)关于先张和后张预应力梁施工的说法，错误的是(   )。

A.两者使用的预制台座不同   B.预应力张拉都需采用千斤顶

C.两者放张顺序一致   D.后张法预应力管道需要压浆处理

答案：C

(5)孔道灌浆和封锚。

①孔道灌浆。

预应力筋张拉验收合格后，应尽快进行孔道灌浆，孔道内水泥浆应饱满、密实。孔道灌浆的目的是防止钢筋锈蚀，增加结构的耐久性，并使预应力筋与构件之间有良好的黏结力，控制超载时裂缝的宽度，并减轻两端锚具的负荷状况，有利于增加构件的整体性。

视频 5-16
竖向预应力
孔道压浆
施工工艺

预应力筋穿入孔道后至灌浆的时间间隔不宜过长：当环境相对湿度大于 60% 或处于近海环境时，不宜超过 14 d；当环境相对湿度不大于 60% 时，不宜超过 28 d；如不能满足以上规定，宜对预应力筋采取防锈措施。

孔道灌浆前应确认孔道、排气兼泌水管及灌浆孔畅通；对预埋管成型孔道，可采用压缩空气清孔；应采用水泥浆、水泥砂浆等材料封闭端部锚具缝隙，也可采用封锚罩封闭外露锚具；采用真空灌浆工艺时，应确认孔道系统的密封性。

采用普通灌浆工艺时，稠度宜控制在 12～20 s；采用真空灌浆工艺时，稠度宜控制在 18～25 s。水灰比不应大于 0.45。3 h 自由泌水率宜为 0，且不应大于 1%，泌水应在 24 h 内全部被水泥浆吸收。24 h 自由膨胀率，采用普通灌浆工艺时不应大于 6%；采用真空灌浆工艺时不应大于 3%。水泥浆中氯离子含量不应超过水泥重量的 0.06%。28 d 标准养护的边长为 70.7 mm 的立方体水泥浆试块抗压强度不应低于 30 MPa。

宜先灌注下层孔道，后灌注上层孔道，避免上层孔道漏浆而把下层孔道堵塞。灌浆工作应缓慢均匀连续进行，直至排气管排除的浆体稠度与注浆孔处相同且无气泡后，再顺浆体流动方向依次封闭排气孔；全部出浆口封闭后，宜继续加压 0.5～0.7 MPa，并应稳压 1～2 min 后封闭灌浆口；当泌水较大时，宜进行二次灌浆和对泌水孔进行重力补浆；因故中途停止灌浆时，应用压力水将未灌注完孔道内已注入的水泥浆冲洗干净。

②封锚。

预应力孔道灌浆完成后应及时将预应力锚具进行保护。锚具外的预应力筋宜用无齿锯或机械切断机切断，其外露长度不宜小于预应力筋直径的 1.5 倍，且不宜小于 30 mm。锚具的密封保护应符合设计要求，当设计无要求时，应采取防止锚具腐蚀和遭受机械损伤的有效措施。预应力筋及锚具通常采用混凝土保护，锚具的保护层厚度不应小于 50 mm；预应力筋的保护层厚度一般不得小于 20 mm，处于易受腐蚀的环境时，保护层厚度不得小于 50 mm。

视频 5-17
后张法预制
箱梁案例

【案例分析 5.1】　某一级公路 K25+200～K25+340 处有一座 5 m×25 m 预应力混凝土空心箱梁桥,箱梁高 170 cm,腹板厚 17 cm,两腹板内侧的宽度为 170 cm,厂区预制场预制。施工中发生如下事件。

设计采用后张法施工,采用直线预应力筋,设计文件对预应力筋张拉端的设置无具体要求。施工单位在预应力筋控制应力达到稳定后压浆,压浆后应先将其周围冲洗干净并对梁端混凝土凿毛,锚固完毕并经检验合格后用电弧焊切割端头多余预应力筋,预应力筋锚固后的外露长度不宜小于 30 mm,锚具采用封端混凝土保护。

问题:(1)预应力筋宜两端张拉还是一端张拉?并写出其张拉程序。

(2)指出事件中的错误。

答:(1)宜两端张拉。后张法预应力筋张拉程序为:0—初应力—1.05 倍控制应力(持荷 2 min)—控制应力(锚固)。

(2)"锚固完毕并经检验合格后用电弧焊切割端头多余预应力筋"错误。应为"锚固完毕并经检验合格后用砂轮机切割端头多余预应力筋"。

5.2.5　无黏结预应力混凝土施工

无黏结预应力混凝土是指配有无黏结预应力筋,并依靠锚具传力的一种预应力混凝土,采用后张法施工。后张法无黏结预应力混凝土施工是先将无黏结预应力筋安装固定在模板内,然后浇筑混凝土,待混凝土达到规定强度后,再进行张拉锚固。

视频 5-18
后张法施工
演示

无黏结预应力混凝土施工的主要特点是预应力筋不与混凝土接触,无须预留孔道和灌浆,施工较简便,张拉时摩擦损失小。预应力筋易弯成多跨曲线形状,但构件整体性略差,对锚具要求高。无黏结预应力混凝土后张法施工示意如图 5-45 所示。

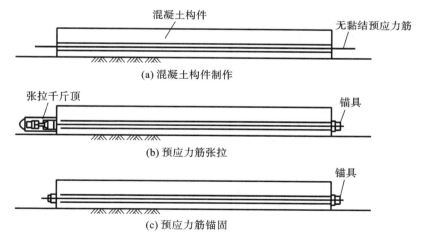

图 5-45　无黏结预应力混凝土后张法施工示意

无黏结预应力混凝土施工适用于双向连续平板、密肋楼板和多跨连续梁等现浇预应力混凝土结构。

1. 无黏结预应力筋制作与铺设

(1)无黏结预应力筋制作。

无黏结预应力筋由预应力钢丝束或钢绞线、涂料层和护套层组成。在施加预应力后,预应力筋全长与四周混凝土无黏结。

无黏结预应力筋主要采用柔性较好的钢绞线或高强钢丝。目前常用涂料层包括防腐油脂和防腐蚀沥青等,可隔离无黏结预应力筋与混凝土、防止无黏结预应力筋腐蚀、减少张拉中的摩擦损失等。常用的护套层材料包括高密度聚乙烯和聚丙烯材料等,应保证其有足够的韧性、抗磨和抗冲击性,不侵蚀周围材料,低温下不脆变,高温下化学稳定性好。

采用挤压涂层工艺制作无黏结预应力筋。该工艺生产效率高、涂包质量好且设备性能稳定。无黏结环氧涂层钢绞线如图 5-46 所示。

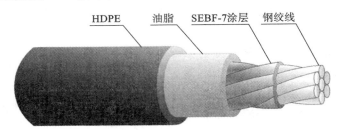

图 5-46　无黏结环氧涂层钢绞线

挤压涂层工艺和要求如下。

①通过涂油装置对预应力筋涂油,油脂应饱满均匀。

②塑料熔融物在塑料挤出机出口处被挤成管状包裹在钢绞线上。

③通过冷却水槽使塑料套管硬化。护套要求光滑且松紧适当,在正常环境下厚度不小于 0.8 mm,在腐蚀环境下厚度不小于 1.2 mm。

④由牵引机将钢绞线牵引至收线装置,自排列成盘卷。

制作后应对不同规格的无黏结预应力筋做标记,以便识别。当带有镦头锚具时,应用塑料袋包裹锚具,将其堆放在通风干燥位置或堆放搁置在架子上(露天),并加以覆盖。

图 5-47　无黏结预应力筋铺设

（2）无黏结预应力筋铺设。

无黏结预应力筋的铺设(图 5-47)通常是在底部非预应力钢筋铺设后,且水电管线铺设前进行。支座处负弯矩钢筋常在最后铺设。无黏结预应力筋应严格按照设计要求的曲线形状就位并牢靠固定,保证曲线顺直。曲率可用铁马凳控制,铁马凳间隔不宜大于 2 m,并用铁丝与无黏结预应力筋扎紧。

无黏结预应力筋应定位牢固,保证混凝土浇筑时不出现移位和变形。锚具与垫板应贴紧,端部预埋锚垫板应与预应力筋垂直,内埋式固定端垫板不应重叠。护套应完整,局部破损处应采用防水胶带缠绕紧密。

无黏结预应力筋铺设完毕后,应进行隐蔽工程验收,合格后方可浇筑混凝土。混凝土必须按要求振捣密实,且浇捣混时严禁踏踩、碰撞无黏结预应力筋和固定装置等。

2. 无黏结预应力筋张拉

当同条件养护的混凝土试块达到设计强度后(如无设计要求,不应低于设计强度的 75%),无黏结预应力筋方可进行张拉。无黏结预应力筋与有黏结预应力筋后张法的张拉程序基本相同。

张拉顺序应按照其铺设顺序,先铺先张拉,后铺后张拉。在张拉前宜用千斤顶往复抽动几次无黏结预应力筋,可减少摩擦应力损失。对于无黏结预应力混凝土楼盖结构,张拉顺序宜先楼板后楼面梁。板中的无黏结预应力筋可依次张拉,梁中的无黏结预应力筋宜对称张拉。

一般采用前卡式千斤顶对板中的无黏结预应力筋进行单根张拉,并用单孔式夹锚具锚固。无黏结预应力筋长度不大于 40 m 时,可一端张拉,否则宜两端张拉,当大于 60 m 时宜分段张拉。若摩擦损失较大,宜先预张拉再依次张拉。当无黏结预应力筋需要超张拉时,其张拉程序宜为 0—$1.03\sigma_{con}$,最大张拉应力不应大于钢绞线抗拉强度标准值的 80%。

在张拉无黏结预应力筋的过程中,应测定其伸长值。当设计计算伸长值与实际伸长值相对偏差超过 ±6% 时,应暂停张拉,待查明原因并采取合理措施予以调整后,方可继续张拉。

【典型例题 5.5】 当设计无要求时,关于无黏结预应力筋张拉施工做法正确的是(　　)。
A. 先张拉楼面梁,后张拉楼板
B. 梁中的无黏结筋可按顺序张拉
C. 板中的无黏结筋可按顺序张拉
D. 当曲线无黏结预应力筋长度超过 25 m 时,宜采用两端张拉
答案:C

3. 锚头端部处理

张拉完无黏结预应力筋后,应及时对锚固区进行保护。为严防水汽进入产生锈蚀,锚固区必须有严格的密封防护措施,无黏结预应力筋的外露长度不应小于 30 mm,可用砂轮锯切割多余部分。锚头端部处理过程如下。

(1) 在锚具和承压板表面涂防水涂料,锚具端头涂防腐油脂。

(2) 罩上封端塑料盖住锚具。

(3) 凹入式锚固区采用微膨胀混凝土或低收缩防水砂浆密封;凸出式锚固区采用外包钢筋混凝土圈梁封闭;留有后浇带的锚固区,可采用二次浇注混凝土锚固。

5.2.6 缓黏结预应力混凝土施工

缓黏结预应力技术是继无黏结、有黏结预应力技术之后发展起来的一项新预应力技术。缓黏结预应力吸收了无黏结的施工特点和有黏结的力学特点。缓黏结预应力是通过缓黏结剂的固化实现预应力筋与混凝土之间从无黏结逐渐过渡到有黏结的一种预应力形式。在施工阶段预应力钢绞线伸缩变形自由、不与周围缓凝黏合剂产生黏结,而在施工完成后的预定时期内预应力筋通过固化的缓凝黏合剂与周围混凝土产生黏结作用。

缓黏结预应力技术可应用于大跨度、重荷载结构当中,也应用于商业综合体、体育场馆、机场航站楼、站房、铁路桥梁、市政桥梁、筒仓、污水处理池、水工、港工等结构中。

1. 缓黏结预应力构造

缓黏结预应力有三层:预应力钢绞线、缓凝黏合剂和外包护套。钢绞线(裸线)外层由耐腐蚀的缓凝黏合剂与外包护套包裹,形成两个保护层,耐久性强于普通有黏结预应力,如图 5-48 所示。

(1) 钢绞线。

缓黏结预应力筋均指缓黏结预应力钢绞线。当预应力筋布置在混凝土截面内时应采用带肋缓黏结预应力钢绞线,当作为体外预应力束时可采用无横肋缓黏结预应力钢绞线。制作缓黏结预应

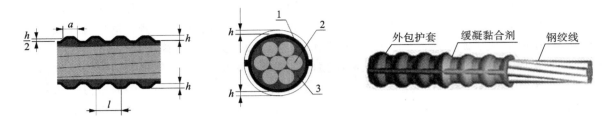

图 5-48 缓黏结预应力筋

1—外包护套；2—钢绞线；3—缓凝黏合剂；h—肋高；l—肋间距；a—肋宽

力筋的钢绞线不应有死弯,钢绞线的每根钢丝应通长。

（2）缓凝黏合剂。

缓凝黏合剂是缓黏结预应力钢绞线的核心,其具有耐腐蚀和固化后强度高的特点。一般情况下,每个工程依据工期和所在地区温度特点对应一种缓凝黏合剂配方。缓凝黏合剂从配制到仍适合于缓黏结预应力钢绞线张拉的时间为张拉适用期。缓凝黏合剂从配制经固化达到规定强度的时间为固化时间。在张拉适用期内,缓黏结预应力钢绞线可自由张拉,摩擦系数小。张拉适用期过后,摩擦系数增大,不适合张拉。因此,缓黏结预应力钢绞线必须在张拉适用期内完成张拉。

（3）外包护套。

外包护套主要起到在缓黏结预应力钢绞线制备、运输和施工过程中定型保护作用,具有耐腐蚀特性。缓黏结预应力筋外包护套材料宜采用挤塑型聚乙烯树脂,严禁使用聚氯乙烯。外包护套肋高为关键参数,肋高直接影响黏结锚固性能。外包护套外表应为肋状,其剥开后内表面亦必须有肋槽。

2. 缓黏结预应力施工特点

（1）与有黏结预应力相比。

有黏结预应力的施工工艺包括埋设波纹管、穿筋、张拉和灌浆。缓黏结预应力施工布置灵活,采用单孔锚具,锚具小、节点布置灵活方便,节点交汇处混凝土浇筑应密实。缓黏结预应力不需要穿波纹管,不需要灌浆,减少了两道工序,施工简易,施工质量更有保障。

（2）与无黏结预应力相比。

无黏结预应力筋与周围混凝土无有效黏结,导致延性与抗震能力差,锚具失效后预应力筋失效。在受力构件中不宜使用无黏结预应力筋。缓黏结预应力施工与无黏结预应力基本相同,缓黏结预应力筋在全长度范围内与周边混凝土有效黏结,延性与抗震好。缓凝黏合剂固化后,在力学上最终达到有黏结效果。

（3）锚固。

缓黏结预应力筋宜采用单孔锚具锚固,张拉端宜采用圆套筒式夹片锚具,埋入式固定端宜采用挤压锚具;当分段缓黏结预应力筋需要连接时,可采用连接器连接。

（4）缓黏结预应力筋张拉。

在等于或低于 20 ℃的环境中进行张拉时应采用持荷超张拉方式,预应力筋从零张拉至 $1.05\sigma_{con}$,并应在持荷一定时间后进行锚固,持荷时间应满足表 5-3 规定。

表 5-3 持荷时间与构件温度关系

温度/℃	5	10	15	20
持荷时间/min	4	2	1	0.5

当温度高于 20 ℃时可不持荷超张拉；当温度低于 5 ℃时不宜进行缓黏结预应力筋张拉。若工程在低于 5 ℃的环境中进行张拉，应采用升温措施减小有黏滞力产生的预应力损失。

当采用应力控制法张拉时，应校核伸长值。若实测伸长值与设计计算理论伸长值相对偏差超过±6%，应暂停张拉，查明原因并采取措施予以调整后，方可继续张拉。

缓黏结预应力筋的张拉顺序应符合设计要求，设计无要求时，可采用分批、分阶段对称张拉或依次张拉。预张拉时先不装锚具夹片，将预应力筋张拉到控制应力的 30%左右放张，然后装锚具夹片，按规定正式张拉。

【案例分析 5.2】　北京新青少年宫整个建筑由 5 个单元和中部大厅组成，采用了花瓣式布局，外墙采用枝状曲线造型的异形剪力墙。5 个单元主体均为混凝土结构，形状极不规则。缓黏结预应力筋布置位置为三个方向肋梁的边肋处及柱上实心板带区域。2♯、3♯、4♯楼及 6♯楼，亦在主要受力较大的暗梁处采用了缓黏结预应力筋。梁跨度 9 m，每梁布置 12 根缓黏结预应力筋。具体构造如图 5-49 所示。

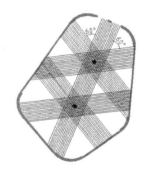

图 5-49　北京新青少年宫

5.2.7　质量检查

1. 材料进场检查

预应力工程材料进场时，应检查规格、外观、尺寸及其质量证明文件；应按现行国家有关标准的规定进行力学性能的抽样检验；经产品认证符合要求的产品，其检验批量可扩大一倍。在同一工程中，同一厂家、同一品种、同一规格的产品连续三次进场检验均一次检验合格时，其后的检验批量可扩大一倍。

2. 预应力筋制作检查

预应力筋制作时应检查镦头锚具的钢丝下料长度；钢丝镦头外观、尺寸及头部裂纹；挤压锚具制作时挤压记录和挤压锚具成型后锚具外预应力筋的长度；钢绞线压花锚具的梨形头尺寸。

3. 安装检查

预应力筋、预留孔道、锚垫板和锚固区加强钢筋的安装时，应检查预应力筋的外观、品种、级别、规格、数量和位置等；预留孔道的外观、规格、数量、位置、形状以及灌浆孔、排气兼泌水孔等；锚垫板和局部加强钢筋的外观、品种、级别、规格、数量和位置等；预应力筋锚具和连接器的外观、品种、规格、数量和位置等。

4. 预应力筋放张或张拉检查

预应力筋张拉或放张时应检查预应力筋张拉或放张时的同条件养护混凝土试块的强度；预应力筋张拉记录；先张法预应力筋张拉后与设计位置的偏差。

5. 灌浆检查

应检查配合比设计阶段灌浆用水泥浆的稠度、泌水率、自由膨胀率、氯离子含量和试块强度，现场搅拌后检查稠度、泌水率，以及验收规定的试块强度。

6. 封锚检查

封锚应检查锚具外的预应力筋长度、凸出式封锚端尺寸和封锚的表面质量。

5.3 预应力钢结构

5.3.1 预应力钢结构定义、特点和分类

1. 预应力钢结构定义

预应力钢结构是指采用人为方法引入预应力，以提高结构强度、刚度和稳定性及利用预应力技术创建新体系的钢结构。预应力钢结构应用领域广泛，主要包括：

①房屋建筑结构，如体育场馆、会展中心、剧院、商场、飞机库、候机楼等大型公共建筑；

②桥梁结构，如悬索桥和斜拉桥等；

③服役钢结构的加固补强。

2. 预应力钢结构特点

预应力钢结构设计理论完全符合钢结构成型理论中"兼并功能""材料集中使用""建立张力体系""引入预应力""提高抗震性"等诸多原则，发展成为工程结构学科中的优秀体系。

预应力钢结构可充分和反复利用钢材弹性强度幅值，从而提高结构承载力；改善结构受力状态，节省钢材；提高结构刚度及稳定性，改善结构属性；可调整结构循环应力特征来提高疲劳强度；降低结构自重而减小地震荷载，提高其抗震性能等。

钢结构与混凝土结构相比，具有比容重轻、比强度高、加工性好和施工快捷等优点。钢结构与预应力技术结合后，更加符合加工批量化、构件商品化、施工装配化的现代工业生产规律。预应力钢结构构件皆可在工厂生产与组装，在工地组拼成部件或整体，屋盖体可一次吊装就位。预应力钢结构施工符合可持续发展原则、绿色生态要求及现代特征，将现场制造工地转变为装配工地，将空中作业转换为地面作业，可以进行安全和快速文明施工。

3. 预应力钢结构分类

预应力钢结构从早期预应力吊车梁、撑杆梁的简单形式发展到张弦桁架、索穹顶、索膜结构和玻璃幕墙等现代结构。主要介绍以下几种。

（1）张弦结构。

张弦结构是指上弦为压弯杆件，下弦为张力索，中间连以撑杆的结构体系。

①单向张弦结构。候机楼和会展中心广泛采用预应力张弦桁架。如北京农业展览馆新馆，见图 5-50。

②双向张弦结构。如国家体育馆，见图 5-51。

图 5-50　北京农业展览馆新馆

图 5-51　国家体育馆

（2）弦支穹顶结构。

弦支穹顶结构指用连续的拉索（或拉杆）和撑杆（悬杆）加强单层穹顶网壳而形成的预应力网壳结构。如奥体中心羽毛球馆，见图 5-52。

图 5-52　奥体中心羽毛球馆

（3）索桁架结构。

如深圳宝安体育场的 237 m×230 m 轮辐式弦支索桁架，见图 5-53。

图 5-53　深圳宝安体育场

（4）吊挂结构。

吊挂结构由支承结构、屋盖结构和吊索三部分组成。支承结构包括立柱、刚架和拱架，均高出屋面，顶部下垂钢索吊挂屋盖。通过对吊索施加预应力以调整屋盖内力，减小挠度并形成屋盖结构的弹性支点。如江西省体育馆等，见图 5-54。

（5）索穹顶结构。

索穹顶结构为创新结构体系，跨度结构中摈弃了传统受弯构件，全部由受张索系及膜面和受压撑杆组成。屋面结构极轻，设计构思新颖。此种结构是学术界和工程界的热门，其用钢指标优良、结构柔、造型美观且富于艺术感等优点使其成为许多大跨度运动场馆的建筑形式。如鄂尔多斯伊金霍洛旗全民健身体育活动中心索穹顶，见图 5-55。

图 5-54 江西省体育馆

图 5-55 鄂尔多斯伊金霍洛旗全民
健身体育活动中心索穹顶

(6) 体外预应力结构。

如某展示中心的体外预应力钢结构,见图 5-56。

图 5-56 某展示中心的体外预应力钢结构

5.3.2 预应力钢结构材料、锚具和张拉机具

1. 预应力钢结构材料

预应力钢结构材料主要包括刚性钢材、索材和锚具材料。

刚性钢材应符合现行国家标准《钢结构设计规范》(GB 50017—2017)中关于材料选用的规定。

索材包括钢丝绳索、钢绞线索、钢丝束索和钢拉杆。其中,钢丝绳索可分为纤维芯、有机芯、石棉芯和金属芯;钢绞线索可分为镀锌钢绞线、高强度低松弛预应力镀锌钢绞线、铝包钢绞线、涂塑钢绞线、无黏结钢绞线和 PE 钢绞线;钢丝束索可为平行钢丝束和半平行钢丝束;钢拉杆材料应符合国家现行相关标准的规定。钢拉杆分为单耳式、双耳式和不对称式。双耳钢拉杆构造如图 5-57 所示。体内布置的预应力钢索通常采用钢绞线束。

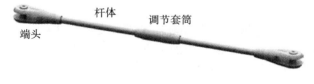

杆体　　调节套筒

端头

图 5-57 双耳钢拉杆构造

锚具分为热铸锚、冷铸锚、压接锚和镦头锚。热铸锚由锚杯、铸体、销轴和螺杆坯件组成。冷铸锚由锚杯和铸体组成。对体内布置的预应力钢索,张拉端采用夹片锚具,固定端采用挤压锚具。锚具材料选用如表 5-4 所示。

表 5-4　锚具材料选用

锚 具 类 别	组 件 名 称	材　　　料
热铸锚	锚环	锻件:优质碳素结构钢或合金结构钢 铸件:碳钢
	铸体	锌铜合金
	销轴和螺杆坯件	锻件:优质碳素结构钢或合金结构钢
冷铸锚	锚环	锻件:优质碳素结构钢或合金结构钢
	铸体	环氧树脂,钢丸
压接锚和镦头锚	各种锚具组件	低合金结构钢或合金结构钢

2. 预应力钢结构锚具

应根据预应力构件的品种、锚固要求和张拉工艺等选用锚具。预应力钢绞线宜采用夹片锚具,可采用挤压锚具和压接锚具。预应力钢丝宜采用镦头锚具,可采用冷铸锚具和热铸锚具。钢拉杆宜采用螺母锚具。承受低应力或动荷载的夹片锚具应有放松装置。

3. 预应力钢结构张拉机具

常规的单根张拉千斤顶或整束张拉千斤顶,可用于张拉锚固在钢结构或混凝土支承结构上的预应力钢索。

两端安装在铰支座轴销上的预应力钢索或钢拉杆,通过调节套筒改变长度施加预应力。应根据施工条件和张拉值选择张拉设备。其张拉设备常见的如下。

(1) 倒链和测力传感器:拉力不大于 50 kN,适用于轻型钢丝束体系,如图 5-58 所示。

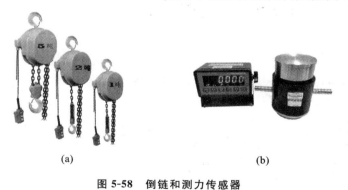

(a)　　　　　　　　　　　　(b)

图 5-58　倒链和测力传感器

(2) 测力扳手和大扭矩液压扳手:测力扳手拉力不大于 40 kN;大扭矩液压扳手拉力不大于 100 kN,适用于一般的预应力拉索等,如图 5-59 所示。

图 5-59　测力扳手和大扭矩液压扳手

（3）专用张拉装置：利用两台液压千斤顶在双螺杆传力架端部张拉，调节套筒紧固，适用于拉力不大于 500 kN 的各类斜拉索。

（4）专用四缸液压千斤顶装置：利用四台液压千斤顶组成的传力架卡住两根钢棒连接部位进行张拉，再用卡链式扳手将连接套筒锁紧。该装置拉力可达 1000 kN，适用于大吨位钢棒支撑与钢棒拉索。

5.3.3 预应力钢结构施工

1. 预应力施加方式

钢结构施加预应力的方式包括直接张拉法、整体下压法和顶升（撑）法等。

（1）直接张拉法。

直接张拉法是指采用张拉设备直接张拉预应力筋与拉索。该方法适用于各类预应力桁架、网壳、索网和斜拉结构等。在直接张拉方法的基础上衍生的张拉成型方式，不需要起重设备，通过张拉预应力筋可使整个屋盖结构起拱成型。如广州白云机场飞机库预应力钢拱结构，见图 5-60。

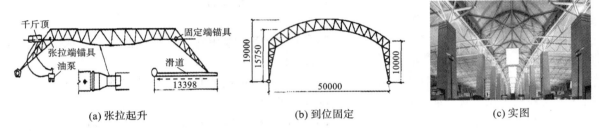

(a) 张拉起升　　　　　　　　(b) 到位固定　　　　　　　　(c) 实图

图 5-60　广州白云机场飞机库预应力钢拱结构（单位：mm）

（2）整体下压法。

整体下压法是指将屋盖桁架等整体下压在钢索上，使钢索受到横向压力而建立预应力。如安徽省体育馆预应力索桁屋盖结构，屋盖安装后，拆除其临时支架，形成下压力，见图 5-61。

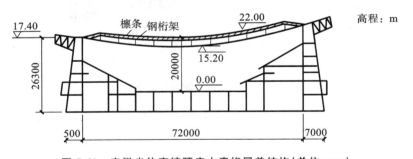

图 5-61　安徽省体育馆预应力索桁屋盖结构（单位：mm）

（3）顶升（撑）法。

顶升（撑）法是指利用支承柱或撑杆顶撑使索受拉而建立预应力。如深圳欢乐谷中心剧场索膜穹顶，见图 5-62。向深圳欢乐谷中心剧场的索膜穹顶施加预应力，是利用柱脚处设置液压千斤顶顶升钢柱实现的，见图 5-63。

如武汉体育中心体育馆弦支穹顶屋盖，见图 5-64。该弦支穹顶屋盖是通过顶升撑杆，对环向索和径向索进行张拉，张拉顺序依次为外环、中环、内环。顶撑装置见图 5-65。

图 5-62 深圳欢乐谷中心剧场索膜穹顶

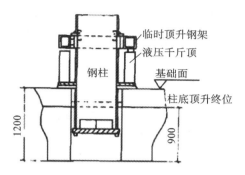

图 5-63 柱脚千斤顶顶升钢柱(单位:mm)

(a) 整体效果

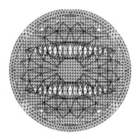

(b) 顶部网壳平面

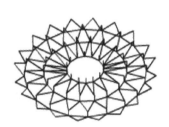

(c) 下部索杆布置

图 5-64 武汉体育中心体育馆弦支穹顶屋盖

2. 预应力索张拉

(1) 预应力索的张拉顺序必须严格按照设计要求进行。当设计无规定时,应考虑结构受力特点、施工方便、操作安全等因素,且以对称张拉为原则,由施工单位编制张拉方案,经设计单位同意后执行。

(2) 张拉前,应设置支承结构,将索就位并调整到规定的初始位置。安装锚具并初步固定,然后按设计规定的顺序进行预应力张拉。应设置预应力调节装置。张拉预应力宜采用油压千斤顶。张拉过程中应监测索系的位置变化,并对索力、关键节点的位移进行监测。

(3) 对直线索可采取一端张拉,对折线索宜采取两端张拉。多个千斤顶同时工作时,应同步加载。索段张拉后应保持顺直状态。

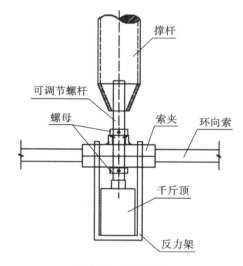

图 5-65 顶撑装置

(4) 拉索应按相关技术文件和规定分级张拉,且在张拉过程中复核张拉力。

(5) 玻璃幕墙中,多根预应力索的张拉工艺,应遵循分级、逐步、反复张拉到位的流程。

相信随着预应力钢结构的广泛应用,施工技术也将不断发展,未来施加预应力的方法会越来越合理而简单。

知识归纳

1. 预应力结构主要有预应力混凝土结构和预应力钢结构两种形式。

2. 预应力混凝土工程，主要包括预应力混凝土材料、锚（夹）具和张拉机具等的类型、构造和选择；预应力混凝土先张法施工；有黏结和无黏结预应力混凝土后张法施工；缓黏结预应力混凝土施工；质量检查。

3. 预应力混凝土材料、锚（夹）具和张拉机具：主要讲解了预应力混凝土、预应力筋、锚具、夹具、连接器、张拉机具和台座及其一般规定。

4. 预应力混凝土先张法施工：主要讲解了先张法施工工艺，重点介绍了预应力张拉方法、张拉程序、放张与切除。

5. 有黏结预应力混凝土后张法施工：主要讲解了施工工艺，重点介绍了预留孔道、预应力筋制作和穿筋、张拉方法、张拉程序和孔道灌浆。

6. 无黏结预应力混凝土后张法施工：主要讲解了无黏结预应力筋制作和铺设、无黏结预应力筋张拉方法和锚头端部处理。

7. 缓黏结预应力混凝土施工：主要讲解了缓黏结预应力筋的构造组成、施工特点、锚具和张拉方法。

8. 预应力钢结构工程：主要包括预应力钢结构分类；材料、锚具和张拉机具；预应力钢结构施工。

9. 预应力钢结构材料和机具：主要讲解了刚性钢材、索材和锚具材料的分类及一般规定，常见的张拉机具。

10. 预应力钢结构施工：主要讲解了钢结构预应力施加的三种方式，预应力索张拉的施工方法和要求。

独立思考

1. 先张法预应力混凝土的常用张拉程序有哪几种？

2. 先张法和有黏结后张法的张拉控制应力限值有何区别？

3. 为何要进行孔道灌浆？如何进行孔道灌浆？

4. 观看视频 5-17，该视频中的千斤顶是什么形式？

5. 缓黏结预应力和有黏结预应力施工工艺的区别是什么？

6. 预应力钢结构中的索穹顶结构为创新结构，在哪些工程中有所应用？

第6章　精益装配、化零为整——结构安装工程

6.1　起重机械与设备

6.1.1　起重机械

结构安装工程常用的起重机械有自行式、塔式和桅杆式起重机三大类。

1. 自行式起重机

自行式起重机包括履带式、汽车式、轮胎式和全地面式四类。

（1）履带式起重机。

履带式起重机（图 6-1）主要由机身、起重臂以及行走机构、起重机构、回转机构等部分组成。履带式起重机广泛应用于装配式单层、多层房屋等的结构吊装。其优点是功能多、起吊能力大、场地适应性强、能吊载行驶，其缺点是行驶速度慢、转场较困难。

视频 6-1
徐工 XGC260
履带起重机

履带式起重机的技术性能参数主要包括起重量 Q、起重半径 R 和起重高度 H。起重量是指吊钩能吊起的质量；起重半径也称工作幅度，指起重机回转中心至吊钩的水平距离；起重高度是指吊钩至停机面的距离。起重机的主要技术性能可查起重机性能曲线（图 6-2）。

（2）汽车式起重机。

汽车式起重机是一种自行、全回转、起重机构安装在汽车底盘上的起重机。它的行驶速度快、机动性能好，但吊装时必须使用支腿，因而不能负荷行驶。可用于构件的装卸和结构吊装工作。该类机械多采用伸缩式起重臂，汽车式起重机吊装时，应先压实场地，放好支腿，将转台调平。吊装作业时一般不允许改变臂长。如图 6-3 所示为液压传动汽车式起重机。

（3）轮胎式起重机。

轮胎式起重机是一种自行式、全回转、起重机构安装在重型轮胎和特制底盘上的起重机。其优点是起重及越野性能好，起重量小时可不用支腿，缺点是行驶速度较慢。如图 6-4 所示是液压传动轮胎式起重机。

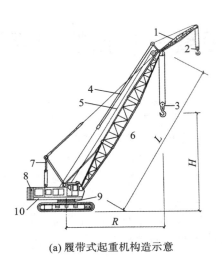

(a) 履带式起重机构造示意　　　　　　(b) 履带式起重机实物

图 6-1　履带式起重机

1—副臂；2—副吊钩；3—主吊钩；4—副臂固定索；5—起升钢丝绳；

6—动臂；7—门架；8—平衡重；9—回转支承；10—转台；

L—动臂的长度；H—动臂的起重高度；R—动臂的起重半径

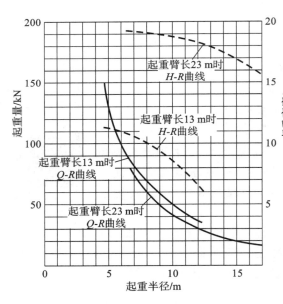

图 6-2　W1-100 履带式起重机性能曲线

图 6-3　液压传动汽车式起重机

（4）全地面式起重机。

全地面式起重机是一种兼有汽车式和轮胎式起重机优点的新型起重设备。该种机械起重能力强、行驶速度快，能实现全轮转向，起重量较小时可不用支腿。

2. 塔式起重机

塔式起重机主要由起升、变幅、回转、顶升机构以及动力、安全、操控装置等组成。其结构主要包括底座或行走台车、塔身、塔头、起重臂、平衡臂等。由于塔身竖直、起重臂安装在顶部，能最大限度地靠近建筑物或构筑物,并可 360°全回转,有效高度和工作空间大,因此在施工中广泛应用。

塔式起重机按照架设形式分为固定式、附着式、轨行式和爬升式。

按变幅方式分为小车变幅、动臂变幅的折臂变幅(图 6-5)。

小车变幅是通过拉动水平起重臂下的变幅小车来改变起重半径;动臂变幅则是通过起重臂俯仰角度的变化来改变起重半径,不但起重能力强,还能适应回转空间小的工程及群塔工程。

3. 桅杆式起重机

桅杆式起重机主要由拔杆、滑轮组、卷扬机、缆风绳及锚碇等组成。它具有构造简单、可按需设计制作等优点;但其服务半径小,移动困难,现场缆风绳易影响其他施工。其可用于安装工程量集中、无须起重机移动的工程,如网架吊装、设备安装等。

桅杆式起重机可分为独脚扒杆、人字扒杆、悬臂扒杆和牵缆式桅杆起重机,如图 6-6 所示。

图 6-4　液压传动轮胎式起重机

6.1.2 起重索具设备

1. 卷扬机

卷扬机又称绞车,按驱动方式可分为手动卷扬机和电动卷扬机。卷扬机是结构吊装常用的工具。

用于结构吊装的卷扬机多为电动卷扬机。电动卷扬机主要由电动机、卷筒、电磁制动器和减速机构等组成,如图 6-7 所示,分为快速和慢速两种。快速电动卷扬机主要用于垂直运输和打桩作业;慢速电动卷扬机主要用于结构吊装、钢筋冷拉、预应力筋张拉等作业。

视频 6-2
塔吊

桅杆式起重机详细介绍

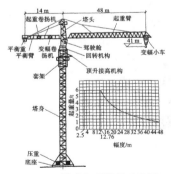

(a) QTZ63塔式起重机构造简图

(b) 塔头塔式起重机

(c) 平头塔式起重机

(d) 折臂变幅塔式起重机

图 6-5　塔式起重机

使用卷扬机时应当注意以下几点。

(1) 钢丝绳放出的最大长度,要保证在卷筒上的缠绕量不少于 5 圈,以免固定端拉脱。

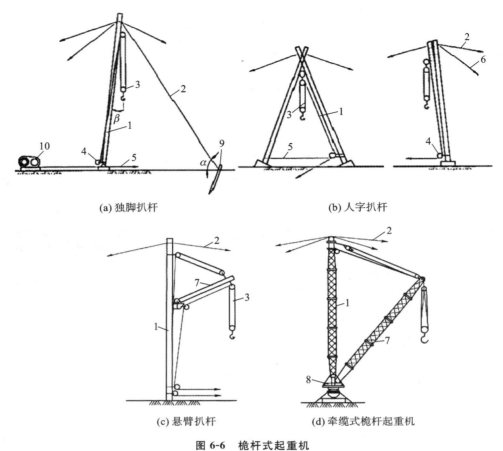

(a) 独脚扒杆   (b) 人字扒杆

(c) 悬臂扒杆   (d) 牵缆式桅杆起重机

图 6-6 桅杆式起重机

1—扒杆;2—缆风绳;3—起重滑轮组;4—导向装置;5—拉索;
6—主缆风绳;7—起重臂;8—回转盘;9—锚碇;10—卷扬机

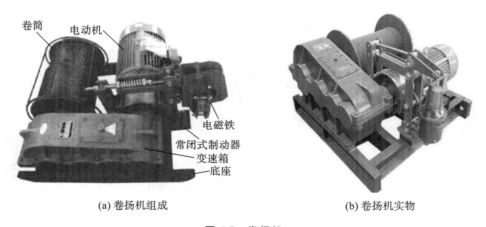

(a) 卷扬机组成   (b) 卷扬机实物

图 6-7 卷扬机

（2）卷扬机安装位置,距吊装作业区的安全距离不得少于 15 m;操作员的仰视角应小于 30°,以保证观察和构件就位准确;与其前面第一个导向轮的距离不少于 20 倍卷筒长度,以利于钢丝绳在卷筒上均匀缠绕而不乱绳。

（3）钢丝绳应水平地从卷筒下绕入，以减小倾覆力矩。

（4）卷扬机必须可靠固定，以防止工作时向前滑移和倾翻。

2. 千斤顶

在结构安装中，千斤顶可用于校正构件的安装偏差和构件的变形，又可以顶升或提升大跨度屋盖等。常用千斤顶有螺旋式千斤顶、液压千斤顶和提升千斤顶，如图 6-8 所示。

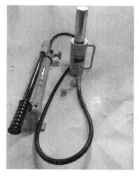

(a) 螺旋式千斤顶　　　　(b) 液压千斤顶　　　　(c) 提升千斤顶

图 6-8　千斤顶

（1）螺旋式千斤顶，是通过往复扳动手柄使齿轮传动，从而上升顶举件，进而顶举的千斤顶。常用于构件校正或起重量较小的作业。为进一步降低外形高度和增大顶举距高，可做成多级伸缩式。

（2）液压千斤顶，是采用柱塞或液压缸作为刚性顶举件的千斤顶。通用液压千斤顶可满足起重、校正、推移、卸荷等多种作业需求。工作时，只要往复扳动手动液压泵的摇把或开动液压泵，不断向液压缸内压油，就能使活塞及活塞上面的重物一起向上运动。打开回油阀，液压缸内的高压油便流回储油腔，于是重物与活塞也就一起下落。

（3）提升千斤顶，是将预应力锚具锚固技术与液压千斤顶技术有机融合而成的。液压提升系统是通过锚具锚固钢绞线，再利用计算机集中控制的液压泵站输出高压油，驱动千斤顶活塞动作，带动钢绞线与构件移动，实现大型构件的整体同步提升或下降、连续平移。

选用时，千斤顶的额定起重量应大于所起重构件的质量，多台联合作业时应大于所分担起重量的 1.2 倍。

3. 钢丝绳

钢丝绳是起重机械中用于悬吊、牵引或捆缚重物的物件。它是由许多根直径为 0.4～2 mm、抗拉强度为 1200～2200 MPa 的钢丝按一定规则捻制而成的。

按照捻制方法不同，钢丝绳分为单绕、双绕和三绕，建筑施工中常用的是双绕钢丝绳，它是由钢丝捻成股，再由多股围绕绳芯绕成绳。双绕钢丝绳按照捻制方向分为同向绕、交叉绕和混合绕三种，如图 6-9 所示。

同向绕是指钢丝捻成股的方向与股捻成绳的方向相同，这种绳的挠性好、表面光滑磨损小，但易松散和扭转，不宜用来悬吊重物。交叉绕是指钢丝捻成股的方向与股捻成绳的方向相反，这种绳不易松散和扭转，宜作为起吊绳，但挠性差。混合绕是指相邻两股的钢丝绕向相反，其性能介于另外两者之间，制造复杂，用得较少。

钢丝绳的表示方法：以 6×19＋1 为例，是指共有 6 股，每股由 19 根细钢丝拧成，另加 1 根油麻

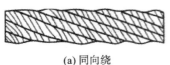  

| (a) 同向绕 | (b) 交叉绕 | (c) 混合绕 |

图 6-9　双绕钢丝绳的绕向

芯。每股内钢丝绳数量越多,每根钢丝的直径就越小,钢丝绳越柔软。钢丝绳按每股钢丝数量的不同又可分为 6×19、6×37 和 6×61 三种。6×19 钢丝绳在绳的直径相同的情况下,钢丝粗,比较耐磨,但较硬,不易弯曲,一般用作缆风绳;6×37 钢丝绳比较柔软,可用作穿滑车组和吊索;6×61 钢丝绳质地软,主要用于重型起重机械中。

钢丝绳使用时应该注意,钢丝绳穿过滑轮组时,滑轮直径应不小于绳径 10～12 倍,轮槽直径应比绳径大 1～3.5 mm,应定期对钢丝绳加油润滑,以减少磨损和腐蚀;使用前应检查核定,断丝过多或磨损超过钢丝直径 40% 以上者,应报废。

4. 滑轮组

滑轮组由若干个定滑轮、动滑轮和绳索组成,既省力,又可根据需要改变用力方向。滑轮组中共同负担吊重的绳索根数称为工作线数,即在动滑轮上穿绕的绳索根数。滑轮组的省力系数主要取决于工作线数的多少。滑轮组使用前应检查有无损伤以及容许荷载的取值,使用时应保证定、动滑轮间距不小于 1.5 m,通过足够长的直线段钢丝间滑动,来平衡弯曲处里外侧的应力差。

5. 吊具

吊具是指吊装作业中用于捆绑、连接的重要工具,如吊索、卡环、横吊梁等,如图 6-10 所示。

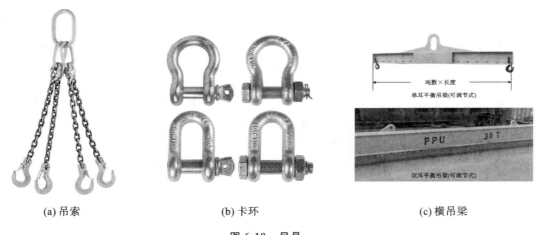

| (a) 吊索 | (b) 卡环 | (c) 横吊梁 |

图 6-10　吊具

各种吊具的用途与要求如下。

(1)吊索主要用于绑扎材料或构件。吊索分为环状和开口式两种,开口式的两端绳套中可据需要装上桃形环、卡环或吊钩。

(2)卡环也称卸甲,主要用于吊索间连接或吊索与构件吊环的连接。卡环分为螺栓式和活络式两种。活络式可用拉绳拔销,便于解开;而螺栓式则需要拧出螺栓销,安全性高。

(3)横吊梁也称铁扁担,用于满足对吊索角度的要求,起到降低所需起重机的起吊高度、避免构件损坏的作用,常用钢板和钢管两种。对于大型构件,可使用工字钢或钢桁架吊梁。制作时,应采用 Q235 或 Q345 钢材,并通过设计计算后进行。

6.2　单层工业厂房结构安装

　　建筑物的结构构件包括很多,本节主要以单层工业厂房为例进行介绍,因为它在构件吊装工艺方面具有一定的代表性。按照由下向上的顺序,单层工业厂房通常包括杯形基础、柱、吊车梁、屋架、连系梁、天窗架、屋面板等构件。一般施工方法是:基础通常现浇;吊车梁、连系梁、地梁、天窗架、屋面板等构件由工厂预制;柱、屋架等构件根据现场条件,可以在施工地面进行现场预制。

6.2.1　安装前的准备

1. 场地清理、铺设道路

　　按现场施工平面布置图,标出起重机的开行路线;检查构件运输与堆放,压实平整道路,敷设水电管线,做好道路排水(雨期)。

2. 构件的运输与堆放

　　应按照进度计划和平面布置图将构件运至现场并准确就位,避免二次搬运。构件运输时,混凝土强度不应低于设计强度的75%;要合理选择运输机具、支承合理、固定牢靠,避免开裂、变形。堆放场地要坚实平整、排水良好,垫点及堆高应符合设计要求,垫木要在同一条垂直线上。

3. 构件的质量检查

　　(1)吊装前复查构件型号与数量、构件的外形尺寸。

　　(2)混凝土强度。构件安装时,混凝土强度一般不低于设计强度等级的75%。大型构件,混凝土强度应达到设计强度的100%。

4. 构件的弹线与编号

　　构件的全面检查、弹线及编号包括杯口基础的顶面标线和杯底找平。对柱子,应在柱身弹出其几何中心线,此线应与柱基础杯口上的中心线相吻合,在柱顶面和牛腿上弹出屋架及吊车梁的安装准线。在吊车梁的两端及顶面弹出安装中心线。屋架上弦顶面上应弹出几何中心线,并将中心线延伸至屋架两端下部,再从跨度中央向两端分别弹出天窗架、屋面板的安装定位线。

6.2.2　构件吊装工艺

　　构件吊装的主要工艺过程包括绑扎、起吊、就位、临时固定、校正及最后固定。

1. 柱的吊装

　　(1)柱的绑扎。

　　柱身绑扎点和绑扎位置,要保证柱身在吊装过程中受力合理,不发生变形和裂断。一般中小型柱绑扎一点;重型柱或配筋少而细长的柱绑扎两点甚至两点以上,以减少柱的吊装弯矩。必要时,应经吊装应力和裂缝控制计算后确定。一点绑扎时,绑扎位置一般由设计确定。

　　按柱吊起后柱身是否能保持垂直状态,分为斜吊法和直吊法,相应的绑扎方法有两种:斜吊绑扎法(图6-11),它对起重杆要求较小,用于柱的宽面抗弯能力满足吊装要求时,无须将预制柱翻身,但因起吊后柱身与杯底不垂直,对线就位较难;直吊绑扎法(图6-12),它适用于柱宽面抗弯能力不足,必须将预制柱翻身后窄面向上,以增大刚度,再绑扎起吊,此法因吊索须跨过柱顶,需要较长的起重杆。

　　(2)柱的起吊。

　　柱的起吊方法,按柱在吊升过程中柱身运动的特点分为旋转法和滑行法;按采用起重机的数

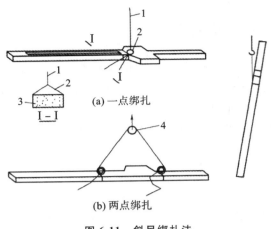

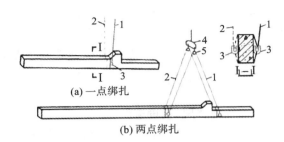

图 6-11　斜吊绑扎法
1—第一支吊索；2—第二支吊索；
3—活络卡环；4—吊具

图 6-12　直吊绑扎法
1—第一支吊索；2—第二支吊索；
3—活络卡环；4—吊具

视频 6-3
直吊法绑扎
柱子之旋转
法与滑行法
吊装演示

量，分为单机起吊和双机起吊。单机吊装柱的常用方法有旋转法和滑行法；双机抬吊的常用方法有滑行法和递送法。

①旋转法［图 6-13（a）］。

起重机边起钩、边旋转，使柱身绕柱脚旋转而逐渐吊起的方法称为旋转法。其要点是保持柱脚位置不动，并使柱的吊点、柱脚中心和杯口中心三点共圆。其特点是柱吊升过程中振动较小，但构件布置要求高，占地较大，对起重机的机动性要求高，要求能同时进行起升与回转两个动作。一般常采用自行式起重机。

②滑行法［图 6-13（b）］。

起重机只升吊钩，起重杆不动，使柱脚沿地面滑行逐渐立起而插入杯口的方法称为滑行法。柱预制或排放时，绑扎点应布置在杯口附近，并与杯口中心两点共圆弧。其特点是起重机只需起升吊

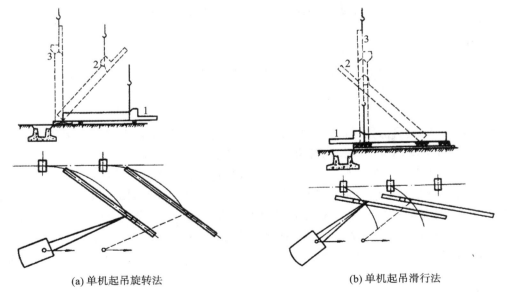

(a) 单机起吊旋转法　　　　　　(b) 单机起吊滑行法

图 6-13　柱的吊装方法

钩即可将柱吊直,然后稍微转动吊杆,即可将柱子吊装就位,构件布置方便、占地小,对起重机性能要求较低,但滑行过程中柱子振动,故通常在起重机及场地受限时才采用此法。

（3）对位和临时固定。

对位:采用直吊法时,应将柱在悬离杯底 30～50 mm 处对位;采用斜吊法时,则需将柱送至杯底,在吊索的一侧杯口插入两个楔子,再通过起重机回转使其对位。对位时,在柱四周向杯口内放入 8 只楔子,用撬棍拨动柱脚,使吊装准线对准杯口上的吊装准线。

临时固定:对位后,应将塞入的 8 只楔子逐步打紧做临时固定,以防对好线的柱脚移动。细长柱子的临时固定应增设缆风绳。

（4）柱的校正。

柱子的校正涉及垂直度、平面位置和标高等工作。其中标高在吊装前已通过调整杯底标高进行校正。而柱子的垂直度、平面位置的校正是在柱子定位时进行,可采用千斤顶校正法、钢管校正器校正法,如图 6-14（a）、（b）所示。柱垂直度偏差用两台经纬仪从柱的两个垂直方向同时观测柱的正面和侧面中心线进行校正,如图 6-14（c）所示。

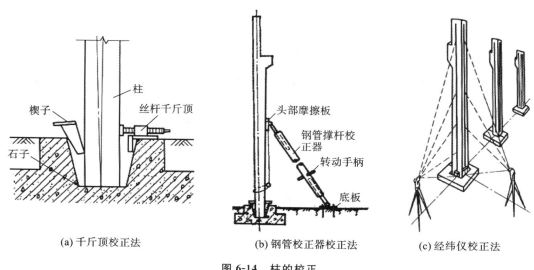

(a) 千斤顶校正法　　　(b) 钢管校正器校正法　　　(c) 经纬仪校正法

图 6-14　柱的校正

（5）最后固定。

校正完后应及时在柱底四周与基础杯口的空隙之间浇筑细石混凝土,捣固密实,使柱完全嵌固在基础内作为最后固定。浇筑工作分两次进行,第一次浇至楔块底面,待混凝土强度达到设计强度的 25% 以后,拔出楔块后再次浇筑混凝土至杯口顶面。

2. 吊车梁的吊装

吊车梁的吊装必须在基础杯口二次灌浆的混凝土强度达设计强度的 75% 以上方可进行。吊车梁应两点绑扎、对称起吊,两端用溜绳控制,如图 6-15 所示。当跨度为 12 m 时亦可采用横吊梁,一般为单机起吊,特重的也可用双机抬吊。就位时缓慢落钩,一次对好纵轴线,避免在纵轴线方向撬动吊车梁而导致柱偏斜。

吊车梁垂直度和平面位置的校正可同时进行。吊车梁的垂直度可用垂球检查,偏差值应在 5 mm 以内,若有偏差,可在两端的支座面上加斜垫铁纠正,每叠垫铁不得超过 3 块。吊车梁平面位置的校正,主要是检查吊车梁纵轴线以及两列吊车梁间的跨度是否符合要求。按施工规范要求,轴线偏差不得大于 5 mm。吊车梁平面位置的校正方法,通常有通线法和平行移轴法。通线法是根据

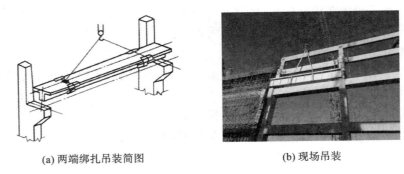

(a) 两端绑扎吊装简图　　　　　(b) 现场吊装

图 6-15　吊车梁的吊装

柱的定位轴线用经纬仪和钢尺准确地校好一跨内两端的四根吊车梁的纵轴线和轨距,再依据校正好的端部吊车梁,沿其轴线拉上钢丝通线,两端垫高 200 mm 左右,并悬挂重物拉紧,逐根拨正吊车梁(图 6-16)。平行移轴法是根据柱和吊车梁的定位轴线间的距离(一般为 750 mm),逐根拨正吊车梁的安装中心线(图 6-17)。

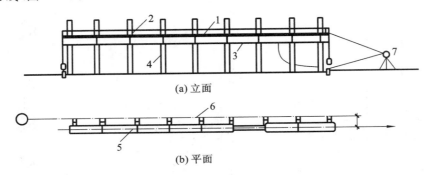

(a) 立面

(b) 平面

图 6-16　通线法校正吊车梁

1—柱;2—圆钢;3—吊车梁;4—钢丝;5—吊车梁纵轴线;6—柱轴线;7—经纬仪

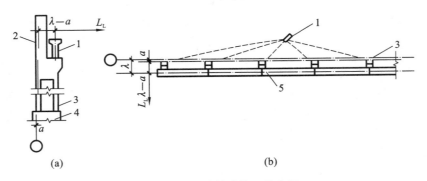

(a)　　　　　　　　　　(b)

图 6-17　平行移轴法校正吊车梁

1—经纬仪;2—标记;3—柱;4—柱基础;5—吊车梁

吊车梁标高主要取决于柱子牛腿标高,在柱吊装前已进行了调整,若还存在微小偏差,可待安装轨道时再调整。

吊车梁校正后,应立即焊接牢固,并在吊车梁与柱接头的空隙处浇筑细石混凝土进行最后固定。

3. 屋架的吊装

（1）屋架的绑扎。

屋架绑扎点应设在上弦节点处，左右对称。吊点的数目及位置一般由设计确定，设计无规定时应经吊装验算确定。当屋架跨度小于或等于 18 m 时采用两点绑扎；屋架跨度为 18～24 m 时采用四点绑扎；屋架跨度为 30～36 m 时采用 9 m 横吊梁四点绑扎，如图 6-18 所示。吊索与水平面的夹角不小于 45°。

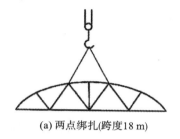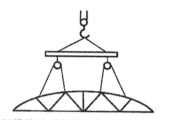

(a) 两点绑扎(跨度18 m)　　　　　(b) 四点绑扎(跨度为18～24 m)　　　　(c) 用横吊梁四点绑扎(跨度为30～36 m)

图 6-18　屋架的绑扎方法

（2）屋架的扶直与就位。

钢筋混凝土屋架一般在施工现场平卧重叠预制，吊装前尚应将屋架扶直和就位。屋架是平面受力构件，扶直时在自重作用下屋架承受平面外力，部分改变了构件的受力性质，特别是上弦杆易挠曲开裂。因此需事先进行吊装应力验算，如截面强度不够，则应采取加固措施。

视频 6-4
屋架吊装

按起重机与屋架相对位置不同，屋架扶直可分为正向扶直与反向扶直两种，就位分为斜向就位和纵向就位两种。

①正向扶直：起重机位于屋架下弦一侧，首先以吊钩中心对准屋架上弦中点，收紧吊钩，然后略略起臂使屋架脱模，接着起重机升钩并升臂，使屋架以下弦为轴缓慢转为直立状态[图 6-19（a）]，斜向就位。

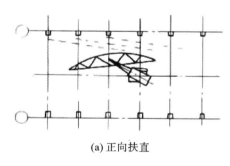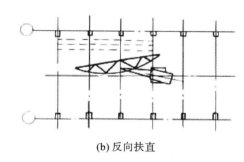

(a) 正向扶直　　　　　　　　　　　(b) 反向扶直

图 6-19　屋架的扶直

②反向扶直：起重机位于屋架上弦一侧，首先以吊钩对准屋架上弦中点，接着升钩并降臂，使屋架以下弦为轴缓慢转为直立状态[图 6-19（b）]，纵向就位。

（3）屋架的临时固定与校正。

起吊时，先将屋架吊离地面 200～300 mm，检查机械的稳定性及牢固程度，然后将升钩将屋架吊至超出柱顶 300 mm 左右，再边对位边缓慢降至柱顶，就位后立即进行临时固定。第一榀屋架的临时固定一般用四根缆风绳从两面拉牢上弦。其他各榀屋架用至少两个校正器，支撑在前一榀屋架上进行临时固定和校正（图 6-20）。

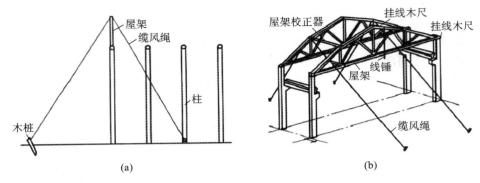

图 6-20 屋架的临时固定与校正

4. 屋面板的吊装

屋面板的特点是尺寸和质量都不大,但吊得很高,起吊和就位都得平放。通常利用它自身的吊环,四点起吊。自檐口两侧轮流向中间铺设,就位后立即调平,焊接牢固。

6.2.3 结构安装方案

结构安装方案包括的内容有选择起重机械、确定安装方法、确定起重机的开行路线、设计施工平面图。

1. 选择起重机械

起重机的选择包括起重机类型选择、起重机型号选择和起重机数量的确定。

一般来说,吊装工程量较大的单层装配式结构宜选用履带式起重机;工程位于市区或工程量较小的装配式结构宜选用汽车起重机;道路遥远或路况不佳的偏僻地区吊装工程则可考虑独脚扒杆、人字扒杆或桅杆式起重机等简易起重机械。

起重机型号选择原则:所选起重机的三个参数,即起重量 Q、起重高度 H、工作幅度(起重半径)R 均需满足结构吊装要求。

2. 结构安装方法

单层工业厂房的结构吊装有分件吊装法和综合吊装法两种。

(1)分件吊装法(大流水法)。

起重机每开行一次,仅吊装一种或两种构件。第一次开行,吊完全部柱子,并完成校正和最后固定工作;第二次开行,安装吊车梁、连系梁及柱间支撑等;第三次开行,按节间吊装屋架、天窗架、屋面支撑及屋面板等[图 6-21(a)]。

分件吊装的优点是构件可分批进场,更换吊具少,吊装速度快;缺点是起重机开行路线长,不能为后续工作及早提供工作面。

(2)综合吊装法。

综合吊装法是将多层房屋划分为若干施工层,起重机在每一施工层只开行一次,先吊装一个节间的全部构件,再依次安装其他节间等,待一层全部安装完再安装上一层构件[图 6-21(b)]。

综合安装的优点是起重机开行路线较短,可使后续工序提早进行,使各工种交叉平行作业,有利于加快整个工程进度。其缺点在于同时安装多种类型构件,起重机不能发挥最大效率;且构件供应紧张,现场拥挤,校正困难。故此法应用较少,只有在某些结构(如门式框架)必须采用综合安装,或采用桅杆式起重机安装时,才采用这种方法。

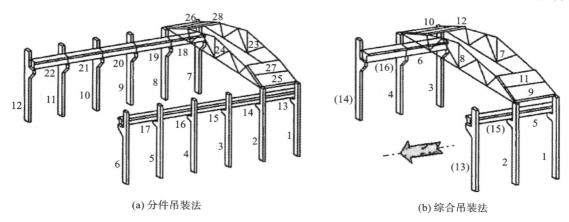

(a) 分件吊装法　　　　　　　　　　(b) 综合吊装法

图 6-21　单层厂房吊装方法

3. 确定起重机的开行路线

布置现场预制构件时应遵循以下原则:①各跨构件尽量布置在本跨内;②在满足吊装要求前提下应尽量紧凑,并保证起重作业及构件运输道路畅通,起重机回转时不与建筑物或构件相碰;③后张预应力构件的布置应有抽管、穿筋、张拉等所需操作场地。

对非现场预制的构件,最好随运随吊,否则也应事先按上述原则确定堆放位置。

开行路线直接关系到现场预制构件的平面布置与结构的吊装方法,因此在构件预制之前就应设计好起重机的开行路线及吊装方法。

吊装屋架及屋面板时,起重机大多沿跨中开行。吊装柱时,则应视跨度大小、构件尺寸、重量及起重机性能,沿跨中开行或跨边开行,如图 6-22 所示。当柱布置在跨外时,起重机一般沿跨外开行,停机位置与沿跨边开行相似。图 6-23 为某单跨厂房的起重机开行路线及停机位置。

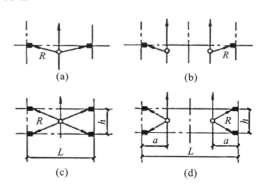

图 6-22　吊装柱时,起重机的停机位置

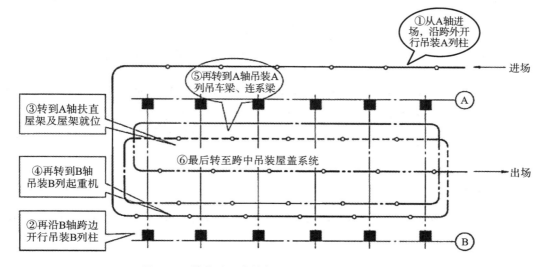

①从A轴进场,沿跨外开行吊装A列柱

⑤再转到A轴吊装A列吊车梁、连系梁

③转到A轴扶直屋架及屋架就位

④再转到B轴吊装B列起重机

⑥最后转至跨中吊装屋盖系统

②再沿B轴跨边开行吊装B列柱

进场

出场

A

B

图 6-23　某单跨厂房的起重机开行路线及停机位置

6.3　混凝土多层装配式建筑安装

6.3.1　多层装配式建筑安装特点

视频 6-5
一周建成
15 层楼
（新方舟宾馆）

（1）混凝土装配式多层建筑多采用框架结构。

（2）需要解决的问题与单层厂房基本相同：施工前的准备工作、各种构件如何吊装、制定安装方案、选择起重机机型、确定起重机位置、设计施工平面图等问题。

（3）与单层厂房安装有两点不同之处：一是节点构造不一样；二是施工除向水平方向展开外，主要是向上发展。

6.3.2　起重机的选择

（1）根据厂房的平面、立面及剖面形状，确定起重机的安装高度和工作半径。

（2）根据主要构件的质量、最边缘的位置，选定起重力矩和最大起重高度。

（3）通过作图或计算，综合选定起重机的型号、臂长、安装高度和安装位置等参数。

（4）起重机的安装位置有无轨固定式、轨道式，沿轨道外单侧行走、沿轨道外双侧行走等。

6.3.3　构件在平面图上的布置及吊装方法

构件在平面图上的布置以方便运输和吊装为原则，常布置在建筑物的某一侧，如图 6-24 所示。

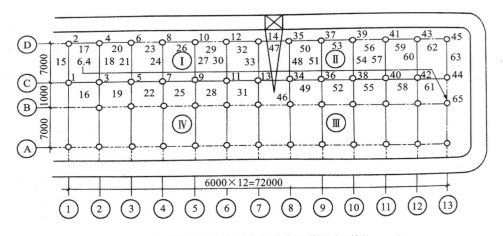

图 6-24　多层框架结构分层分段流水吊装顺序（单位：mm）

常用吊装方法如下：分件吊装法，分层分段流水作业，或一段式的大流水（图 6-24）；综合吊装法，以开间为单位，逐个开间一次性把所有构件吊完。具体选用哪一种吊装方法，要结合实际情况经过分析后确定。

6.3.4　节点构造

柱与柱的竖向节点如图 6-25 所示，柱与梁的水平节点如图 6-26 所示，梁、柱、板的水平节点常采用湿连接的方式。

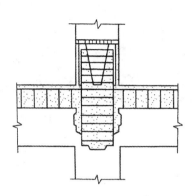

图 6-25　柱与柱的竖向节点
（上柱带榫头的整体浇筑混凝土接头）

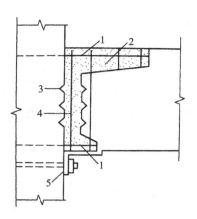

图 6-26　柱与梁的水平节点
（齿槽式梁柱接头）

1—钢筋坡口焊接；2—后浇细石混凝土；

3—齿槽；4—附加钢筋；5—临时牛腿

6.3.5　安装方法

梁和板是水平起吊，柱是竖直起吊，先临时固定，经校正后才能最后固定，如图 6-27～图 6-29 所示。

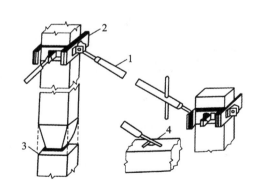

图 6-27　中柱安装临时固定
1—管式支撑；2—夹箍；
3—预埋钢板和焊点；4—预埋件

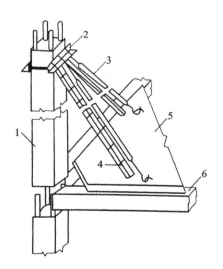

图 6-28　角柱安装临时固定
1—柱；2—角钢夹板；3—钢管拉杆；
4—支撑；5—楼板；6—梁

(a) 预制梁吊装   (b) 预制板吊装   (c) 预制柱吊装

图 6-29　装配式混凝土建筑预制构件吊装现场

6.4　大跨度空间结构安装

空间结构是由许多杆件沿平面或立面按一定规律组成的大跨度屋盖结构,一般采用钢管或型钢焊接或螺栓连接而成。由于杆件之间互相支撑,所以结构的稳定性好,空间刚度大,能承受来自各个方向的荷载。下面以网架结构为例,介绍常用的空间结构安装方法。

6.4.1　高空散装法

高空散装法是将网架的杆件和节点(或小拼单元)直接在高空设计位置上组拼成整体,如图6-30所示。该法适用于各种网架,尤其适用于螺栓球节点等非焊接连接的网架,并宜采用少支架的悬挑施工方法。对焊接连接的网架若用高空散装法,则标高和轴线控制难度大,还需增加安全、防火设施。

图 6-30　高空散装法施工现场

高空散装法的优点是不需要大型起重运输设备即可完成拼装。其缺点是现场及高空作业量大,同时需要大量的支架材料。

高空散装法分全支架法(即搭设满堂脚手架)和悬挑法两种。全支架法可将每根杆件、每个节点的散件在支架上总拼或以一个网格为小拼单元在高空总拼;悬挑法是为了节省支架,将部分网架悬挑。

6.4.2　分块(分条)吊装法

分条(分块)吊装法是将网架从平面分割成若干条状或块状单元,每个条(块)状单元在地面拼装后,再由起重机吊装到设计位置总拼成整体,如图 6-31 所示。该法适用于分割后网架的刚度和受力状况改变较小的各类中小型网架,如两向正交正放四角锥、正放抽空四角锥等网架。

(a) 网架分条吊装法

(b) 网架分块吊装法

图 6-31　分条(分块)吊装法

6.4.3　高空滑移法

高空滑移法是将网架条状单元在建筑物一端拼装,通过在轨道上顶推或牵拉而滑移到设计位置的安装方法,如图 6-32 所示。高空滑移法适用于能设置平行滑轨且可划分为条形单元的空间网格结构,尤其是必须跨越施工或场地狭窄、起重不便等情况。

(a) NEC钢屋盖总重4000 t,滑移距离120 m

(b) 轨道顶推装置

图 6-32　高空滑移法

6.4.4　整体提升及顶升法

将网架在地面就位拼成整体,用起重设备垂直地将网架整体提(顶)升至设计标高并固定的方法,称为整体提(顶)升法(图 6-33)。

整体提升法和整体顶升法的共同优点是可以将屋面板、防水层、顶棚、采暖通风与电气设备等全部在地面或最有利的高度施工,从而大大节省施工费用;同时,提(顶)升设备较小,效益较高。提升法适用于周边支承或点支承网架;顶升法则适用于支点较少的点支承网架的安装。

6.4.5　整体吊装法

将网架在地面总拼成整体后,用起重设备将其吊装至设计位置的方法称为整体吊装法。该方法适用于中小型各种类型的网架。

用整体吊装法安装时,网架可以与柱错位就地总拼,易于保证焊接质量和几何尺寸的准确性,

(a) 液压牵引器　　　　　(b) 第一次提升至17 m　　　　　(c) 第二次提升至26 m

图 6-33　国家数字图书馆上部钢结构整体提升

因此,焊接连接的网架宜用此法。其缺点是需要较大的起重能力。整体吊装法往往由若干台桅杆式或自行式起重机进行抬吊。因此,大致上可分为多机抬吊法和桅杆吊装法两类,如图 6-34 所示。吊装时,先将网架抬吊至高空,再进行旋转或平移到设计位置。需合理选择吊点,并注意起重机械的同步与协调控制。由于桅杆的起重量大,故大型网架多用此法,但需大量的钢丝绳、大型卷扬机及劳动力。

(a) 多机抬吊法　　　　　　　　　　(b) 桅杆吊装法

图 6-34　整体吊装法

【案例分析】　武汉火车站选址于武汉市青山区杨春湖附近,毗邻国家 4A 级东湖风景区,地形波澜起伏,水塘零星分布,地面高程 18～27 m。车站建筑总面积为 352000 m²,总用地面积为 30.7 hm²,主要分为高架层(18.8 m 和 25 m)、站台层(10.250 m)、地面层(±0.000 m)三个层面,另有一8.400 m 标高地下设备层。设客运专线、普速两个车场,客运专线车场设客车到发线 15 条(含兼作到发线的 2 条正线)、站台 8 座,普速车场设客车到发线 5 条(含兼作到发线的 2 条正线)、站台 3 座。具体安装方案如二维码所示。

武汉火车站
吊装案例

视频 6-6
武汉火车站
钢结构施工
演示

知识归纳

1. 自行式起重机包括履带式、汽车式、轮胎式和全地面式四类。履带式起重机功能多、起吊能力大、场地适应性强、能吊载行驶,但行驶速度慢、转场较困难。汽车式起重机行驶速度快、机动性能好,但吊装时必须使用支腿,不能负荷行驶。轮胎式起重机的起重及越野性能好,起重量小时可不用支腿,但行驶速度较慢。全地面式起重机起重能力强、行驶速度快,能实现全轮转向,起重量较小时可不用支腿。

2. 塔式起重机主要由起升、变幅、回转、顶升机构以及动力、安全、操控装置等组成。按照架设形式分为固定式、附着式、轨行式和爬升式。按变幅方式分为小车变幅、动臂变幅和折臂变幅。

3. 构件吊装的主要工艺过程包括绑扎、起吊、就位、临时固定、校正及最后固定。

4. 单层工业厂房的结构吊装有分件吊装法和综合吊装法两种。分件吊装法(大流水法)起重机每开行一次,仅吊装一种或两种构件。综合吊装法是将多层房屋划分为若干施工层,起重机在每一施工层只开行一次,先吊装一个节间的全部构件,再依次安装其他节间等,待一层全部安装完再安装上一层构件。

5. 混凝土多层装配式建筑常用吊装方法有:分件吊装法,分层分段流水作业,或一段式的大流水;综合吊装法,以开间为单位,逐个开间一次性把所有构件吊完。具体选用哪一种吊装方法,要结合实际情况经过分析后确定。

6. 大跨度空间结构常用的安装方法有高空散装法、分条(分块)吊装法、高空滑移法、整体提升及顶升法、整体吊装法。

独立思考

1. 结构安装工程常用的起重机械有哪几类?
2. 简述使用卷扬机时的注意事项。
3. 单层工业厂房中的构件哪些部位需要弹线?
4. 简述起重机型号选择原则。
5. 什么是分件吊装法?并简述其优点和缺点。
6. 什么是综合吊装法?并简述其优点和缺点。
7. 多层装配式建筑安装特点有哪些?
8. 大跨度空间结构常用的安装方法有哪些?

第7章 条条大路通罗马——道路工程

【导入语】 东汉训诂书《释名》解释道路为"道，蹈也，路，露也，人所践蹈而露见也"。道路伴同人类活动而产生，又促进社会的进步和发展，是历史文明和科学进步的标志。古代的中国道路曾经帮助我们创造了灿烂的华夏文明，如今，迅猛发展的高速公路已成为古老的东方大国快速走向现代化，走向民族复兴的标志性丰碑。

7.1 道路的前世今生

距今 4000 多年前的新石器晚期，中国有记载役使牛马为人类运输而形成驮运道，并出现了原始的临时性的简单桥梁。相传中华民族的始祖黄帝，因看见蓬草随风吹转而发明了车轮，于是以"横木为轩，直木为辕"制造出车辆，为交通运输做出了伟大贡献，故尊称黄帝为"轩辕氏"。车辆的出现催生了车行道，人类陆上交通出现了新局面(图 7-1)。

商朝(公元前 1600 年—公元前 1046 年)已经懂得夯土筑路，并利用石灰稳定土壤。人们在商朝殷墟的发掘中，发现当时已有碎陶片和砾石铺筑的路面(图 7-2)，并出现了大型的木桥。

图 7-1　古代车辆

图 7-2　商朝道路遗址

战国时期(公元前 475 年—公元前 221 年)车战频仍，交往繁忙，《国语》载有东周单子经过陈国时，看见道路失修，河川无桥梁，旅舍无人管理，预言其国必亡，后来果然应验。当时在山势险峻之处凿石成孔，插木为梁，上铺木板，旁置栏杆，称为栈道，是中国古代道路建设的一大特色(图 7-3)。

秦朝(公元前 221 年—公元前 207 年)修筑的驰道可与罗马的道路网媲美。秦始皇统一中国后即开始修建以首都咸阳为中心、通向全国的驰道网，还统一了车轨距的宽度(宽 6 秦尺，折合 1.38 米)，使车辆制造和道路建设有了法度。除修筑城外的道路外，城市道路的建设也有突出之处，如在阿房宫的建筑中，采用高架道的形式筑成"阁道"，自殿下直抵南面的终南山，形成"复道行空，不霁何虹"的壮观。

汉朝(公元前 202 年—公元 220 年)时张骞两次被派出使西域，远抵大夏国(即今阿富汗北部)

而载入史册。丝绸之路主要路线,起自长安(今西安),沿河西走廊,到达敦煌,为沟通中国和中东与欧洲各国的经济和文化开创了举世闻名的"丝绸之路"。

中国近代道路(1912—1949 年)自 20 世纪初汽车输入中国以后,通行汽车的公路开始发展起来,但发展缓慢,并屡遭破坏,原有的马车路(有的也可勉强通行汽车)和驮运道仍是多数地区的主要交通设施。

中国现代公路(1949 年至今)科学技术取得了巨大的进步。在路面工程方面创立和发展了泥结碎石路面和砂石路面的养护、改善技术,发展了石灰稳定土路面基层,研究利用国产含蜡渣油和沥青修筑了高级、次高级路面,使公路行车条件大大改善。在路基工程方面研究成功了一整套路基爆破新技术,在冰冻地区采取了防治公路翻浆的措施,在盐湖地区修筑了世界上少有的盐块路(图7-4),在高原多年冻土地区修成了沥青路面(图 7-5),在沙漠地区建成世界上首条享誉世界的"沙漠绿色走廊"——塔克拉玛干沙漠公路(图 7-6)。

图 7-3 古代栈道

图 7-4 万丈盐桥——用盐铺的路

图 7-5 冻土区修建沥青路面

图 7-6 塔克拉玛干沙漠公路

回顾我国道路的发展,从"世上本没有路""到走的人多了便有了路"。人类用智慧为自己的脚下铺就坦途,使我们逐步走向高度文明的社会。从中华人民共和国成立初期到现在,我们从没有一条高速公路到横贯祖国"五纵七横"高速公路网:从零起步到高速公路通车 1 万公里(即千米,后同),我国用了 12 年时间;从 1 万公里到 6 万公里,只有短短 9 年。中国的高速公路以惊人的速度发展着,这样的"中国速度"让世界为之震惊。看着这些数字,我们不由得感到无比自豪,从少年强则国强,到成为社会的栋梁之材,经过几代人的辛勤耕耘,迅猛发展的高速公路已成为古老的东方大国快速走向现代化、走向民族复兴的标志性丰碑。

7.2　路基工程施工

【案例分析 7.1】　甘肃路桥建设集团完成的"陇东地区黄土Ｖ型冲沟高填方路堤施工技术"喜获 2020 年"工程建设科学技术进步奖"二等奖,如图 7-7 所示。

图 7-7　"陇东地区黄土Ｖ型冲沟高填方路堤施工技术"喜获 2020 年"工程建设科学技术进步奖"二等奖

该技术针对黄土路基普遍存在的失稳和沉降问题,提出并论证了洞穴及基底情况调查以及处理的施工工艺方法、黄土填筑压实设备组合、黄土路基快速压实方法、高路堤沉降观测和预估剩余沉降量关键技术及工艺。

该技术为我国黄土地区黄土路堤的施工提供了参考依据,可普遍应用于黄土地区路基填筑施工,有效减少高路堤工后沉降,防止黄土高路堤失稳变形、路面断裂、错台等病害,极大提高了行车舒适度和安全性,并显著提升了陇东地区黄土冲沟高填路堤的施工质量,降低高路堤工后沉降造成的各种病害的可能,极大地节约了后期维修的人力和物力投入,具有良好的应用价值和推广前景。

【案例分析 7.2】　膨胀土在我国四川、广西、云南等 22 个省市分布广泛,具有吸水膨胀、失水收缩、反复胀缩变形、浸水承载力急剧衰减等特性,性质极不稳定,既有铁路、公路路基病害十分突出,在岩土工程界素有"癌症"之称。高速铁路路基工程的"毫米级"变形控制是保证高铁高速、平稳、安全运行的核心技术。与传统普速铁路不同,高速铁路路基变形控制标准为 5~15 毫米,仅为传统铁路的 5%~10%,要求极其严格。既要遏制"癌症"的发生,又要保证高速铁路膨胀土路基工程沉降量不超过 15 毫米(过渡段 5 毫米),隆起变形不超过 4 毫米,难度极大,被视为世界性工程技术难题。

中铁二院"膨胀土地区高速铁路路基关键技术研究"项目组经过十多年刻苦攻关,揭示了膨胀土地基胀缩作用引起的路基基床变形规律,构建起基于临界振动速度的膨胀土路基长期动力稳定评价方法,并发明膨胀土路堑基床水泥基防水抗裂材料,研发装配式柔性排水结构,建立膨胀土地区高速铁路路基变形控制成套技术,实现了膨胀土路基"毫米级"变形控制。该项目成果已全面应用于成绵乐、上海至昆明、昆明至南宁、贵阳至南宁、郑州至万州(图 7-8)、成都至贵阳、贵阳至广州、川南城际等 10 余条高速铁路建设,推动了高速铁路路基工程技术进步,也为成渝中线高铁、川藏铁路修建提供了技术储备,于 2020 年 4 月 21 日荣获四川省科技进步奖一等奖。

路基是道路的基础,它承受着土体自重和路面结构的重量,同时还承受由路面传递下来的行车荷载。根据横断面形式,路基可分为路堤、路堑和半填半挖路基。高于天然地面的填方路基称为路堤,低于天然地面的挖方路基称为路堑,既有挖方又有填方的称为半挖半填路基,如图 7-9 所示。

路基承受行车荷载,主要在路基顶面以下 0.8 m 之内的应力区。此部分路基按其作用可视为路面结构的路床,其强度与稳定性要求,可根据路基路面综合设计的原则确定。坚固的路基,不仅是路面强度与稳定性的重要保证,而且能为延长路面使用寿命创造有利条件。

图 7-8　郑万高铁

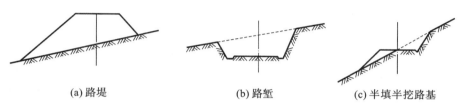

(a) 路堤　　　　　　　　(b) 路堑　　　　　　(c) 半填半挖路基

图 7-9　路基横断面形式

为了确保路基的强度与稳定性,在路基的整体结构中还必须包括各项附属设施,其中有路基排水设施、路基防护与加固设施以及与路基工程直接有关的设施,如弃土堆、取土坑、护坡道、碎落台、错车道等。

7.2.1　路基的构造

路基的主要构造包括路基的宽度、高度和边坡坡度。路基宽度取决于公路的技术等级及交通量;路基高度(包括路中心线的填挖高度、路基两侧的边坡高度)取决于地形和线路(公路或铁路)的纵断面设计;路基边坡坡度取决于地质、水文条件、路基高度和横断面经济性等因素。就路基的整体稳定性来说,路基边坡坡度及相应采取的措施,是路基设计的主要内容。

1. 路基宽度

路基宽度为车行道路面及其两侧路肩宽度之和。对高等级公路,当设有中间带、路缘带、变速车道、紧急停车带、慢行道或路上设施时,还应包括这些构造的宽度,如图 7-10 所示。

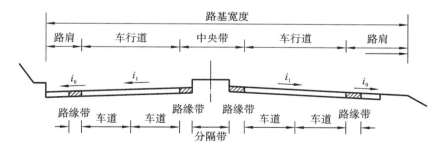

图 7-10　路基宽度示意

路基宽度根据设计通行能力及交通量大小而定。一般每个车道宽度为 $3.50\sim3.75$ m,路肩宽度由公路等级和混合交通情况而定,最小每边为 0.5 m,有条件时每边应不小于 1.0 m,城镇近郊行人与非机动车比较集中,路肩宽度应尽可能增大,一般取 1.0～3.0 m,并铺筑硬质面层,以提高利用率。高速公路、一级公路各路段的车道数应根据设计交通量及采用的服务水平确定,当车道数为四车道以上时应按双数增加,采用整体式断面时,必须设置中间带,中间带由两条左侧路缘带和中央分隔带组成。

四级公路一般采用 6.5 m 的路基,当交通量大或有特殊需要时,可采用 7.0 m 的路基。在工程特别艰巨的路段以及交通量很小的公路,可采用 4.5 m 的路基,并应按规定设置错车道。

2. 路基高度

路基高度是指路堤的填筑高度或路堑的开挖深度,是路基设计标高与原地面标高之差。

由于原地面横向常常有倾斜,在路基宽度范围内,两侧的相对高差有所不同。通常,路基高度是指路中心线处的设计标高与原地面标高之差,但对路基边坡高度来说,则指填方坡脚或挖方坡顶与路基边缘的相对高差。所以,路基高度有中心高度与边坡高度之分。

路基的填挖高度是在路线纵断面设计时,综合考虑路线纵坡要求、路基稳定性要求和工程经济要求等因素确定的。根据路基强度和稳定性的要求,路基高度除指路槽底距原地面的高度外,更重要的是指路槽底距地表长期积水水位或地下水水位的高度。为了保证路基上部土层处于干燥或中湿状态,应根据临界高度并结合公路沿线具体条件和排水及防护措施确定路堤的最小填土高度。

路堤填土的高矮和路堑挖方的深浅,可按《公路工程技术标准》(JTG B01—2014)的规定,使用常规的边坡高度值作为划分高矮深浅的依据。在正常条件下,可根据土质类别的不同,将大于18 m(土质)或 20 m(石质)的填方视为高路堤,将大于 20 m 的挖方视为深路堑。

高路堤和深路堑的土石方数量大、占地多、施工困难、边坡稳定性差、行车不利,应尽量避免使用。必须使用时,应进行个别特殊设计,确保边坡稳定和横断面经济合理。

3. 路基边坡坡度

路基边坡坡度对路基整体稳定性起重要作用,正确选定路基边坡坡度是路基设计的重要任务。公路路基的边坡坡度,可用边坡高度 H 与边坡宽度 b 之比表示,如图 7-11 所示,$H:b=1:0.5$ 或 $1:1.5$,通常用 $1:m$ 或 $1:n$ 表示其比率(称为边坡坡率)。边坡坡度也可用边坡角 α 或 θ 表示。

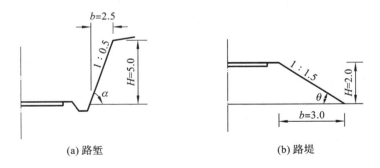

(a) 路堑   (b) 路堤

图 7-11 路基边坡坡度示意

路基边坡坡度的大小,取决于边坡的土质、岩石的性质及水文地质条件等自然因素和边坡的高度。在陡坡或填挖较大的地段,它不仅影响到土石方工程量和施工的难易程度,而且是路基整体稳定的关键。因此,确定路基边坡坡度对于路基的稳定和横断面的经济合理至关重要,设计时必须全面考虑,力求经济合理。一般路基的边坡坡度,可根据工程实践经验和设计规范推荐的数值采用。

(1)路堤边坡。

一般路堤边坡坡度可根据填料种类和边坡高度按表 7-1 所列坡度选定。

表 7-1　路堤边坡坡度

填 料 种 类	边坡的最大高度/m			边坡坡度		
	全部高度	上部高度	下部高度	全部坡度	上部坡度	下部坡度
黏性土、粉性土、砂性土	20	8	12	—	1∶1.5	1∶1.75
砾石土、粗砂、中砂	12	—	—	1∶1.5	—	—
碎(块)石土、卵石土	20	12	8	—	1∶1.5	1∶1.75
不易风化的石块	20	8	12	—	1∶1.3	1∶1.5

　　总高度超过表 7-1 所列数值时,应按高路堤另行设计。另外,在地震地区,还应参照《公路桥梁抗震设计规范》(JTG/T 2231—01—2008)的有关规定。该规范规定,高速公路和一级公路的路堤边坡高度大于表 7-2 规定值时,应放缓边坡坡度。

表 7-2　路堤边坡高度限制

填　　料	烈度	
	8	9
	边坡高度/m	
岩块和细粒土(粉性土和有机质土除外)	15	10
粗粒土(细砂、极细砂除外)	6	3

　　沿河受水浸淹路基的填方边坡坡度,在设计水位以下视填料情况可采用 1∶2.0~1∶1.75,在常水位以下部分可采用 1∶3.0~1∶2.0。

　　当公路沿线有大量天然石料或路堑开挖的废石方时,可用以填筑路堤。填石路堤应由不易风化的较大(大于 25 cm)石块码砌,边坡坡度一般可采用 1∶1。

　　(2)路堑边坡。

　　土质(包括粗粒土)挖方边坡坡度,应根据边坡高度、土的密实程度、地下水和地面水的情况、土的成因类型及生成时代等因素确定。

　　在一般情况下,土质(包括粗粒土)挖方边坡坡度可参照表 7-3 确定,且挖方边坡高度不宜超过 30 m。

表 7-3　土质挖方边坡坡度

密 实 程 度	边坡高度/m	
	<20	20~30
	边坡坡度	
胶结	1∶0.3~1∶0.5	1∶0.5~1∶0.75
密实	1∶0.5~1∶0.75	1∶0.75~1∶1.0
中密	1∶0.75~1∶1.0	1∶1.0~1∶1.5
较松	1∶1.0~1∶1.5	1∶1.5~1∶1.75

　　注:①边坡较矮或土质比较干燥的路段可选用较陡的边坡坡度,边坡较高或土质比较潮湿的路段,可选用较缓的边坡坡度。

　　②开挖后,密实程度很低且容易变松的砂土及砂砾等路段,应采用较缓的边坡坡度。

　　③土的密实程度划分见表 7-4。

表 7-4　土的密实程度划分

分　　级	试坑开挖情况
较松	铁锹很容易铲入土中,试坑坑壁很容易坍塌
中密	天然坡面不易陡立,试坑坑壁有掉块现象,部分需用镐挖开
密实	试坑坑壁稳定,开挖困难,土块用手使力才能破碎,从坑壁取出大颗粒处能保持凹面形状
胶结	细粒土密实度很高,粗颗粒之间呈弱胶结,试坑用镐开挖很困难,天然坡面可以陡立

7.2.2　路基填料的选择

1. 土质路堤地基表面

在对土质路堤地基表面进行处理时有以下要求。

(1) 路堤范围内树根、草丛全部挖除。

(2) 原地面的坑、洞、墓穴等,应在清除沉积物后,用合格填料分层回填、分层压实。

(3) 二级及以上公路路堤的压实度应不小于 90%;三、四级公路应不小于 85%。

(4) 地基为耕地、水稻田、湖塘、软土、高液限土或土质疏松等时,应按设计要求进行处理。

(5) 当地下水影响路堤稳定时,应采取拦截引排地下水或在路堤底部填筑渗水性好的材料等措施。

(6) 地面横坡为 1:5～1:2.5 时,原地面应挖成台阶,如图 7-12 所示,台阶宽度不小于 2 m。地面横坡陡于 1:2.5 的陡坡路堤地段,必须验算路堤整体沿基底及基底下软弱层滑动的稳定性。

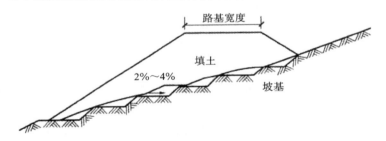

图 7-12　坡面路基的处理

(7) 填石路堤进行基底处理时,在非岩石地基上填筑填石路堤前,应设过渡层。

2. 路基填料

路基填料的要求为挖取方便、压实容易、强度高、水稳定性好。

(1) 巨粒土。级配良好的砾石混合料是较好的路基填料。

(2) 石质土。它具有较高的强度和足够的水稳定性,属于较好的路基填料。

(3) 砂土。可用作路基填料,但没有塑性,在使用时可掺入黏性大的土;轻、重黏土不是理想的路基填料,规范规定液限大于 50、塑性指数大于 26 的土,以及含水量超过规定的土,不得直接作为路堤填料,需要应用时,必须采取技术措施(例如含水量过大时加以晾晒),经检查合格后方可使用;粉质土不宜直接填筑于路床,不得直接填筑于冰冻地区的路床及浸水部分的路堤。

(4) 泥炭、淤泥、冻土、强膨胀土、有机质土及易溶盐超过允许含量的土,不得直接填筑路基。含草皮、生活垃圾、树根、腐殖质的土严禁作为填料。

（5）煤渣、高炉矿渣、钢渣、电石渣等工业废渣可以用作路基填料，但在使用过程中应注意避免造成环境污染。

7.2.3　土质路堤施工技术

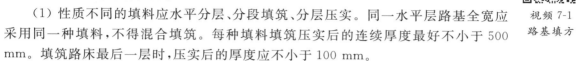

视频 7-1
路基填方

1. 土质路堤的填筑要求

（1）性质不同的填料应水平分层、分段填筑、分层压实。同一水平层路基全宽应采用同一种填料，不得混合填筑。每种填料填筑压实后的连续厚度最好不小于 500 mm。填筑路床最后一层时，压实后的厚度应不小于 100 mm。

（2）对潮湿或冻融敏感性小的填料应填筑在路基上层。强度较小的填料应填筑在下层。有地下水的路段或邻水路基范围内，宜填筑透水性好的填料。

（3）在透水性不好的压实层上填筑透水性较好的填料前，应在其表面设 2%～4% 的双向横坡。不得在由透水性较好的填料所填筑的路堤边坡上覆盖透水性不好的填料。

（4）每一填筑层压实后的宽度不得小于设计宽度。

（5）路堤填筑时，应从最低处起分层填筑，逐层压实；当原地面纵坡大于 12% 或横坡陡于 1∶5 时，应按设计要求挖成台阶，或设置坡度向内 2%～4%、宽度大于 2 m 的台阶。

（6）填方分几个作业段施工时，接头部位如不能交替填筑，则先填路段应按 1∶1 坡度分层留台阶；如能交替填筑，则应分层相互交替搭接，搭接长度不小于 2 m。

2. 常用的路堤填筑方法

常用的路堤填筑方法有分层填筑法、竖向填筑法、混合填筑法，其中分层填筑法又包括水平分层填筑法和纵向分层填筑法两种。

视频 7-2
填方路基
施工工艺

（1）水平分层填筑法。

填筑时按照横断面全宽分成水平层次，逐层向上填筑。它是路基填筑的常用方法，如图 7-13 所示。

（2）纵向分层填筑法。

依路线纵坡方向分层，逐层向上填筑。它宜用于推土机从路堑取土填筑距离较短的路堤，如图 7-14 所示。

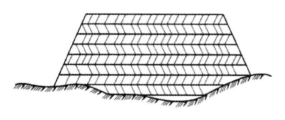

图 7-13　水平分层填筑法

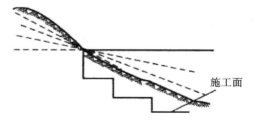

图 7-14　纵向分层填筑法

（3）竖向填筑法。

它仅用于无法自下而上填筑的深谷、陡坡、断岩、泥沼等机械无法进场的路堤，如图 7-15 所示。

（4）混合填筑法。

路堤下层用竖向填筑而上层用水平分层填筑。它适用于因地形限制或填筑堤身较高，不宜采用分层法自始至终进行填筑的情况，如图 7-16 所示。

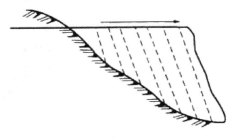

图 7-15　竖向填筑法

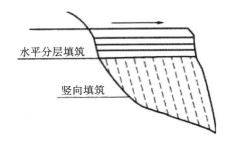

图 7-16　混合填筑法

7.2.4　填石路堤施工技术

1. 填石路堤的施工要求

（1）填石路堤的石料强度不应小于 15 MPa（用于护坡的石料强度不应小于 20 MPa）。填石路堤石料最大粒径不宜超过层厚的 2/3。

（2）分层松铺厚度，高速公路及一级公路不宜大于 0.5 m；其他公路不宜大于 1.0 m。

（3）填石路堤倾填前，路堤边坡坡脚应用粒径大于 30 cm 的硬质石料码砌。当设计无规定，或填石路堤高度小于或等于 6 m 时，其码砌厚度不应小于 1 m；当高度大于 6 m 时，码砌厚度不应小于 2 m。

（4）逐层填筑时，应安排好石料运输路线，由专人指挥，按水平分层，先低后高、先两侧后中央卸料，并用大型推土机摊平。个别不平处应配合人工用细石块、石屑找平。

（5）当石块级配较差、粒径较大、填层较厚、石块间的空隙较大时，可于每层表面的空隙里扫入石渣、石屑、中、粗砂，再以压力水浆砂冲入下部，反复数次，使空隙填满。

（6）人工铺填粒径 25 cm 以上石料时，应先铺填大块石料，大面向下，小面向上，摆平放稳，再用小石块找平，石屑塞缝，最后压实。人工铺填粒径 25 cm 以下石料时，可直接分层摊铺，分层碾压。

（7）填石路堤的填料如其岩性相差较大，则应将不同岩性的填料分层或分段填筑。如路堑或隧道基岩为不同岩种互层，允许使用挖出的混合石料填筑路堤，但石料强度、粒径应符合上述规定。

（8）用强风化石料软质岩石填筑路堤时，应按土质路堤施工规定先检验其 CBR 值是否符合要求，CBR 值不符合要求时不得使用，符合使用要求时应按土质筑堤的技术要求施工。

（9）高速公路及一级公路填石路堤路床顶面以下 50 cm 范围内应填筑符合路床要求的土并分层压实，填料最大粒径不得大于 10 cm。其他公路填石路堤路床顶面以下 30 cm 范围内宜填筑符合路床要求的土并压实，填料最大粒径不应大于 15 cm。

（10）在填石路堤顶面与细料土填土层间应按设计要求设过渡层。

2. 填石路堤的施工方法

（1）填石路堤的基底处理同填土路堤。

（2）路堤施工前，应先修筑试验路段，确定松铺厚度、压实机械型号及组合、压实速度及压实遍数、沉降差等参数。

（3）填石路堤的压实度检验，包括分层填筑岩块及倾填爆破石块的路堤。在规定深度范围内，以通过 12 t 以上振动压路机进行压实试验，当压实层顶面稳定，不再下沉（无轮迹）时，可判为密实状态。

（4）压实方法包括分层压实法、竖向填筑法、冲击压实法和强力夯实法。

①分层压实法(碾压法)。它是普遍采用并能保证填石路堤质量的方法。高速公路、一级公路和铺设高级路面的其他等级公路的填石路堤均应分层填筑,分层压实。填石路堤将填方路段划分为四级施工台阶、四个作业区段、八道工艺流程进行分层施工。四级施工台阶是在路基面以下 $0 \sim 0.5\ m$ 为第 1 级台阶,$0.5 \sim 1.5\ m$ 为第 2 级台阶,$1.5 \sim 3.0\ m$ 为第 3 级台阶,$3.0\ m$ 以上为第 4 级台阶。四个作业区段分别为填石区段、平整区段、碾压区段、检验区段。八道工艺流程分别为施工准备、基底处理、分层填筑、摊铺整平、洒水晾晒、碾压夯实、检验签证、路基整修。填石作业自最低处开始、逐层水平填筑,每一分层先是机械摊铺主骨料,平整作业铺撒嵌缝料,将填石空隙以小石或石屑填满铺平,采用不小于 18 t 的重型振动压路机碾压,压至填筑层顶面石块稳定。

②竖向填筑法(倾填法)。它主要用于二级及二级以下且铺设低级路面的公路在陡峻山坡施工特别困难或大量爆破以挖作填路段,以及无法自下而上分层填筑的陡坡、断岩、泥沼地区和水中作业的填石路堤。但倾填路堤在路床底面下不小于 $1.0\ m$ 范围内仍应分层填筑压实。

③冲击压实法(碾压法)。它是利用冲击压实机的冲击碾周期性、大振幅、低频率地对路基填料进行冲击,压密填方,如图 7-17 所示。

④强力夯实法(强夯法):是用起重机吊起夯锤从高处自由落下,利用强大的动力冲击迫使岩土颗粒位移,提高填筑层的密实度和地基强度,如图 7-18 所示。

图 7-17　冲击压实法

图 7-18　强力夯实法

强夯法与碾压法相比,只是夯实与压实的工艺不同,其余如填料粒径、铺填厚度都要进行控制,强夯法控制夯击次数,碾压法控制压实遍数,机械装运、摊铺整平作业完全一样,另外强夯法还需要进行夯坑回填。

7.2.5　土质路堑施工技术

土质路堑的开挖方法主要有横向挖掘法、纵向挖掘法和混合式挖掘法。

横向挖掘法包括适用于挖掘浅且短的路堑的单层横向全宽挖掘法和适用于挖掘深且短的路堑的多层横向全宽挖掘法;纵向挖掘法具体有分层纵挖法[图 7-19(a)],通道纵挖法[图 7-19(b)],分段纵挖法[图 7-19(c)];混合式挖掘法为多层横向全宽挖掘法和通道纵挖法的混合使用,如图 7-20 所示。

视频 7-3
挖方路基
施工工艺
流程

视频 7-4
路基挖方

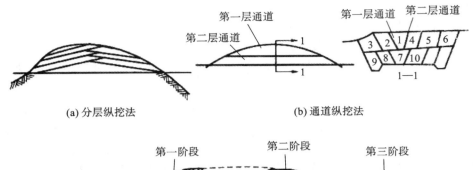

(a) 分层纵挖法   (b) 通道纵挖法

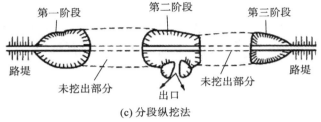

(c) 分段纵挖法

图 7-19　纵向挖掘法

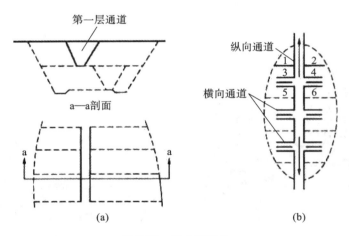

(a)   (b)

图 7-20　混合挖掘法

1. 推土机开挖土质路堑作业

土质路堑开挖多使用推土机开挖。推土机开挖土方作业是由切土、运土、卸土、倒退（或折返）、空回等过程组成一个循环。影响作业效率的主要因素是切土和运土两个环节。推土机开挖土质路堑作业方法主要有下坡推土法（图 7-21）、槽形推土法（图 7-22）、并列推土法（图 7-23）、接力推土法和波浪式推土法（图 7-24）。另外，还有斜铲推土法和侧铲推土法等方法。

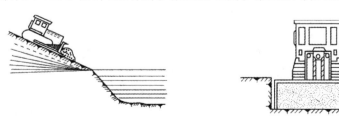

图 7-21　下坡推土法   图 7-22　槽形推土法

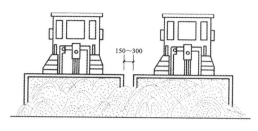

图 7-23　并列推土法

图 7-24　波浪式推土法

2. 挖掘机开挖土质路堑作业

公路工程施工中以单斗挖掘机最为常见,而路堑土方开挖中又以正铲挖掘机使用最多。正铲挖掘机的工作面高度一般不应小于 1.5 m,其作业方法有侧向开挖和正向开挖两种。

7.2.6　石质路堑施工技术

石质路堑施工主要是选择开挖方式,常用的开挖方式有如下几种。

1. 机械开挖

机械开挖是用挖掘机直接开挖或用推土机牵引松土器将岩体翻松,再用装载机与自卸汽车配合搬运的开挖方式,适应于没有爆破作业的风化严重和比较松软的石质路堑。

2. 静态破碎

静态破碎是用静态破碎剂静态爆破或采用挖掘机的液压破碎锤机械破碎的开挖方式,适用于在设备附近、高压线下以及开挖与浇筑过渡段等特定条件下的开挖。

本节重点介绍爆破开挖,工程中常见的有边坡控制爆破、石方开挖爆破。

3. 爆破开挖

爆破开挖是利用炸药爆炸的能量将土石料炸碎以利挖运或借助爆炸能量将土石移到预定位置的开挖方式。用这种方法开挖石质路堑具有效率高、速度快、劳动力消耗少、施工成本低等优点。对于岩质坚硬、不可能用人工或机械开挖的石质路堑,通常采用爆破开挖,爆破后用机械清方,是非常有效的路堑开挖方法。

(1) 边坡控制爆破。

边坡控制爆破是沿边坡坡线设计的高度、坡度,采用控制爆破技术进行边坡开挖的方法。边坡控制爆破是维护边坡稳定的重要技术措施,其基本方法有光面爆破和预裂爆破。

① 光面爆破。

光面爆破是沿开挖边界布置密集炮孔,采取不耦合装药或装低威力炸药,在主爆区爆破后起爆,以形成平整轮廓面的爆破作业。

光面爆破基本作业方法有预留光爆层法和一次分段延期起爆法两种。预留光爆层法是先将主体石方进行爆破开挖,预留设计的光爆层厚度,然后再沿开挖边界钻密孔进行光面爆破。光爆层厚度是指周边孔与最外层主爆孔之间的距离。一次分段延期起爆法是光爆孔和主爆孔间用毫秒延期雷管同次分段起爆,光爆孔迟后主爆孔 150～200 ms 起爆。

② 预裂爆破。

预裂爆破是沿开挖边界布置密集炮孔,采取不耦合装药或装低威力炸药,在主爆区爆破之前起爆,在爆破和保留区之间形成一道有一定宽度的贯穿裂缝,以减弱主体爆破对保留岩体的破坏,并形成平整轮廓面的爆破作业。

预裂爆破基本作业方法有预裂孔先行起爆法和一次分段延期起爆法两种。预裂孔先行起爆法是在主体石方爆破钻孔前,先沿边坡密集孔进行预裂爆破,然后再进行主体石方爆破。一次分段延期起爆法是预裂孔和主爆孔间用毫秒延期雷管同次分段起爆,预裂孔先于主爆孔 $100\sim150$ ms 起爆。

（2）石方开挖爆破。

①浅孔台阶爆破法。

浅孔台阶爆破法是指利用气腿式凿岩机钻孔径小于 50 mm、深度小于 5 m 的炮孔,装入延长药包进行爆破的方法。该方法的优点是爆破规模较小,技术较简单,爆后石渣块度小;爆后对抛渣方向和范围要求不高,爆破的有害效应容易控制;施工机具简单,操作起来容易,对边坡稳定影响较小,爆后边坡平整光滑。其缺点是一次爆破方量少,进度缓慢,不能满足土石方机械高效作率业的要求;工人劳动强度大,生产效率低下,成本较高。

②深孔台阶爆破法。

深孔台阶爆破法是指在台阶或事先平整的场地上采用孔径大于 50 mm、深度大于 5 m 的深孔,装入延长药包进行爆破的方法。该方法的优点是一次性爆破方量大(最多可达 8000 m³),可以满足机械高效率作业的要求,如果爆破各参数掌握得当,可以取得较好的爆破效果;工人劳动强度小,生产效率高,成本低。其缺点是对边坡稳定影响较大,如控制不当易造成边坡破碎,引起大面积垮塌;爆破规模较大、爆破技术上较复杂、施工精度上要求严格,对施工人员的经验和技术素质要求高。

③硐室爆破法。

硐室爆破法是指将大量炸药装入硐室或巷道内进行爆破的方法。由于硐室爆破法对爆破的有害效应难以控制、对边坡的稳定影响太大,虽然它有成本低、一次爆破方量大、对施工机具要求不高等优点,但难以适应路堑的施工环境和复杂地形,考虑到较大的爆破风险,一般不采用此爆破方法。

7.2.7　雨期路基施工技术

1. 雨期施工地段的选择

（1）雨期路基施工地段一般应选择丘陵和山岭地区的砂类土、碎砾石和岩石地段或路堑的弃方地段。

（2）重黏土、膨胀土及盐渍土地段不宜在雨期施工,平原地区排水困难,不宜安排雨期施工。

2. 雨期填筑路堤的注意事项

（1）雨期路堤施工地段除施工车辆外,应严格控制其他车辆在施工场地通行。

（2）在填筑路堤前,应在填方坡脚以外挖掘排水沟,保持场地不积水,如原地面松软,应采取换填措施。

（3）应选用透水性好的碎(卵)石土、砂砾、石方碎渣和砂类土作为填料。利用挖方工作填方时应随挖随填,及时压实。含水量过大无法晾干的土不得用作雨期施工填料。

（4）路堤应分层填筑。每一层的表面,应做成 2%～4% 的排水横坡。当天填筑的土层应当天完成压实。

（5）雨期填筑路堤需借土时,取土坑距离填方坡脚不宜小于 3 m。平原区路基纵向取土时,取土坑深度一般不宜大于 1 m。

3. 雨期开挖路堑注意事项

（1）土质路堑开挖前,应在路堑边坡坡顶 2 m 以外开挖截水沟并接通出水口。

（2）开挖土质路堑宜分层开挖,每挖一层均应设置排水纵横坡。挖方边坡不宜一次挖到设计标高。应沿坡面留 30 cm 厚,待雨期过后整修到设计坡度。以挖作填的挖方应随挖随运随填。

（3）土质路堑挖至设计标高以上 30～50 cm 时应停止开挖,并在两侧挖排水沟。待雨期过后再挖到路床设计标高然后压实。

（4）土的强度低于规定值时应按设计要求进行处理。

（5）雨期开挖岩石路堑,炮眼应尽量水平设置。

7.2.8　冬期路基施工技术

在反复冻融地区,昼夜平均温度在 −3 ℃以下,连续 10 d 以上时,进行的路基施工称为路基冬期施工;当昼夜平均温度虽然上升到 −3 ℃以上,但冻土未完全融化时,也应按冬期施工。

可以在冬期进行的路基施工项目有以下几种:泥沼地带河湖冻结到一定深度后,如需换土,可趁冻结期挖去原地面的软土、淤泥层换填合格的其他填料;含水量高的流动土质、流沙地段的路堑可利用冻结期开挖;河滩地段可利用冬期水位低,开挖基坑修建防护工程,但应采取加温保温措施,注意路基的养护;岩石地段的路堑或半填半挖地段,可进行开挖作业。

1. 路基工程不宜冬期施工的项目

（1）高速公路、一级公路的土路基和地质不良地区的二级以下公路路堤。

（2）铲除原地面的草皮,挖掘填方地段的台阶。

（3）整修路基边坡。

（4）在河滩低洼地带将被水淹的填土路堤。

2. 冬期填筑路堤

（1）冬期施工的路堤填料,应选用未冻结的砂类土,碎石土、卵石土,开挖石方的石块石渣等透水性良好的土。

（2）冬期填筑路堤,应按横断面全宽平填,每层松铺厚度应按正常施工减少 20%～30%,且最大松铺厚度不得超过 30 cm。当天填的土必须当天完成碾压。

（3）当路堤顶面施工至距上路床底面 1 m 时,应碾压密实后停止填筑。

（4）挖填方交界处,填土低于 1 m 的路堤都不应在冬期填筑。

（5）冬期施工取土坑应远离填方坡脚。如条件限制需在路堤附近取土,取土坑内侧到填方坡脚的距离应不得小于正常施工护坡道的 1.5 倍。

（6）冬期填筑的路堤,每层每侧应按设计和有关规定超填并压实。待冬期后修整边坡,削去多余部分并拍打密实或加固。

3. 冬期施工开挖路堑表层冻土的方法

（1）爆破冻土法。当冰冻深度达 1 m 以上时可用此法炸开冻土层。

（2）机械破冻法。1 m 以下的冻土层可选用专用破冻机械如冻土犁、冻土锯和冻土铲等将其予以破碎清出。

（3）人工破冻法。当冰冻层较薄,破冻面积不大时,可用日光暴晒法、火烧法、热水开冻法、水针开冻法、蒸汽放热解冻法和电热法等方法胀开或融化冰冻层,并辅以人工撬挖。

4. 冬期开挖路堑

（1）当冻土层破冻开挖到未冻土后,应连续作业,分层开挖,当中间停顿时间较长时,应在表面覆雪保温,避免重复被冻。

（2）挖方边坡不应一次挖到设计线,应预留 30 cm 厚台阶,待到正常施工季节再削去预留台阶,整理达到设计边坡。

（3）路堑挖至路床面以上 1 m，且挖好临时排水沟后，应停止开挖并在表面覆以雪或松土，待到正常施工时，再挖去其余部分。

（4）冬期开挖路堑必须从上向下开挖，严禁从下向上掏空。

（5）冬期施工开挖路堑的弃土要远离路堑边坡坡顶堆放。弃土堆高度一般不应大于 3 m，弃土堆坡脚到路堑边坡顶的距离一般不得小于 3 m，深路堑或松软地带应保持 5 m 以上。弃土堆应摊开整平，严禁把土堆弃于路堑边坡顶上。

7.3 沥青路面的施工

【案例分析 7.3】 2022 年 7 月 19 日，浦清项目科技成果"绿色耐久排水降噪沥青路面关键技术与工程应用"获科学技术进步奖特等奖（图 7-25）。该项目依托浦清高速，针对排水降噪沥青路面技术瓶颈，坚持"机理揭示—材料升级—养护保障"的技术路线，构建绿色耐久排水降噪沥青路面成套技术，实现了从排水降噪沥青路面材料性能、设计方法到养护技术的全面升级，能高效排除路面积水，提升路面抗滑性能、车辆操控性能和行车环境辨识度，是雨天行车安全的重要保障。

图 7-25 浦清高速项目公司开展沥青路面施工

在研究及应用过程中，为了破解排水降噪沥青路面材料设计及长期养护的技术难题，浦清项目公司与国内知名高校和科研院所联合开展科研攻关和工程实践，基于排水降噪沥青路面功能机理分析、原材料技术研发、路用功能长期发展规律，创新提出了双层排水降噪沥青路面材料与结构设计指标体系与设计方法，研发了绿色经济耐久原材料技术及成套排水路面养护技术与装备，并成功构建了绿色耐久排水降噪沥青路面成套技术。该技术达到国际先进水平，为我国排水沥青路面的大规模推广应用提供了助力。

7.3.1 施工前的准备工作

施工前的准备工作主要有确定料源及进场材料的质量检验、施工机具设备选型与配套、修筑试验路段等。

1. 确定料源及进场材料的质量检验

对进场的沥青材料，应检验生产厂家所附的试验报告，检查装运数量、装运日期、订货数量、试验结果等，并对每批沥青进行抽样检测，试验中如有一项达不到规定要求，应加倍抽样试验，如仍不合格，则退货并索赔。

2. 施工机具设备选型与配套

施工前应对各种施工机具进行全面的检查，包括拌和与运输设备的检查；洒油车的油泵系统、输油管道、量油表、保温设备等的检查；集料撒铺车的传动和液压调整系统的检查，并事先进行试撒，以便确定撒铺每一种规格矿料时应控制的间隙和行驶速度；摊铺机的规格和机械性能的检查；压路机的规格、主要性能和滚筒表面的磨损情况的检查。

3. 修筑试验路段

在沥青路面修筑前,应用计划使用的机械设备和混合料配合比铺筑试验路段,主要研究合适的拌和时间与温度、摊铺温度与速度、压实机械组合、压实温度和压实方法、松铺系数、作业段长度等,并在沥青混合料压实 12 h 后,按标准方法进行密实度、厚度的抽样检查。

7.3.2 沥青表面处治路面施工

沥青表面处治路面是用沥青和细粒集料按拌和法或层铺法施工成厚度不超过 30 mm 的薄层路面面层,主要适用于三级及三级以下的公路、城市道路的支路、县镇道路、各级公路的施工便道及在旧沥青面层上加铺的罩面层或磨耗层。沥青表面处治路面主要用来抵抗行车的磨损和大气作用,并增强防水性,提高平整度,改善路面的行车条件。

单层式沥青表面处治路面是浇洒一次沥青,撒布一次集料铺筑而成的,厚度为 1.0～1.6 cm(乳化沥青表面处治为 0.5 cm);双层式是浇洒二次沥青,撒布二次集料铺筑而成的,厚度为 1.5～2.5 cm(乳化沥青表面处治为 1 cm);三层式是浇洒三次沥青,撒布三次集料铺筑而成的,厚度为 2.5～3.0 cm(乳化沥青表面处治为 3 cm)。

1. 施工准备

沥青表面处治施工应在路缘石安装完成以后进行,基层必须清扫干净。施工前应检查洒油车的油泵系统、输油管道、油量表、保温设备等。集料撒布机使用前应检查其传动和液压调整系统,并应进行试撒,确定撒布各种规格集料时应控制的下料间隙及行驶速度。

2. 施工方法

层铺法三层式沥青表面处治的施工一般可按下列工序进行。

(1)浇洒第一层沥青。

视频 7-5
喷洒透层
与黏层油

在透层沥青充分渗透,或在已做透层或封层并已开放交通的基础表面清扫后,就可按要求的速度浇洒第一层沥青。沥青浇洒时的温度一般情况是:石油沥青的洒布温度为 130～170 ℃,煤沥青的洒布温度为 80～120 ℃;乳化沥青可在常温下洒布,当气温偏低,破乳及成型过慢时,可将乳液加温后洒布,但乳液温度不得超过 60 ℃。浇洒应均匀,当发现浇洒沥青后有空白、缺边时,应及时进行人工补洒,当有沥青积聚时应刮除。沥青浇洒长度应与集料撒布机的能力相配合,应避免沥青浇洒后等待较长时间才撒布集料。

(2)撒布第一层集料。

第一层集料在浇洒主层沥青后立即进行撒布。当使用乳化沥青时,集料撒布应在乳液破乳之前完成。集料撒布后应及时扫匀,覆盖施工路面,且厚度一致,集料不应重叠,也不应露出沥青;当局部有缺料时,应及时进行人工找补,局部过多时,应将多余集料扫出。前幅路面浇洒沥青后,应在两幅搭接处暂留 10～15 cm 宽度不撒集料,待后幅浇洒沥青后一起撒布集料。

(3)碾压。

撒布一段集料后,应立即用 6～8 t 钢筒双轮压路机碾压,碾压时每次轮迹应重叠约 30 cm,并应从路边逐渐移至路中。然后再从另一头的路边开始移向路中,以此作为一遍,宜碾压 3～4 遍。碾压速度开始不宜超过 2 km/h,以后适当增加。第二、三层的施工方法和要求应与第一层相同,但可采用 8～10 t 压路机。

当使用乳化沥青时,第二层撒布碎石作为嵌缝料后还应增加一层封层料。单层式和双层式沥青表面处治的施工顺序与三层式基本相同,只是相应地减少或增加一次洒布沥青、铺撒一次集料和碾压工作。沥青表面处治应进行初期养护,当发现有泛油时,应在泛油处补撒嵌缝料,嵌缝料应与最后一层集料规格相同,并应扫匀;当有过多的浮动集料时,应扫出路面,并不得搓动已经黏着在位的集料;如有其他破坏现象,也应及时进行修补。

7.3.3 沥青贯入式路面施工

沥青贯入式路面是在初步压实的碎石(或破碎砾石)上分层浇洒沥青、撒布嵌缝料,或再在上部铺筑热拌沥青混合料封层,经压实而成的沥青面层,其厚度宜为4～8 cm,但乳化沥青贯入式路面的厚度不宜超过5 cm;当贯入层上部加铺拌和的沥青混合料面层时,路面总厚度宜为6～10 cm,其中拌和层厚度宜为2～4 cm。由于沥青贯入式路面的强度主要是靠矿料的嵌挤作用和沥青材料的黏结力,因而稳定性好,而且沥青贯入式路面是一种多孔隙结构,为了防止路表水的浸入和增强路面的水稳定性,在最上层应撒布封层料或加铺拌和层;当乳化沥青贯入式路面铺筑在半刚性基层上时,应铺筑下封层;当沥青贯入层作为黏结层时,可不撒表面封层料。

(1)撒布主层集料。撒布主层集料时应控制松铺厚度,避免颗粒大小不匀,尽可能采用碎石摊铺机摊铺主层集料,在无条件下也可采用人工撒布。撒布后严禁车辆在撒布好的集料层上通行。

(2)碾压主层集料。主层集料撒布后用6～8 t的钢筒压路机进行初压,碾压时应自边缘逐渐移向路中心,每次轮迹应重叠约30 cm,然后检查路拱和纵向坡度;当不符合要求时,应调整、找平后再压,直至集料无显著推移为止。再用10～12 t压路机进行碾压,每次轮迹重叠1/2左右,直至主层集料嵌挤稳定,无显著轮迹为止。

(3)浇洒第一层沥青。主层集料碾压完毕后,应立即浇洒第一层沥青,浇洒方法与沥青表面处治层施工相同。当采用乳化沥青贯入时,应防止乳液下漏过多,可在主层集料碾压稳定后,先撒布一部分上一层嵌缝料,再浇洒主层沥青。乳化沥青在常温下洒布,当气温偏低需要加快破乳速度时,可将乳液加温后洒布,但乳液温度不得超过60 ℃。

(4)撒布第一层嵌缝料。主层沥青浇洒完成后,应立即撒布第一层嵌缝料。嵌缝料的撒布应均匀并应扫匀,不足处应找补。当使用乳化沥青时,石料撒布应在破乳前完成。

(5)碾压。嵌缝料扫匀后应立即用8～12 t钢筒式压路机进行碾压,轮迹应重叠轮宽的1/2左右,宜碾压4～6遍,直至稳定为止。碾压时随压随扫,并应使嵌缝料均匀嵌入。当气温较高使碾压过程发生较大推移现象时,应立即停止碾压。待气温稍低时再继续碾压。

(6)浇洒第二层沥青,撒布第二层嵌缝料,碾压,再浇洒第三层沥青。

(7)撒布封层料。

(8)终压。用6～8 t压路机碾压2～4遍,然后开放交通,并进行交通管制,使路面全宽受到行车的均匀碾压。

7.3.4 热拌沥青混合料路面施工

热拌沥青混合料路面采用厂拌法施工时,集料与沥青均在拌和机内进行加热与拌和,并在热的状态下摊铺碾压成型。

1. 热拌沥青混合料的拌制

沥青混合料必须在沥青拌和厂(场、站)采用拌和机械进行拌制,可采用间歇式拌和机或连续式拌和机拌制。间歇式拌和机的拌和设备在拌和过程中骨料烘干与加热是连续进行的,而加入矿粉和沥青后的拌和是间歇(周期)进行的。连续式拌和机是矿料烘干、加热与沥青混合料拌和均为连续进行,且拌和速度较高,连续式拌和机应具备根据材料含水量变化调整矿料上料比例、上料速度、沥青用量的装置,且当工程材料来源或质量不稳定时,不得采用连续式拌和机拌制。

2. 热拌沥青混合料的运输

热拌沥青混合料应采用较大吨位的自卸汽车运输。运输时,应防止沥青与车厢板黏结,车厢应清扫干净,车厢底板及周壁应涂一薄层油水(柴油:水＝1:3)混合液,但不得有余液积聚在车厢底部。运料车应用篷布覆盖以保温、防雨、防污染,夏季运输时间短于 0.5 h 时可不覆盖;混合料运料车的运输能力应比拌和机拌和或摊铺能力略有富余,施工过程中摊铺机前方应有运料车在等候卸料。

视频 7-6
沥青混合料的搅拌

视频 7-7
沥青混合料的运输

3. 热拌沥青混合料的摊铺

热拌沥青混合料的摊铺工作应包括摊铺前的准备工作、摊铺机各种参数的选择与调整、摊铺作业等。摊铺前的准备工作应包括下承层的准备、施工测量、摊铺机的检查等。摊铺前应先调整摊铺机的机构参数和运行参数。其中,机构参数包括熨平板的宽度、摊铺厚度、熨平板的拱度、初始工作迎角、布料螺旋与熨平板前缘的距离、振捣梁行程等。摊铺机的运行参数是摊铺机的作业速度,摊铺沥青混合料时应缓慢、均匀、连续不间断;在摊铺过程中,不得随意变更速度或中途停顿;摊铺速度应根据拌和机的产量、施工机械配套情况及摊铺层厚度、宽度来确定,一般为 2～6 m/min。

摊铺机的各种参数确定以后,即可进行沥青混合料路面的摊铺作业。应对熨平板加热,以免热沥青混合料冷黏于熨平板底上,并随板向前移动时拉裂铺层表面,使之形成沟槽和裂纹,即使在夏季也必须如此。

热拌沥青混合料应采用机械摊铺,对高速公路、一级公路和城市快速路、主干路宜采用两台以上的摊铺机成梯队作业。进行联合摊铺时相邻两幅之间应有重叠,重叠宽度宜为 5～10 cm;相邻两台摊铺机宜间距 10～30 m,且不得造成前面摊铺机的混合料冷却;当混合料不能满足不间断摊铺时,可采用全宽度摊铺机一幅摊铺。在开始受料前应在摊铺机料斗内涂刷防止黏结的柴油。摊铺机应具有自动式或半自动式调节摊铺厚度及找平的装置、足够容量的受料斗,在运料车换车时能连续摊铺,并有足够的功率推动运料车,还应具有可加热的振动熨平板或振动夯等初步压实装置,且摊铺机宽度可以调整。

4. 热拌沥青混合料的压实及成型

碾压是热拌沥青混合料路面施工的最后一道工序,好的路面质量最终要靠碾压来实现。碾压的目的是提高沥青混合料的强度、稳定性和耐疲劳性。碾压工作包括碾压机械的选型与组合,压实温度、碾压速度、碾压遍数、压实方法的确定以及压实质量检查等。

沥青混合料路面的压实程序分为初压、复压、终压(包括成型)三个阶段。压路机应以慢而均匀的速度碾压。初压时整平和稳定混合料,同时又为复压创造条件,初压应在混合料摊铺后较高温度下进行,并不得产生推移、发裂。其压实温度应根据沥青稠度、压路机类型、气温、铺筑层厚度、混合料类型经试压确定。初压时,压路机应从外侧向中心碾压,相邻碾压带应重叠 1/3～1/2 轮宽。最后碾压路中心部分,压完全幅为一遍。初压后紧接着进行复压,复压是使混合料密实、稳定、成型。复压宜采用重型压路机,碾压遍数应经试压确定,并不宜少于 4 遍。终压应紧接着复压后进行,其目的是消除碾压轮产生的轮迹,最后形成平整的路面。终压可选择双轮钢筒式压路机或关闭振动的振动压路机碾压,碾压不宜少于 2 遍,路面应无轮迹。

视频 7-8
沥青混合料的摊铺和碾压

5. 接缝

在施工过程中应尽可能避免出现接缝,不可避免时,应做成垂直接缝,并通过碾压尽量消除接缝痕迹,提高接缝处沥青路面的传荷能力。

(1)纵向接缝。

两条摊铺带相接处,必须有一部分搭接,才能保证该处与其他部分具有相同的厚度。搭接的宽度应前后一致,搭接施工有冷接缝和热接缝两种。冷接缝施工是指新铺层与经过压实后的已铺层进行搭接,搭接宽度为 3~5 cm,在摊铺新铺层时,对已铺层带接槎处边缘应铲修垂直,新摊铺带与已摊铺带的松铺厚度相同。热接缝施工一般是在使用两台以上摊铺机梯队时采用,此时两条毗邻摊铺带的混合料都还处于压实前的热状态,所以纵向接缝容易处理,而且连接强度较好。

(2)横向接缝。

相邻两幅及上下层的横向接缝均应错位 1 m 以上,横向接缝有斜接缝和平接缝两种。高速和一级公路中下层的横向接缝可采用斜接缝,而上面层则应采用垂直的平接缝,其他等级公路的各层均应采用斜接缝。处理好横向接缝的基本原则是将第一条摊铺带的尽头边缘锯成垂直面,并与纵向边缘成直角。

7.3.5 乳化沥青碎石混合料路面施工

乳化沥青碎石混合料是指由乳化沥青与矿料在常温状态下拌和而成,压实后剩余空隙率在 10% 以上的常温沥青混合料。乳化沥青碎石混合料适用于三级及三级以下的公路、城市道路支线的沥青面层、二级公路的罩面层施工以及各级道路的沥青路面的连接层或找平层。而乳化沥青碎石混合料路面的沥青面层宜采用双层式,下层应采用粗粒式沥青碎石混合料,上层应采用中粒式或细粒式沥青碎石混合料;单层式只宜在少雨干燥地区或半刚性基层上使用;而在多雨潮湿地区必须做上封层或下封层。

1. 混合料摊铺

已拌制好的混合料应立即运至施工现场进行摊铺,拌制的混合料宜用沥青摊铺机摊铺,当采用人工摊铺时,应采取防止混合料离析的措施。混合料应具有充分的施工和易性,混合料的拌和、运输和摊铺应在乳液破乳前结束,在拌和与摊铺过程中已破乳的混合料应予以废弃。

2. 碾压

混合料摊铺完毕,厚度、平整度、路拱横坡等符合设计要求和规范要求后,即可进行碾压,其碾压可按热拌沥青混合料的规定进行,但在混合料摊铺后,采用 6 t 左右的轻型压路机初压,碾压 1~2 遍,使混合料初步稳定,再用轮胎压路机或轻型钢筒式压路机碾压 1~2 遍。

7.4 水泥混凝土路面工程

【案例分析 7.4】 2019 年 9 月 25 日,举世瞩目的北京大兴国际机场正式通航。大兴机场建设应用了当今诸多先进的技术,据专家介绍,其中跑道和停机坪等工程应用了交通运输部立项研究的"重载水泥混凝土铺面关键技术与工程应用"成果,降低了建设成本、提高了使用品质(图 7-26)。

道路铺面材料分为沥青混凝土和水泥混凝土两种。我国石油多依赖进口,却是水泥生产大国,水泥年产量高达 20 亿吨,占世界总量 70% 以上。

面对增长的重载交通,在机场、重载公路和港口堆场中提升重载水泥混凝土铺面性能,是中国交通运输建设领域一个重要发展方向。水泥混凝土路面刚而脆,对设计和施工的容错率更低,这些特点导致了水泥混凝土路面在我国高速公路上的长期缺位,然而水泥混凝土路面建设维护成本低、耐重载、长寿命的优点,也使其越来越受重视。统计表明,与沥青材料相比,水泥混凝土路面造价低 30%、养护费低 50%。除路面载重性好的特点外,其使用寿命是沥青路面的两倍。

"重载水泥混凝土铺面关键技术与工程应用"项目通过 20 年的研究、实践,不仅系统解决了重载水泥混凝土铺面结构的理论、设计、施工、维护等技术难题,而且突破了铺面 30 年不大修的技术瓶颈。该课题技术已应用在多个国内外重载机场、港口、公路的建养工程,为水泥混凝土路面更为广泛的应用提供有力的技术支持。

图 7-26　北京大兴国际机场跑道

7.4.1　概述

水泥混凝土路面是由混凝土面板与基层组成的,具有刚度大、强度高、稳定性好、使用寿命长等特点,适用于各级公路特别是高速公路和一级公路。水泥混凝土面板必须具有足够的抗折强度,良好的抗磨耗、抗滑、抗冻性能,以及尽可能低的线膨胀系数和弹性模量;混凝土拌和物应具有良好的施工和易性,使混凝土路面能承受荷载应力和温度应力的综合疲劳作用,为行驶的汽车提供快速、舒适、安全的服务。

7.4.2　轨道摊铺机施工

轨道摊铺机施工是由支撑在平底型轨道上的摊铺机将混凝土拌和物摊铺在基层上,摊铺机的轨道与模板连在一起,同步安装。

视频 7-9
轨道摊铺
机施工

1. 拌和与运输

拌和质量是保证水泥混凝土路面的平整度和密实度的关键。而混凝土各组成材料的技术指标和配合比计算的准确性是保证混凝土拌和质量的关键。

在运输过程中,为了保证混凝土的工作性,应考虑蒸发水和水化失水,以及因运输颠簸和振动使混凝土发生离析等。

拌和物运到摊铺现场后,倾卸于摊铺机的卸料机内。卸料机械有侧向卸料机和纵向卸料机两种。侧向卸料机在路面铺筑范围外操作,自卸汽车不进入路面铺筑范围,因此要有可供卸料机和汽车行驶的通道;纵向卸料机在路面铺筑范围内操作,由自卸汽车后退卸料,因此在基层上不能预先安放传力杆及其支架。

2. 铺筑与振捣

(1)轨模安装。

轨道摊铺机施工的整套机械是在轨道上移动前进,并以轨道为基准控制路面表面高程。由于轨道和模板同步安装,统一调整定位,因此将轨道固定在模板上,既可作为水泥混凝土路面的侧模,模板也是每节轨道的固定基座。轨道的高程控制、铺轨的平直、接头的平顺,将直接影响路面的质量和行驶性能。

(2)摊铺。

摊铺是将倾卸在基层上或摊铺机箱内的混凝土按摊铺厚度均匀地充满于模板范围内。摊铺机

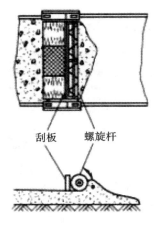

刮板　螺旋杆

图 7-27　螺旋式摊铺机施工

械有刮板式、箱式和螺旋式三种。刮板式摊铺机本身能在模板上自由地前后移动,在前面的导管上左右移动。由于刮板自身也要旋转,可以将卸在基层上的混凝土向任意方向摊铺。箱式摊铺机是混凝土通过卸料机卸在钢制箱子内,箱子在机械前进行驶时横向移动,同时箱子的下端按松散厚度刮平混凝土。螺旋式摊铺机是用正反方向旋转的旋转杆(直径约 50 cm)将混凝土摊开,螺旋杆后面有刮板,可以准确地调整高度,如图 7-27 所示。

（3）振捣。

水泥混凝土摊铺后应进行振捣。振捣可采用振捣机或插入式振捣器进行。混凝土振捣机是跟在摊铺机后面,对混凝土拌和物进行再次整平和捣实的机械。插入式振捣器主要是对路面板的边部进行振捣,以达到应有的密实性和均匀性。

3. 表面修整

捣实后的混凝土要进行平整、精光、纹理制作等工序,使竣工后的混凝土路面具有良好的路用性能。精光工序是对混凝土表面进行最后的精细修整,使混凝土表面更加致密(平整、美观)。

纹理制作是提高高等级公路水泥混凝土路面行车安全的抗滑措施之一。水泥混凝土路面的纹理制作可分为两类:一类是在施工时,水泥混凝土处于塑性状态(即初凝前),或强度很低时采取的处理措施,如拉毛(槽)、压纹(槽)、嵌石等施工工艺;另一类是水泥混凝土完全凝结硬化后,或使用过程中所采取的措施,如在混凝土面层上用切槽机切出深 5~6 mm、宽 3 mm、间距为 20 mm 的横向防滑槽等施工工艺。

4. 接缝施工

混凝土面层由一定厚度的混凝土板组成,混凝土板会产生不同程度的膨胀和收缩,这些变形会受到板与基础之间的摩阻力和黏结力,以及板的自重和车轮荷载的约束,致使板内产生过大的应力,造成板的断裂或拱胀等破坏。为了避免这些缺陷,混凝土路面必须在纵横两个方向建造许多接缝,把整个路面分制成许多板块。

（1）横向接缝。

横向接缝是垂直于行车方向的接缝,有胀缝、缩缝和施工缝三种。

①胀缝。

胀缝是保证板体在温度升高时能部分伸张,从而避免路面板在热天产生拱胀和折断破坏的接缝。胀缝与混凝土路面中心线垂直,缝壁垂直于板面,宽度均匀一致。相邻板的胀缝应设在同一横断面上,如图 7-28 所示。

胀缝的施工分浇筑混凝土完成时设置和施工过程中设置两种。浇筑完成时设置胀缝适用于混凝土板不能连续浇筑的情况,施工时,传力杆长度的一半穿过端部挡板,固定于外侧定位模板中,混凝土浇筑前先检查传力杆位置,浇筑时应先摊铺下层混凝土,用插入式振捣器振实,并校正传力杆位置后,再浇筑上层混凝土。浇筑邻板时,应拆除顶头木模,并设置下部胀缝板、木制嵌条和传力杆套筒。

施工过程中设置胀缝适用于混凝土板连续浇筑的情况,施工时,应预先设置好胀缝板和传力杆支架,并预留好滑动空间,为保证胀缝施工的平整度和施工的连续性,胀缝板以上的混凝土硬化后用切缝机按胀缝板的宽度切两条线。待填缝时,将胀缝板上的混凝土凿去。

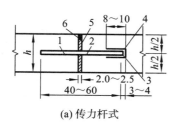
(a) 传力杆式

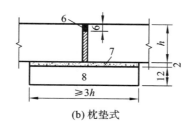
(b) 枕垫式

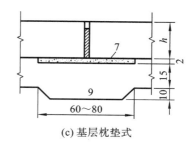
(c) 基层枕垫式

图 7-28　胀缝的构造形式 (单位:cm)

1—传力杆固定端;2—传力杆活动端;3—金属套筒;4—弹性材料;5—软木板;

6—沥青域缝料;7—沥青砂;8—C10 水泥混凝土预制枕垫;9—炉渣石灰土

②缩缝。

缩缝是保证板因温度和湿度的降低而收缩时沿该薄弱断面缩裂,从而避免产生不规则裂缝的横向接缝。缩缝一般采用假缝形式,即只在板的上部设缝隙,当板收缩时将沿此薄弱断面有规则地自行断裂,如图 7-29 所示。由于缩缝缝隙下面板断裂面凸凹不平,能起到一定的传荷作用,一般不需设传力杆,但对交通繁重或地基水文条件不良的路段,也应在板厚中央设置传力杆。

视频 7-10
胀缝施工工艺

(a) 无传力杆的假缝

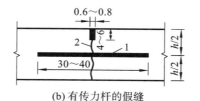
(b) 有传力杆的假缝

图 7-29　缩缝的构造形式 (单位:cm)

1—传力杆;2—自行断裂缝

横向缩缝的施工方法有压缝法和切缝法两种。压缝法是在混凝土捣实整平后,利用振动梁带动 T 形振动压缝刀准确地按接缝位置振出一条槽,然后将铁制或木制嵌缝条放入,并用原浆修平槽边,待混凝土初凝前泌水后取出嵌条,形成缝槽。切缝法是在凝结硬化后的混凝土中,用锯缝机锯割出要求深度的槽口。

③施工缝。

施工缝是由于混凝土不能连续浇筑而中断时设置的横向接缝。施工缝应尽量设在胀缝处,如不可能,也应设在缩缝处,多车道施工缝应避免设在同一横断面上,如图 7-30 所示。

视频 7-11
缩缝切割

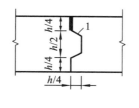
(a) 无传力杆的施工缝

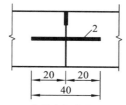
(b) 有传力杆的施工缝

图 7-30　施工缝的构造形式 (单位:cm)

1—涂沥青;2—传力杆

（2）纵向接缝。

纵缝是指平行于行车方向的接缝。纵缝一般按 3～4.5 m 设置，如图 7-31 所示。纵向假缝施工应预先将拉杆采用门形式固定在基层上。或用拉杆旋转机在施工时置入，假缝顶面缝槽用锯缝机切成，深为 6～7 cm，使混凝土在收缩时能从此缝向下规则开裂，防止因锯缝深度不足而引起不规则裂缝。纵向平头缝施工时应根据设计要求的间距，预先在横板上制作拉杆置放孔，并在缝壁一侧涂刷隔离剂，顶面用锯缝机切成深度为 3～4 cm 的缝槽，用填料填满。纵向企口缝施工时应在模板内侧做成凸榫状。拆模后，混凝土板侧面即形成凹槽。需设置拉杆时，模板在相应位置处钻圆孔，以便拉杆穿入。

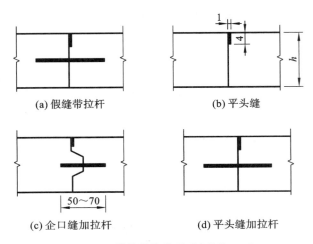

(a) 假缝带拉杆   (b) 平头缝

(c) 企口缝加拉杆   (d) 平头缝加拉杆

图 7-31　纵缝的构造形式（单位：cm）

（3）接缝填封。

混凝土板养生期满后应及时填封接缝。填缝前，首先将缝内泥砂清除干净并保持干燥，然后灌注填缝料。填缝料的灌注高度，夏天应与板面齐平，冬天宜稍低于板面。

7.4.3　滑模摊铺机施工

水泥混凝土滑模施工的特征是不架设边缘固定模板，将布料、松方控制、高频振捣棒组、挤压成型滑动模板、拉杆插入、抹面等机构安装在一台可自行的机械上，通过基准线控制，能够一遍摊铺出密实度高、动态平整度优良、外观几何形状准确的水泥混凝土路面。滑模摊铺机不需要轨道，整个摊铺机的机架支承在四个液压缸上。可以通过控制机械上下移动调整摊铺机铺层厚度，并在摊铺机的两侧设置可随机移动的固定滑模板。滑模摊铺机一次通过就可以完成摊铺、振捣、整平等多道工序。

1. 基准线设置

滑模摊铺水泥混凝土路面的施工基准线设置有基准线、滑靴、多轮移动支架和搬动方铝管等多种方式。滑模摊铺水泥混凝土路面的施工基准线设置，宜采用基准线方式。基准线设置形式视施工需要，可采用单向坡双线式、单向坡单线式和双向坡双线式。单向坡双线式基准线的两根基准线间的横坡应与路面一致；单向坡单线式基准线必须在另一侧具备适宜的基准，路面横向连接摊铺，其横坡应与已铺路面一致；双向坡双线式基准线的两根基准线直线段应平行，且间距相等，并对应路面高程，路拱靠滑模摊铺机调整自动铺成。

2. 混凝土搅拌及运输

混凝土的最短搅拌时间,应根据拌和物的黏聚性(熟化度)、均质性及强度稳定性,由试拌确定。一般情况下,单立轴式搅拌机总拌和时间为 80～120 s,双卧轴式搅拌机总搅拌时间为 60～90 s,上述两种搅拌机原材料到齐后的纯拌和最短时间分别不短于 30 s 和 35 s。连续式搅拌机的最短搅拌时间不得短于 40 s,最长搅拌时间不宜超过高限值的 2 倍。

混凝土的运输应根据施工进度、运量、运距及路况来配备车型和车辆总数。其总运力应比总拌和能力略有富余。

3. 滑模摊铺

(1)滑模摊铺前,应做好如下检查:

①检查板厚;

②检查辅助施工设备机具;

③检查基层;

④横向连接摊铺检查。

(2)滑模摊铺机的施工要领。

①机手操作滑模摊铺机应缓慢、均速,连续不间断地摊铺。

②摊铺中,机手应随时调整松方高度控制板进料位置,开始应略设高些,以保证进料。正常状态下应保持振捣仓内砂浆料位高于振捣棒 10 cm 左右,料位高低上下波动控制在 ±4 cm 之内。

③滑模摊铺机以正常摊铺速度施工时,振捣频率可在 6000～10000 r/min 调整,宜采用 9000 r/min 左右。应防止混凝土过振、漏振、欠振。当混凝土偏稀时,应适当降低振捣频率,加快摊铺速度,但最快不得超过 3 m/min,最小振捣频率不得小于 6000 r/min;当新拌混凝土偏干时,应提高振捣频率,但最大不得大于 10000 r/min,并减慢摊铺速度,最小摊铺速度应控制在 0.5～1 m/min;滑模摊铺机起步时,应先开启振捣棒振捣 2～3 min 再推进,滑模摊铺机脱离混凝土后,应立即关闭振捣棒。

④滑模摊铺纵坡较大的路面,上坡时,应适当调小挤压底板前仰角及抹平板压力;下坡时,应适当调大挤压底板前仰角及抹平板压力。合适的抹平板压力应为板底 3/4 长度接触路面抹面时的压力。

⑤滑模摊铺弯道和渐变段路面时,单向横坡,使滑模摊铺机跟线摊铺,应随时观察并调整抹平板内外侧的抹面距离,防止压垮边缘。摊铺中央路拱时,在计算机控制条件下,输入弯道和渐变段边缘及路拱中的几何参数,计算机自动控制生成路拱;在手控条件下,机手应根据路拱消失和生成的几何位置,在给定路段范围内分级逐渐消除或调整设计路拱。

视频 7-12
水泥混凝土
路面施工
(滑模摊铺机)

⑥摊铺单车道路面,应视路面的设计要求配置一侧或双侧打入纵缝拉杆的机械装置。侧向拉杆装置的正确插入位置应在挤压底板的中下或偏后部。拉杆打入有手推、液压、气压等几种方式。压力应满足一次打(推)到位的要求,不允许多次打入。

⑦机手应随时密切观察所摊铺的路面效果,注意调整和控制摊铺速度、振捣频率,夯实杆、振动搓平梁和抹平板位置、速度和频率。

近些年来随着我国公路建设进程的不断加快,在公路建设施工中涌现出许多新技术、新材料,这为提高公路性能和质量、节约能源、减少对环境的污染创造了可能。

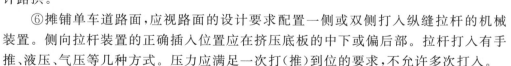

新技术

1. 泡沫沥青冷再生技术

泡沫沥青是在热沥青中注入常温水,膨胀后产生大量的沥青泡沫并破裂。当泡沫沥青与集料接触时,沥青泡沫就会化成大量的"小颗粒",在集料的表面散布,形成大量黏有沥青的细料填缝料,再经过搅拌能很好地填充粗料之间的缝隙,保障混合料的稳定。泡沫沥青冷再生技术的使用省去了加热集料和烘干集料的步骤,节约了能源,促进了旧路面材料的循环利用,具有很强的环保价值。

2. 共振碎石化技术

该技术主要是针对水泥混凝土路面的修复工作进行的,能有效提高路面的均匀受力和整体性能,是公路施工中的一项新型技术,具有以下特点:施工效率高、周期短,原材料利用率高、成本低,良好的排水性,渗透性能好。共振碎石化技术能从根本上改善公路的反射裂纹现象,且无须反复修复,对路面的损伤较小。

新材料

1. EPS 的应用

EPS 就是我们日常生活中经常看到的塑料泡沫板,不同的是,工程所用的泡沫板是由聚苯乙烯材料制成的,它具有高强度、高密度、导热慢等特点,一般在建筑工程中内外墙面保温隔热以及防水工程中应用较多,而真正将 EPS 用于道路工程,总的来说还不是很多。在国外,20 世纪 60 年代 EPS 工程板材就已在道路和桥坡建设施工中成功应用,至今已非常普遍。而我国则从 20 世纪 90 年代初期才开始引进此项技术,并在同济大学和上海其他科研、设计单位的共同努力下,开始将 EPS 应用到桥坡高填土、软土地基处理等具体工程中。从 1992 年至今,上海浦东世纪大道、上海 F1 国际赛车场、上海滨江大道、沪宁高速公路等重大工程都使用了 EPS,大量的工程实践证明,对于湿软路基,用 EPS 替代原土控制沉降,是一项非常有效的措施,尤其是目前大多数桥头跳车问题通过使用 EPS 基本都可以得到解决。这主要是由于 EPS 工程板材具有质量轻、抗压强度高、吸收冲击荷载的能力强等特点。当汽车荷载集中作用在桥坡上时,可通过铺砌在路面以下的 EPS 板材将上部荷载均匀分布传向路基(EPS 是整个板体受力),从而使道路路基的单位面积荷载减小,起到控制沉降的作用。

2. DCPET 的应用

DCPET 路用工程纤维,它主要以高分子聚酯类材料为原料,采用独特的生产工艺纺制成直径 0.02~0.03 mm 的单丝纤维,经超倍拉伸工艺和特殊化学剂表面涂层处理,使纤维具有抗拉强度高、弹性模量高、吸油性能好、易分散、耐高温、抗变化、抗低温等优点,将其加入沥青混凝土中对路面起到明显的加筋作用,很好地解决了沥青在低温、遇水的情况下变得很脆,抗拉和抗剪切的强度下降而产生裂缝的问题,从而延长了道路的使用寿命。

各种新技术的进步极大地促进了道路工程的发展,使得道路的建设效率更高,成本更经济,使用性能更优良,使用寿命更长久,同时对环境的影响更小,也为我们的经济发展奠定了更为坚实的基础,让我们继续努力奋斗,乘着时代的春风,踏上早日实现伟大复兴中国梦的新征程!

知识归纳

1. 路基的宽度、高度和边坡坡度以及相应的标准。

2. 常见的土质路堤填筑方法：分层填筑法、竖向填筑法、混合填筑法，其中分层填筑法又包括水平分层填筑法和纵向分层填筑法两种。

3. 土质路堑的开挖方法：横向挖掘法、纵向挖掘法和混合式挖掘法。

4. 雨季、冬季路基施工要点。

5. 沥青表面处治路面、沥青贯入式路面、热拌沥青混合料路面、乳化沥青碎石混合料路面施工工艺以及注意要点。

6. 水泥混凝土路面分别用轨模式摊铺机、滑模式摊铺机施工的施工工艺以及注意要点。

7. 水泥混凝土接缝分类（包括缩缝、胀缝、施工缝）以及每种接缝的构造和施工方法。

独立思考

1. 简述道路工程路基施工过程。

2. 路堤正确填筑方法有哪些？各自适用条件是什么？

3. 路堑开挖有哪些方式？各自适用条件是什么？

4. 冬雨季施工分别有哪些注意事项？

5. 沥青路面施工前的准备工作有哪些？

6. 试简述沥青表面处治路面和沥青贯入式路面的施工方法。

7. 采用轨道摊铺机施工的水泥混凝土路面的接缝有哪几种？

第8章 天堑变通途——桥梁工程

【导入语】 中国是桥的故乡,古人逢山开路,遇水搭桥,以令人惊叹的智慧,为跋山涉水的行者提供捷径。发展至今,中国不断刷新桥梁史上"世界之最"的纪录,以桥梁数量最多、跨度最大等特点,成为"世界第一桥梁大国"。

8.1 桥梁的前世今生

"桥梁"二字都带"木"旁,这是因为原始社会的古人受到横木跨水的启发,置条木于河上成为一种独木桥,即最初的"梁桥"。最早见于文献记载的桥是用舟船临时组成的"浮桥",即浮在水面的桥梁。《诗经·大雅·大明》记载"亲迎于渭,造舟为梁",即周文王姬昌于公元前 1184 年在渭河架设浮桥(图 8-1)。吊桥也是在中国最早出现,古代护城河上安装的吊桥,一个人通过定滑轮用力将吊桥由水平位置缓慢拉起。据有关文献证实,我国最早的吊桥是建筑都江堰的李冰父子建造的。拱桥大约到东汉时才形成,拱桥的承受能力强、实用价值高,充分显示造桥技术的进步和桥梁艺术的魅力。造型优美多姿,有的形如长虹,有的弯如新月,有的轻巧欲飞,有的雄壮厚实。

赵州桥又称安济桥,坐落在河北省赵县的洨河上,由隋朝著名匠师李春设计建造,主拱由 28 道拱券纵向并列砌筑,桥长 64.4 米,净跨 37.02 米,这样巨型跨度,在当时是一个空前创举。赵州桥距今已有 1400 多年的历史,是当今世界上现存最早、保存最完整的古代单孔敞肩石拱桥。悠悠岁月中,赵州桥经历无数次洪水冲击、风吹雨打,甚至地震的考验,依旧安然无恙,巍然屹立在洨河之上。全桥结构匀称,和四周景色配合得十分和谐,桥上的石栏石板也雕刻得古朴美观,远望如"初月出云,长虹引涧"(图 8-2)。

图 8-1 渭河浮桥遗址

图 8-2 赵州桥

武汉长江大桥是中华人民共和国成立后,在长江上修建的第一座公铁两用桥,被称为"万里长江第一桥"。有诗云:"一桥飞架南北,天堑变通途。"正是对武汉长江大桥沟通中国南北交通这一重要作用的真实写照。武汉长江大桥主桥共有 8 个桥墩,由三座比例协调的连续梁桥串联起来,统一和谐,主梁钢桁架均衡稳定,又形成交错的韵律增添动感。作为中国迈出大桥建设第一步的代表作,为中国现代桥梁建筑开了个好头(图 8-3)。

2018 年 10 月 23 日,习近平出席开通仪式并宣布港珠澳大桥正式开通,港珠澳大桥跨越伶仃洋,东接香港,西接珠海和澳门,总长约 55 千米,是粤港澳三地首次合作共建的超大型跨海交通工程。堪称中国新生代桥梁的佼佼者! 筹备 6 年、建设 9 年,创下最长跨海大桥等 6 项世界纪录,是中国从桥梁大国走向桥梁强国的里程碑之作。港珠澳大桥更有一种吞天纳海的宏伟气势,既便利了交通,亦装点了汪洋,风光无限好(图 8-4)。

图 8-3　武汉长江大桥

图 8-4　港珠澳大桥

如今的中国桥梁界百花齐放,既保存着古朴的小桥流水,又不断建造着刷新世界纪录的宏伟大桥。桥梁跨越天堑,连通世界,正在成为一张闪亮的"中国名片"!

8.2　简支梁的施工

新材料

2023 年 1 月 15 日,中山西环高速正式运营通车,其中中山西环 105 m 跨径 UHPC 梁是目前世界跨径最大的 UHPC 简支梁桥。UHPC 是英文 Ultra-High Performance Concreter 的缩写,意指超高性能混凝土,是一种具有超高力学性能和超高耐久性能的水泥基复合材料。

视频 8-1
简支梁桥施工

新工艺

该项目首次在大跨径 UHPC 桥梁提出体外后张为主＋体内先张为辅相结合的方案,有效提高结构延性能力;在混凝土拌和、蒸汽养生、现场浇筑方面也取得突破,形成成套工法,解决了限制 UHPC 大截面箱梁推广的难题。自发研制成功、施工质量稳定的 UHPC 材料,强度等级达到 120 MPa,也打破了材料专利垄断,实现材料本地化,经济优势突出。

西环项目 105 m 跨径 UHPC 简支梁桥的实施,形成了设计、施工、验收的成套成果,创建国家行业新标准,为我国桥梁技术的新发展添上浓墨重彩的一笔(图 8-5)。

8.2.1　概述

简支梁桥是梁式桥中应用最早、使用最广泛的桥型之一,具有构造简单、施工方便、适用性强、造价低廉等诸多优点。经过长期发展和进步,目前无论公路、铁路、市政等行业中,多跨简支梁的跨

图 8-5　中山西环世界跨径最大的 UHPC 简支梁桥

径、截面尺寸、钢筋配置、预应力钢筋的布置都已经非常规范,从而大大提高了梁体的制造质量和使用安全,简化了管理工作,降低了施工费用。

从受力的角度,简支梁属于简单的静定结构,因此,结构的内力分布不受地基变形等因素的影响,在地基条件不是很好的桥位适合建造简支梁桥,使得简支梁成为桥梁建设中的主力梁型。

按照梁的截面形式划分有板式梁、肋式梁、箱型梁;按照建筑材料划分有钢筋混凝土梁、预应力混凝土梁桥、钢梁、钢-混结合梁。按照施工方法分有就地浇筑和预制安装。

由于预应力技术的广泛使用和施工设备的进步,大跨度预应力混凝土梁的预制与安装已经成为简支梁建设的重点,也是本节学习的重点。

8.2.2　就地浇筑施工

就地浇筑施工是一种常规施工方法,施工过程主要包括搭建支架并安装模板、绑扎安装钢筋骨架并预留孔道、现场浇筑混凝土、预应力施加等多道工序。

虽然该方法需要的支架数量庞大,施工过程机械化程度低,施工周期长,但是面对预制安装方法难以实施的桥跨时,就地浇筑将是首选施工方法。

由于就地浇筑的施工过程都是在支架上进行,该方法主要适用于墩身较低、跨径较小的环境,此时,该施工方法具有非常大的优势。

随着桥梁工程的不断发展和进步,为了适应建设环境或景观要求,一些桥面变宽、桥面弯曲、桥型异常的复杂预应力混凝土结构大量出现,使得其他施工方法难以实施。与此同时,各类临时钢构件、标准化支架体系和万能杆件系统的广泛应用,极大地拓展了就地筑施工方法所适用的范围,使得就地浇筑施工方法在中大跨度桥梁的施工中也找到了用武之地。

另外,随着桥梁施工技术和施工设备的不断进步,一种新型、可以摆脱支架的就地浇筑施工设备——移动模架应运而生,使得就地浇筑施工方法不仅可以应用于高墩甚至超高墩桥梁的建设,而且还大大降低了预制安装施工方法中的附加成本。

1. 支架搭设

简支梁就地浇筑的施工过程都是在支架上进行,支架按其构造分为立柱式、梁式和梁-柱组合式支架,按使用材料可分为木支架、钢支架、钢木混合支架和万能杆件拼装支架等。支架体系的构造在第 3 章中已做详细介绍,本节只简单介绍桥梁中常用的支架体系。图 8-6 为简支梁就地浇筑常采用的支架方法。

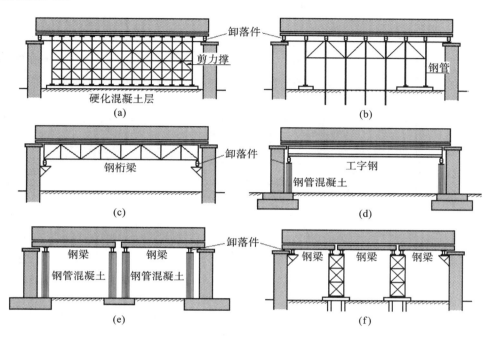

图 8-6　简支梁就地浇筑常采用的支架方法

混凝土就地浇筑支架均属于临时结构,通常是由施工单位自己设计。除扣件式钢管支架有国家规范外,很多类型的支架因选用构件种类繁多而难以规范,因此成为事故多发点。为避免事故发生,应尽可能选择标准构件,采用非标准构件搭建时应进行安全检算。

2. 模板制作

模板虽然是施工中的临时性结构,但对于梁体的制作十分重要。模板不仅控制梁体尺寸的精度、直接影响施工进度和混凝土的灌注质量,而且关系到施工安全。因此,模板应符合下列要求:

①具有足够的强度、刚度和稳定性,能安全可靠地承担施工中可能出现的各种荷载;

②保证结构的设计形状、尺寸及各部分相互之间位置的准确性;

③模板的接缝必须密合,确保混凝土浇筑过程中不漏浆;

④构造简单,拆装方便,便于周转使用,应尽量做成装配式组件或块件。

(1)模板的分类。

按模板的梁体成型时的作用,分为内模、外模、侧模、端模、底模等。

按模板所用的材料不同,分为木模板、钢模板、钢木结合模板、胶合板模板、竹模板、塑料模板、玻璃钢模板、铝合金模板等。桥梁施工常用的模板有木模板、钢模板和钢木结合模板。塑料模板、玻璃钢模板、铝合金模板具有重量轻、刚度大、拼装方便、周转率高的特点,但由于造价较高,在施工中尚未普遍使用。就地浇筑桥梁的模板,常用木模板和钢模板。对预制安装构件,除钢模板、木模板外,也可采用钢木结合模板、土模板、砖模板和钢筋混凝土模板等。模板形式的选择,主要取决于同类桥跨结构的数量和模板材料的供应。当建造单跨或多跨不同桥跨结构,一般采用木模板;当有多跨同样的桥跨结构时,为了经济,可采用大型模板块件组装或用钢模板。

(2) 桥梁中常用的模板构造。

图 8-7 所示为常用于空心板梁的竹胶板木模构造示意图。空心梁模板主要包括内模及内模支撑、外模及外模支撑以及紧固件等,实心梁只有外模。内外模支撑体系可以采用碗扣式支架,也可以采用方木或钢管。

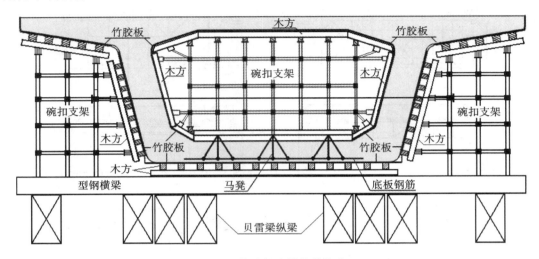

图 8-7 竹胶板木模拼装构造

图 8-8 所示为一种箱形截面钢模板的结构组成。为便于内模脱模,内模在竖向分为上、下两部分,上、下部在横向又分成两半,中线处上、下部都用铰连接。上、下部在竖向连接处做成斜面,便于脱模。拆除内模时,将可伸缩撑杆缩短,上部两侧内模绕上部铰转动即可脱模,利用设在内模下部顶面轨道上的小车可将内模上部运出梁体。然后将可伸缩撑杆换装到内模下部两侧的连接角钢上,缩短撑杆使内模下部两侧绕下部铰转动即可脱模,再滑移托出梁体。

如果将钢模板中的钢制壳板换成水平拼装的木壳板,用埋头螺栓连接在角钢竖肋上,在木壳板上再钉一层薄铁皮,这样就做成钢木结合模板。这种模板不仅节约木材,成本低,而且具有较大的刚度和紧密稳固性,也是一种较好的模板。

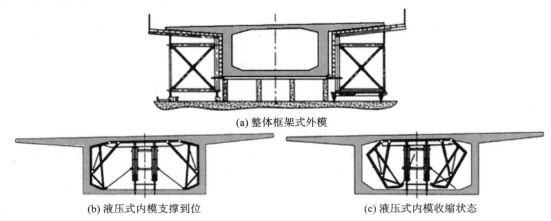

(a) 整体框架式外模

(b) 液压式内模支撑到位 (c) 液压式内模收缩状态

图 8-8 箱形截面钢模板构造

不管何种模板，为了避免壳板与混凝土粘连，以利脱模，通常均需在壳板面上涂以隔离剂，如专用脱模剂、石灰乳浆、肥皂水、润滑油或废机油等。

在国家大力发展绿色环保产业、推进碳中和的背景下，"节材代木"工作已迫在眉睫。建筑模板的绿色环保化也成了必然趋势，因此，作为环保建材的新型组合式塑料建筑模板就是顺应时代、顺应市场而生的。

新型组合式塑料建筑模板产品是使用塑料合金改性材料，经化学分子结构重组而成。原材料的特性决定了新型模板的使用周转次数远远高于木模板，无论是从工程成本还是质量上来说都是有利而无害的。新型组合式塑料建筑模板可以节约施工成本，提升施工效率，且废旧产品回收再利用，无污染，节能环保，利国利民。

3. 钢筋加工与制作

钢筋工作的特点是：加工工序多，包括钢筋整直、切断、除锈、弯制、焊接或绑扎成型等，而且钢筋的规格和型号尺寸也比较多。鉴于钢筋的加工质量和布置在浇筑混凝土后再也无法检查，故必须仔细认真地严格控制钢筋工作的施工质量。

（1）钢筋加工的准备工作。

首先应对进场的钢筋通过抽样试验进行质量鉴定，合格的才能使用。抽样试验主要做抗拉极限强度、屈服点和冷弯试验。

钢筋的整直工作根据钢筋直径的大小采用不同的方法。对于直径在 10 mm 以上的钢筋一般用锤打整直，对于直径不到 10 mm 的常用手摇或电动绞车，可通过冷拉整直（伸长率不大于 1%），这样能提高钢筋的强度。

钢筋经整直、除去污锈后，即可按图纸要求进行划线下料工作。为了使成型的钢筋比较精确地符合设计要求，在下料前应计算图纸上所标明的折线尺寸与弯折处实际弧线尺寸之差值（通常可查阅现成的计算表格），同时还应计入钢筋在冷作弯折过程中的伸长量。

（2）钢筋的弯制。

下料后的钢筋，可在工作平台上用手工或电动弯筋器按规定的弯曲半径弯制成型。钢筋的两端亦应按图纸弯成所需的弯钩。如钢筋图中对弯曲半径未作规定，则宜按相应施工规范的要求进行弯制。如需要较长的钢筋，最好在接长以后再弯制，这样较易控制尺寸。

（3）钢筋骨架的组成与安装。

焊接钢筋骨架应在紧固的焊接工作台上进行施工。骨架的焊接一般采用电弧焊，先焊成单片平面骨架，再将它组拼成立体骨架。在焊接过程中，由于焊缝填充金属及被焊金属的温度变化，骨架将会产生翘曲变形，同时在焊缝内将引起可能会导致焊缝开裂的收缩应力。为了防止或减小这种变形和应力，一般宜采用双面焊缝，即先焊好一面的焊缝，而后把骨架翻身，再焊另一面的焊缝，当大跨径骨架翻身困难而不得不采用单面焊时，则须在垂直骨架平面的方向做成预拱度（其大小可由实地测验而定）。同时，在焊接操作上应采用分层跳焊法，即从骨架中心向两端对称地、错开地焊接，先焊骨架下部，后焊骨架上部；在同一断面处，如钢筋层次多，各道焊缝也应互相交错跳焊。钢筋焊接及验收遵循《钢筋焊接及验收规程》(JGJ 18—2012)。

实践表明，装配式简支梁焊接钢筋骨架焊接后在骨架平面内还会发生两端上翘的焊接变形。为此，尚应结合骨架在安装时可能产生的挠度，事先将骨架拼成具有一定的预拱度，再行施焊。焊接成型的钢筋骨架，安装比较简单，用一般起重设备吊入模板即可。

绑扎骨架钢筋的安装，应事先拟定安装顺序。一般的梁肋钢筋，先放箍筋，再安下排主筋，后装上排钢筋。在钢筋安装工作中为了保证达到设计及构造要求，应注意下列几点。

①钢筋的接头应按规定要求错开布置。

②钢筋的交叉点应用铁丝绑扎结实,必要时可用电焊焊接。

③除设计有特殊规定者外,梁中箍筋应与主筋垂直。箍筋弯钩的叠合处,在梁中应沿纵向置于上面并交错布置。

④为了保证混凝土保护层的厚度,应在钢筋与模板间设置垫块,如水泥浆块、混凝土垫块、钢筋头垫块或其他形式的垫块。垫块应错开设置,不应贯通截面全长。

⑤为保证及固定钢筋相互间的横向净距,两排钢筋之间可使用混凝土分隔块,或用短钢筋扎结固定。

⑥为保证钢筋骨架有足够的刚度,必要时可以增加装配钢筋。

4. 混凝土浇筑

关于混凝土搅拌、运输、浇筑及养护的基本要求已在第 4 章做了介绍,本节简单介绍梁体混凝土工程须重点注意的内容。

(1)混凝土浇筑。

由于现浇梁的混凝土浇筑量比较大,在浇筑过程中为了避免因下层混凝土初凝而产生冷缝,必须设计合理的浇筑顺序。一般来说,可以采用水平分层浇筑法、斜面分层浇筑法、单元浇筑法等。

①水平分层浇筑法:对于跨径不大的简支梁可以采用该方法,具体操作时可以从梁体两端向跨中水平分层浇筑并在跨中合龙,然后掉头再向梁端浇筑。分层的厚度视振捣器的能力而定,一般采用 15～30 cm;当采用人工捣实时,可采取 15～20 cm。为避免因振捣而导致支架产生不均匀的沉降,浇筑时应保持合理的速度,以便在混凝土失去塑性之前完成浇筑工作。

②斜面分层浇筑法:简支梁的混凝土浇筑应从主梁的两端用斜面分层法向跨中浇筑并在跨中合龙,但因为箱梁底板顶面没有模板,所以 T 梁和箱梁所采用的斜面分层浇筑在细节上还是有些差异的,如图8-9(a)所示。

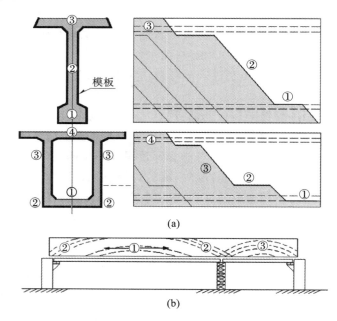

(a)

(b)

图 8-9　混凝土浇筑顺序

当梁的跨度较大而采用梁式支架并且内部设置支点时,则应在支架下沉量最大的部位先浇筑混凝土,使应该发生的支架变形及早完成,保护先期浇筑混凝土初凝后不再发生更大的变形,避免混凝土内部微裂隙的出现,因而可采用如图 8-9(b)所示的顺序。

当采用斜面分层浇筑时,混凝土的倾斜角与混凝土的和易性有关,一般可用 20°~25°。

当桥梁跨径较大时,可先浇筑纵横梁,待纵横梁完成浇筑后,再沿桥的全宽浇筑桥面混凝土,在桥面与纵横梁间应设置预留缝,待最后浇筑。

对于中大跨径预应力混凝土简支箱梁,可分两次浇筑,第一次浇筑至腹板顶部,第二次浇筑顶板及翼缘板,这样的浇筑方法便于布索及绑扎钢筋。

③单元浇筑法:当桥面较宽且混凝土数量较大时,可分成若干纵向单元分别浇筑,每个单元可沿其长度分层浇筑,在纵梁间的横梁上设置连接缝,并在纵横梁浇筑完成后填筑连接缝,之后桥面板可沿桥全宽一次浇筑完成,桥面与纵板梁间设置水平连接缝。

(2)混凝土养护。

混凝土浇筑完成后的良好养生能促使混凝土在硬化过程中获得规定强度的同时,还能预防混凝土干缩裂缝的发生。由于混凝土在硬化过程中将产生大量的热量,在夏季和干燥气候下施工混凝土工程时,混凝土浇筑完成后必须在规定时间段内进行保湿或湿润养生;在冬季施工混凝土工程时,在混凝土浇筑过程中以及浇筑完成后,为保护混凝土免遭冻害,必须采取一定的保温或加温养生措施。

(3)预应力钢束张拉。

对于后张法预应力混凝土梁,须待混凝土强度达到设计要求后才能进行张拉,一般要在混凝土强度达到设计强度的 70% 以上才能进行张拉。

(4)模板拆除。

当混凝土强度达到设计标号的 25% 以后可拆除侧模;当混凝土强度不小于设计标号的 70% 以后,方可拆除其他模板,并在适当时候可以考虑卸架。

梁体的卸落架程序应从梁体下挠最大处的支架节点开始,然后对称地、均匀地、有序地按照多级方式逐步卸落初始点两侧相邻节点的支架,让梁体的沉降过程缓慢完成,避免一次性沉降现象的发生。通常简支架的落架过程可从跨中向两端推进。

(5)混凝土冬季施工。

根据国家标准规定,我国北方地区冬季施工的时间一般这样计算:起始时间为室外平均气温连续五天低于 5 ℃的最后一天;结束时间为次年最后一阶段室外日平均气温连续五天低于 5 ℃的最后一天。

在冬季施工期间,砂石料应避免受冻,混凝土拌和应采用加温方式(如加热水拌和),混凝土的出仓、运输、入模、养护等温度都必须高于 5 ℃,确保混凝土冬季工程的施工质量。

冬季施工期间,混凝土养护方法有蓄热法、暖棚养护法和蒸汽养护法。在混凝土硬化过程中,试块的抗压强度未达到设计标号的 50% 之前不得受冻,因此,养护期间必须采取保温措施。

对于寒冷地区,宜选用早期强度较高的混凝土配合比,使其能较早达到耐冻的强度标准;若混凝土中掺有矿粉或粉煤灰等胶凝材料,其早期强度增长较慢而后期强度较高,因此,混凝土施工早期宜优先考虑采用蒸汽养护的手段,确保混凝土工程的质量。

8.2.3　预制安装施工

常用的简支梁主要有先张法预应力板梁、后张法预应力 T 梁和箱梁等。在梁体预制过程中,施工质保体系的加强和完善直接影响到预制构件的成品质量。目前,公路与城市桥梁工程多采用先张法制作预应力板梁,采用后张法制作预应力 T 梁和箱梁。

关于先张法和后张法的基本要求已在第 5 章做了介绍,本节重点介绍预制梁的安装内容。

我国新建公路、铁路的中、小跨度普通钢筋混凝土梁和预应力混凝土梁,多采用工厂预制,现场架设的方法。预制混凝土简支梁的架设,包括起吊、纵移、横移、落梁等工序。铁路梁更多地采用专用架桥机架设;公路梁重量相对轻一些,除专用架桥机外,另有多种灵活、简便的架设方法。

从架梁的工艺类别来分,有陆地架设、浮吊架设和利用安装导梁或塔架、缆索的高空架设等。每一类架设工艺中,按起重、吊装等机具的不同,又可分成各种独具特色的架设方法。

1. 架桥机架设

目前,在我国使用的架桥机类型很多。既有 20 世纪 60—70 年代研制并逐渐改进的传统架桥机,也有 20 世纪 90 年代以后研制的新型、大吨位架桥机;既有国外产品,也有国内厂商研制的产品。目前没有统一的架桥机命名、分类标准。工程实践中,习惯以各生产厂家的型号来表示。根据划分标准的不同,架桥机大致可以划分为以下几种。

按所架设桥梁的用途划分,有公路架桥机、铁路架桥机、公铁两用架桥机及其他专用架桥机。

按架梁时架桥机的受力状态划分,有悬臂式和简支梁式。由于悬臂式轴重很大,且稳定性较差,现在很少采用。

按架桥机主梁的数目划分,有单梁式架桥机和双梁式架桥机。有的拼装式架桥机横向两侧的主梁由多片拼装桁架组成,仍可认为是双梁式架桥机。由于双梁式架桥机架梁时预制梁从两个主梁中间穿过,所以也形象地将其称为穿巷式架桥机。

按架桥机主梁的结构形式划分,有桁梁式、箱梁式、板梁式及蜂窝梁式等。

此外,还有用运架梁一体式架桥机、导梁式架桥机等。

2. 主要架桥机介绍

(1)导梁式架桥机。

视频 8-2
高速铁路箱
梁运架设备

导梁式架桥机是一种适用于铁路整体箱梁架设的架桥机。下面以 TLJ900 型铁路架桥机为例来介绍导梁式架桥机的结构特点、过孔作业和架梁作业过程。

架桥机主要由前后 2 台吊梁行车、2 根箱型主梁及横梁、1 套前支腿、1 套后支腿、后支腿台车及顶升装置、辅助支腿、悬臂梁、下导梁、下导梁天车、轨道、电气控制系统、液压系统和动力系统等组成,如图 8-10 所示。

①待架梁状态(图 8-11)。

待架梁状态是指架桥机完成过孔之后,各支腿已经站位到位,等待运梁车将待架梁运来,然后开始架设下一孔。

②起吊梁和移梁(图 8-12)。

运梁车喂梁到位后,前吊梁小车吊起梁的一端向前拖拉,然后双吊车吊起梁向前移梁。

③落梁(图 8-13)。

梁体移动到位后,将梁体落至墩顶,调整标高与平面坐标后然后灌注支座高强度砂浆,完成一片梁体的架设。

④架桥机过孔前的准备(图 8-14)。

将前后吊梁小车移至主梁后端,加强后端的配重。

⑤前后支腿前移(图 8-15)。

后支腿沿架设好的梁面前移,前支腿利用导梁支撑前移。

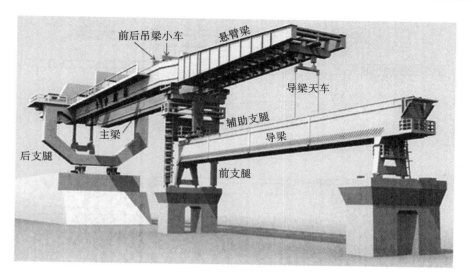

图 8-10　导梁式架桥机

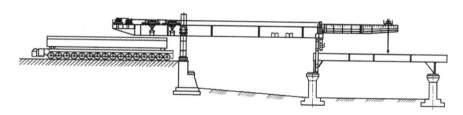

图 8-11　待架梁状态

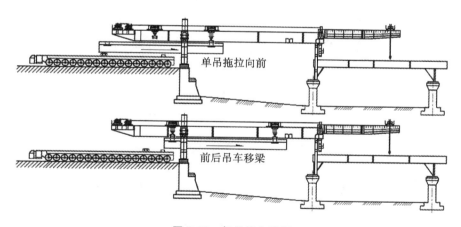

图 8-12　起吊梁和移梁

⑥导梁前移(图 8-16)。

利用前吊梁小车和导梁天车吊起导梁前移。

⑦导梁天车吊位调整(图 8-17)。

导梁前移孔跨一半时,利用辅助支腿暂时悬吊导梁,然后导梁天车调整吊位,为完成导梁的前移到位做准备。

⑧导梁到位后架桥机回归待架梁状态(图 8-18)。

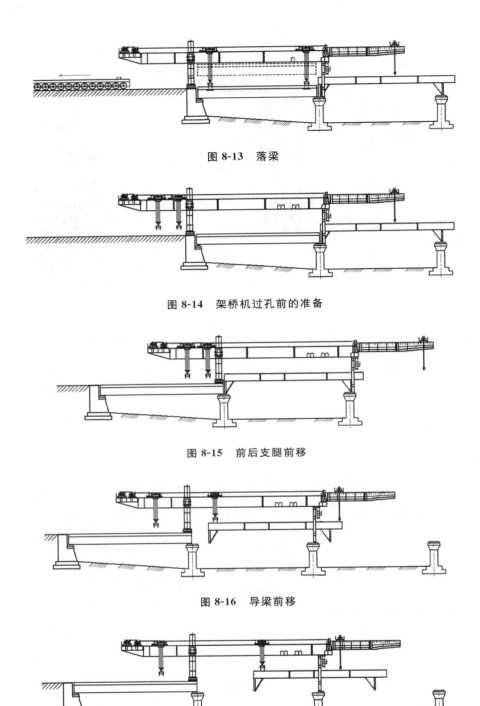

图 8-13　落梁

图 8-14　架桥机过孔前的准备

图 8-15　前后支腿前移

图 8-16　导梁前移

图 8-17　导梁天车吊位调整

　　当前吊梁小车和导梁天车完成导梁前移之后,吊梁小车回归到主梁后端,等待运梁车喂梁,然后进行下一孔梁的架设(图 8-19)。

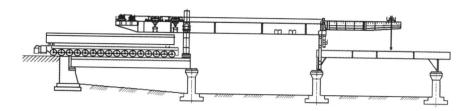

图 8-18 导梁到位后架桥机回归待架梁状态

图 8-19 导梁架桥机架梁现场

【**案例分析 8.1**】 架梁施工属于高空作业,从桥面到地面少则 1 层楼高,多则 4、5 层楼高,架桥机自重近 200 吨、梁片重 100 多吨,现场作业就像是"在钢丝绳上跳舞",稍有不慎后果不堪设想。因此在操作中如何确保施工人员的安全和杜绝工程事故,是工程技术人员的重要职责。

2019 年 7 月 18 日 14 时 25 分,位于勉县定军山镇水磨湾,由某集团有限公司承建的国道 108 勉县段一级公路改扩建工程 SG-3 标汉江 2 号大桥架桥机在作业过程中突然发生解体倾覆,造成 5 人死亡、4 人重伤、3 人轻伤的较大事故,直接经济损失约 1295.3 万元(图 8-20)。

(2)多梁桥面单梁式架桥机。

当桥面是由多片梁体构成时(如 T 梁桥、板梁桥、小箱梁桥等),通常采用逐片架设的方法,因此,单片梁架桥机适用于此类桥梁的架设。

单梁式架桥机主要由主梁、前中后三个支腿、主梁顶面两台吊梁车、横向移动轨道、电气控制系统、液压系统和动力系统等组成,如图 8-21 所示。

①架桥机三个支腿位于如图 8-22 所示架梁站位,等待运梁车运送待架梁体。

②架桥机两个吊梁天车回撤至架桥机后部,前吊梁天车吊起梁的前端,向前拖曳(图 8-23)。

③当梁体后端被拖曳至后吊梁天车下方时,两台天车同时起吊梁体,运梁车开回梁场,运送下一片待架梁(图 8-24)。

④两台吊梁天车将梁体前移到位后,准确落梁至墩顶,然后架桥机横向移动一片梁的距离,等待架设横向相邻梁片(图 8-25)。

⑤架桥机过孔,如图 8-26 所示。

图 8-20　导梁架桥机事故现场

图 8-21　单梁式架桥机

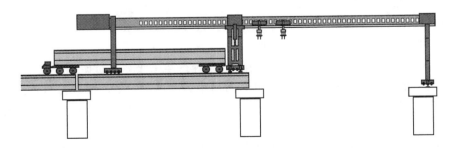

图 8-22　待架梁状态

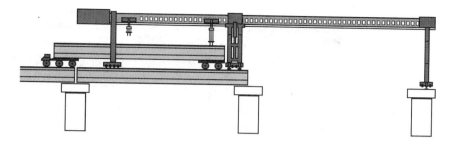

图 8-23　前天车先吊起梁前端

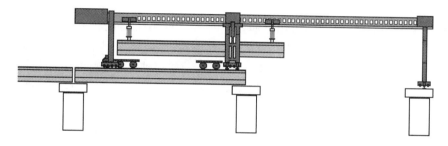

图 8-24　两台天车同时起吊梁体

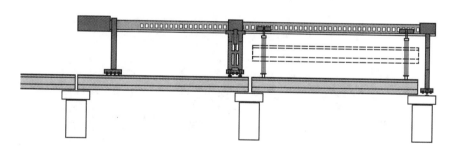

图 8-25　梁体前移及落梁

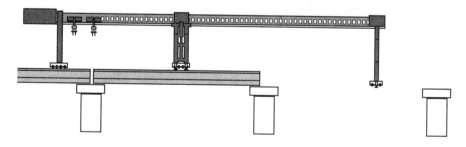

图 8-26　架桥机过孔

⑥架桥机横移,架设相邻梁片,如图 8-27 所示。

（3）走行式架桥机。

走行式架桥机主要由两根箱型主梁及横联、三套支腿（1、2、3 号支腿）、主梁顶面两台起重天车以及轨道、电气控制系统、液压系统和动力系统等组成。

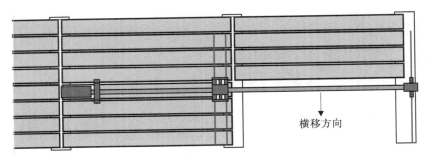

图 8-27　架桥机横移,架设相邻梁片

3. 浮吊架设法

在海上和深水大河上修建桥梁时,用可回转的伸臂式浮吊架梁比较方便(图 8-28)。这种架梁方法高空作业少,施工比较安全,吊装能力也大,工效也高,但需要大型浮吊。浮吊架梁时需在岸边设置临时码头,移运预制梁。架梁时,浮吊要妥善锚固。如流速不大,则可用预先抛入河中的混凝土锚作为锚固点。近些年来,国内在海上工程船舶设备的装备方面取得了突飞猛进的发展,其中最具有代表性的包括"小天鹅"号运架梁起重船、"天一号"运架梁起重船等。

图 8-28　浮吊架设法

【案例分析8.2】"天一号"是国内首创单体船型结构、全电力推进的海上架梁施工专用起重船,最大起吊重量为 3600 吨,无需辅助船舶,即可独立完成取梁、运梁和架梁工作(图 8-29)。相比普通的浮吊架设,运用该船可有效减少工序交接时间,提高架设效率和安全。2021 年 4 月 2 日,国内首创运架一体船"天一号"将深中通道首片长 133.1 米、宽 20 米、高 4 米、重达 1780 吨的钢箱梁,平稳运至指定桥位。深中通道首片钢箱梁顺利完成架设,标志着项目海域桥梁全面转入上部结构施工新阶段。

为了顺利将重量相当于近 1000 台小轿车的"巨无霸"钢箱梁从预制厂"发货"至架设桥位,经过多次讨论研究,工程师们决定将钢箱梁横放于集控组合模块车上,采用横向滚装方式装载上运输船。相较于常规的纵滚装船,横滚装船对船舶平衡性要求更高,这也是国内梁体结构体量最大的一次滚装上船。

图 8-29　"天一号"架设钢箱梁

除上述介绍到的架设方法外,还有很多其他的架设方式,比如:跨墩门式吊车架设、自行式吊车桥上架梁法、扒杆纵向"钓鱼"法架梁等,在此不再一一赘述。

截至 2019 年底,我国铁路营业里程 13.9 万公里,其中高铁超 3.5 万公里,位居世界第一;公路里程 501.3 万公里,其中高速公路 15 万公里,跃居世界第一。在跃居世界第一的铁路、公路建设中,简支梁桥依然是采用最多的一种桥型。正如习主席说的"伟大出自平凡,平凡造就伟大"。在新时代交通强国的建设中,需要千千万万平凡的"简支梁桥"创造不平凡的"交通强国"之梦!

8.3　连续梁桥的施工

【案例分析 8.3】　2020 年 10 月 19 日,由中国中铁二院勘察设计的阿墨江特大桥成功合龙,标志着中老昆万铁路跨度最大的混凝土桥梁工程——阿墨江特大桥主体工程全面完成。中老国际通道玉磨铁路是"一带一路"重要项目,项目建成后,从昆明到墨江只需 1.5 个小时,同时实现了从中国昆明至老挝万象可以"朝发夕至"。主桥采用(112+216+112) m 预应力混凝土连续刚构桥,目前为我国最大跨度的铁路混凝土连续梁桥。这是中国的骄傲!

视频 8-3
连续梁桥
悬臂法施工

预应力混凝土连续梁的施工方法根据桥跨的长度、地形情况和施工机具设备等条件,可采用有支架就地浇筑法、先简支后连续法、逐孔施工法、顶推法和悬臂法等。

有支架就地浇筑法就是在支架上就地建造预应力混凝土梁,适用于支架不高、地基承载力较好的情况。就地浇筑法与 8.2.2 节施工类似,此节不再介绍。

先简支后连续法,是先将简支梁安装就位后,浇筑支座处现浇段,再通过张拉支座处上翼缘的负弯矩钢束,形成连续梁体系。先简支后连续的桥梁造价低、材料省、施工简便快捷。但连续梁性能只对二期恒载及活载有效,不利于大跨度桥梁。

逐孔施工法,是使用一套支架就地拼装梁段,或使用一套模架就地浇筑混凝土,从桥的一端逐孔施工,直至全桥建成。

顶推法施工是在沿桥纵轴方向,采用无支架的方法将桥跨推移就位。因此在水深、桥高以及高架道路等情况下,可避免大量施工脚手架、可不中断现有交通,施工安全可靠。同时,可以使用简单的设备建造长大桥梁。

悬臂施工法建造预应力混凝土连续梁桥,是先从墩顶开始立模浇筑一段梁体,待混凝土达到要求强度后,再从墩的两侧平衡悬臂灌筑或拼装梁段,直到跨中合龙。在修建过程中,不需要繁重费工的支架工程,不影响桥下航行,梁的跨度也可做得较大。

采用悬臂浇筑或悬臂拼装法,施工过程中结构内力呈悬臂梁负弯矩分布,在桥墩截面处达最大值,和连续梁在运营状态下负弯矩的分布接近。所以悬臂施工安设的临时预应力钢筋数量较少。这也是悬臂施工法建造连续体系桥得到广泛应用的重要原因之一。

8.3.1 悬臂施工法

悬臂施工法也称为分段施工法。它是以桥墩为中心向两岸对称地、逐节悬臂接长的施工方法。预应力混凝土桥梁采用悬臂施工法,是从钢桥悬臂拼装法发展而来的。现代的悬臂施工法,最早主要是用来修建预应力混凝土 T 形刚构桥。由于此法的独特优越性,后来又被推广应用于建造预应力混凝土悬臂梁桥、连续梁桥、斜拉桥和拱桥等。随着桥梁事业的发展,近年来悬臂施工法在国内外大跨径预应力混凝土桥梁中得到广泛采用。

按照梁体的施工方法,悬臂施工又可分为悬臂浇筑法和悬臂拼装法。据资料统计,国内外 1952 年以来 100 m 以上大跨径混凝土桥梁中,采用悬臂浇筑法施工者占 80% 左右,采用悬臂拼装法施工者占 7% 左右。

8.3.2 悬臂浇筑法

视频 8-4
挂篮施工

悬臂浇筑法又称无支架平衡伸臂法或挂篮法,是以完成的墩顶节段(0 号块)为起点,通过挂篮的前移对称地向两侧跨中逐段浇筑混凝土,并施加预应力,节段循环作业的方法。

在悬臂施工中,扮演最重要角色的就是挂篮。

所以,有人说,挂篮是移动的脚手架,说它是"小构件,大能量",一点都不夸张。挂篮不仅是一个能沿梁顶滑动或滚动的承重构件,还担任着施工场所的角色。安装模板、绑扎钢筋、预应力管道的安设、混凝土浇筑、预应力张拉、灌浆等作业,都需要在挂篮上完成。完成一个阶段的循环后,挂篮即可前移并固定,进行下一阶段的浇筑。

因此挂篮是"麻雀虽小,五脏俱全"(图 8-30),有走行系统、平衡锚固系统、桁架系统、悬吊系统、模板系统和工作平台。

挂篮有弓弦式、桁架式、菱形、三角组合等多种形式。看起来非常轻盈,却在施工中承担了所有的施工荷载。

另外一个关键工序就是 0 号块(即 0♯块)施工。0 号块位于桥墩上方,相当于给挂篮提供一个安装场地(图 8-31)。0 号块施工之前,一般需要在桥墩两侧设托架或支架现浇。0 号块立底模时,同时安装支座及防倾覆锚固装置,成桥后的支座属于铰支座,但是施工时支座必须固定,因此还需要设置托架和临时支墩(图 8-32)。

0 号块施工完毕,便可以进行挂篮拼装(以菱形挂篮为例,见图 8-33):①铺设走行轨道;②拼装菱形桁架,并锚固;③安装上横梁及吊挂系统;④安装底模、外模;⑤安装工作平台;⑥拼装完成。

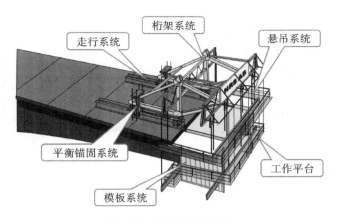

图 8-30　挂篮的基本构造

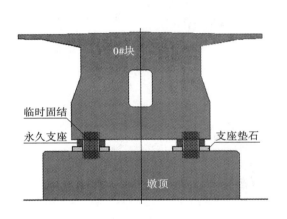

图 8-31　墩顶临时固结

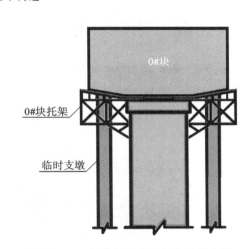

图 8-32　0 号块设置的托架和临时支墩

　　挂篮拼装完成,就可以运用这个"小构件"发挥"大能量",进行其他节段的浇筑、预应力张拉等工作,直至边跨合龙和中跨合龙。

　　合龙也是施工中最关键的工序之一,同时也标志着主体工程顺利完工,一般在两侧边跨合龙后,连续梁合龙前,应立即解除墩梁临时固结措施,使梁成简支悬臂体系;然后,设置合龙口的临时锁定支撑;同时选择日气温较低、温度变化幅度较小时,锁定合龙口并浇筑合龙段混凝土;合龙口混凝土强度一般比梁体提高一级,并要求早期强度大。

8.3.3　悬臂拼装法

　　悬臂拼装法是在预制场分段预制梁体,利用移动式悬拼吊机将预制梁段起吊至桥位,然后采用环氧树脂胶和预应力钢丝束(钢绞线)连接成整体。采用逐段拼装,一个节段张拉锚固后,再拼装下一节段。悬臂拼装的分段,主要取决于悬拼吊机的起重能力,一般节段长 2～5 m。节段过长则自重大,需要悬拼吊机起重能力大,节段过短则拼装接缝多,工期也延长。一般在悬臂根部,因截面积较大,预制长度比较短,以后逐渐增长。悬臂拼装法施工(简称悬拼施工)适用于预制场地及运吊条件好,特别是工程量大和工期较短的梁桥工程。

　　悬拼施工工序主要包括梁体节段的预制、移位、堆放、运输;梁段起吊拼装;悬拼梁体体系转换;

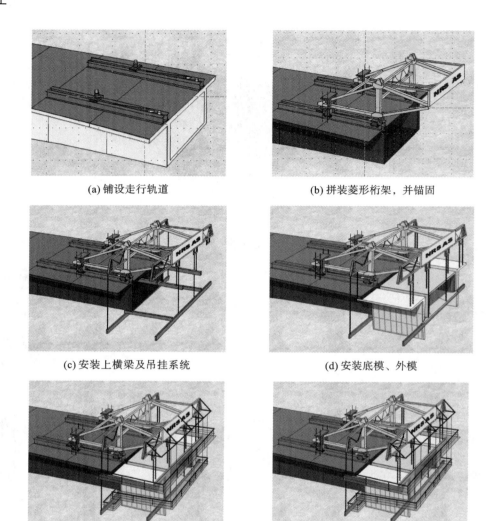

(a) 铺设走行轨道　　　　　　　　(b) 拼装菱形桁架，并锚固

(c) 安装上横梁及吊挂系统　　　　　(d) 安装底模、外模

(e) 安装工作平台　　　　　　　　(f) 拼装完成

图 8-33　挂篮拼装

合龙段施工。

1. 梁段预制和运输

节段预制的质量，直接关系着梁段悬拼施工的质量和速度，因此预制时应严格控制梁段断面和形体的精确度，并充分注意预制场地的选择与布置、台座和模板支架的制作、工艺流程的拟定以及养护和储运的每一环节。梁段预制的方法，通常有长线预制和短线预制两种。

长线预制是在预制场或施工现场按桥梁底缘曲线制成的固定底座上安装模板进行块件预制，各相邻预制节段的拼合面应相互贴合浇筑，缝面浇筑前涂抹隔离剂，以利脱模（图 8-34）。梁底缘的底座有多种形成方法，但多采用混凝土或钢筋混凝土固定式台座；山区有石料的地区可用石砌圬工筑成所需的梁底缘形状；地质条件差的预制场地，需采用打短桩基础，再搭设排架形成梁底曲线，如图 8-35 所示。为加快施工进度，保证节段之间密贴，常先浇筑奇数节段，然后利用奇数节段混凝土的端面弥合浇筑偶数节段。也可以采用分阶段的预制方法。当节段混凝土强度达到设计强度 75% 以上后，可吊出预制场地。

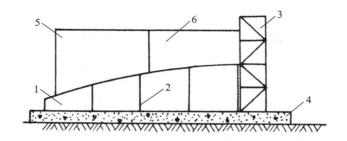

图 8-34　长线预制

1—长线台座；2—梁底线；3—预制梁段；4—梁顶线；5—待浇梁段；6—待浇梁段位

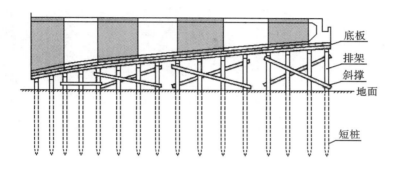

图 8-35　长线法中利用排架预制悬拼梁段

短线预制是在固定台位且能纵移的模板内浇筑混凝土，由可调整内、外部模板的台车与端梁完成的（图 8-36）。当第一节段混凝土浇筑完成后，在其相对位置上安装下一节段模板，并利用第一节段混凝土的端面，作为第二节段的端模完成第二节段混凝土的浇筑工作。这种方法适合节段的工

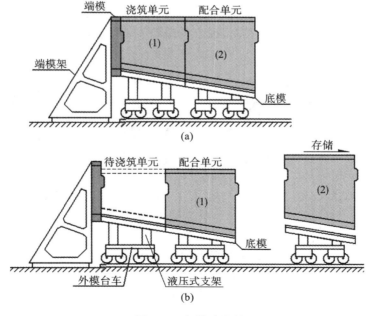

图 8-36　短线法预制

厂化生产预制，设备可周转使用，台座仅需 3 个梁段长。但节段的尺寸和相对位置的调整要复杂一些。短线台座除基础部分外，多采用钢料加工制作（图 8-37）。

图 8-37　现场短线法预制的施工台座

梁段运输有水、陆、栈桥及缆吊等各种形式。

梁体节段自预制底座上出坑后，一般先存放于存梁场。拼装时，节段由存梁场移至桥位处。以跨河（海）桥梁为例，梁段的运输方式一般可分为场内运输、装船和浮运三个阶段。

2. 梁段拼装及接缝处理

预制节段的悬臂拼装，可根据现场布置和设备条件采用不同的方法（图 8-38、图 8-39）。当靠岸边的桥跨不高且可在陆地或便桥上施工时，可采用自行式吊车、门式吊车拼装。对于河中桥孔，也可采用水上浮吊进行安装。如果桥墩很高，或水流湍急而不便在陆上、水上施工，就可利用各种吊机进行高空悬拼施工。

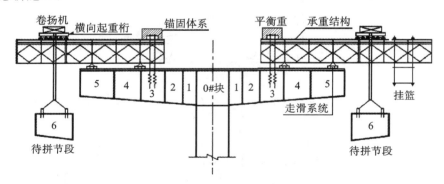

图 8-38　桁架梁悬臂移动吊机进行预制梁段的拼装

在无法用浮运设备运送块件至桥下，需要从桥的一岸出发修建多孔大跨径预应力混凝土桥梁时，还可以采用特制的自行式的悬臂-闸门式吊机进行悬臂拼装施工。

梁段拼装接缝有湿接缝、干接缝和胶接缝等几种。不同的施工阶段和不同的部位，将采用不同

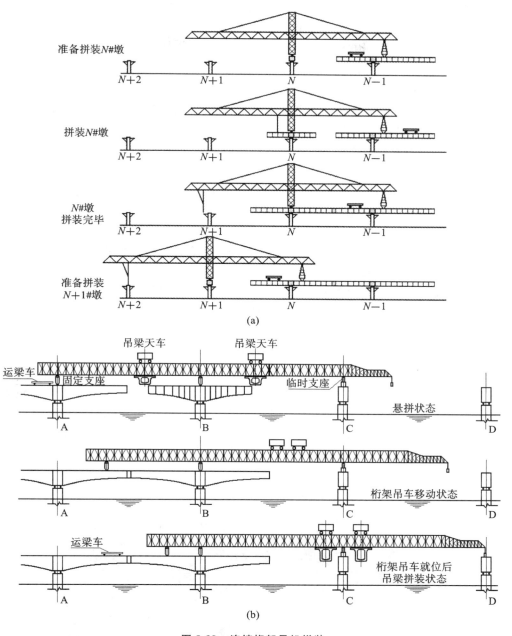

准备拼装N#墩

拼装N#墩

N#墩
拼装完毕

准备拼装
N+1#墩

(a)

(b)

图 8-39　连续桁架吊机拼装

的接缝形式。1 号梁段即墩柱两侧的第一个节段,一般与墩柱上的 0 号块以湿接缝相接。为便于进行接缝处管道接头拼接、接头钢筋的焊接和混凝土振捣作业,湿接缝一般宽 0.1～0.2 cm。当拼装梁段的位置调整准确后,用高铝快凝水泥砂浆(或小石子混凝土)填实(3 d 混凝土强度可达 30 MPa)。桥跨其他节段可用胶接缝或干接缝连接。胶接缝用环氧树脂胶黏剂连接。拼装施工中所采用的环氧树脂水泥主要由环氧树脂、固化剂、增塑剂、稀释剂、水泥填料等组成。涂胶应均匀涂满全部拼接面。胶拼后应用 0.2～0.25 MPa 压力予以拼压,使胶缝不大于 1 mm。因此,在拼装时必须张拉一定数量的钢丝束,使接缝胶黏剂在一定压力下挤压密实直至固化。胶接缝不仅能使接触面密贴,还可提高结构的抗剪能力、整体刚度和不透水性,已广泛应用于悬臂拼装中。干接缝因其接缝间无任何填充料,实际工程中很少采用,以避免接缝不密封导致钢筋锈蚀。

在连续梁的悬臂拼装施工过程中,合龙段的施工可采用现浇方式或预制安装方式。

如果采用现浇方式施工合龙段,要求合龙段两侧预制梁段的端面必须预留连接钢筋。施工时,先将合龙口用刚性连接临时锁定,然后以刚性连接作为支撑,在合龙段的空间内立模、绑扎钢筋、安装预应力钢束管道,最后浇筑混凝土。当混凝土强度达到规定值时,张拉合龙段顶底板预应力钢束到设计值,然后压浆、封锚,此时,合龙段的施工便全部完成。

合龙段施工过程中应注意,混凝土的浇筑应选择一天当中气温最低且比较平稳的时段。

对于悬臂拼装连续梁来说,实现体系转换的关键施工程序是临时固结的拆除。临时固结拆除后,梁体落在永久支座上,并且以固定支座为主心,两侧梁体可以自由伸缩,同时梁体在各个支座处可以竖向自由转动,处在这种状态下的梁体不会产生任何温度应力。

临时固结的解除应均衡对称地进行,确保自由度的释放是均匀的,避免体系出现大的波动。临时固结解除前,应测量各梁段的高程,并且在解除过程中注意各梁段高程的变化,如有异常情况,应立即停止作业,找出原因,确保施工安全。

体系转换后,梁体成为超静定结构,此时必须考虑因钢束张拉、支座变形等因素引起结构的次内力,如有必要,可以适当调整支座标高和反力,使得结构的内力和变形处于安全范围内。

8.4 拱桥的施工

【案例分析 8.4】 2020 年 12 月 28 日,跨径居世界之最的广西平南三桥正式建成通车,跨径 575 米的平南三桥,正以其独有的雄姿横跨两岸,这幅幅波澜壮阔的品质图卷,不仅是"中国制造"向"中国创造"跨越的生动案例,更是交通强国伟大战略的辉煌见证(图 8-40)。

视频 8-5
拱桥施工

中国工程院院士郑皆连表示,平南三桥不仅跨径居世界之最,还采用和首创了多项重大技术,其信息化、智能化管理等建设管理新模式,实现了安全零事故,整个施工组织过程堪称

图 8-40 世界第一拱"平南三桥"

优异,成为令人叹服的工程典范。中国工程院院士谭述森表示,平南三桥的建设,把拱桥的文化和现代科学知识非常完美地结合起来,它在新的科技条件下,加上了北斗卫星定位系统、鹰眼监控系统等信息化、智能化的手段,对推动行业进步和发展具有重大意义。国际桥梁与结构协会主席、同济大学教授葛耀君表示,平南三桥,不仅对中国,也对世界具有非常重大的意义。

8.4.1　拱桥的类型

拱桥的主要承重结构是拱圈或拱肋。这种结构在竖向荷载作用下,桥墩或桥台将承受水平推力,同时这种水平推力将显著抵消荷载所引起的在拱圈(或拱肋)内的弯矩作用(图 8-41)。

图 8-41　瑞士萨尔基那山谷桥

拱桥的类型多样,构造各异,但基本的组成为基础、桥墩台、拱圈及拱上结构,其中主拱圈是拱桥最重要的承力构件。

拱桥可按照以下几种方式进行分类:

①按照拱圈所采用的建筑材料可以划分为圬工(砖、石板或石块、混凝土砌块)拱桥、钢筋混凝土拱桥、木拱桥、钢管混凝土拱桥及钢拱桥;

②按照拱圈上方的建筑形式可以划分为实腹式拱桥、空腹式拱桥;

③按照主拱圈的拱轴线形式可以划分为圆弧拱桥、抛物线拱桥和悬链线拱桥;

④按照桥面与主拱圈之间的相对位置可以划分为上承式拱桥、中承式拱桥和下承式拱桥。

⑤按照主拱圈的截面形式可以划分为实心板拱桥、空心板拱桥、肋拱桥、箱拱桥、双曲拱桥;

⑥按照成拱的静力体系可以划分为无铰拱桥、双铰拱桥、三铰拱桥。

8.4.2　拱桥的施工方法

在拱桥的施工过程中最为重要的内容是拱圈施工,一旦拱圈成型并且可以承载,拱桥其余部分的施工难度将大大降低。目前,拱圈施工方法主要分为有支架施工和无支架施工两类,所谓有支架施工就是在搭建的支架上将拱圈浇筑成型或者用预制砌块将拱圈砌筑成型,并在拱圈之上继续完成拱上结构之后再落架。但在很多情况下(如跨越峡谷或跨越大江大河),现场环境根本不允许搭建支架,从而导致无支架施工方法的诞生,并且成为近年来修建大跨度拱桥的主要方法。目前,大跨度拱桥的无支架施工方法主要有悬臂缆索吊装法、劲性骨架法和转体施工法等。

1. 拱桥的有支架施工

当拱桥采用支架施工时,其支架顶面形式必然与拱圈的形态相匹配而呈拱形,因此也称为拱架。拱架按照制作材料的不同可以分为木拱架、钢拱架、竹拱架、钢木组合拱架和土牛拱胎。

(1)拱架制作。

由于篇幅限制,下面主要介绍木拱架、钢拱架和土牛拱胎。

①木拱架。

通常情况下,支架式木拱架的形式如图 8-42 所示。由于木拱架结构简单、搭建容易,并且支柱间距小、承重能力强、稳定性高,适合在河水流量小、无洪水威胁且无通航能力的河道上建造拱桥时使用。

撑架式木拱架的构造较为复杂,如图 8-43 所示。但由于拱架表面的支点间距可以做得较大,因而可用于建造桥墩较高且跨径较大的拱桥,并且节省木材,适用于有通航要求的河道。

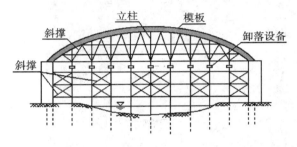

图 8-42　支架式木拱架建造拱圈

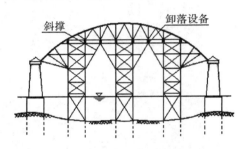

图 8-43　撑架式木拱架建造拱圈

扇形拱架的搭建以河道中的基础为中心支撑点,以放射状布置的斜杆为径向支撑骨架,再用水平横木逐层将放射状布置的斜杆连接成整体,从而形成如图 8-44 所示的扇形结构,这样的扇形木拱架主要用于支承砌筑式拱圈的施工荷载。虽然扇形木拱架的结构比较复杂,但由于支撑斜杆采用径向布置,施工过程中以径向受压的方式承担施工荷载,因此,可以更充分地发挥材料的承载能力,特别适用于砌筑大拱度拱圈。

②钢拱架。

拱形钢拱架通常采用标准的拼装式桁架拼装而成,因此也称作钢桁式拱架(图 8-45)。标准的拼装式桁架是由系列组件构成,其中主要包含标准节段、拱顶段和拱脚段,外加连接杆、钢销、螺栓等连接体系,通过这些连接件可以将标准节段、拱顶段和拱脚段组装成所需的拱架。一般拼装拱架采用三铰拱的形式,因为三铰拱为静定结构,受外荷载作用后可以自动调节内力的分布,使得拱架始终处于环向受压状态,从而能够更好地适应施工荷载的作用。

满布式钢管拱架通常采用碗扣式或扣件式钢管脚手架搭建而成(图 8-46)。这种脚手架具有承载力较大,搭设灵活,拆卸和运输方便的特点,多用于房屋建筑工程。近年来随着城市立交桥的大量发展,碗扣式或扣件式脚手架也被大量用于墩台施工的脚手架或上部梁式构造现浇的满堂支架,同时,也经常被用作浇筑或砌筑拱桥拱圈时的满布式钢管拱架。

③土牛拱胎。

土牛拱胎适用于在缺乏钢木建材的环境中建造砌筑式拱桥或拱形结构。历史上古人曾在缺少拱架搭建材料的情况下,大量采用土牛拱胎来建造石板拱桥、小跨度砌筑拱桥或拱形石窑(图 8-47),有些拱桥保留至今成为珍贵历史文物;即使在现代社会,在一些偏远地区,土牛拱胎仍然经

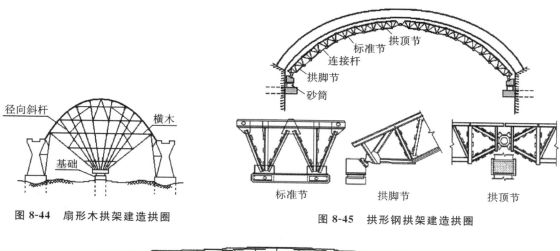

图 8-44　扇形木拱架建造拱圈

图 8-45　拱形钢拱架建造拱圈

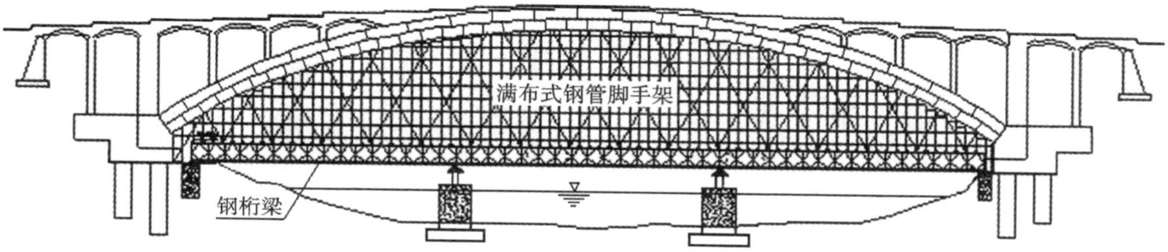

图 8-46　满布式钢管拱架建造拱圈

图 8-47　土牛拱胎建造拱窑

常被用来建造跨度不大的块石砌筑拱桥。所谓土牛，就是在需要建造拱桥的地点，首先用土、砂、卵石、片石等按照拱圈的形状填筑一个拱形土胎，由于土胎轮廓像一个卧在地上的牛背，所以俗称土牛。土牛堆成并经压实后，在其顶面用块石或砌块砌筑拱圈，待拱圈完成后将土牛清除便形成可以承载的砌筑式拱圈。

（2）主拱圈的就地浇筑施工。

在支架上就地浇筑拱桥的施工同拱桥的砌筑施工顺序基本相同，首先浇筑主拱圈或拱肋混凝土，其次浇筑拱上立柱、联系梁及横梁等拱上建筑，最后浇筑桥面系。但是，在施工过程中需要注意,后一节段混凝土浇筑应在前一阶段混凝土强度达到设计要求之后进行。拱圈或拱肋施工拱架的拆除可在拱圈混凝土强度达到设计强度的70%以上且拱上建筑施工前,但是,拆架前还应对拱圈进行稳定性验算。

在浇筑主拱圈混凝土时,立柱底座应与拱圈或拱肋同时浇筑,同时,在立柱支座处还应预留钢筋混凝土拱圈与立柱之间的联系钢筋。

主拱圈混凝土的浇筑方法与砌筑施工类似,可分为连续浇筑法、分段浇筑法和分环分段浇筑法(图8-48),具体施工方案的选择主要根据桥梁跨径所决定。

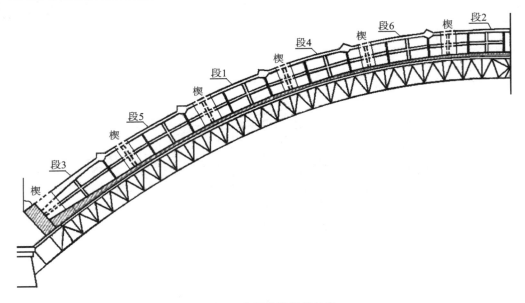

图8-48 分环分段浇筑示意

跨径在16 m以下的混凝土拱圈或拱肋,因拱矢较小,拱圈混凝土数量较少,所以,主拱可以从两拱脚开始对称向拱顶方向连续浇筑混凝土。

跨径在16 m以上的混凝土拱圈或拱肋,为避免先浇筑的混凝土因拱架下沉而开裂,并减小混凝土的收缩作用,混凝土可沿拱跨方向分段浇筑,各段之间预留间隔槽,这样,即便在混凝土浇筑过程中拱架发生下沉,拱圈各节段之间仍存在相对活动余地,从而避免拱圈开裂。

对于大跨径钢筋混凝土拱圈,因拱圈较厚,荷载较大,为减轻拱架负荷,减小拱架变形,拱圈混凝土可采用分环浇筑的方案。通常情况下,可根据拱圈的高度将拱圈分成两环或三环,先分段浇筑下环混凝土,再浇筑上环混凝土。因分环浇筑施工的工期较长,下环混凝土在达到设计强度后便具备了较强的承载能力,因此能够参与拱架的承载作用,共同承担下环混凝土的浇筑重量,可降低对于拱架刚度的要求。

(3)拱上建筑施工。

当主拱圈混凝土达到规定强度后,即可进行拱上建筑的施工。开展拱上建筑施工时,应掌握对称、均匀、均衡的原则,严禁主拱圈产生过大的不均匀变形。

对于实腹式拱上建筑,应从两侧拱脚向拱顶方向对称进行,当侧墙砌完后,再填筑拱腹填料。空腹式拱一般是在腹拱墩或立柱完成后,先卸落主拱圈拱架,再对称均匀地进行腹拱或横梁施工,最后完成联系梁以及桥面施工。对于较大跨径的拱桥,拱上建筑的砌筑顺序应按设计文件的规定进行。

2．拱桥的无支架施工

在拱桥无支架施工中，常用的方法主要有劲性骨架施工法、塔架扣索悬臂浇筑施工法和转体施工法。

（1）劲性骨架施工法。

劲性骨架施工法是利用先期安装的拱形劲性骨梁（通常采用钢管拱桁架）作为大跨度拱圈的施工支架，再挂模浇筑混凝土，将劲性骨架中所有竖横桁架用混凝土包裹之后而形成拱圈，这种施工方法最早由捷克工程师米兰提出，所以又称为米兰法。在这种施工方法中，劲性骨架不仅要充分发挥支架的功能，同时又是主拱圈中主要的承载结构，该方法自 1942 年在西班牙埃斯拉桥的施工中首次得到应用以来，逐渐成为修建大跨度拱桥的常用方法，特别是在采用高强、经济的钢管混凝土作为骨架材料以来，劲性骨架施工法得到了更广泛的使用。

劲性骨架拱桥与普通钢筋混凝土拱桥的区别在于，前者不仅以钢桁拱架作为施工的支架，而且还要成为拱圈内的受力筋，因此，劲性骨架可以是型钢，也可以是钢管，采用钢管作劲性骨架的混凝土拱又可称为内填外包型钢管混凝土拱。劲性骨架施工方法在某种程度上可以说是解决了大跨度拱桥施工的"自架设问题"，即首先架设自重轻、刚度和强度均较大的钢管骨架，然后在空钢管内压注混凝土形成钢管混凝土，使骨架进一步硬化，最后在钢管混凝土骨架上外挂模板浇筑外包混凝土，形成以钢管骨架为受力筋的大跨度箱型钢筋混凝土拱圈。

大跨度劲性骨架拱圈的施工法可以分为四个阶段：

①现场按设计图纸进行骨架 1∶1 放样、下料和加工，将整个劲性拱架按照节段划分进行预制；

②利用缆索吊和扣索进行劲性骨架的分段悬臂拼装与成拱；

③采用泵送法浇筑钢管内混凝土，形成承载能力更强的钢管混凝土劲性骨架；

④在钢管混凝土劲性骨架上悬挂模板，分环分段浇筑外包混凝土，最终形成拱圈。

【案例分析 8.5】　重庆万县长江大桥是我国所建设的具有代表意义的钢管混凝土劲性骨架钢筋混凝土拱桥。该拱桥主拱跨 420 m，矢跨比为 1/5，通车桥面总宽为 24 m；主拱圈为单箱三室的箱形截面，拱圈高 7 m，宽 16 m，顶板、底板厚 40 cm，顶板、底板、腹板在拱脚附近区域变厚，钢管劲性骨架成拱，拱上结构为 14 孔 30 m 的预应力简支 T 梁，桥台由拱座、水平撑和竖向支撑组成，主桥总体布置如图 8-49 所示。

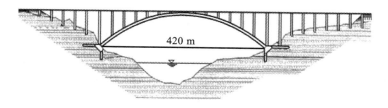

图 8-49　重庆万县长江大桥总体布置

万县长江大桥劲性骨架由五个钢管桁片组成，分为 36 个节段预制，每节段长 13.0 m，宽15.6 m，高 6.45 m，主拱圈劲性骨架如图 8-50 所示。在劲性骨架分段悬拼安装过程中，根据各拱段的安装特点、受力特点以及安装中的循环相似性，36 段劲性骨架可分为三个区域：拱脚定位区、中间区和拱顶合龙区，其中拱脚定位区和拱顶合龙区的安装最为关键，施工精度要求高，难度也比较大。

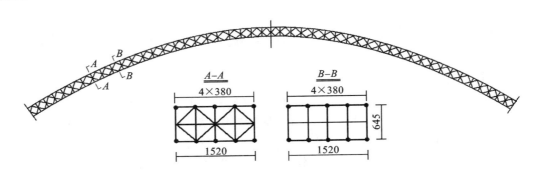

图 8-50　重庆万县长江大桥主拱圈劲性骨架

　　劲性骨架合龙后进行钢管混凝土灌注,待钢管内混凝土强度达到设计要求后,进行外包混凝土的浇筑。外包混凝土浇筑采用外挂模板的方法,浇筑分环分段逐步进行,其顺序为:中底板→下中腹板→上中腹板→中顶板→边底板→边腹板→边顶板。

　　如图 8-51 所示,首先浇筑中箱,从底板开始逐步向上分四批浇筑,在顶板处闭合;中箱钢管骨架外包混凝土完成之后,对称浇筑边箱,先浇筑底板,后浇筑腹板,最后浇筑顶板,待全部外包混凝土完成后形成拱圈箱形截面。

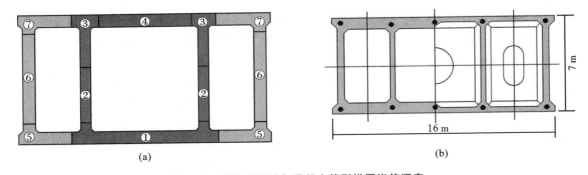

图 8-51　劲性骨架外包混凝土箱型拱圈浇筑顺序

　　(2) 塔架扣索悬臂浇筑施工法。

　　塔架扣索施工法是国外采用最早、最多的大跨径钢筋混凝土拱桥无支架施工的方法。实施塔架扣索施工法的关键在于如下设备:缆索吊、塔架、扣索。施工技术要点如下:首先根据地形特点在拱脚附近合适的位置安装临时塔架,拱圈施工采用悬臂浇筑或悬臂拼装法,当施工完一段拱圈后,用一根扣索拉住拱段前端,扣索另一端则绕过塔架顶部锚固在塔架后部的锚碇或岩盘内,用这种方法便可以使拱圈逐段向河中悬臂架设,直至在拱顶处合龙。采用塔架斜拉索法施工拱圈时,一般多采用悬臂浇筑方法,也可采用悬臂拼装法。

　　塔架扣索施工法也需灵活应用,为了适应现场施工环境的需要,有时需安装多个临时塔架,或者利用一个塔架的不同部位支撑扣索,如图 8-52 所示。

　　(3) 转体施工法。

　　桥梁转体施工是 20 世纪 40 年代以后发展起来的一种架桥工艺。它是在障碍物(如河流、交通要道或峡谷)两侧,利用地形或支架在障碍物两侧分别预制预留转动机构的半桥,然后在牵引设备的驱动下迫使两个半桥分别缓慢转动,直至转动到桥位轴线位置,最后完成合龙施工。

　　转体施工将复杂、技术性强、危险性高的凌空或水上作业变为障碍物两侧的陆地作业,既能保

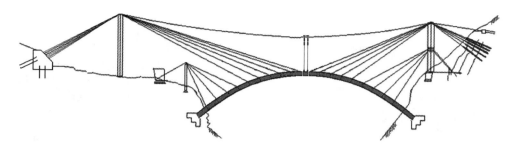

图 8-52　塔架扣索施工

证施工中的质量,大大降低安全风险,减少了施工费用和机具设备,提高了施工效率,同时,又能将施工期间对交通繁忙的公路、铁路以及河道通航的影响降低到最低。

视频 8-6
特大桥单 T 构
转体梁施工

转体施工法不仅可用于拱桥施工,目前在大跨度连续梁、斜拉桥、刚构桥等不同桥型上部结构的施工中都得到广泛应用。

转体方法可分成平面转体、竖向转体和平竖结合转体等三种。

平转法施工体系主要由水平转铰系统、牵引系统组成(图 8-53)。一般球铰下转盘锚固于下承台顶面,上转盘锚固于上承台底面。球铰上下盘可以绕中心钢轴相对转动,并通过设置四氟滑片、加硅脂等措施降低转动摩阻力。平转法施工通过两台以球铰为中心、对称布置的连续千斤顶产生的力偶克服球铰摩阻力产生的力偶,从而实现上转盘带动上承台匀速转动至设计位置。

转铰系统:由球铰(上、下球铰、球铰间四氟乙烯板、固定上下球铰的钢销、下球铰钢骨架),上、下转盘,环形滑道、支撑支腿、牵引反力座、助推反力座构成。

平转法施工流程如下。

①转铰系统施工。清理上下转盘之间临时支垫,确保滑道的平整。

②设备的布置与调试。包括油泵、千斤顶的调试,同一组千斤顶的同步性调试。

③安装牵引索。将钢绞线牵引索顺着牵引方向绕上转盘后穿过千斤顶,并用千斤顶的后锚具夹持住。

④转体施工。转体过程中通过上承台纵轴线位置和下承台上的标识之间的距离判断转体到位情况;转体即将到位前,在反力座之间插入限位型钢防止超转,同时辅助后续结构纠偏和定位操作。

⑤结构纠偏与精度控制。转体施工精度的控制主要对转体结构的纵轴线及标高、横坡,分三个施工阶段予以控制。

⑥封锚。封铰与固结上下转盘临时锁定后,快速调直、焊接连接钢筋,立模浇筑封固混凝土,使上转盘与下转盘连成一体。

竖向转体适用于桥位处无水或水很少的施工现场,可以在桥位处现浇或拼装拱肋成跨,以拱脚为转动轴,用扒杆等起吊安装。

在受到地形条件限制且半边拱桥不可能在桥梁设计平面和桥位竖平面内预制时,可利用平、竖结合转体法进行施工。

平面转体施工应用最多,又可分为有平衡重转体和无平衡重转体两种。

有平衡重转体一般以桥台背墙和配重作为平衡重,并将桥体上部转体结构前端用拉索锚固在反力墙上,用以稳定转动体系和调整重心位置,图 8-54 为有平衡重转体施工构造;不过在有平衡重的条件下,受到拱桥转动体系重量的限制以及经济成本方面的考虑,一般适用于跨径 100 m 以内的拱桥。

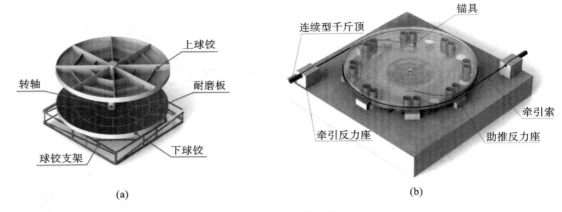

图 8-53 平转法施工体系

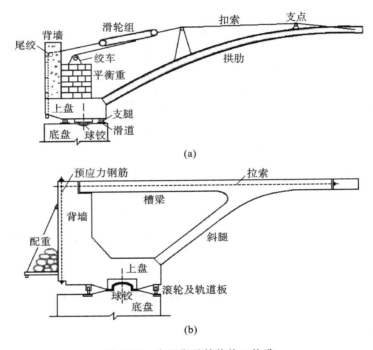

图 8-54 有平衡重转体施工构造

无平衡重转体不需要一个作为平衡重的结构,在两岸山体岩石锚洞内浇筑混凝土作为锚碇,然后用扣索将处于悬臂状态的半跨桥梁锚固在锚碇上,以此来平衡半跨悬臂梁体的倾覆力,如图 8-55 所示。

【案例分析 8.6】 淮河特大桥施工视频

高铁"世界第一跨"商合杭淮河特大桥于 2018 年 11 月 1 日合龙,采用了最先进的Ⅲ型板式无砟轨道技术,桥上可行驶时速 350 千米的高铁列车,桥下可通行 2000 吨级的大型船舶,淮河特大桥主桥主跨长 228 米,是无砟轨道连续刚构拱桥世界第一。无砟轨道是轨道下方没有铺设碎石,而是铺设特制的混凝土板。因为是高铁桥,没有一般桥的 10 厘米的调平层,但误差不能超过 10 毫米,修建难度非常大。

视频 8-7
淮河特大桥

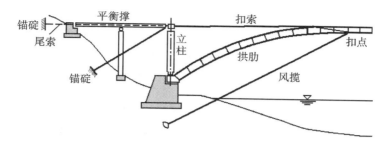

图 8-55　无平衡重转体施工构造

8.5　索桥的施工

【案例分析 8.7】 2018 年 10 月 24 日,世界上里程最长、寿命最长、钢结构最大、施工难度最大、技术含量最高、科学专利和投资金额最多的震惊世界的港珠澳大桥通车了,这是伟大时代实现的伟大梦想,也是助力伟大事业的伟大工程,港珠澳大桥见证了"一国两制"的强大生命力,也托举着粤港澳三地的携手共进。

视频 8-8

斜拉桥施工

全长 55 千米的港珠澳大桥,主桥 29.6 千米,三座主桥全部采用大跨度斜拉桥,但每座主桥都有独特的设计理念。其中青州航道桥塔顶结型撑吸收"中国结"文化元素,将最初的直角、直线造型"曲线化",使桥塔显得纤巧灵动、精致优雅。江海直达船航道桥主塔塔冠造型取自"白海豚"元素,与海豚保护区的海洋文化相结合。九洲航道桥主塔造型取自"风帆",寓意"扬帆起航",与江海直达船航道塔身形成序列化造型效果,桥塔整体造型优美、亲和力强,具有强烈的地标韵味(图 8-56)。

图 8-56　港珠澳大桥

8.5.1　概述

斜拉桥的上部结构由主梁、桥塔和斜拉索三大部分组成。各部分的结构可采用的材料和形式多种多样。因此其施工的方法也有许多种。斜拉桥主梁的施工方法,除要考虑施工技术设备和现场环境条件等因素外,还与桥梁结构特点如结构体系、索型、索距和主梁断面形式等密切相关。一般大跨度斜拉桥主梁多采用悬臂浇筑或悬臂拼装的方法施工。中小跨度的斜拉桥则可根据桥址处的地形、水文气象条件和结构自身的特点,采用支架法、顶推法或平转等施工方法。需要强调的是,不同的施工方法,在各施工阶段的内力是不同的,有时结构设计往往由施工内力所控制,所以结构设计必须考虑施工方法、施工内力与变形。而施工方法的选择应符合设计要求。新颖的设计构思,能推动施工技术的进步;而先进合理的施工技术和经验,也能推动设计理论的发展。

悬索桥的施工主要包括锚碇、桥塔、主缆、吊索和加劲梁等的制作和安装。其中锚碇结构分为重力式、隧道式及岩锚式三种,目前以前两种为主,而岩锚式一般与隧道式相组合。大跨度悬索桥塔采用钢或混凝土材料建造。小跨度悬索桥则有采用坮工材料建造的实例。悬索桥的主缆架设一般采用空中纺线法(air spinning)或预制平行丝股法(prefabricate parallel wire strands)施工。加劲梁的架设则一般采用预制拼装施工。

本节主要介绍斜拉桥与悬索桥上部结构的施工,包括桥塔施工、悬索桥锚碇施工、斜拉索(主缆)的制作与架设、主梁(加劲梁)的施工等内容。桥塔与锚碇基础的施工,与其他桥型基础施工相同,本节不再重复。

8.5.2 桥塔施工

大跨度斜拉桥与悬索桥一般采用钢桥塔或混凝土桥塔;在混凝土桥塔中,也有采用钢结构的横系梁的结构形式。对钢桥塔,一般采用预制吊装的施工方法进行架设。而对混凝土桥塔,则采用现场浇筑的方式进行施工。斜拉桥与悬索桥的桥塔结构形式虽然有较大差异,但施工方法则一般是相同的,因此在本节一起介绍。

1. 混凝土主塔施工

混凝土塔柱的施工方法主要有三种:支架现浇法、预制吊装法、移动模板施工法,其中,移动模板施工法包括翻模法、爬模法和滑模法。

(1)支架现浇。

该施工方法工艺成熟,无需专用设备,能适应较复杂的塔柱断面形式,锚固区预留孔道和预埋件的处理也较方便,但缺点是施工周期较长,且费工、费料。支架现浇施工方法比较适用于跨度200 m左右、桥面以上塔高约40 m的斜拉桥。对于跨径更大的斜拉桥,其桥面以上的塔柱会更高,此时,可将塔柱分为多段采取不同的方法施工,例如,其中下部节段可采用支架现浇,上部可采用移动模板施工或分段预制安装。

(2)预制吊装。

顾名思义,采用这种方法需首先在桥下预制场地将塔柱分段预制,然后运抵施工现场,运用起重能力较强的吊装设备进行拼装施工。这种施工方法不适合建造较高的塔柱,但是当塔高不高、工期比较紧的时候,这种施工方法可以加快施工速度,减少高空作业难度和劳动强度。目前,国外采用预制吊装法施工比较多,我国大多采用现浇方法。

(3)移动模板施工。

移动模板施工法主要包括翻模法、爬模法和滑模法,这些方法均适用于高塔的施工,但是,在施工工艺、施工效率、施工质量、施工安全等方面有着明显差异。

①翻模法。

翻模体系通常由三层独立的模架组成,每一层模架由模板、支架、工作平台和吊架构成。在正常的循环施工当中,每一次将最下层模架拆卸后起吊并安装至最上层模架顶面,然后以下面两层模架作为支撑浇筑新的一层塔柱(图 8-57),直至施工结束。翻模施工中需要借助塔吊作为起吊设备,因此翻模方法施工进度慢,外观效果差,高空作业的安全性低,现在索塔施工中很少采用。

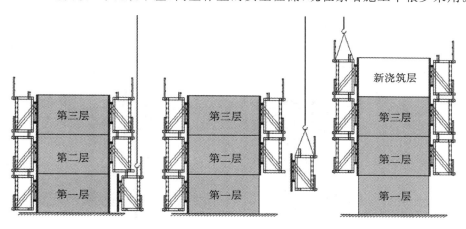

图 8-57　塔柱翻模法施工

②爬模法。

爬模施工是目前塔柱施工中采用比较多的一种施工方法。爬模法施工安全、质量可靠,索塔大多采用此法。爬模施工的模板一般采用钢模板,沿竖向一般布置 3～4 节,每节高度根据模板支架的构造等采用 2～5 m,而爬模施工每节段混凝土的浇筑长度通常为 3～6 m。为了保证爬模操作的顺利进行,一般在爬模体系中需设置自动提升设施,目前使用较多的是液压式爬升设备。爬模过程和爬模体系的主要构造,如图 8-58 所示。

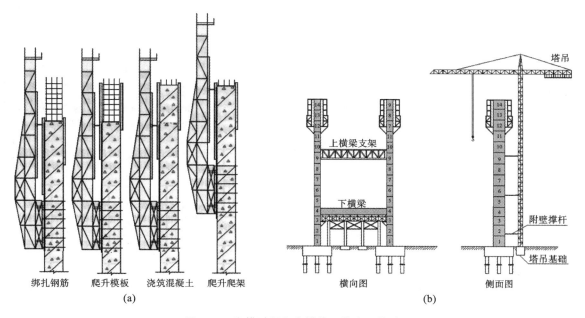

图 8-58　爬模过程和爬模体系的主要构造

③滑模法。

无论翻模施工或爬模施工,一个共同的特点都是依托于已浇筑成型的塔柱混凝土作为下一节段施工的支撑,特别是在爬模施工中,爬架依赖于导轨才能提升,而导轨必须安装在已成型的混凝土塔壁上,但是在滑模施工法中,整个体系的支撑和提升不依赖已浇筑成型的混凝土,而是支撑在预先埋置在塔壁混凝土内部的顶升钢筋或钢管上,如图8-59所示。

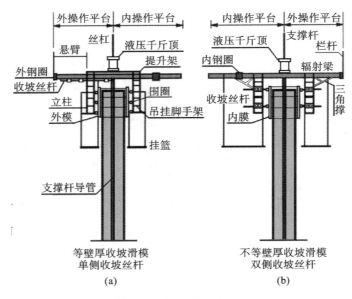

图8-59 塔柱滑模法施工

在滑模施工过程中,由于不再要求已浇筑混凝土必须达到较高强度,滑模方法施工的混凝土结构连续性好、表面光滑、无施工缝,并且施工速度快、施工安全性高、混凝土材料消耗少,可节省大量对拉钢筋、钢模板及其他周转材料。正是由于上述优势,滑模施工技术已成为塔柱等混凝土高耸结构的主要施工方法。

2. 钢主塔施工

钢塔柱都是在工厂内分段制作,运抵现场后分段吊装和连接,因此,钢塔柱的施工相比混凝土塔柱来说要简单得多,施工的技术含量较低,具有施工进度快、施工周期短、安全性高等优点,再加上钢材容易加工、分段重量轻、易安装、延展性能好等的特点,使得钢塔柱在特大跨度斜拉桥的塔柱建造中具有独特的优势。

根据其规模、形状、施工地点的地形条件,以及其经济性,可以采用浮式吊机施工法、塔式吊机施工法、爬升式吊机施工法等。

8.5.3 主梁施工

斜拉桥主梁可以采用支架法、顶推法、平转法施工,但是使用最多的还是悬臂施工方法,它适用于所有跨径的斜拉桥的施工。

1. 悬臂施工方法

现代大跨径斜拉桥主梁常用悬臂法施工,悬臂施工期间利用斜拉索逐段吊拉主梁,充分发挥了斜拉桥的结构优势,减轻了施工荷载,从而可以获得数百米长的悬臂。这一特点使斜拉桥成为大跨度桥梁的有力竞争者。

悬臂施工法可分为悬臂拼装法和悬臂浇筑法两种。悬臂拼装法一般先在塔柱区段现浇起始梁段放置起吊设备,然后用起吊设备从塔柱两侧依次对称安装预制梁段,使悬臂不断伸长直至合龙。

悬臂浇筑法是从塔柱两侧用挂篮对称逐段就地浇筑混凝土直至合龙。悬臂施工一般从塔柱两侧对称进行,称为双悬臂施工。当桥梁边跨在陆地上、主跨在水面上时,可以在支架上施工边跨,而中跨采用悬臂施工,这种方法称为单悬臂施工。

悬臂拼装法既适用于钢主梁斜拉桥也可用于混凝土主梁斜拉桥,但是,用于混凝土主梁斜拉桥时,需要大吨位的起重设备,在水面上施工时需要大吨位的浮吊。

悬臂浇筑是混凝土斜拉桥广泛使用的施工方法,已经形成了一套成熟的施工工艺,我国大部分混凝土斜拉桥主梁都采用悬臂浇筑法施工。早期的悬臂浇筑使用类似于连续梁桥悬臂浇筑时使用的挂篮,每节段只能浇筑 3～5 m,密索斜拉桥的索距为 6～10 m,挂篮必须移动两次才能完成一个节间的施工,施工周期长。目前的悬臂浇筑普遍使用牵索式挂篮,挂篮的有效浇筑长度是普通挂篮的 2 倍,每次浇筑一个斜拉索节间,因此,工期可以缩短一半。牵索式挂篮有长平台和短平台复合式牵索式挂篮。比较而言,短平台复合型牵索挂篮平台作用于主梁上的反力大大减小,三脚架的采用很好地解决了长平台挂篮不便于前移的问题,缩短了挂篮长度,减轻了挂篮自重,挂篮纵梁竖向抗弯刚度增大,大大减小了挂篮纵梁的挠曲变形,因此,更有利于混凝土梁的线形控制,如图 8-60所示。

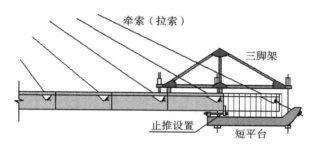

图 8-60　短平台复合型牵索挂蓝结构示意

2. 顶推法

顶推法最早是 1959 年在奥地利的阿格尔桥上使用。在顶推施工中,梁体分段预制,预制场地设置在梁体纵轴方向的台后,每当一段梁体预制完成后,用纵向预应力筋将其与已完成的梁体连成整体,然后通过水平千斤顶施力,在导梁的引导下将梁体向前顶推出预制场地,在预制场地继续进行下一节段梁的预制,如此循环作业直至施工完成,如图 8-61 所示。对于跨度较大的斜拉桥来说,必须在主塔与边墩之间设置多个临时支墩,避免梁体前端在顶进过程中发生大的下挠,同时在导梁前端设置标高调整装置,确保导梁能够顺利搭上临时支墩的墩顶。

视频 8-9
米约大桥

【**案例分析8.8**】　法国 2004 年建成的米约高架桥,为全长 2460 m 七塔高墩斜拉桥,经多种架设方法的比较,最终选择顶推法施工:预先将 2000 块桥面板焊接成每块 32 m 的钢板,运到桥两端的谷地同其他构件焊接起来后,缓慢地吊到安装平台进行组拼,然后将钢箱梁顶推到位。

8.5.4　斜拉索施工

1. 斜拉索的类型

斜拉索一般采用高强度钢筋、钢丝或钢绞线制作。主要有平行钢筋索、平行钢丝索、平行钢绞

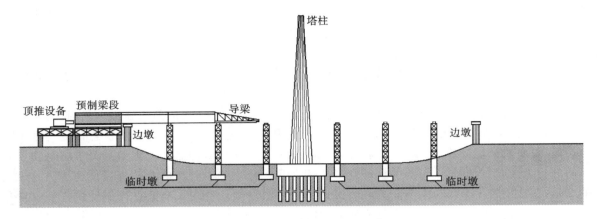

图 8-61 斜拉桥顶推法施工示意

线和封闭钢缆等几种形式(图 8-62)。在我国的大跨度斜拉桥中,主要采用平行钢丝索和平行钢绞线。目前,我国已有专门生产制作这类拉索的工厂,且遵循有关标准生产。

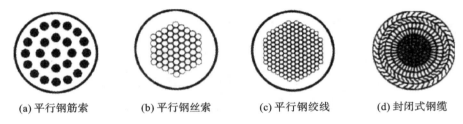

(a) 平行钢筋索　　(b) 平行钢丝索　　(c) 平行钢绞线　　(d) 封闭式钢缆

图 8-62 斜拉索的基本类型

斜拉索的架设包括设置锚固部件、架设斜拉索、斜拉索张拉和调整以及斜拉索防护等施工工序。斜拉索的架设方法要在考虑桥梁规模(斜拉索长度)、桥塔形状、斜索的布置形状和斜索的材料和防锈方法等因素后,进行综合研究确定。

2. 斜拉索的引架

斜拉索的引架作业,是将斜拉索引架到桥塔锚固点与主梁锚固点之间的位置上。斜拉桥中使用的拉索可以分为两大类:一类是在工厂内制造后,运到现场的"预制索";另一类是与主梁及桥塔的施工同时进行的,在现场直接制造的"现场制索"。预制索常常是直接用吊机将斜拉索起吊就位,或用导向缆绳及绞车等引拉就位的方法架设。现制索则常用导索缆绳等将保护管先架设好,然后再将斜索本身插入保护管。斜拉索的引架一般有 4 种方式。

(1)塔顶直接引架。

此法是使用塔顶吊机,将在主梁桥面上展开的斜拉索,通过导向滑轮及引拉装置等直接引拉就位。当斜拉索被吊拉到桥塔锚固点附近时,即利用设在塔上的引拉装置将斜索锚头引拉到锚固构件上。此法工作效率较高,一般适用于由单根钢索组成的斜拉索,如果用于引拉由多根钢索组成的斜拉索,则必须有工作猫道。

(2)设置临时索和滑轮吊索引架。

此法为在塔顶与主梁前端之间设置临时钢索,然后用若干根滑轮吊索,引拉预先已展好的斜索。滑轮吊索的下端将斜索吊起,上端则有滑轮可沿临时钢索向上滑行。此法的缺点是,临时钢索要随着主梁的伸出经常变换位置,架设效率稍低。但它可架设大截面的斜索。

（3）设置临时索和垂直吊索引架。

此法与（2）法同样，先要设置临时钢索。临时钢索上设置若干根带有滑车组的垂直吊索。依靠这些吊索将在梁上已展开的斜索垂直地起吊就位，并引入塔内锚固。此法的缺点也是临时钢索的位置要随着主梁的伸出而变化。如果斜索可以按从上到下的次序逐根安装，则也可利用上面已安装好的斜索代替安装下一根斜索所需的临时钢索。

（4）在工作猫道上引架。

此法将若干个滑轮安装在工作猫道上。然后将展开的斜索放在这些滑轮上向上引拉就位，此法常与（2）法一起使用，即塔方向的斜索锚头同时由临时钢索的吊索来吊拉。

3. 斜拉索的张拉

斜拉索的张拉作业，是在斜索引架完毕后导入一定的拉力，使斜拉索开始受力而参与工作。

（1）用千斤顶直接张拉。

此法在斜索的梁端或塔端的锚固点处装设千斤顶直接张拉斜索。采用此法时，设计中要考虑千斤顶所需的最小工作净空。目前，国内几乎都是采用液压千斤顶直接张拉斜索。

（2）用临时钢索将主梁前端拉起的方法。

此法依靠主梁伸出前端的临时钢索，先将主梁向上吊起。待斜索在此状态下锚固完毕后，再放松临时钢索，使斜索中产生拉力。实际上是将临时钢索中的拉力以大于 1 倍的数值转移到需要张拉的斜索中去。此法虽可省去大规模的机具设备，但仅靠临时钢索，有时很难满足主梁前端所需的上移量。因此常在最后还需用其他方法来补充斜索的拉力。所以此法较少采用。

（3）用千斤顶将塔顶鞍座顶起的方法。

安装塔顶鞍座时，先将鞍座放置在低于设计高度的位置上。待斜索引架到鞍座上之后，再千斤顶将鞍座顶高到设计标高，由此使斜索得到所需的拉力。当斜索长度很大时，采用此法进行张拉，有时鞍座的顶高量可达 2 m。

（4）梁先架设在高于设计标高位置上的方法。

主梁的架设标高，先高于设计位置，待全部斜索安装锚固后，再放松千斤顶落梁，并由此使斜索得到所需的拉力。

（5）在膺架上将主梁前端向上顶起的方法。

此法实际上与（2）法相似，仅仅是向上拉与向上顶的区别而已。但此法只适用于主梁可用膺架架设的斜拉桥。主梁前端在水面上时，也可采用浮吊，将主梁前端吊起或借助于驳船的浮力，当然也可以在驳船上将主梁前端顶高。

◣◣◣ *知识归纳* ◢◢◢

1. 简支梁上部结构的施工方法主要包括就地浇筑和预制安装。就地浇筑的施工工序：搭设支架—模板制作—钢筋加工和制作—混凝土浇筑、养护—模板拆除—支架拆除。预制安装法中的预制梁多采用工厂预制、现场架设的方法，架设方法主要有陆地架设、浮吊架设和利用安装导梁或塔架、缆索的高空架设等。

2. 预应力混凝土连续梁的施工方法根据桥跨的长度、地形情况和施工机具设备等条件，采用有支架就地浇筑法、先简支后连续法、逐孔施工法、顶推法和悬臂法，其中悬臂法施工应用最为广泛。

3. 拱桥的主要承重结构——拱圈施工方法主要分为有支架施工和无支架施工两类。在拱桥无支架施工中,常用的方法主要有劲性骨架施工法、塔架扣索悬臂浇筑施工法和转体施工法。

4. 一般大跨度斜拉桥主梁多采用悬臂浇筑或悬臂拼装的方法施工。中小跨度的斜拉桥常采用支架法、顶推法或平转等施工方法。悬索桥的施工主要包括锚碇、桥塔、主缆、吊索和加劲梁等的制作和安装。悬索桥的主缆架设一般采用空中纺线法或预制平行丝股法施工。加劲梁的架设一般采用预制拼装施工。

独立思考

1. 简支梁施工中目前常用的陆地架设法有哪些? 分析其相似点和不同点。

2. 悬臂施工法可分为哪几类? 各有何特点?

3. 拱桥的施工方法有哪些? 各有何特点?

4. 斜拉索是如何引架和张拉的?

5. 查阅资料,阐述武汉长江大桥、长江二桥、天兴洲大桥、鹦鹉洲大桥和杨泗港大桥主梁的施工方法。

6. 观看米约大桥的施工视频,并思考主梁采用什么施工方法,与教材讲的类似施工方法有什么区别?

第9章 掘地及泉,隧而相见
——隧道及地下工程

【导入语】 21世纪是人类大规模开发利用地下空间的时代,也是隧道工程发展的黄金时期。以隧道和地下工程的建设规模、速度、隧道数量来衡量,我国现居世界首位。某些已建或在建的隧道和地下工程项目的技术水平已跨入世界先进或领先行列,这些先进的隧道和地下工程带动施工技术的快速发展。

9.1 隧道工程

隧道是修建在地下或水下或者在山体中,铺设铁路或修筑公路供机动车辆通行的建筑物。隧道工程具有规划及建设规模庞大、工程地质环境复杂多变等特点,因此隧道施工的专业性非常强。隧道根据其所在位置可分为山岭隧道、水下隧道和城市隧道三大类。这三类隧道中修建最多的是山岭隧道。

1. 隧道工程施工特点

隧道工程是纵向长度从几米到十几千米,断面相对比较小,一般高5～6 m,宽5 m以上的纵长地下结构物。其施工具有以下特点。

(1)隐蔽性高,未知因素多。

(2)作业空间有限,工作面狭窄,施工工序之间干扰大。

(3)施工过程作业的循环性强,因隧道工程是纵长的,施工严格地按照一定顺序循环作业,如开挖就必须按照"钻孔—装药—爆破—通风—出渣"的顺序循环。

(4)施工作业的综合性强,在同一工作环境下进行多工序作业(掘进、支护、衬砌等)。

(5)施工过程的地质力学状态是变化的,围岩的物理力学性质也是变化的,因此施工是动态的。

(6)作业环境恶劣,作业空间狭窄,施工噪声大,易产生粉尘、烟雾,潮湿,光线暗。

(7)作业风险大。风险性是与隐蔽性和动态性相关联的,在施工过程中,施工人员必须随时关注隧道施工的风险。

2. 隧道施工方法

隧道工程施工的方法有明挖法和暗挖法。明挖法是在地面条件允许,且埋深较浅的情况下,开挖明沟后施作隧道结构的方法。目前,我们在隧道工程施工中常采用的暗挖法有钻爆法(矿山法)、新奥法、掘进机法(无爆法)、盾构法和预制管段沉埋法(沉管法)。钻爆法是岩层隧道最常用、最基本的挖掘方法。新奥法是在保证隧道稳定、安全情况下的一种经济施工方法,可用于岩层隧道,也可用于土层中的隧道。掘进机法和盾构法则是集安全防护、开挖、出渣、支护于一体的机械化隧道施工方法。其中,掘进机法用于在岩层中的隧道开挖,如西康线秦岭隧道,西安到合肥的西合线上的桃花铺隧道,是我国第一次引进掘进机施工方法进行施工的隧道工程,而盾构法则主要用于土层隧道。沉管法是通过预制、沉入构筑水下隧道。

选择隧道工程施工方法的原则:除了考虑隧道工程的地质条件,还要强调施工方法必须符合快速、安全、质量及环境的要求。而且环境因素有时成为选择施工方法的决定性因素。如在地质条件适合的条件下选用大型的掘进机施工方法,这种方法机械化、自动化程度高,它可满足快速、安全、质量的要求,但是在洞口现场平面狭窄,无法组拼大型掘进机的环境下,大型掘进机的施工方法受到限制。因此,选择隧道工程施工方法应考虑的基本要素如下。

(1)施工条件。

施工条件包括施工队伍的施工能力、施工人员素质以及施工管理水平、装备水平。在选择施工方法时,应充分考虑这个因素。如隧道地质条件允许采用全断面开挖法,一般全断面开挖选用钻孔台车打眼一次性钻孔完毕,若没有这种装备,最好选用短台阶开挖法。

(2)地质条件。

地质条件包括围岩等级、地下水及不良地质现象等,围岩等级对施工方法的选择起着重要的甚至决定性的作用。在隧道施工过程中围岩等级发生变化时,必须变换施工方法。

(3)隧道断面形状和尺寸。

隧道断面尺寸和形状,对施工方法的选择有一定的影响。铁路单线和双线隧道、公路的双车道隧道,越来越多地选择采用全断面法和台阶法施工。目前,隧道断面有向大断面方向发展的趋势,如公路隧道修建3车道至4车道隧道,水电工程中大断面洞室更是屡见不鲜,所以施工方法必须适应其发展。

(4)埋深。

隧道埋深与围岩的初始应力场及多种因素有关。一般将埋深分浅埋和深埋两类,浅埋又分为超浅埋和普通浅埋两类。在同样的地质条件下,由于埋深不同,施工方法有很大差别。一般浅埋隧道往往采用先将地面挖开,修筑完成支护结构后再回填土石的明挖施工。如隧道进出口埋深比较浅,常采用明挖施工。深埋隧道则采用不挖开地面的暗挖法施工,即在地下开挖及修筑支护结构。

(5)工期。

隧道工程合同工期的要求,在一定程度上会影响隧道施工方法的选择。隧道工程施工中,工期决定了在均衡生产条件下,对开挖衬砌、运输等综合生产能力的基本要求,对施工方法、施工进度、机械化水平和管理模式的要求。相同地质条件下,工期短的隧道要比工期长的隧道机械化程度高,管理更加科学、严格。

(6)环境条件。

隧道施工会对周围环境产生爆破振动,造成地表下沉以及地下水的变化等不良影响,这时,环境条件将成为选择隧道施工方法的重要因素之一。特别是在城市隧道施工中,环境条件成为选择施工方法的决定因素。

隧道工程施工最重要的是合理选择施工方法。我国隧道工程(铁路、公路)在施工实践中,积累了丰富的施工经验和理论,逐渐形成了具有中国特色的隧道施工方法体系。施工方法是多种多样的,本节我们将介绍目前常采用的钻爆法(矿山法)和新奥法。

3. 钻爆法(矿山法)和新奥法区别

作为施工方法,人们习惯上将采用钻爆开挖加钢木构件支撑的施工方法称为"传统的矿山法",又称为钻爆法;而将采用钻爆开挖加锚喷支护的施工方法称为"新奥法"。

简单来说,传统矿山法与新奥法的相同之处在于都采用钻爆法开挖;不同之处在于对围岩的处理不同。新奥法与钻爆法在设计理论和施工方法上有根本的差别。

钻爆法是将隧道断面分成若干小块进行开挖，随挖随用钢材和木杆支撑，然后从上到下，或从下到上地砌筑刚性衬砌；施工过程中始终把围岩看成是必然要松弛塌落而成为作用于支护结构上的荷载。

新奥法则是应用岩体力学理论，以维护和利用围岩的自承能力为基点，采用锚杆和喷射混凝土为主要支护手段，及时地进行支护，通过控制围岩的变形和松弛，减小围岩应力，并且使围岩成为支护体系的组成部分。通过对围岩和支护的量测监控来指导隧道工程的设计和施工。

9.1.1　钻爆法

钻爆法施工全称"钻眼爆破法施工"，指在隧道岩面上钻眼，并装填炸药爆破，用炸药爆破来破碎岩体，开出洞室的一种施工方法。中国绝大部分的铁路隧道工程均采用此法。由于其最早并长期用于矿山巷道工程中，故称为"矿山法"。用钻爆法开挖，都有如下基本工序：钻眼、装药爆破、通风、必要的施工支撑、出渣清场。它们组成一个周而复始的过程，称为爆破循环；每次爆破掘进的距离，称为循环进尺。挖开的断面采用钢或木构件作为临时支撑，以抵抗围岩的变形，承受围岩压力，获得巷道临时的稳定。待隧道开挖成型后，再逐步将临时支撑替换下来，而代之以整体式的单层衬砌作为永久性支护。由于木构件支撑具有耐久性差和对围岩形状的适应性差的缺点，支撑撤换作业既麻烦又不安全，因此目前很少采用。钢构件支撑具有较好的耐久性和对隧道形状适应性强等优点，施工后的钢构件可不予拆除和撤换，因而比较安全。

钻爆法特点如下：

①可对工序进行机动灵活的调整，当施工条件变化时依然表现出很强的适应性；

②施工设备的配套比较灵活，机械的组装比较简单，转移方便，重复利用率较高；

③经过长期的实践，积累了宝贵的施工经验，形成了较为科学、完整的施工工艺。

由于钻爆法具有上述特点和普遍认同的优势，从隧道工程的发展趋势来看，钻爆法仍是今后山岭隧道最常用的施工方法之一。但与其他方法相比而言，钻爆法具有施工工序多、相互干扰大、施工速度慢、超欠挖严重、对围岩扰动较大、施工安全性较差、工人劳动强度大、作业场所环境差、管理难度大等缺点。尤其在长大隧道施工过程中，为保证工期，往往需要采用辅助坑道来增加作业面，增加了工程造价。而新奥法可以适应多种地质条件，目前已广泛应用于隧道工程施工。

1. 施工基本原则

传统矿山法施工的基本原则可归纳为"少扰动，早支撑，慎撤换，快衬砌"。

少扰动，是指在隧道开挖时，尽量少扰动围岩，减少对围岩的扰动次数、扰动强度和扰动持续时间。采用钢支撑，可以增大一次开挖面跨度，减少分部次数，从而减少对围岩的扰动。这与新奥法的施工要求是一致的。

早支撑，是指开挖后及时施加临时支撑，使围岩不致因变形过度而产生坍塌失稳，并承受围岩松弛变形产生的压力——早期松弛荷载。定期检查支撑的工作状况，若发现变形严重或出现损坏征兆，应及时加强支撑。作用在临时支撑上的早期松弛荷载大小可比照永久衬砌的计算围岩压力大小来确定，临时支撑的结构设计亦采用类似于永久衬砌的设计方法。

慎撤换，是指拆除临时支撑而代之以永久性混凝土衬砌时要慎重，防止撤换过程中围岩坍塌。撤换的范围、顺序、时间应视围岩稳定性及支撑受力状况而定。使用钢支撑时，则可以避免拆除支撑的麻烦和危险。

快衬砌，是指临时支撑拆除后要及时修筑混凝土衬砌，使之尽早承载，参与工作。

2. 施工工艺与要点

（1）钻孔。

要先设计炮孔方案，然后按设计的炮孔位置、方向和深度严格钻孔。单线隧道全断面开挖，采用钻孔台车配备中型凿岩机，钻孔深度为2.5～4.0米。双线隧道全断面开挖采用大型凿岩台车配备重型凿岩机，钻孔深度可达5.0米。炮孔直径为4～5厘米。炮孔分为掏槽孔（开辟临空面）、掘进孔（保证进度）和周边孔（控制轮廓）。

（2）装药。

在掘进孔、掏槽孔和周边孔内装填炸药。一般装填硝铵炸药，有时也用胶质炸药。装填炸药率为炮眼长度的60%～80%，周边孔的装药量要少些。为缩短装药时间，可把炸药制成长的管状药卷，以便填入炮眼；也可利用特制的装药机械把细粒状药粉射入炮孔中。

（3）爆破。

1867年美国胡萨克铁路隧道开始采用电力起爆，此后，电力起爆逐渐推广。在全断面掘进中，为了降低爆破对围岩的振动和破坏，并保证爆破的效果，多采用分时间阶段爆破的电雷管或毫秒雷管起爆。一般拱部采用光面爆破，边墙采用预裂爆破。近期发展的非电引爆的导爆索应用日益广泛。

（4）施工通风。

排出或稀释爆破后产生的有害气体和由内燃机产生的氮氧化物及一氧化碳，同时排除烟尘，供给新鲜空气，以保证隧道施工人员的安全和改善工作环境。通风可分主要系统和局部系统。主要系统可利用管道（直径一般为1～1.5米，也有更大的）或巷道（平行导坑等），配以大型或中型通风机；局部系统多用小型管道及小型通风机。巷道通风多采用吸出式，将污浊空气吸出洞外，新鲜空气由正洞流入。新鲜空气不易达到的工作面，须采用局部通风机补充压入。

（5）装渣与运输。

在开挖作业中，装渣机可采用多种类型，如后翻式、装载式、扒斗式、蟹爪式和大铲斗内燃装载机等。运输机车有内燃牵引车、电瓶车等，运输车辆有大斗车、槽式列车、梭式矿车及大型自卸汽车等。运输线分有轨和无轨两种。

由钻孔直到出渣完毕称为一个开挖循环。根据中国的经验，在单线全断面开挖中24小时能进行两个循环，每个循环能进3.5米深度，每日单口进度可达7米。然而在开挖中难免遇到断层或松软石质以及涌水等，不易保持每日的预计循环，所以每月单口实际进度多低于200米。中国成昆线蜜蜂箐单线隧道单口最高月进度曾达到200米。日本大清水双线隧道单口最高月进度曾达到160米。开挖循环作业的特点是一个工序接一个工序必须逐项按时完成，否则前一工序推迟就会影响下一工序，因而拖长全部时间。其中最主要的工序为钻孔及出渣，所用时间占全部作业时间比例较大。

3. 掘进方式

钻爆法理想的做法是洞室断面一次爆破成型，再按工艺要求自下而上浇筑混凝土衬砌，但往往由于岩体不稳定及施工机具的限制，钻爆法施工时要分块开挖，分部衬砌。分部开挖的目的是减少对围岩的扰动，分部的大小和多少视地质条件、隧道断面尺寸、支护类型而定。钻爆法开挖采用的方法有全断面开挖法和分部开挖法。

视频9-1
钻爆法施工

（1）全断面开挖法。

一次开挖成型的方法一般采用带有凿岩机的台车钻孔，毫秒爆破，喷锚支护，还要有大型装渣运输机械和通风设备。全断面开挖法又演变为半断面法。半断面法是弧形上半部领先，下半部隔一段距离施工。在坚实、整体的岩层中，对中、小断面的隧道可全断面一次开挖。

（2）分部开挖法。

先用小断面超前开挖导坑，然后，将导坑扩大到半断面或全断面的开挖方法。这种方法主要优点是可采用轻型机械施工，多开工作面，各工序间拉开一定的安全距离。缺点是工序多，有干扰，用人多。但随着大型凿岩台车和高效率的装渣机械以及各种辅助工法的出现，分部数目趋于减少。根据导坑在隧道断面的位置分为上导坑法、中央导坑法、下导坑法以及由上下导坑互相配合的各种方法，另把全断面纵向分为台阶进行开挖，而各层台阶距离较短的台阶法。在松软、破碎的地层中，宜进行分部开挖。

全断面开挖法和分部开挖法是钻爆法开挖常用的方法，但隧道施工很复杂，时常遇到各种困难情况，如大断层、流砂、膨胀地层、溶洞、大量涌水等，尚需采取相应措施。

9.1.2　新奥法

新奥法的全称是"新奥地利隧洞施工法"，英文名为"new Austrian tunneling method"，简称"NATM"，它是奥地利学者拉布西维兹（L. V Rabcewicz）教授等在长期的隧洞施工实践中，从岩石力学的观点出发，提出的一种以岩石力学理论基础为科学依据，采用喷锚技术、施工测试等形成的一种新的工程施工方法。1980 年，奥地利土木工程学会地下空间分会把新奥法定义为"在岩体或土体中设置的以使地下空间的周围岩体形成一个中空筒状支承环结构为目的的设计施工方法"。这个定义扼要地提示了新奥法的核心是充分发挥围岩自身的承载能力，促使围岩本身变为支护结构的重要组成部分，使围岩与构筑的支护结构共同形成坚固的支承环。

视频 9-2
新奥法施工

1. 基本内容

新奥法是完全不同于传统钻爆法（矿山法）的一种新理念，它摒弃了应用厚壁混凝土结构支护松动围岩的理论。其基本内容可归纳为以下几点。

①岩体是隧道结构体系中的主要承载单元，施工中应充分保护岩体，尽量减少对围岩的扰动，避免减少围岩强度。施工中断面分块不宜过多，尽可能地采用大断面的开挖方法，光面爆破，预裂爆破。

②隧道的开挖应尽量利用围岩的自承能力，充分发挥围岩的自身支护作用。

③充分发挥岩体强度，允许并控制岩体变形。一方面允许变化，使围岩能形成承载环；另一方面限制岩体变形，不至于过度松弛而丧失或大大降低承载力。因此，施工中根据围岩级别，采用不同的初期支护，及时施作密贴于围岩的柔性支护（如钢拱架、喷射混凝土和锚杆等），这样就能通过调整支护结构的强度、刚度、参加工作的时间，以及底拱闭合时间来控制岩体的变形。

④在软弱破碎地段，为了改善施工结构的受力性能，应尽快使支护结构闭合而成为桶型结构，从而增加支护结构的刚度，有效地发挥支护体系的作用，保证隧道的稳定性。

⑤为了敷设防水层或承受由于锚杆锈蚀、围岩性质恶化、流变、膨胀引起的后续荷载，可采用二次衬砌。二次衬砌原则上是在围岩和初期支护变形基本稳定的条件下修建，使围岩和支护结构形成一个整体，从而提高支护体系的安全度。

⑥尽量使开挖后的隧道断面周边轮廓光滑、圆顺，避免棱角突变处应力集中。

⑦在施工各个阶段对围岩和支护结构进行现场监控、测量，提供可靠的信息以便能够合理安排施工程序，修正不合理的设计和施工方法。

其实，新奥法不能单纯理解为隧道施工的某一种方法。它是把隧道的设计与施工合为一体，以弹塑性理论的成果进行支护结构的设计,并以现场量测的手段修正设计、指导施工的一种新理念。这一新理念集中体现在支护结构种类、支护结构构筑时机、围岩压力、围岩变形这四者的关系上,自始至终贯穿不断变更的设计、施工的过程中。

2. 特点及应用范围

新奥法采用控制开挖、柔性薄衬砌,减少了开挖量和衬砌量,加快了施工进度。开挖之后及时做好密贴、柔性的支护,防止地层较大的松弛破坏。一次支护后不断进行现场监测,一旦发现变形过大、过快或其他不良征兆,就可以及时加固支护。因此,在地层条件很差时也能保证安全。宜做防水夹层,可将防水夹层做在比较平整的一次支护面上。

新奥法的适用范围很广,不同的地质条件,不论岩石种类,都可以采用,甚至在土层中都可以采用。各种不同深度均可采用新奥法。各种不同形状、不同断面的洞室也均能采用新奥法。但是,在地下水很丰富的地层中若要采用新奥法,必须首先解决地下水的问题,否则开挖后的一次支护就很难施工。

目前,铁路、公路、水工隧洞、地铁,以及几乎所有的其他地下工程均可采用新奥法进行隧道施工。

3. 施工分类

新奥法施工,按其开挖断面的大小及位置,基本上可分为全断面法、台阶法、分步开挖法等。

(1) 全断面法。

按照隧洞设计轮廓线一次爆破成型的施工方法称为全断面法,它的施工顺序如下:

①用钻孔台车钻眼,然后装药、连接导火线;

②退出钻孔台车,引爆炸药,开挖出整个隧洞断面;

③排除危石,安设拱部锚杆和喷第一层混凝土;

④用装渣机将石渣装入矿车,运出洞外;

⑤安设边墙锚杆和喷射混凝土;

⑥必要时可喷拱部第二层混凝土和隧洞底部混凝土;

⑦开始下一轮循环;

⑧在初次支护变形稳定后或按施工组织中规定日期,灌注内层衬砌。

全断面法适用于Ⅰ～Ⅲ级岩质较均匀的硬岩,且必须具备大型施工机械。隧道长度或施工区段长度不宜太短(通常不小于1 km),否则采用大型机械化施工的经济性差。

根据围岩稳定程度亦可以不设锚杆或设短锚杆,也可先出渣,然后再施作初次支护,但一般仍先施作拱部初次支护,以防止应力集中而造成的围岩松动剥落。

全断面法的优点:工序少,相互干扰少,便于组织施工和管理;工作空间大,便于组织大型机械化施工,施工进度快。

(2) 台阶法。

台阶法[图9-1(a)]包括长台阶法、短台阶法和微台阶法三种,其划分一般是根据台阶长度来决定的。施工中应采用何种台阶法,要根据两个条件来决定:初期支护形成闭合断面的时间要求,围岩越差,闭合时间要求越短;上断面施工所用的开挖、支护、出渣等机械设备对施工场地大小的要求。

①长台阶法。

这种方法是将断面分成上半断面和下半断面两部分进行挖土,上下断面相距较远,一般上台阶超前50 m以上或大于5倍洞跨。施工时上下都可配属同类机械进行平行作业,也可用一套机械设

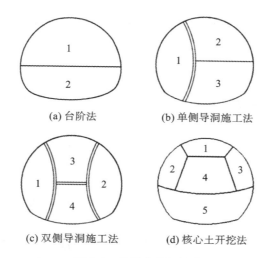

(a) 台阶法　　　　　　(b) 单侧导洞施工法

(c) 双侧导洞施工法　　　(d) 核心土开挖法

图 9-1　典型分部开挖法

备交替作业。当隧洞长度较短时，亦可先将上半断面全部挖通后，再进行下半断面施工，即半断面法。

相对于全断面法来说，长台阶法一次性开挖的断面和高度都比较小，只需配备中型钻孔台车即可施工，而且对维持开挖面的稳定也十分有利。所以，它的适用范围较全断面法广泛，凡是在全断面法中开挖面不能自稳，但围岩坚硬不用底拱封闭断面的情况，都可采用长台阶法。

②短台阶法。

这种方法也是分成上下两个断面进行开挖，只是两个断面相距较近，一般上台阶长度为洞跨的 $1\sim5$ 倍，上下断面采用平行作业。

短台阶法可缩短支护结构闭合的时间，改善初期支护的受力条件，有利于控制隧道收敛速度和量值，所以适用范围很广。

短台阶法的缺点是上台阶出渣时对下半断面施工的干扰较大，不能全部平行作业。为解决这种干扰可采用带式运输机运输上台阶的石渣，或设置由上半断面过渡到下半断面的坡道，将上台阶的石渣直接装车运出。过渡坡道的位置可设在中间，亦可交替地设在两侧。过渡坡道法在断面较大的三车道隧道中尤为适用。

③微台阶法（超短台阶法）。

这种方法分成上下两个部分，但上台阶仅超前 $3\sim5$ m，只能采用交替作业。用一台停在台阶下的长臂挖掘机或单臂掘进机开挖上半断面至一个进尺，安设拱部锚杆、钢筋网或钢支撑，喷拱部混凝土。用同一台机械开挖下半断面至一个进尺，安设边墙锚杆、钢筋网或接长钢支撑，喷边墙混凝土（必要时加喷拱部混凝土）。开挖水沟，安设底部钢支撑，喷底拱混凝土，灌注内层衬砌。

超短台阶法初期支护全断面闭合时间更短，更有利于控制围岩变形，在城市隧道施工中，能更有效地控制地表沉陷。因此，超短台阶法适用于膨胀性围岩和土质围岩，要求及早闭合断面的场合。当然，该法也适用于机械化程度不高的各类围岩地段。

该方法的缺点在于上下断面相距较近，机械设备集中，作业时相互干扰较大，生产效率较低，施工速度较慢。

（3）分步开挖法。

典型的分步开挖施工法有单侧导洞施工法、双侧导洞施工法、核心土开挖法，见图 9-1（b）～图 9-1（d）。

①单侧导洞施工法。

单侧导洞施工法一般是先开挖左（或右）侧导洞 1，施作边墙初期支护及侧导洞的临时支护，然后开挖另一侧岩体 2、3，施作拱顶及另一侧边墙的初期支护，使初期支护构成一个完整的封闭圆环，形成外拱；再拆除临时支护，一次性施作二次支护，形成内拱。

单侧导洞施工法是将断面横向分成三块或四块，每步开挖的宽度较小，而且封闭型的导洞初期支护承载能力大，所以，单侧导洞施工法适用于断面跨度大、地表沉陷难以控制的软弱松散围岩。

②双侧导洞施工法。

当隧道跨度很大，地表沉陷要求严格，围岩条件特别差时，可采用双侧导洞施工法。现场实测表明，双侧导洞施工法所引起的地表沉陷仅为短台阶法的 1/2 左右。

双侧导洞施工法一般是先开挖左右侧导洞 1、2，施作隧洞边墙的初期支护及侧导洞与核部相邻的临时支护，然后开挖上核部 3，施作拱顶初期支护，再开挖下核部（台阶）及仰拱 4，施作仰拱初期支护，使初期支护构成一个完整的封闭圆环，形成外拱；最后拆除临时支护，一次性施作二次支护，形成内拱。一般情况下，外拱与内拱之间要加设防水层。

双侧导洞施工法虽然开挖断面分块多，扰动大，初期支护全断面闭合的时间长，但每个分块都是在开挖后立即各自闭合的，所以在施工中间变形几乎不发展。

③核心土开挖法。

核心土开挖法又称台阶分部开挖法，这种方法一般将断面分成为环形拱部，如图 9-1（d）中的 1、2、3，上部核心土 4，下部台阶 5 三部分，根据断面的大小，环形拱部又可分成几块交替开挖。环形开挖进尺为 0.5～1.0 米，不宜过长，上部核心和下台阶的距离一般为一倍隧道洞跨。台阶分部开发法的施工作业顺序为：开挖环形拱部，架立刚支撑，喷混凝土，在拱部初次支付保护下，开挖核心土和下台阶。随时接长钢支撑和喷混凝土封底，根据初次支护变形情况或施工进度要求，建造内层衬砌。

在台阶分部开挖法中，因为上部留有核心土支挡开挖面，而且能迅速及时地建造拱部初次支护，所以开挖面稳定性好。和台阶法一样，核心土和下部开挖都是在拱部初次支护保护下进行的，施工安全性高。这种方法适用于一般土质或易坍塌的软弱围岩中。台阶分部开发法的主要优点是：与超短台阶法相比台阶长度可以加长，减少了上下台阶施工干扰，而与上述的侧壁导洞法相比施工机械化程度较高，施工速度可加快。

上述新奥法施工的基本原则可扼要的概括为"少扰动，早喷锚，勤量测，紧封闭"。

【案例分析 9.1】

工程名称：张家口—呼和浩特高速铁路东土村隧道下穿京藏高速公路工程。

施工单位：中交第一公路工程局有限公司。

工程概况：东土村隧道全长 4560 m，为单洞双线隧道，开挖断面为 14.78 m×12.49 m（宽×高），是新建张家口—呼和浩特铁路全线最长隧道，也是全线控制性工程之一。隧道在 DK170＋875～DK170＋975 段下穿京藏高速公路。铁路隧道中线与高速公路斜交角度为 29°，下穿段埋深 27～34.3 m，路面宽 23 m。隧道为双向 4 车道，日平均车流量较大。隧道下穿高速公路，下穿高速公路洞身段岩性主要为中生界上侏罗统凝灰岩，火山角砾和太古界侵入岩，中、细粒片麻状花岗岩，强度低,遇水软化,崩解性强,易产生滑塌。DK170＋400～DK171＋350(其中 DK170＋875～DK170＋975 段下穿京藏高速公路)正常涌水量11374 m³/d,最大涌水量29177 m³/d。根据超前地质预报及开挖揭示的地质情况:预计下穿段岩性较复杂,多期岩脉侵入,强风化凝灰岩与片麻状花岗岩接触带节理密集,蚀变分化严重,基岩裂隙水较丰富,距下穿 29 m 处,开挖揭示的涌水量为 1500～2000 m³/d。

1. 下穿过程中存在的风险及难点

(1)下穿段路堤下最大埋深为 34.3 m,除去路堤填筑高度,实际埋深约 27 m,根据设计规范规定,应按浅埋隧道设计与施工。下穿段埋深与类似工程相比虽然埋深不算小,但在强风化围岩且富水条件下,隧道施工往往存在较大的技术难度和施工风险。

(2)根据施工揭示的掌子面围岩,在距拱部以下 1.5～2.5 m 范围存在强风化花岗岩破碎软弱层,施工过程中时而有出露迹象,易发生滑塌或小型塌方。

(3)施工期间不能阻断交通,实施交通管制及路面加固难度较大,开挖过程中受动载车辆冲击,须控制路面沉降标准高度。

(4)反坡隧道施工,在涌水量增加的情况下,抽排水困难,施工难度加大,不确定因素增加。

2. 施工方案比较及选择

隧道下穿施工完成后公路地表总沉降＜3 cm,拱顶施工沉降速率＜5 mm/d;下穿段开挖应采用控制爆破或非控制爆破;加强超前地质预报,地质情况与设计不符时及时报告;确保京藏高速行车安全、确保下穿段连续施工。

施工方案比选如表9-1所示。经过专家对方案的评估,考虑下穿时存在的风险和难点,同时考虑现有机械设备、施工技术、经济上的合理性、工期进度是否满足要求等方面,结合施工现场实际,选择方案 2 作为隧道下穿施工方案。

表 9-1　施工方案比选

项目类别	方案1(原设计Ⅳ级)小导管超前＋格栅钢架＋三台阶开挖	方案 2(调整后Ⅴ级)双排小导管＋型钢钢架＋三台阶开挖(局部大管棚)	方案3(调整后Ⅴ级)大管棚超前＋型钢钢架＋三台阶开挖
超前支护	直径 42 mm 小导管预注浆,长 4 m,环向间距40 cm,全环45 根。拱部140°范围	直径 42 mm 小导管预注浆,长 5.5 m,环向间距 30 cm,全环 119 根(局部大管棚直径89 mm,环向间距 40 cm,每环长 18 m)	大管棚直径 89 mm,环向间距 40 cm,每环长 18 m,拱部 140°范围
初期支护锁脚锚管	全环采用直径 22 mm 格栅钢架,间距 1.0 m,喷混凝土厚度 25 cm,4 处 8 根,长 4.5 m,直径 42 mm 注浆	全环采用122a钢架,间距0.5～0.8 m,喷混凝土厚度 28 cm,4 处8 根,长 4.5 m,直径 42 mm 注浆	全环采用 122a 钢架,间距 0.8 m,喷混凝土厚度 28 cm,4 处 8 根,长 4.5 m,直径 42 mm 注浆
方案比选结果	施工简单,造价低,富水条件下,格栅钢架支护措施偏弱	便于施工,造价适中,型钢钢架支护措施较强,动态调整措施降低安全风险	造价较高,支护措施强,但全部大管棚进度缓慢,施工时间长

注:①根据超前地质预报资料,围岩等级调整为Ⅴ级;②二衬厚度拱墙50 cm,仰拱60 cm。

3. 地表沉降观测及洞内监控量测数据分析

为保证京藏高速公路行车安全和隧道施工安全,根据设计文件和规范要求,建立地表及路面沉降观测、洞内拱顶监控量测,并根据反馈的量测数据指导施工,动态调整施工支护参数和施工工法。

4. 专家提示

(1) 下穿高速公路方案,采用双排小导管超前预支护方案(局部大管棚),较好地解决了软弱破碎围岩富水条件下拱部易掉块、滑塌的问题,减少了局部出现小型塌方的风险。有效控制了地表及路面沉降,说明方案可行。

(2) 通过量测数据的技术分析和及时反馈,同时结合超前地质预报,对施工过程做到心中有数,因地制宜,综合判断围岩的稳定性,预测可能出现的异常变化,及时调整施工工法和支护参数,较好地指导了施工。

(3) 由于局部大管棚支护方案属于地质变化时采取的措施,施工过程中,反馈的量测数据一直处于稳定状态,大管棚支护实际未实施,但遇施工方案需要变化,也存在着工序转换、不能连续作业的问题,因此,备选方案的设备配套和实施准备工作需进一步研究完善。

9.2 地下工程

地下工程泛指修建在地面以下土层或岩层中的各种工程空间与设施,是地层中所建工程的总称。它包括矿山井巷工程、城市地铁隧道工程、水工隧洞工程、交通山岭隧道工程、水电地下硐室工程、地下空间工程、地下军事国防工程等。本节主要介绍土层地下工程施工,尤其是地铁施工中常用的盖挖法和盾构法。

9.2.1 盖挖法

1933年,日本首次提出了盖挖逆作法的概念。1935年,盖挖逆作法应用于东京本社大厦的建设,成为第一个支护结构与主体结构相结合的工程。1950年,意大利开发了地下连续墙技术。随后地下连续墙的应用和工程机械化程度的提高,有力地推动了支护结构与主体结构相结合的盖挖逆作法的应用。20世纪50年代末,意大利米兰地铁首次采用盖挖逆作法。20世纪60年代,西班牙马德里的城市隧道采用了盖挖逆作法施工工艺。

我国应用盖挖法也比较早,1955年,在哈尔滨地下人防工程中首次应用了盖挖逆作法施工工艺。1988年在北京焦化厂翻车机地下工程中采用了连续墙盖挖法施工,其规模和结构形式与地铁车站相似,为其在地铁车站中的应用做了工程试验。1989年,上海首次采用了盖挖逆作法施工建设办公楼。1990年又在北京热力管网过街工程设计施工中应用了盖挖法,工程地处北京红庙路口和大望路口,此处不允许中断交通,无法采用明挖法,因为地下管网多,采用暗挖法工期太长,所以提出采用盖挖法。工程测试为设计施工提供了科学依据。模型试验解决了盖挖法结构受力分析、中间竖向支撑系统的设置、梁板节点的设计与施工关键技术等问题,使得盖挖法施工技术在国内得到发展。20世纪90年代初,上海地铁1号线的常熟路站、陕西南路站和黄陂南路站成功实践了盖挖逆作法施工。到目前为止,在地下建筑中应用盖挖法施工的工程较多,例如北京的永安里、大北窑、天安门东站,南京的三山街车站,广州的一些车站以及哈尔滨、长春、石家庄等城市的地下商场、地下商业街等。盖挖法已成为我国地下工程施工中的一种实用、安全的施工方法。同时,盖挖法还在高层建筑施工中得到推广。如上海、深圳、天津的一些高层建筑采用盖挖逆作法施工,能够同时在地下和地上进行结构施工，节约了工期，取得了较好的经济效益。

进入 21 世纪以来，大城市基坑向"大、深、紧、近"发展，支护结构与主体工程相结合的盖挖方式得到了更多的应用。

（1）概念。

盖挖法是"先盖后挖"，先用连续墙、钻孔桩等形式做围护结构和中间桩，然后做钢筋混凝土盖板，在盖板、围护墙、中间桩保护下进行土方开挖和结构施工，即先以临时盖板或结构顶板维持地面畅通再向下施工，如图 9-2 所示。主体结构可以顺作，也可以逆作。

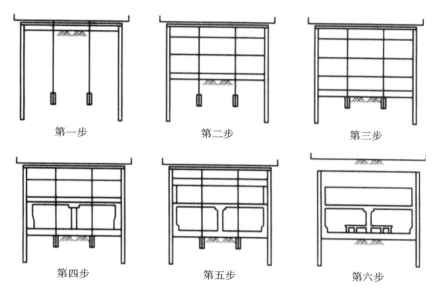

第一步　　　　　第二步　　　　　第三步

第四步　　　　　第五步　　　　　第六步

图 9-2　盖挖顺作法的施工程序

（2）特点及适用范围。

在城市交通繁忙地带修建地铁站等地下工程时，往往占用道路，影响交通。当地铁站设在主干道，而交通不能中断，且需要满足一定交通流量要求时，可选用盖挖法。盖挖法适用于松散的地质条件及地下工程处于地下水位线以上的情况。当地下工程处于地下水位线以下时，需附加施工排水设施。

盖挖法优点：结构水平位移小，坑内地基回弹量小，安全系数高；对地面影响小，只在短时间内封锁地面交通；施工受外界气候影响小。

盖挖法缺点：施工作业空间小，施工速度较明挖法慢，工期较长；顶板上需要开竖井，且需加强；需要设置临时立柱及立柱桩，比明挖法费用高。

（3）盖挖法施工分类。

盖挖法分为盖挖顺作法与盖挖逆作法两种施工方法。

盖挖顺作法是先用连续墙、钻孔桩等形式做围护结构和中间桩，然后做钢筋混凝土盖板，在盖板、围护墙、中间桩保护下向下开挖，并加设横撑，直至设计标高，由下而上施工底板及主体结构。

盖挖逆作法是先用连续墙、钻孔桩等形式做围护结构和中间桩，然后做钢筋混凝土盖板，在盖板、围护墙、中间桩保护下向下开挖，在地下结构施工时不架设临时支撑，而以结构本身既作为挡墙又作为支撑，从上向下依次开挖土方和修筑主体结构。

两种盖挖法的不同点如下。

①施工顺序不同。

盖挖顺作法中地下主体结构施工顺序为由下而上,盖挖逆作法中地下主体结构施工顺序为由上而下。

②所采用的支撑不同。

在盖挖顺作法中常见的支撑有钢管支撑、钢筋混凝土支撑等,属于临时支撑。而盖挖逆作法中地下主体结构采用自身的梁和板作为支撑。

1. 盖挖顺作法

盖挖顺作法是在地表作业完成挡土结构后,将定型的预制标准覆盖结构(包括纵、横梁和路面板)置于挡土结构上维持交通,往下反复进行开挖和加设横撑,直至设计标高。由下而上建筑主体结构和防水措施,回填土并恢复管线路或埋设新的管线路。最后,根据需要拆除挡土结构的外露部分及时恢复交通。盖挖顺作法的施工程序如图 9-2 所示。

第一步:构筑连续墙、中间支撑桩及覆盖板。

第二步:开挖及施工临时支撑。

第三步:开挖至设计坑底标高,并施工构筑底板。

第四步:向上构筑侧墙、柱及楼板。

第五步:构筑侧墙及顶板。

第六步:构筑内部结构及道路复原。

盖挖顺作法中的挡土结构是非常重要的,要求具有较高的强度、刚度和较好的止水性。根据现场实际条件、地下水位高低、开挖深度及周围建筑物的邻近程度,挡土结构可选择钢筋混凝土钻孔灌注桩或地下连续墙。随着施工技术的不断进步,工程质量和精度更易于掌握,所以在盖挖顺作法中的挡土结构常用来作为主体结构边墙体的一部分,甚至全部。

当开挖的宽度较大,经常需要在建造挡土结构的同时建造中间桩柱以支撑横撑。中间桩柱可以是钢筋混凝土的钻孔灌注桩(必要时可采取桩底后注浆技术以增加承载力、减小沉降),也可以是采用预制的打入桩。

2. 盖挖逆作法

盖挖逆作法多用在深层开挖、松软地层开挖、靠近建筑物施工等情况下。该法在地下建筑结构施工时以结构本身作挡墙及内支撑,不架设临时支撑。施工顺序与盖挖顺作法相反,从上往下依次开挖土方和构筑结构本体。

盖挖逆作法又可分为盖挖全逆作法和盖挖半逆作法。所谓盖挖全逆作法,就是从地面开始,地上和地下同时进行立体交叉施工的方法;盖挖半逆作法是将地下结构自地面往下逐层施工,地面以上结构在地下结构完成后再进行施工。隧道施工中一般所指的就是盖挖全逆作法,在开挖过程中,结构物的顶板(或中层板)利用刚性的支挡结构先行修筑,为了使其稳定,要使用挡土支撑,而后进行开挖,并在开挖到指定深度后修筑主体。在下部开挖前,对顶板上面的埋设物和地面进行恢复。因此,在急于恢复地面的情况下更能显示此法的优越性。盖挖逆作法的施工程序如图 9-3 所示。

第一步:路面改造,施工结构围护桩。

第二步:构筑主体结构中间立柱。

第三步:预留边墙防水层搭接,预留与顶板钢筋搭接,施工顶板结构,顶板养护、铺设防水层和保护层。

第四步:回填土体,拆除顶板底面以上的护坡桩,恢复路面交通。

第五步:由施工竖井通过风道开挖地下负一层。

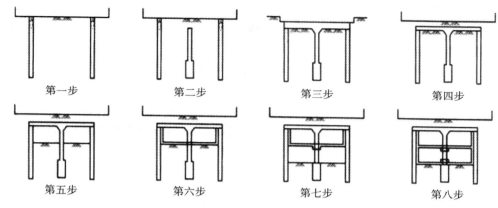

第一步　　　　第二步　　　　第三步　　　　第四步

第五步　　　　第六步　　　　第七步　　　　第八步

图 9-3　盖挖逆作法的施工程序

第六步：施工地下负一层边墙防水层、中隔板结构和边墙结构。

第七步：由施工竖井通过风道开挖地下负二层。

第八步：施工地下负二层边墙防水层、底板结构和边墙结构。

9.2.2　盾构法

视频 9-3
地铁区间盾构
施工工艺

盾构法是在地面下暗挖隧道的一种施工方法，是一个既可以支承地层压力又可以在地层中推进的活动钢筒结构。因其具有对周围环境的影响较小等独特优点而在隧道施工领域独树一帜。

盾构的分类方式有很多：按切削断面的形状分为圆形和非圆形盾构；按稳定掘削面的加压方式分为压气式盾构、泥水加压式盾构、土压平衡式盾构和加泥土压平衡式盾构；按盾构前方的构造分为敞开式盾构、半敞开式盾构和封闭式盾构；按盾构正面对土体开挖与支护的方法分为手掘式盾构、半机械式盾构、挤压式盾构、机械式盾构等。

盾构法施工得到广泛使用，因其具有明显的优越性：在盾构的掩护下进行开挖和衬砌作业，有足够的施工安全性；地下施工不影响地面交通，在河底下施工不影响河道通航；施工操作不受气候条件的影响；产生的振动、噪声等环境危害较小；对地面建筑物及地下管线的影响较小。

1. 适用条件

在松软含水地层，或地下线路等设施埋深达到 10 m 或更深时，可以采用盾构法：

①线位上允许建造用于盾构进出洞和出渣进料的工作井；

②隧道要有足够的埋深，覆土深度宜不小于 6 m 且不小于盾构直径；

③相对均质的地质条件；

④如果是单洞则要有足够的线间距，洞与洞及洞与其他建（构）筑物之间所夹土（岩）体加固处理的最小厚度为水平方向 1.0 m，竖直方向 1.5 m；

⑤从经济角度讲，连续的施工长度不小于 300 m。

2. 施工优点

①具有良好的隐蔽性，对城市的正常功能及周围环境的影响很小。除在盾构竖井处需要一定的施工场地外，隧道沿线不需要施工场地；施工中没有噪声和振动，对周围环境没有干扰；进行水底隧道施工时，不影响航道通航；可在盾构的掩护下安全地进行土层开挖和衬砌的支护工作。

②掘进速度快且施工费用不受埋置深度大的影响，盾构的推进、出土、拼装衬砌等全过程可实

现机械化、自动化作业,劳动强度低,易于管理。

③适宜在不同土层中施工,尤其在松软含水地层中修建埋深较大的长隧道往往具有技术和经济方面的优越性。

④多车道的隧道可做到分期施工,分期运营,可减少一次性投资。

3. 施工缺点

①盾构施工是不可后退的。盾构施工一旦开始,盾构机就无法后退。因此,盾构施工的前期工作非常重要,一旦遇到障碍物或刀头磨损等问题只能通过实施辅助施工措施后,打开隔板上设置的出入孔进入压力舱进行处理。

②盾构是一种价格昂贵、针对性很强的专用施工机械,对于每一条用盾构法施工的隧道,必须根据施工隧道的断面大小、埋深条件、地基围岩的基本条件进行设计、制造或改造。

③隧道曲线半径过小或隧道顶部覆土太浅时,施工困难较大,而且不够安全,特别是饱和含水松软土层,在隧道上方一定范围内地表沉陷尚难完全防止,拼装衬砌时对衬砌整体防水技术要求很高。

上述盾构法施工中这些缺点有待于在今后实践中进一步研究克服。

4. 施工步骤

盾构法施工概貌如图 9-4 所示。盾构法施工步骤简述如下:

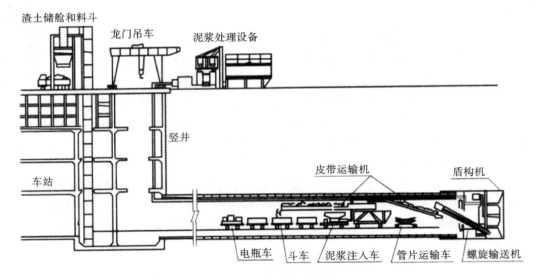

图 9-4　盾构法施工概貌

①在置放盾构机的地方打一个垂直井,再用混凝土墙进行加固;

②将盾构机安装到井底,并装配相应的千斤顶;

③用千斤顶之力驱动井底部的盾构机往水平方向前进,形成隧道;

④将开挖好的隧道边墙用事先制作好的混凝土衬砌加固,地压较高时可以采用浇铸的钢制衬砌加固来代替混凝土衬砌。

盾构法施工中,其隧道一般采用以预制管片拼装的圆形衬砌,也可采用挤压混凝土圆形衬砌,必要时可再浇筑一层内衬砌,形成防水功能好的圆形双层衬砌。

盾构法隧道施工在地铁建设中应用最为广泛。2004 年上海隧道研制的我国首台地铁盾构掘进机"先行号"(图 9-5),成功下线,打破了我国盾构机依赖进口的历史。现在越来越多的国产盾构机加入地铁建设,展现出中国制造的实力。

图 9-5　中国首台盾构机"先行号"

【案例分析 9.2】

1. 珠海兴业快线（南段）超大直径盾构机"兴业号"掘进突破百环大关（图 9-6）

2022 年 8 月 10 日，由中交天和自主研发制造、用于珠海兴业快线（南段）主线隧道施工的国内首台超大直径同步掘进机"兴业号"顺利突破百环大关。珠海兴业快线项目是目前国内最大直径的双层叠落盾构工程，其中盾构隧道全长约 1739 m。施工段地质多为全断面微风化花岗岩地层，且隧道设计的最小转弯半径仅为 599.5 m，但最小转弯半径 750 m 是国内外超大直径盾构机施工的极限。针对该区间特殊地质条件，自主研发了国内掘进速度最快、转弯半径最小、适应能力最强的"兴业号"超大直径同步掘进机用于隧道施工。刀盘直径 15.76 m，全长 130 m，重达 4500 t，所采用的掘进同步拼装、主动铰接、刀具全状态监测等技术创造了国内外同类装备的新高度，国产化率达 98％以上。

2. 深江铁路珠江口隧道超大直径盾构机已掘进至海底地质复杂段（图 9-7）

图 9-6　珠海兴业快线（南段）超大直径
盾构机"兴业号"　　　　　　　　　　图 9-7　深江铁路珠江口隧道超大直径盾构机

深江铁路珠江口隧道工程全长 13.69 km，海底隧道 9.1 km，采用"大湾区号""深江 1 号"2 台盾构机施工。海域段水下最大埋深 115 m，隧道水文、地质条件极其复杂，下穿多条航道，周边环境水腐蚀较为严重，最大水压 1.06 MPa。刀盘开挖直径 13.42 m 的"深江 1 号"盾构机以 6～8 m/d 的速度，从东莞虎门向广州南沙方向攻坚掘进。

3. 隧道股份承建新加坡深隧污水项目隧道贯通(图9-8)

新加坡深层隧道污水处理系统(deep tunnel sewerage system,DTSS)第二阶段 T11 项目由隧道股份城建国际承建,内容包括长约 6 km 的南部地下隧道和长约 5.5 km 的南部支线连接隧道,以及 15 个大型永久竖井和附属设施。DTSS 隧道埋深极大,将采用 5 台盾构机在地下 23~58 m 处,掘出直径 6 m 的大型污水输送隧道。2022 年 8 月 1 日,Spooner 号盾构机历时 33 个月的不间断掘进,最终完成了约 3.8 km 的隧道掘进任务,顺利进入接收井。自 Spooner 盾构启动推进以来,成功穿越了新加坡两大主要地层断裂带。其间,盾构多次突遇软弱岩崩塌和大量透水造成的紧急情况。项目团队通过提前预判、周密协调,精准完成提前加固等关键工序,实现了盾构施工的精准预测、智能模拟、提前预警、实时修正和监控指导,成功克服了由于长距离掘进造成的刀盘磨损、泥水管路超远距离输送、150 m 急曲线掘进施工等技术难题,实现隧道的按期顺利贯通。

4. 上海轨道交通市域线崇明线北港大盾构转换井结构封顶(图9-9)

图 9-8　新加坡深隧污水项目隧道　　　　　　　图 9-9　上海轨道交通市域线崇明线北港
　　　　　　　　　　　　　　　　　　　　　　　　　大盾构转换井结构封顶

2022 年 8 月 7 日,由上海申通地铁建设集团有限公司建设、上海市隧道工程轨道交通设计研究院设计、隧道股份上海隧道承建的上海轨道交通市域线崇明线 111 标 2 号盾构转换段主体结构顺利封顶。崇明线 111 标 2 号盾构转换段位于长兴岛 G40 沪陕高速上海长江大桥东侧地块,呈南北向布置,为地上 2 层、地下 2 层(局部地下 4 层)单柱双跨混凝土箱型结构,基坑最大开挖深度 31.7 m。

5. 武汉地铁 19 号线花山车辆段出入段线区间右线隧道贯通(图9-10)

2022 年 8 月 10 日,武汉地铁 19 号线"武汉壹号"盾构机历时 260 d 安全顺利实现了花山车辆段出入段线区间右线隧道贯通。该区间线路从明挖盾构井始发,下穿花山大道、花山一路,天然气管线,再平行上跨花光区间正线隧道至花山河站接收,单线线路全长 1.3 km。区间线路地层为粉质黏土、粉质黏土夹碎石、泥岩,黏土矿物含量高,黏性大,就像一大块"年糕团",易造成盾构机刀盘开口堵塞,导致刀盘频繁结泥饼,影响盾构机的正常掘进。因此施工方组织专家进行施工论证,根据复杂地层的特性,优化刀盘刀具配置,科学采用相关物理及化学方法,从源头上消除泥饼或有效减低泥饼的形成。

图 9-10　武汉地铁 19 号线花山车辆段出入段线区间右线隧道贯通

新设备

多模式盾构机
/TBM 的应用
与发展

一般来说盾构选型与地质条件是相对应的。随着隧道建设快速推进，呈现出长距离、地质条件多样化、建设环境复杂化的特点，特别施工地质由单一地层向复合地层发展，单一掘进模式的盾构机容易出现刀盘结泥饼、渣土滞排、刀具磨损快、掘进效率低、地表沉降大等诸多问题。综合考虑施工地层和环境条件等因素，采用多模式化掘进设备是解决上述问题的一个有效途径。我们可以通过扫描二维码跟随复合地层盾构施工专家钟长平、竺维彬，一起来了解多模式盾构机/TBM 的应用与发展。

行业最新信息

2022 年 7 月，全国 31 个省（自治区、直辖市）和新疆生产建设兵团共有 51 个城市开通运营城市轨道交通线路 277 条，运营里程 9067 km。

武汉从 2000 年第一条轨道交通线路开建以来，到目前武汉轨道交通实现"从无到有、从单条线到网络化"的历史转变，截至 2022 年 12 月，武汉地铁运营线路共 11 条，包括 1 号线、2 号线、3 号线、4 号线、5 号线、6 号线、7 号线、8 号线、11 号线、16 号线、阳逻线，运营总里程数达到 460 千米，车站总数 291 座。按照国家发改委第四期建设规划批复，至 2024 年，武汉地铁将形成 14 条运营线路、总长 606 公里的轨道网，全面实现"主城成网、新城通线"。在已建成的地铁线路中，武汉地铁 7 号线的过江段部分——"武汉长江公铁隧道"原称"武汉三阳路长江隧道"，是世界上首条建成的公铁合建盾构隧道。

知识归纳

1. 隧道工程根据其所在位置可分为山岭隧道、水下隧道和城市隧道三大类。

2. 隧道工程施工的方法有明挖法和暗挖法。我国隧道工程施工中常采用的暗挖法有：钻爆法（矿山法）、新奥法、掘进机法（无爆法）、盾构法和预制管段沉埋法（沉管法）。

3. 钻爆法掘进方式、施工工艺及要点。

4. 新奥法不能单纯理解为隧道施工的某一种方法。它是把隧道的设计与施工合为一体，以弹塑性理论的成果进行支护结构的设计,并以现场量测的手段修正设计、指导施工的一种新理念。新奥法特点、分类及应用范围。

5. 盖挖顺作法的施工程序:构筑连续墙、中间支撑桩及覆盖板→开挖及施工临时支撑→开挖至设计坑底标高,并施工构筑底板→向上构筑侧墙、柱及楼板→构筑侧墙及顶板→构筑内部结构及道路复原。

6. 盖挖逆作法的施工程序:路面改造,施工结构围护桩→构筑主体结构中间立柱→预留边墙防水层搭接,预留与顶板钢筋搭接,施工顶板结构,顶板养护、铺设防水层和保护层→回填土体,拆除顶板底面以上的护坡桩,恢复路面交通→由施工竖井通过风道开挖地下负一层→施工地下负一层边墙防水层、中隔板结构和边墙结构→由施工竖井通过风道开挖地下负二层→施工地下负二层边墙防水层、底板结构和边墙结构。

7. 盾构法适用条件、优缺点、施工步骤等。

◤独立思考◢

1. 隧道施工特点是什么?常用的开挖方法有哪些?
2. 简述钻爆法的开挖方法。
3. 简述新奥法的特点及施工要点。
4. 盖挖顺作法和盖挖逆作法的施工程序有何区别?
5. 盾构机的分类有哪些?
6. 通过视频学习简要介绍盾构法施工的主要步骤是什么?

第10章　标本兼治、刚柔并济——防水工程

【导入语】《三国演义》中有句名言："扬扬止沸，不如去薪。"这句话告诉我们治标不治本的办法其实只能暂时缓解危急的困境，要想真正解决问题就要从根本的地方下手。防水工程施工中既要重视标本兼治，也要善于刚柔并济。本章主要介绍地下室和屋面的防水施工。

10.1　防水工程施工意义及防水材料

【案例分析10.1】　某建筑工程项目总建筑面积约为20.4万平方米，包括4栋17F高层住宅、4栋15F高层住宅、13栋11F高层住宅、69栋2～3层别墅，1栋幼儿园，1栋销售中心及1栋综合楼。工程场地的常年最高地下水位为2.45 m。根据地下室使用功能，地下室防水等级为二级，地下室种植顶板的防水等级为一级。地下室采用明挖法施工，设防做法为一道防水钢筋混凝土结构自防水，设计抗渗等级为P6级，一道1.5 mm厚自黏聚合物改性沥青防水卷材。

防水工程中除案例提到的地下室结构外，还涉及建筑屋面、外墙和楼地面防水，桥梁、隧道防水，以及水池、水塔等储水构筑物的防水。本章主要讨论地下工程防水和屋面工程防水的施工方法和工艺特点。

防水工程中要达到防水目的首先需要合适的防水材料。可选用的材料包括刚性材料和柔性材料两大类，除了案例中提到的防水材料，如图10-1所示还有其他材料，将其按构造做法可以分为结构自防水材料和附加防水材料。

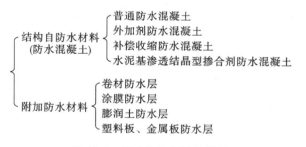

图10-1　防水构造及防水材料

图10-1中防水混凝土属于刚性材料、附加防水材料属于柔性材料。在工程中根据工程部位及特点选用合适的方法。地下工程的防水目前采用混凝土结构自防水和卷材或涂膜相结合，实现刚柔并济的做法。地下室的防水可分为四个等级（表10-1）。建筑物中地下室多为一、二级防水，常采用两道或多道防水构造。

屋面工程采用柔性防水方式，主要选用水卷材和防水涂膜两类材料。根据建筑物的性质、重要程度、使用功能要求等进行设防，屋面防水共分为两个等级，防水具体设防要求见表10-2。

表 10-1　地下工程防水等级标准及适用范围

防水等级	防水标准	适用范围
一级	不允许渗水,结构表面无湿渍	人员长期停留的场所;极重要的战备工程、地铁车站等
二级	不允许漏水,结构表面可由少量湿渍。 工业与民用建筑:总湿渍面积不大于总防水面积的 0.1%,任意 100 m² 防水面积上的湿渍不超过 2 处,单个湿渍面积不大于 0.1 m²。 其他地下工程:湿渍总面积不大于总防水面积的 0.2%,任意 100 m² 防水面积上的湿渍不超过 2 处,单个湿渍面积不大于 0.2 m²	人员经常活动的场所;重要的战备工程等
三级	有少量漏水点,不得有线流和漏泥砂。 任意 100 m² 防水面积上的漏水或湿渍点数不超过 7 处,单个漏水点的最大漏水量不大于 2.5 L/d,单个湿渍的面积不大于 0.3 m²	人员临时活动的场所;一般战备工程
四级	有漏水点,不得有线流和漏泥砂。 整个工程平均漏水量不大于 2 L/(m²·d),任意 100 m² 防水面积上的平均漏水量不大于 4 L/(m²·d)	对渗漏水无严格要求的工程

表 10-2　屋面防水等级和设防要求

防水等级	建筑类别	设防要求	防水做法
Ⅰ级	重要建筑和高层建筑	二道防水设防	两道卷材防水 卷材防水层+涂膜防水层 复合防水层
Ⅱ级	一般建筑	一道防水设防	卷材防水层、涂膜防水层、复合防水层

10.1.1　防水卷材

防水卷材质量轻、防水性能好、柔韧性好,其在施工中需通过胶黏剂将其粘贴在基层上,因此卷材防水除涉及防水卷材外,还包括胶黏剂及基层处理剂。胶黏剂和基层处理剂是为了增强防水卷材与基层之间的黏结力而在防水层施工之前预先涂刷在基层上的涂料,胶黏剂与基层处理剂应根据防水卷材的种类进行选择。施工中使用的防水卷材和胶黏剂均应有产品合格证和性能检测报告。每道卷材防水层的最小厚度要符合表 10-3 的规定,复合防水层的最小厚度要符合表 10-4 的规定。

表 10-3　每道卷材防水层最小厚度

防水等级	合成高分子防水卷材/mm	自黏聚合物改性沥青防水卷材/mm	
		自黏聚酯胎	自黏无胎
Ⅰ级	1.2	2.0	1.5
Ⅱ级	1.5	3.0	2.0

表 10-4 复合防水层最小厚度

防 水 等 级	合成高分子防水卷材 ＋合成高分子防水涂膜/mm	自黏聚合物改性沥青防水卷材/mm	
		自黏聚合物改性沥青防水卷材 （无胎）＋合成高分子防水涂膜	自黏聚合物改性沥青防水卷材 ＋高聚物改性沥青防水卷材
Ⅰ级	1.2＋1.5	1.5＋1.5	3.0＋2.0
Ⅱ级	1.0＋1.0	1.2＋1.0	3.0＋1.2

10.1.2 防水涂膜

防水涂膜根据其成分不同可以分为高聚物改性沥青防水涂膜、聚合物水泥防水涂膜、合成高分子防水涂膜等。防水涂膜又可以分为溶剂型和水乳型两种类型。溶剂型涂料是高分子材料溶解于溶剂中形成的溶液。水乳型涂料是以水作为分散介质，是高分子材料以极微小的颗粒稳定悬浮于水中形成的乳液，水分蒸发后成膜。

涂膜防水屋面适用于Ⅰ级、Ⅱ级屋面防水，涂膜厚度应根据屋面防水等级及涂膜组分确定，见表 10-5。

表 10-5 每道涂膜防水层的最小厚度

防 水 等 级	合成高分子防水卷材/mm	自黏聚合物改性沥青防水卷材/mm	
		自黏聚酯胎	自黏无胎
Ⅰ级	1.2	2.0	1.5
Ⅱ级	1.5	3.0	2.0

10.2 地下结构防水工程

【案例分析 10.2】 某市住宅小区为地下一层，地上 15～18 层的高层。地下室防水设计为结构自防水加外包柔性卷材防水体系。工程施工时，地产商认为该地区地下水位在地下室底板下 4～5 m 深，地下室结构采用自防水混凝土就足够了，坚持取消外包柔性卷材防水层。由于防水混凝土质量受到材料配比、搅拌、运输、振捣、养护诸多因素影响，未做到完全不渗漏，结果工程还未竣工地下室已渗漏。地面渗漏积水 300 mm 深，电梯井渗漏积水痕迹超过 1000 mm。地产商本来想省一些钱，最后不得不多花几倍的钱进行防水处理。

这则案例告诉我们防水工程既要重视结构自身的防水性能，也要重视附加防水层的施工，标本兼治、刚柔并济在施工中不但能提高防水性能还能节约成本。

地下防水工程是防止地下水对地下构筑物或建筑基础的浸透，保证地下空间使用功能正常发挥的一项重要工程。地下室墙体、底板等常常因裂缝、蜂窝麻面等质量问题导致发生墙体微渗漏或渗水现象。同时，地下水具有一定的压力且长期作用于结构，而结构又存在变形缝、施工缝等众多薄弱部位，因此对施工质量要求高。此外，地下防水施工环境较差、敞露及拖延时间长，受气候及水文条件影响大，成品保护难度大，加大了技术和保证质量的难度。

为了保证施工质量，地下防水工程施工期间，必须保持地下水位稳定在距工程最低处 500 mm 以下，必要时采取降水措施。

地下工程防水的设计和施工遵循"防、排、截、堵相结合,刚柔并济、因地制宜、综合治理"的原则。地下工程的防水方案,根据使用要求、自然环境条件及结构形式等因素确定。对于有上层滞水且防水要求较高的工程,应采用"以防为主、防排结合"的方案;在较好的排水条件下或防水质量难以保证的情况下,应优先考虑"排水"方案,常用的排水方法有盲沟法和渗排水层法;大量工程采用"防水"方案。

10.2.1 防水混凝土结构施工

防水混凝土是通过在混凝土中掺入外加剂或调整配合比等方法提高混凝土的密实性。依靠混凝土自身的密实性使其具备防水的能力,其兼有承重、围护的功能。防水混凝土的厚度不得低于250 mm,裂缝宽度应控制在0.2 mm以内且不得贯通,迎水面的钢筋保护层厚度不小于50 mm。

防水混凝土的抗渗能力用抗渗等级表示,它反映混凝土在不渗漏时的允许水压值。其设计抗渗等级依据工程埋置深度来确定,最低为P6(抗渗压力为0.6 MPa)。防水混凝土的设计抗渗等级见表10-6。

表 10-6　防水混凝土的设计抗渗等级

工程埋置深度 H/m	$H<10$	$10{\leqslant}H<20$	$20{\leqslant}H<30$	$H{\geqslant}30$
设计抗渗等级	P6	P8	P10	P12

1. 防水混凝土的配制要求

防水混凝土的配合比应通过试验确定。为了保证施工后的可靠性,在进行防水混凝土试配时,其抗渗等级应比设计要求提高0.2 MPa。

①材料:水泥品种宜采用硅酸盐水泥或普通硅酸盐水泥。石子应坚硬、洁净,最大粒径不大于输送管径的1/4和40 mm,吸水率不大于1.5%,含泥量不大于1%。砂宜采用洁净中粗砂且含泥量不大于3%。不得使用碱活性骨料。水应洁净,不含有害物质。

②配合比:胶凝材料总用量不宜小于320 kg/m³,其中水泥用量不得少于260 kg/m³,砂率宜为35%~40%,泵送时可增至45%;灰砂比宜为1:2.5~1:1.5;水胶比不得大于0.50;预拌混凝土的入泵坍落度宜为120~160 mm,每小时损失不应大于20 mm,总损失不大于40 mm。预拌混凝土的初凝时间宜为6~8 h。

2. 防水混凝土的施工要求

(1)混凝土配合比应准确、搅拌均匀。运输应及时快捷,若出现了离析现象,需二次搅拌。若坍落度损失不能满足浇筑要求,则加入原水胶比的水泥浆或掺入同品种减水剂进行搅拌,严禁直接加水。

(2)混凝土浇筑前,一方面要检查钢筋保护层厚度是否留足,不得有负误差。留设保护层厚度必须采用与防水混凝土成分相同的细石混凝土或砂浆垫块,严禁用钢筋或塑料等支架支垫。固定钢筋网片的支架和"S"钩、绑扎钢筋的钢丝、钢筋的焊接墩粗点及机械连接的套筒等,均应有足够的保护层,不得触碰模板。另一方面,应按规定留置抗压强度试块和抗渗试块。抗渗试块应在浇筑地点和其他试块同时制作,每连续浇筑混凝土500 m³留置一组,且每项工程不得少于两组,每组为6块。其中一组进行28 d标准养护,另一组与结构同条件养护,其抗渗等级均不应低于设计等级。

(3)混凝土浇筑过程中应尽量连续浇筑,形成封闭的整体。浇筑过程中要控制倾落高度,防止发生分层离析现象;应分层浇筑,每层厚度不得大于500 mm;采用机械振捣,避免漏振、欠振和过振。

（4）混凝土浇筑完成后做好养护工作，在终凝后应立即覆盖、保湿养护，养护温度不得低于 5 ℃，时间不少于 14 d。拆模不宜过早，墙体带模养护不少于 3 d。拆模时混凝土表面与环境温差不得超过 20 ℃，防止开裂和损坏。冬期施工中不得采用电热法或蒸汽直接加热养护，应采取保湿保温措施。

3. 防水混凝土细部处理

防水混凝土结构的细部包括混凝土施工缝、结构变形缝、后浇带、穿墙管道、预埋件、预留孔道及穿墙螺栓等。这些部位是防水的薄弱部位，故需重视施工细节，并全数检查以确保工程质量。

（1）混凝土施工缝。

施工缝是混凝土无法连续浇筑时中间停歇的部位，地下工程施工中尽量少留置施工缝。顶板和底板防水混凝土均应连续浇筑，不宜留置施工缝。墙体与水平构件交接时，其水平施工缝应留在高出底板表面不小于 300 mm 以及拱、板以下 150～300 mm 的墙体上，且距离预留孔边缘不小于 300 mm；如需留置垂直施工缝，其位置要避开地下水和裂隙水多的地段。为避免施工缝处渗漏，常设置止水板、止水条、止水带或者适时安装注浆管，位置居中，并做好固定，还可以在迎水面粘贴防水砂浆或涂料层，如图 10-2 所示。

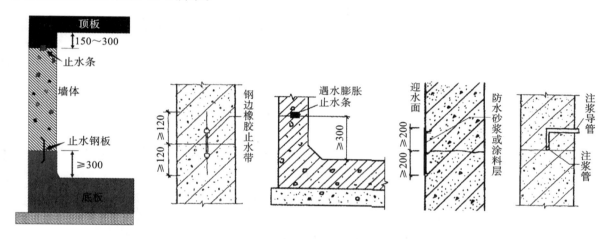

图 10-2　施工缝位置及止水措施（单位：mm）

（2）结构变形缝。

变形缝处需满足变形要求的同时能密封防水，常埋入橡胶、塑料、金属止水带等，构造如图 10-3 所示。

（3）后浇带。

防水混凝土的后浇带留设位置、宽度及形式、构造应符合设计要求。留置时应采取支模或固定快易收口网等措施，保证留缝位置准确、断口垂直、边缘密实。留缝后应做封挡、遮盖保护，防止边缘损坏或缝内进水、垃圾杂物，以减少钢筋锈蚀和清理的工作量。补缝要求结构变形基本完成，且与原混凝土时间间隔不少于 42 d，施工宜在气温较低时进行。补缝的方法是，先做好缝内杂物清理和清除钢筋锈蚀，涂刷界面处理剂或水泥基渗透结晶型防水涂料后，浇筑较两侧混凝土高一个等级的微膨胀混凝土，并细致捣实。及时养护，养护时间不少于 28 d。后浇带新旧混凝土之间的接缝可以通过设置止水带或止水条或复合防水的方法来抵御水的影响，其构造见图 10-4。

（4）穿墙对拉螺栓。

应在穿墙对拉螺栓的中部加焊钢板止水环形成止水螺栓。止水环钢板厚度不宜小于 3 mm，直

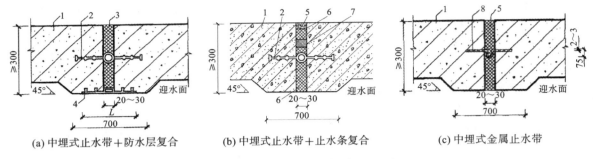

(a) 中埋式止水带+防水层复合　　(b) 中埋式止水带+止水条复合　　(c) 中埋式金属止水带

图 10-3　变形缝防水构造(单位:mm)

1—混凝土结构;2—中埋式止水带 3—嵌缝材料;4—外贴防水层(止水带 $L \geqslant 300$ mm,卷材或涂层 $L \geqslant 400$ mm);
5—嵌缝材料;6—填缝材料;7—遇水膨胀止水条;8—金属止水带

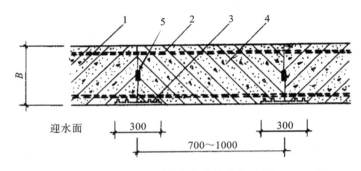

图 10-4　防水混凝土后浇带复合防水构造(单位:mm)

1—先浇筑混凝土;2—钢筋主筋;3—止水带;4—后浇筑混凝土;5—止水条

径(或边长)应比螺栓直径大 50 mm 以上,并与螺栓满焊(图 10-5),以免出现渗水通道。拆模后应将留下的凹坑封堵密实,并在迎水面涂刷防水涂料。

图 10-5　穿墙对拉螺栓

(5)穿墙管道。

应在穿墙管道上满焊钢板止水环(环宽 100 mm)或缠绕遇水膨胀橡胶圈两道。当结构变形或管道伸缩量较大,或有更换要求时,应采用预埋防水套管法。止水环应与套管满焊严密,并做好防腐处理。管道安装好后,穿墙管与套管间的缝隙应用橡胶圈填塞顶紧,迎水面用密实材料嵌填密实(图 10-6)。

10.2.2　卷材防水施工

卷材防水施工时首先要求材料品种、规格应符合设计要求,进场应检查外观、核实出厂合格证

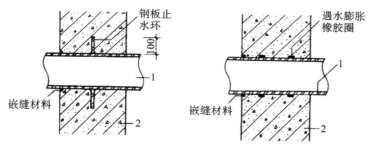

图 10-6　穿墙管道防水构造(单位:mm)

1—穿墙管道;2—墙体

及质量检验报告,并按规定进行现场抽样复检,合格后方准使用。

地下卷材防水常用全外包防水做法,在地下防水结构的外表面设置卷材防水层,称为外防水。按结构墙体与卷材防水层的施工先后顺序,可分为外贴法和内贴法两种。

外防外贴法的主要施工工艺:浇筑基础混凝土垫层并抹平→垫层边缘上干铺卷材做隔离层→砌筑永久保护墙和临时保护墙→在保护墙内侧抹水泥砂浆找平层→养护干燥后,在垫层及墙面的找平层上涂布基层处理剂、分层铺贴防水卷材→检查验收→做卷材保护层→底板和墙身结构施工→结构外墙外侧抹水泥砂浆找平层→拆除临时保护墙→粘贴墙体防水层→验收→保护层和回填土施工。

外防内贴法的主要施工工艺:在混凝土垫层边缘上做永久保护墙→在保护墙及垫层上抹水泥砂浆找平层→立面及平面防水层施工→检查验收→平面和立面保护层施工→底板和墙身结构施工。

防水层施工工艺(视频 10-1):基层处理→涂基层处理剂→细部增强处理→铺贴卷材→保护层施工

1. 基层处理

视频 10-1
地下卷材防
水层施工

(1)基层必须坚实、平整、干燥、洁净。凹凸不平处基体表面应抹水泥砂浆找平层;平整的混凝土表面若有气孔、麻面,可加膨胀剂的水泥砂浆找平。找平层要做好养护,防止出现空鼓和起砂现象。

(2)阴阳角处均应做成圆弧或 45°坡角,避免卷材折裂。

(3)基础含水率一般不低于 9%。检查时可在基层表面铺设 1 m×1 m 的防水卷材,静置 3～4 h 后掀开,基层表面及卷材内表面均无水印,即可视为含水率达到要求。

(4)在基层表面涂基层处理剂,加强卷材与基体的黏结。所用材料要与卷材及其黏结材料的材性相容。涂刷应均匀、不露底。

(5)复杂部位增强处理。基层处理剂干燥后,先在转角处、变形缝、施工缝、管根等部位铺贴卷材加强层,其宽度不少于 500 mm。

2. 防水层施工

(1)改性沥青卷材防水层粘贴。

该卷材可选用热熔、冷粘或自粘等方法进行粘贴。

①热熔法。该方法主要要求在环境温度不低于 −10 ℃时施工,这种方法施工简便、粘贴牢固、使用广泛,但易造成污染或火灾隐患。铺贴时,先将卷材放在铺贴位置上,打开 1 m 左右长度,用汽油喷灯或燃气具的火炬烘烤卷材的底面,沥青熔融后粘贴固定在基层表面。端部固定后,将未粘贴

部分卷好,用火炬对准卷材与基础表面夹角,并保持喷枪嘴距角顶 0.5 m 左右,边融化卷材和基层,边向前缓慢滚铺,随即用压辊排除空气并压实。滚铺时,卷材接缝部位必须有沥青热溶胶溢出,并随即刮封接口,使接缝黏结严密。

②冷粘法。该方法可在温度不低于 5 ℃ 时施工。铺贴时,把搅拌均匀的冷胶黏剂均匀涂刷在基层上,涂刷宽度略大于卷材幅宽,厚度 1 mm 左右。干燥 10 min 后,按顺序铺设卷材,并用压辊由中心向四周滚压排气,使其粘牢。

③自粘法。该类卷材分有胎和无胎两种,无胎型的延伸率可达到 500%,且弹性强,有自恢复功能,施工方便,防水效果好。铺贴时,将卷材固定在确定位置,经揭纸、粘头后,随揭隔离纸随滚铺卷材,并用压辊压实,排出空气。边角及接缝处要反复压实粘牢;环境温度不得低于 5 ℃,且温度低于 10 ℃ 时应采用热风加热辅助施工。

(2)合成高分子卷材防水层粘贴。

该卷材可选用冷粘法、自粘法进行粘贴。以上两种粘贴方法取决于材料种类,比如三元乙丙橡胶卷材、聚氯乙烯卷材常采用相应的胶黏剂粘贴,聚乙烯丙纶复合卷材则常采用配套的聚合物砂浆湿作业粘贴,自粘胶膜卷材则可用预铺反粘防水技术施工。其施工中对环境温度要求为不低于 5 ℃。

胶黏剂冷粘法施工工艺如下:基层处理→涂布基层胶黏剂→弹铺贴卷材的基准线→铺贴卷材→卷材接缝处理。各步骤施工要点如下。

①胶黏剂要滚刷均匀涂布,静置 10~20 min,指触不粘时可以铺贴卷材。

②卷材铺贴时要先铺平面再向上铺立面,卷材与阴阳角贴紧,接缝部位离开阴阳角 200 mm 以上,不得将卷材拉得过紧或出现褶皱。每张卷材铺完后保证黏结层处没有空气,因此需要采用干净松软的长滚刷沿卷材横向顺序用力滚压一遍。平面部位用 φ200 mm×300 mm、重 30~40 kg 外包橡胶的铁辊辊压一遍,垂直面用手持压辊滚压。

③接缝部位表面要清理干净,在黏结面涂刷接缝专用胶黏剂,晾至不粘手时,再进行粘贴,并用手持压辊滚压,不得有气泡和褶皱。接缝黏结后,边口应嵌填密封膏。

(3)自粘胶膜防水卷材的预铺反粘法。

这种卷材具有较高的断裂拉伸强度和撕裂强度,耐水性好,可以提供不粘的表面供工人行走,后续工序可以顺利进行。适用于地下工程底板和侧墙的外防内贴法防水施工。卷材铺贴要点主要有:

①平面上高密度聚乙烯面朝下空铺于垫层,胶黏层朝上;

②立面上高密度聚乙烯面朝外,固定在保护墙找平层或支护结构面上,胶黏层也朝向待做的结构层,搭接部位临时固定卷材;

③墙体防水卷材施工后,不需铺设保护层。

10.2.3 涂膜防水施工

涂膜防水是在常温下涂布防水涂料,在基层表面形成具有一定坚韧性的涂膜的防水方法。涂膜防水常采用冷作法施工,工艺较为简单,尤其适用于形状复杂的结构。对于重要的工程,往往作为防水混凝土或防水砂浆的附加防水层。

防水涂料种类较多,可以将其分为无机防水涂料和有机防水涂料两大类型,在地下工程中,无机防水涂料凝结快,与基层有较强的黏结力,宜用于结构主体的背水面做防水过渡层;有机防水涂料抗水性好,但与基层的黏结力较小,宜用于结构主体的迎水面。

涂膜防水常采用外包防水做法,按施工程序不同,分为外涂法和内涂法,其施工顺序与卷材的外贴法和内贴法基本相同。

涂膜防水施工注意事项如下:

①严禁雨雾天或五级以上大风时施工;

②不得在环境温度低于 5 ℃或高于 35 ℃或烈日暴晒时施工;

③涂膜固化前如有降雨可能,应及时覆盖保护;

④材料多为易燃品且有一定的毒性,应做好防火、通风、劳动保护工作。

不同的防水涂料施工方法与要求类似,以聚氨酯防水涂料为例介绍其施工方法。这种材料涂膜总厚度应为 1.2~2.0 mm,阴阳角薄弱部位做增强处理。其主要施工工艺流程(视频 10-2):

视频 10-2
地下防水
涂膜施工

基层清理→涂布基层处理剂→细部增强处理→刮第一道涂膜层(平面、立面)→刮第二道涂膜层(平面、立面)→刮第三道涂膜层(立面)→刮第四道涂膜层(立面)→保护层施工。

各施工环节需注意的事项如下。

①基层清理。基层表面必须坚实、平整、清洁、干燥。混凝土垫层表面应抹 20 mm 厚 1∶3 水泥砂浆或无机铝盐防水砂浆(无机铝盐防水剂掺量为水泥用量 5%~10%)等,要抹平压光,不得有空鼓、开裂、起砂、掉灰等缺陷。混凝土立墙若有孔眼、蜂窝、麻面及凹凸处,用掺膨胀剂的水泥砂浆或乳胶水泥腻子(乳胶掺量为水泥的 15%)填充刮平。薄弱部位(穿墙管道、洞口、变形缝、埋件)按要求做防水处理,各阴阳角处均应做成半径 20~30 mm 的圆角。含水率应小于 9%。

②基层处理剂可以提高基层与涂膜的黏结度,其需要在基层处满涂,用量为 0.15~0.2 kg/m²。当基面较潮湿时,应涂刷湿固化型界面剂或潮湿界面隔离剂。现在阴阳角、管根等薄弱部位涂一遍,然后在基层上面全面均匀涂刷,要稍用力尽可能使防水涂料挤进基层表面的毛孔中,涂后干燥固化 4 h 以上,不粘手即可进入下一道工序。

③细部增强处理,需用防水涂料粘贴一层胎体增强材料,并增涂 2~4 遍防水涂料,宽度不小于 600 mm。

④涂膜施工。首先要将涂料搅拌均匀,立面采用蘸涂法,平面可以先倒在基面上,用橡胶刮板均匀刮开。第一道涂膜用量 0.8~1 kg/m²,涂层厚度 0.6~0.8 mm。第一道涂膜干燥后,开始施工第二道涂膜,涂层厚度 0.8~1 mm。两层成膜总厚度约为 1.5 mm。各涂层间应按相互垂直方向涂刷,应避免裹入气泡,同层涂膜相互搭接 30~50 mm,甩槎处搭接宽度不小于 100 mm。

涂膜厚度可以采用针测法或者用卡尺量测(取 20 mm×20 mm 的实样),要求厚度应满足设计要求,不得小于设计厚度的 90%。

10.2.4 保护层施工

卷材防水与涂膜防水施工中保护层的施工方法一致。基础底板防水层施工完毕后,可以在其平面上浇筑不少于 50 mm 厚的细石混凝土保护层,待其达到足够强度后可进行底板施工。墙体采用内贴法施工时,可抹压 20 mm 厚的 1∶3 水泥砂浆保护层,或粘贴 5~6 mm 厚的聚氯乙烯泡沫塑料片材做保护层。抹水泥砂浆前,应在卷材表面涂刷胶黏剂,并撒粗砂或粘麻丝,以利砂浆黏结。

墙体采用外贴法时,可粘贴泡沫塑料片材、聚苯乙烯挤塑板,或铺抹 1∶2.5 水泥砂浆、砌筑保护砖墙等。保护墙应在转角处及每隔 5~6 m 处断开,断开的缝隙用卷材条填塞,保护墙与防水层之间空隙应随时用砌筑砂浆填实。

10.3 屋面防水工程

屋面防水工程施工需具备一定的条件,具体施工条件如下:

①要根据工程特点及相关要求,制定安全、防火措施,做好准备工作;

②严禁雨雪天气、五级及以上大风天气施工;

③屋面周边及留孔部位设置安全护栏和安全网,坡度较大时做好防滑措施;

④编制专项施工方案或技术措施,选取有资质的专业队伍施工,作业人员持证上岗,与作业人员做好安全、技术交底;

⑤屋面防水施工可以选用卷材防水、涂膜防水、复合防水,所用材料的品种、规格、性能等要符合设计和标准要求,并抽样复检合格。

屋面的施工中构造层次较多,按防水层与保温层的位置关系可以分为正置屋面和倒置屋面。正置屋面有:找坡层→保温层→找平层→防水层→隔离层→保护层。倒置屋面有:找坡层→找平层→防水层→保温层→保护层。找平层施工完成且干燥(一般含水率应低于 9%)后才能进行防水层的施工。

10.3.1 找平层施工

找平层宜采用水泥砂浆或细石混凝土,处于保温层上的找平层要设置分格缝,纵横缝的间距不宜大于 6 m,缝宽宜为 5～20 mm。缝内嵌填密封材料。找平层的厚度和技术要求应与其基层相适应。1∶2.5 水泥砂浆找平层,与整体现浇混凝土板匹配时,其厚度为 15～20 mm,与整体材料保温层匹配的基层,其厚度为 20～25 mm;装配式混凝土板做基层,采用加钢筋网片的 C20 细石混凝土做找平层,其厚度为 30～35 mm;C20 细石混凝土找平层下方为板状保温层时,其找平层厚度取 30～35 mm。

若基层不易与找平层结合,可以做界面处理。找平层在初凝前压实、抹平,收水后二次压光且在终凝前完成,并及时取出分格条。终凝后进行养护,养护时间不少于 7 天。找平层表面应平整密实,平整度偏差不大于 5 mm,排水坡度要符合设计要求,不得有起砂、起皮现象。

10.3.2 卷材防水施工

卷材防水施工要求基层平整、坚实、干净、无孔隙、起砂和裂缝,涂刷的基层处理剂要与卷材相匹配。施工时选择好天气,即避免雨雪天气、五级及以上大风天气施工。可以采用热熔法、冷粘法、自粘法,热熔法施工环境温度不宜低于 −10 ℃,冷粘法不宜低于 5 ℃,自粘法不宜低于 10 ℃。

卷材铺贴需把握"顺序、方向、搭接尺寸、粘贴形式、粘贴要求"。

①铺贴顺序遵循"先高后低、先远后近、先细部后大面",以防运输、踩踏而损坏,并保证顺水搭接。

②铺设方向宜平行于屋脊的方向铺设,上下层不得相互垂直铺贴。檐沟、天沟顺长度方向铺贴。

③搭接尺寸:合成高分子卷材宽度不应少于 80 mm,改性沥青防水卷材宽度不应少于 100 mm,自黏性改性沥青防水卷材宽度不应少于 80 mm;同一层相邻两幅卷材短边的搭接缝应错开不小于 500 mm,上下层卷材长边的搭接缝应均匀错开,且不应小于幅宽的 1/3。

④粘贴形式可以采用满粘法、条粘法、空铺法、点粘法。各种粘贴方法适用条件见表 10-7。

表 10-7 卷材粘贴形式适用条件

粘贴形式	适用条件
满粘法	立面或大坡面铺贴卷材;屋脊、檐口、屋面转角处;卷材间的搭接处
条粘法	卷材防水层上有重物覆盖或基层变形大;保温层或找平层含水率较大,
空铺法	且干燥有一定困难,此时需设置排气孔
点粘法	

采用条粘时每幅卷材与基层黏结面不少于两条,每条宽度不小于 150 mm;点粘法铺贴,卷材与基层的黏结点,每平方米不少于 5 个,每点面积为 100 mm×100 mm。

⑤粘贴要求。

热熔法黏结高聚物改性沥青防水卷材时,火焰加热器喷嘴距卷材面距离应适中,加热均匀,使卷材表面熔融至光亮黑色为度,滚压至排出空气,平展无褶皱。

冷粘法铺贴时,控制好胶黏剂与卷材铺贴的间隔时间,胶黏剂涂刷要均匀,不得露底、堆积,卷材应平整顺直、搭接尺寸准确、不得扭曲褶皱,并辊压粘牢不得留有空气。搭接缝要满涂胶黏剂。

自粘法施工时需将隔离纸撕净,排除空气,辊压粘牢。搭接尺寸应准确,不得扭曲、褶皱。立面、大坡面及搭接部位宜用热风机加热,并随即粘牢。接缝口用材性相同的密封材料进一步封严。

10.3.3 涂膜防水施工

涂膜防水施工,施工顺序同卷材防水。可采用抹压、滚涂、刷涂或喷涂的方式施工。相邻涂膜要相互垂直,后一层膜需在前一层膜干燥后再施工。涂膜防水层厚度不应少于 3 mm,合成高分子防水涂料成膜厚度不应小于 1.5 mm。

对于有胎体增强的涂膜防水层,宜采用聚酯无纺布或化纤无纺布作为增强材料。在第三遍涂料涂刷前即可铺贴胎体增强材料。铺贴胎体应边涂刷边铺设,并刮平粘牢,排除空气。涂布涂料时要使涂料浸透胎体、覆盖完全。胎体铺设方向按屋面坡度确定,当屋面坡度小于 15% 时可平行于屋脊铺设,否则应垂直于屋脊铺设。铺贴应由低向高铺设,顺水流方向搭接,长边搭接长度不小于 50 mm,短边搭接方向不小于 70 mm,上下层相互垂直,搭接位置应错开,间距不少于 1/3 幅宽。

10.3.4 屋面细部处理

【案例分析 10.3】 某工程为 3 层框架家具商场,建筑面积约 4 万平方米。屋面防水等级为Ⅱ级,该建筑在投入使用当年雨季即发生大面积漏水。造成入住商户的房屋装修装饰、家具等损坏严重。随后进行在原防水层上新增防水的处理。经鉴定渗漏位置均出现在屋面变形缝或其附近。工程屋面细石混凝土保护层与变形缝立墙交接处均未留缝隙、未做柔性密封处理,同时细石混凝土保护层分格缝切割深度小于规范要求,以上问题造成当细石混凝土保护层随温度变化而热胀冷缩时没有自由伸缩空间,对变形缝立墙形成挤压,造成泛水处防水卷材挤压破坏,另外新增防水层之前细石混凝土保护层在泛水处未按规范要求铺设卷材或涂膜附加层。

这则案例告诉我们屋面防水工程施工在重视大面积防水卷材铺贴的同时也应关注细部的防水施工,细节决定成败。屋面的接缝、收头、雨水口、变形缝、伸出屋面的管道等处细部的防水也不容忽视。基层及细部施工见视频 10-3。

对细部的处理要做到以下几点。

①接缝处理,应封闭严密。采用热熔法铺贴改性沥青防水卷材,其缝口必须溢出沥青热熔胶,并形成 8 mm 宽的沥青条。

②屋面平面与立面交接处、找平层分格缝、无保温层的装配式屋面板板缝等处,应空铺(或单边点粘)宽度不少于 100 mm 的卷材条,以适应结构、温差引起的变形需要。

视频 10-3
屋面防水基层
及细部处理

③防水层收头采取增设附加层、金属压条固定、密封材料封口等方法,立面还需设置金属盖板。

④雨水口管与基础混凝土交接处留置凹槽,嵌填密封材料;防水层及附加层均应伸入排水口中不少于 500 mm,并粘贴牢固,封口处用密封材料嵌严。

⑤伸出屋面的管道周围找平层应抹成圆锥台,高出屋面找平层 30 mm。管道泛水处的防水层应增设附加层,附加层在平面和立面的宽度不小于 250 mm,卷材收头应用金属箍箍紧,并用密封材料封严。涂膜收头用防水涂料多遍涂刷。

10.3.5 保护层施工

屋面保护层施工可以选用水泥砂浆、细石混凝土或块材等刚性材料。此时为防止温度变形拉裂防水层需在保护层和防水层之间抹纸筋灰或铺细砂等作为隔离层。同时为防止保护层开裂,施工时需设置分格缝:水泥砂浆表面分格面积宜为 1 m²;细石混凝土纵横间距不宜大于 6 m,缝宽宜为 10~20 mm;块材保护层纵横分格缝间距不大于 10 m,缝宽 20 mm;刚性保护层与女儿墙之间预留 30 mm 宽的空隙,施工时,块材应铺平铺稳,块间用水泥砂浆勾缝,所留缝隙用防水密封膏嵌填密实。

10.3.6 屋面防水质量验收方法

屋面防水工程进行质量验收时,防水与密封工程的各分项工程每个检验批的抽检数量为:防水层应按屋面面积每 100 m² 抽查一处,每处应为 10 m²,且不得少于 3 处;接缝密封防水应按每 50 m 抽查一处,每处应为 5 m,且不得少于 3 处。

防水卷材及其配套材料的质量,应符合设计要求,检查其出厂合格证、质量检验报告和进场检验报告。

卷材防水层不得有渗漏和积水现象。检验方法是雨后观察或淋水、蓄水试验,蓄水时间不少于 24 h,淋水时间不少于 2 h。

卷材防水层在檐口、檐沟、天沟、水落口、泛水、变形缝和伸出屋面管道的防水构造,卷材的搭接缝,卷材防水层的收头,涂膜防水层的收头采用观察的方法进行检查。

10.4 新材料、新理念

防水工程的施工要达到较好的防水效果,一方面需提升施工技术和施工管理水平,另一方面也需要重视防水材料的研发,新材料在重视防水效果的同时,需要关注材料的环保性,尽量减小对环境的污染,比如 JWG-1 型防水材料、JS 复合防水涂料。

在工程实践中应用的新型防水材料——聚合物水泥防水涂料和水泥基渗透结晶型防水涂料等促使业界以全新的角度对原有的柔性和刚性防水体系的设计理念、技术特性和优缺点进行分析总结,提出了"以刚性为主、柔性为辅"的设计新理念。

知识归纳

1. 防水材料：刚性材料和柔性材料两大类。

2. 地下室结构自防水采用防水混凝土，防水混凝土配制、浇筑的具体要求以及防水混凝土的细部处理方法。

3. 地下室附加防水主要采用卷材和涂膜，可以采用外防外贴法和外防内贴法进行施工。卷材铺贴和涂膜施工均需先施工细部再施工大面区域。卷材可以采用热熔法、冷粘法、自粘法进行铺贴。

4. 正置屋面的构造层次：找坡层→保温层→找平层→防水层→隔离层→保护层；倒置屋面的构造层次：找坡层→找平层→防水层→保温层→保护层。

5. 屋面防水卷材和防水涂膜的铺贴顺序、方向、搭接尺寸、粘贴形式、粘贴要求。

6. 屋面的细部处理，包括接缝、平面与立面交接处、防水层收头、雨水口、伸出屋面的管道。

独立思考

1. 卷材防水施工采用热熔法施工？

2. 防水混凝土对原材料及配合比的要求有哪些？

3. 防水混凝土工程中，防水薄弱部位主要有哪些？各自处理方法与要求如何？

4. 地下工程防水外贴法和内贴法的施工顺序是什么？各自有哪些优缺点？

5. 屋面卷材粘贴方法及各自的适用范围是什么？

6. 屋面防水卷材的铺贴方法、铺贴方向与施工顺序是什么？

7. 屋面刚性防水保护层分格缝的作用及设置要求是什么？

第 11 章　郁巍巍画梁雕栋——装饰装修工程

【导入语】 "光闪闪贝阙珠宫,齐臻臻碧瓦朱甍,宽绰绰罗帏绣成栊,郁巍巍画梁雕栋。"古人对于装修华丽的建筑毫不吝啬地赞美,其描述令人心驰神往。

建筑装饰装修工程是采用装饰装修材料或饰物,对建筑物的内外表面及空间进行的各种处理过程,装饰装修工程包括抹灰、饰面、涂饰、裱糊、门窗、玻璃、吊顶、隔断、刷浆和花饰等内容。

11.1　抹 灰 工 程

抹灰工程按使用材料和装饰效果不同,可分为一般抹灰和装饰抹灰两大类。

11.1.1　一般抹灰

一般抹灰指采用石灰砂浆、水泥砂浆、水泥混合砂浆、聚合物水泥砂浆、麻刀石灰、纸筋石灰、石膏灰等抹灰材料进行的涂抹施工。

1. 一般抹灰的分类及组成

按使用要求、质量标准和操作工序不同,一般抹灰有高级抹灰和普通抹灰两级。

高级抹灰适用于大型公共建筑物、纪念性建筑物(剧院、礼堂、展览馆等)以及有特殊要求的高级建筑等。

一层底层,数层中层,一层面层,多遍成活。主要工序为阴阳角找方,设置标筋,分层赶平、修整,表面压光。要求抹灰表面光滑、洁净、颜色均匀、无抹纹,线角和灰线平直方正,清晰美观。

普通抹灰适用于一般居住、公用和工业建筑(住宅、宿舍、教学楼等)以及建筑物中的附属用房(车库、仓库等)。

一层底层、一层中层、一层面层(或一层底层、一层面层)。主要工序为阳角找方、设置标筋、分层赶平、修整和表面压光。要求表面洁净,接槎平整,线角顺直、清晰。

为了保证抹灰质量,做到表面平整、避免裂缝,一般抹灰工程施工是分层进行的。抹灰层的组成如图 11-1 所示。

底层主要起与基层黏结的作用,所用材料应根据基层的不同而异。基层为砌体时,由于黏土砖、砌块与砂浆的黏结力较好,又有灰缝存在,一般采用水泥砂浆打底;基层为混凝土时,为了保证黏结牢固,一般应采用混合砂浆或水泥砂浆打底;基层为木板条、苇箔、钢丝网时,由于这些材料与砂浆的黏结力较低,特别是木板条容易吸水膨胀、干燥收缩,底层砂浆中应掺入适量的麻刀等材料,并在操作时将砂浆挤入基层缝隙内,使之

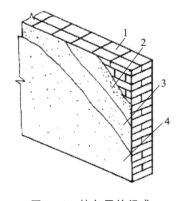

图 11-1　抹灰层的组成
1—基层;2—底层;3—中层;4—面层

拉结牢固。

中层主要起找平作用,根据质量要求不同,可一次或几次涂抹。所用材料基本与底层相同。

面层亦称罩面,主要起装饰作用,必须仔细操作,确保表面平整、光滑、无裂痕。各抹灰层厚度应根据基层材料、砂浆种类、墙面平整度、抹灰质量以及气候、温度条件而定。抹灰层平均总厚度应根据基层材料和抹灰部位而定,均应符合规范要求。

2. 材料质量要求

为了保证抹灰工程质量,应对抹灰材料的品种、质量严格要求。

石灰膏应用块状生石灰淋制,淋制时必须用孔径不大于 3 mm×3 mm 的筛过滤,并贮存在沉淀池中。熟化时间,常温下一般不少于 15 d;用于罩面时,不应少于 30 d。在沉淀池中的石灰膏应加以保护,防止其干燥、冻结和污染。使用时,石灰膏内不得含有未熟化的颗粒和其他杂质。抹灰用的石灰膏可用磨细生石灰粉代替,其细度应通过 4900 孔/cm² 筛。

抹灰用的砂子应过筛,不得含有杂物。装饰抹灰用的集料(石粒、砾石等),应耐光坚硬,使用前必须冲洗干净。干粘石用的石粒应干燥。

抹灰用的纸筋应浸透、捣烂、洁净;罩面纸筋宜机碾磨细,稻草、麦秸、麻刀应坚韧干燥,不含杂质,其长度不得大于 30 mm。稻草、麦秸应经石灰浆浸泡处理。

掺入装饰砂浆中的颜料,应耐碱、耐光。

3. 一般抹灰施工

(1) 基层处理。

抹灰前必须对基层予以处理,如砖墙灰缝剔成凹槽,混凝土墙面凿毛或刮 108 胶水泥腻子,板条间应有 8~10 mm 间隙(图 11-2);应清除基层表面的灰尘、污垢;填平脚手架孔洞、管线沟槽、门窗框缝隙并洒水湿润。在不同结构基层的交接处(如板条墙、砖墙、混凝土墙的连接处)应先铺钉一层金属网(图 11-3),其与相交基层的搭接宽度应不小于 100 mm,以防抹灰层因基层温度变化胀缩不一而产生裂缝。在门、墙、柱易受碰撞的阳角处,宜用 1∶3 的水泥砂浆抹出不低于 1.5 m 高的护角(图 11-4)。对于砖砌体的基层,应待砌体充分沉降后方能进行底层抹灰,以防砌体沉降拉裂抹灰层。

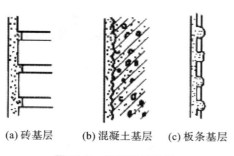

(a) 砖基层   (b) 混凝土基层   (c) 板条基层

图 11-2   抹灰基层处理

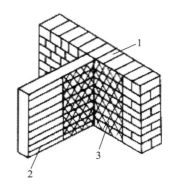

图 11-3   不同基层接缝处理

1—砖墙;2—板条墙;3—钢丝网

为了控制抹灰层的厚度和平整度,在抹灰前还必须先找好规矩,即四角规方,横线找平,竖线吊直,弹出准线和墙裙、踢脚板线,并在墙面做出标志(灰饼)和标筋(冲筋),以便找平。图 11-5 所示为抹灰操作中灰饼与冲筋做法。

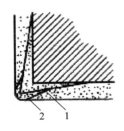

图 11-4　墙柱阳角包角抹灰

1—1∶1∶4 水泥白灰砂浆;2—1∶2 水泥砂浆

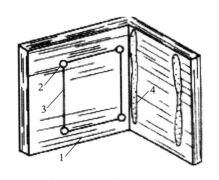

图 11-5　抹灰操作中灰饼与冲筋做法

1—基层;2—灰饼;3—引线;4—冲筋

（2）抹灰施工。

一般房屋建筑中,室内抹灰应在管道等安装完毕后进行。抹灰前必须将管道穿越的墙洞和楼板洞填嵌密实。散热器和密集管道等背后的墙面抹灰,宜在散热器和管道安装前进行,抹灰面接槎应顺平。室外抹灰工程应在安装好门窗框、阳台栏杆、预埋件,并将施工洞口堵塞密实后进行。

抹灰层施工采用分层涂抹,多遍成活。分层涂抹时,应在底层水分蒸发、充分干燥后再涂抹下一层。中层砂浆抹灰凝固前,应在层面上每隔一定距离交叉划出斜痕,以增强与面层的黏结力。各种砂浆的抹灰层,在凝结前,应防止快干、水冲、撞击和振动;凝结后,应采取措施防止沾污和损坏。水泥砂浆的抹灰层应在湿润的条件下养护。

纸筋或麻刀灰罩面,应待石灰砂浆或混合砂浆底灰七八成干后进行。若底灰过干应浇水湿润,罩面灰一般用铁皮抹子或塑料抹子分两遍抹成,要求抹平压光。

石灰膏罩面是在石灰砂浆或混合砂浆底灰尚潮湿的情况下刮抹石灰膏。刮抹后约 2 h 待石灰膏尚未干时压实赶平,使表面光滑不裂。

石膏罩面时,先将底层灰(1∶3～1∶2.5 石灰砂浆或 1∶2∶9 混合砂浆)表面用木抹子带水搓细,待底层灰六七成干时罩面。罩面用 3∶2 或 1∶1 石膏石灰膏灰浆,用小桶随拌随用,灰浆稠度80 mm 为宜。

冬期施工时,抹灰砂浆应采取保温措施,涂抹时,砂浆的温度不宜低于 5 ℃。砂浆抹灰层硬化初期不得受冻。气温低于 5 ℃时,室外抹灰所用砂浆可掺入混凝土防冻剂,其掺量应由试验确定;涂料墙面的抹灰砂浆中,不得掺入含氯盐的防冻剂。抹灰层可采取加温措施加速干燥;如采用加热空气,应设通风设备排除湿气。

视频 11-1　　视频 11-2
外墙抹　　　机械抹
灰施工　　　灰施工

（3）机械喷涂抹灰。

抹灰施工可采取手工抹灰和机械化抹灰两种方法。手工抹灰指人工用抹子涂抹砂浆。手工抹灰劳动强度大、施工效率低,但工艺性较强。

机械化抹灰可提高功效,减轻劳动强度和保证工程质量,是抹灰施工的发展方向。目前应用较广的为机械喷涂抹灰,它的工艺流程如图 11-6 所示。其工作原理是利用灰浆泵和空气压缩机把灰浆和压缩空气送入喷枪,在喷嘴前造成灰浆射流,将灰浆喷涂在基层上。

11.1.2　装饰抹灰

装饰抹灰的种类很多,但底层的做法基本相同(均为 1∶3 水泥砂浆打底),仅面层的做法不同。

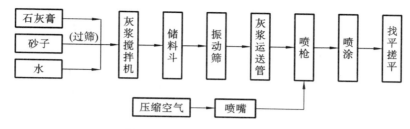

图 11-6　机械喷涂抹灰工艺流程

1. 水刷石

水刷石是一种饰面人造石材,美观、效果好、施工方便。其做法为:先将 1:3 水泥砂浆底层湿润,再薄刮厚为 1 mm 的水泥浆一层,随即抹厚为 8～12 mm,稠度为 50～70 mm,配合比为 1:1.25 的水泥石渣,并注意抹平压实,待其达到一定强度(用手指按无指痕)时,用刷子刷掉面层水泥浆,使石子表面全部外露,然后用水冲洗干净。水刷石可以现场制作,也可以工厂预制。

视频 11-3
水刷石施工

2. 水磨石

水磨石花纹美观、润滑细腻。其做法为:在 1:3 水泥砂浆底层上洒水湿润,刮水泥浆一层(厚 1～1.5 mm)作为黏结层,找平后按设计要求布置并固定分格嵌条(铜条、铝条、玻璃条),随后将不同色彩的水泥石子浆(水泥:石子＝1:1.25～1:1)填入分格中,厚为 8 mm(比嵌条高出 1～2 mm),并抹平压实。待罩面灰半凝固(1～2 d)后,用磨石机浇水开磨,磨至光滑发亮为止。每次磨光后,用同色水泥浆填补砂眼,每隔 3～5 d 再按同法磨第二遍或第三遍。最后,有的工程还要求用草酸擦洗和进行打蜡。水磨石可以现场制作,也可以工厂预制。二者工序基本相同,只是在预制时要按设计规定的尺寸、形状制成模框,并在底层中加入钢筋。

视频 11-4
现浇水磨石地面的操作方法

3. 干粘石

干粘石施工方便、造价较低,且美观、效果好。其做法为:先在已经硬化的厚为 12 mm 的 1:3 水泥砂浆底层上浇水湿润,再抹上一层厚为 6 mm 的 1:(2～2.5)的水泥砂浆中层,随即抹厚为 2 mm 的 1:0.5 水泥石灰膏浆黏结层,同时将配有不同颜色的(或同色的)石渣略掺石屑后甩粘拍平压实在黏结层上。拍平压实石子时,不得把灰浆拍出,以免影响美观,待有一定强度后洒水养护。

有时可用喷枪将石子均匀有力地喷射于黏结层上,用铁抹子轻轻压一遍,使表面搓平。如在黏结砂浆中掺入 108 胶,可使黏结层砂浆抹得更薄,石子粘得更牢。

4. 斩假石(剁斧石)

斩假石又称人造假石,是一种由凝固后的水泥石屑浆经斩琢加工而成的人造假石饰面。斩假石施工时,先用 1:(2～2.5)水泥砂浆打底,待 24 h 后浇水养护,硬化后在表面洒水湿润,刮素水泥浆一道,随即用 1:1.25 水泥石渣(内掺 30% 石屑)浆罩面,厚为 10 mm,抹完后要注意防止日晒或冰冻,并养护 2～3 天(强度达 60%～70%),然后用剁斧将面层斩毛。剁斧要经常保持锋利、剁的方向要一致,剁纹深浅和间距要均匀,一般两遍成活,以达到石材细琢面的质感。

视频 11-5
斩假石施工

5. 拉毛灰和洒毛灰

拉毛灰施工时,先将底层用水湿透,抹上 1:(0.05～0.3):(0.5～1)水泥石灰罩面砂浆,随即用硬棕刷或铁抹子进行拉毛。棕刷拉毛时,用刷蘸砂浆往墙上连续垂直拍拉,拉出毛头。铁抹子拉毛时,则不蘸砂浆,只用抹子黏结在墙面随即抽回,要做到快慢一致。拉得均匀整齐,色泽一致,不露底,在一个平面上要一次成活,避免中断留槎。

洒毛灰,又称撒云片,施工时用茅草小帚蘸 1∶1 水泥砂浆或 1∶1∶4 水泥石灰砂浆,由上往下洒在湿润的底层上。洒出的云朵须错乱多变、大小相称、空隙均匀。亦可在未干的底层上刷上颜色,然后不均匀地洒上罩面灰,并用抹子轻轻压平,部分露出带色的底子灰,使洒出的云朵具有浮动感。

6. 喷涂饰面

喷涂饰面是用喷枪将聚合物砂浆均匀喷涂在底层上形成面层装饰效果。此种砂浆掺加有 108 胶或二元乳液等聚合物,具有良好的抗冻性及和易性,能提高装饰面层的表面强度与黏结强度。通过调整砂浆的稠度和喷射压力的大小,可喷成砂浆饱满、波纹起伏的"波面",或表面不出浆而满布细碎颗粒的"粒状",亦可在表面涂层上再喷以不同色调的砂浆点,形成"花点套色"。其分层做法如下。①10～13 mm 厚 1∶3 水泥砂浆打底,木抹搓平。采用滑升、大模板工艺的混凝土墙体,可以不抹底层砂浆,只作局部找平,但表面必须平整。在喷涂前,先喷刷 1∶3(胶∶水)108 胶水溶液一道,以保证涂层黏结牢固。②3～4 mm 厚喷涂饰面层,要求三遍成活。③饰面层收水后,在分格缝处用铁皮刮子沿着靠尺刮去面层,露出基层,做成分格缝,缝内可涂刷聚合物水泥浆。④面层干燥后,喷罩甲基硅醇钠憎水剂,以提高涂层的耐久性和减少对饰面的污染。

近年来还广泛采用塑料涂料(如水性或油性丙烯树脂、聚氨酯等)作为喷涂的饰面材料。实践证明,外墙喷塑是今后建筑装饰的一个发展方向,它具有防水、防潮、耐酸、耐碱、面层色彩可任意选定,对气候的适应性强,施工方便,工期短等优点。

7. 滚涂饰面

滚涂饰面施工时,先将带颜色的聚合物砂浆均匀涂抹在底层上,随即用平面或带有拉毛、刻有花纹的橡胶、泡沫塑料滚子,滚出所需的图案和花纹。其分层做法为:①10～13 mm 厚水泥砂浆打底,木抹搓平;②粘贴分格条(施工前在分格处先刮一层聚合物水泥浆,滚涂前用涂有 108 胶水溶液的电工胶布贴上,等饰面砂浆收水后揭下胶布);③3 mm 厚色浆罩面,随抹随用轮子滚出各种花纹;④待面层干燥后,喷涂有机硅水溶液。

8. 弹涂饰面

彩色弹涂饰面,是用电动弹力器将水泥色浆弹到墙面上,形成 1～3 mm 左右的圆状色点。由于色浆一般由 2～3 种颜色组成,不同色点在墙面上相互交错、相互衬托,犹如水刷石、干粘石;亦可做成单色光面、细麻面、小拉毛拍平等多种形式。实践证明,这种工艺既可在墙面上做底灰,再作弹涂饰面;也可直接弹涂在基层较平整的混凝土板、加气板、石膏板、水泥石棉板等板材上。其施工流程为:基层找平修正或做砂浆底灰→调配色浆刷底色→弹力器做头道色点→弹力器做二道色点→弹为器局部找均匀→树脂罩面防护层。

11.2 饰面板(砖)工程

饰面板(砖)的种类很多,常用的有天然石(大理石、花岗石)饰面板、人造石(大理石、水磨石、水刷石)饰面板、饰面砖(釉面瓷砖、面砖、陶瓷锦砖)、饰面墙板、金属饰面板等。

11.2.1 常用材料及要求

1. 天然石饰面板

常用的天然石饰面板有大理石和花岗石饰面板。要求表面平整、边缘整齐,棱角不得损坏,表面不得有隐伤、风化等缺陷,并应具有产品合格证。选材时应使饰面色调和谐,纹理自然、对称、均匀,做到浑然一体;并注意把纹理、色彩最好的饰面板用于主要的部位,以提高装饰效果。

2. 人造石饰面板

人造石饰面板主要有预制水磨石、水刷石饰面板、人造大理石饰面板。要求几何尺寸准确,表面平整、边缘整齐、棱角不得有损坏,面层石粒均匀、色彩协调,无气孔、裂纹、刻痕和露筋等缺陷。

3. 饰面砖

常用的饰面砖有釉面瓷砖、面砖等。要求表面光洁、质地坚固,尺寸、色泽一致,不得有暗痕和裂纹,性能指标均应符合现行国家标准的规定。釉面瓷砖有白色、彩色、印花、图案等多个品种。面砖有毛面和釉面两种,颜色有米黄、深黄、乳白、淡蓝等多种。

4. 饰面墙板

随着建筑工业化的发展,结构与装饰合一也是装饰装修工程的发展方向。饰面墙板就是将墙板制作与饰面结合,一次成型,从而进一步扩大了装饰装修工程的内容,加速了装饰装修工程的进度。

5. 金属饰面板

金属饰面板有铝合金板、镀锌板、彩色压型钢板、不锈钢板和铜板等多种。金属板饰面典雅庄重,质感丰富。尤其是铝合金板墙面价格便宜,易于加工成型,具有高强、轻质,经久耐用,便于运输和施工,表面光亮,可反射太阳光及防火、防潮、耐腐蚀的特点,是一种高档的建筑装饰,装饰效果别具一格,应用较广。

11.2.2　饰面板(砖)施工

饰面板(砖)可采用胶黏剂粘贴和传统的镶贴、安装方法进行施工,分别介绍如下。

1. 饰面板(砖)胶黏法施工

胶黏法施工即利用胶黏剂将饰面板(砖)直接粘贴于基层上。此种施工方法具有工艺简单、操作方便、黏结力强、耐久性好、施工速度快等优点,是实现装饰装修工程干法施工的有效措施。

2. 饰面板(砖)传统法施工

(1)小规格板材施工。

对于边长小于 400 mm 的小规格的饰面板一般采用镶贴法施工。施工时先用 1∶3 水泥砂浆打底划毛,待底子灰凝固后找规矩,并弹出分格线,然后按镶贴顺序,将已湿润的板材背面抹上厚度为 2~3 mm 的素水泥浆进行粘贴,用木槌轻敲,并注意随时用靠尺找平找直。

(2)大规格板材施工。

对于边长大于 400 mm 或安装高度超过 1 m 的饰面板,多采用安装法施工。安装的工艺有湿法工艺、干法工艺和 G·P·C 工艺。

①湿法工艺。

按照设计要求在基层表面绑扎钢筋骨架,并在饰面板材周边侧面钻孔,以便与钢筋骨架连接(图 11-7)。板材安装前,应对基层抄平并进行预排。安装时由下往上,每层从中间或从一端开始依次将饰面板用铜丝或铅丝与钢筋骨架绑扎固定。板材与基层间的缝隙(即灌浆厚度),一般为 20~50 mm,灌浆前,应先在竖缝内填塞 15~20 mm 深的麻丝或泡沫塑料条以防漏浆,然后用 1∶2.5 水泥砂浆分层灌缝,待下层初凝后再灌上层,直到距上口 50~100 mm 处为止,待安装好上一层板后再继续灌缝处理,依次逐层往上操作。每日安装固定后,需将饰面清理干净,如饰面层光泽受到影响,可以重新打蜡出光。要注意采取措施保护棱角。

视频 11-6
湿挂大理石
安装工艺流程

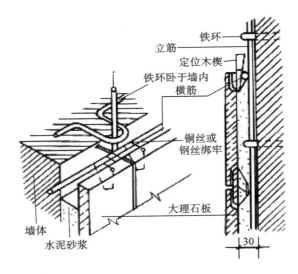

图 11-7 湿法工艺

②干法工艺。

干法工艺是直接在板上打孔,然后用不锈钢连接器与埋在混凝土墙体内的膨胀螺栓相连,板与墙体间形成 80~90 mm 空气层(图 11-8)。此种工艺一般多用于 30 m 以下的钢筋混凝结构,不适用于砖墙或加气混凝土基层。

③G·P·C 工艺。

G·P·C 工艺是干法工艺的发展,它是把以钢筋混凝土作为衬板、石材作为面板(两者用不锈钢连接环连接,并浇筑成整体)的复合板,通过连接器具悬挂到钢筋混凝土结构或钢结构上的做法(图 11-9)。

视频 11-7
石材干挂
直接法施工

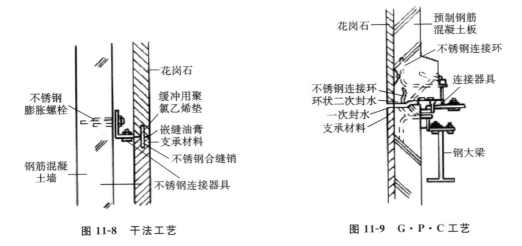

图 11-8 干法工艺   图 11-9 G·P·C 工艺

(3)面砖或釉面瓷砖的镶贴。

镶贴面砖或釉面瓷砖的主要工序为:基层处理、湿润基体表面→水泥砂浆打底→选砖、预排→浸砖→镶贴面砖→勾缝→清洁面层。基层应平整而粗糙,镶贴前应清理干净并加以湿润。底子灰抹后一般养护 1~2 d,方可进行镶贴。

墙面镶贴时,要注意以下要点。

①镶贴前要找好规矩。用水平尺找平,校核方正,算好纵横皮数和镶贴块数,划出皮数杆,定出水平标准,进行预排。瓷砖墙面常见的排砖法见图 11-10。

视频 11-8
装饰面砖类的
施工

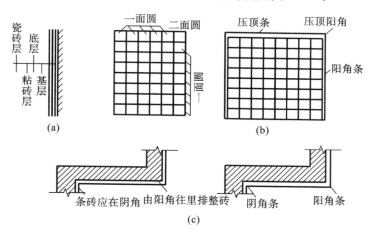

图 11-10　瓷砖墙面排砖示意

②在有脸盆镜箱的墙面,应按脸盆下水管部位分中,往两边排砖。肥皂盒可按预定尺寸和砖数排砖。

③先用废瓷砖按黏结层厚度用混合砂浆贴灰饼。贴灰饼时,将砖的楞角翘出,以楞间作为标准,上下用托线板挂直,横向用长的靠尺板或小线拉平。灰饼间距 1.5 m 左右。

④铺贴釉面瓷砖时,先浇水湿润墙面,再根据已弹好的水平线(或皮数杆),在最下面皮砖的下口放好垫尺板(平尺板),并注意地漏标高和位置,然后用水平尺检验,作为贴第一皮砖的依据。贴时一般由下往上逐层粘贴。

⑤除了采用掺 108 胶水泥浆作黏结层,可以抹一行(或数行)贴一行(或数行)外,其他均将黏结砂浆满铺在瓷砖背面,逐块进行粘贴。108 胶水泥浆要随调随用,在 15 ℃环境下操作时,从涂抹 108 胶水泥浆到镶贴瓷砖和修整缝隙,全部工作宜在 3 h 内完成,要注意随时用棉丝或干布将缝中挤出的浆液擦净。

⑥镶贴后的每块瓷砖,当采用混合砂浆黏结层时,可用小铲把轻轻敲击;当采用 108 胶水泥浆黏结层时,可用手轻压,并用橡皮锤轻轻敲击,使其与基层黏结密实牢固。要用靠尺随时检查平正方直情况,修正缝隙。凡遇黏结不密实缺灰情况时,应取下瓷砖重新粘贴,不得在砖口处塞灰,防止空鼓。

⑦贴时一般从阳角开始,使不成整块的砖留在阴角。先贴阳角大面,后贴阴角、凹槽等难度较大的部位。

⑧贴到上口须成一线,每层砖缝须横平竖直。

⑨瓷砖镶贴完毕后,用清水或布、棉丝清洗干净,用同色水泥浆擦缝。全部工程完成后要根据不同污染情况,用棉丝、砂纸清理或用稀盐酸刷洗,并用清水紧跟冲刷。

11.3　涂　饰　工　程

建筑涂料的品种繁多,分类方法也不相同。按施工的部位,可分为内墙涂料、外墙涂料、顶棚涂料、地面涂料等；按用途可分为防火涂料、防水涂料、防锈涂料、防霉涂料、防静电涂料、防虫涂料、发光涂料、耐高温涂料、道路标线涂料、彩色玻璃涂料及仿古建筑涂料等；按涂料的分散介质，可分为溶剂型涂料、水性涂料及无溶剂型（以热固性树脂为成膜物质）涂料；按涂料成膜物质的不同，可分为有机涂料、无机涂料及有机无机复合涂料；按涂料施工后形成的涂膜厚度与表面装饰质感，可分为薄质涂料、厚质涂料和彩色砂壁状涂料等。

11.3.1 常用涂料种类

1. 溶剂型涂料

溶剂型涂料是以有机高分子合成树脂为主要成膜物质，以有机溶剂如脂肪烃、芳香烃、酯类等为分散介质（稀释剂），加入适当的颜料、填料及辅助材料，经研磨等加工制成，涂装后溶剂挥发而成膜。传统的以干性油为基础的油性涂料（或称油基涂料）——油漆，也属于溶剂型涂料。溶剂型涂料施工后所产生的涂膜细腻坚硬、结构致密、表面光泽度高，具有一定的耐水及耐污染性能。但是，溶剂型涂料有其突出的缺点：该类产品所含的有机溶剂易燃且挥发后有损于大气环境和人体健康；其涂膜的透气性差，故不宜使用在容易潮湿的墙体表面涂装。

2. 水性涂料

水性涂料是指以水为分散介质（稀释剂）的涂料，主要有两种类型的产品，一类是水溶型涂料，另一类是乳液型涂料。为强调二者的区别，人们习惯把前者称为"水性涂料"，将后者称为"乳液涂料""乳胶涂料"或"水乳型涂料"。

（1）水溶型涂料。

水溶型涂料是以水溶性化合物（高聚物、合成树脂）为基料，加入一定量的填料、颜料和助剂，经研磨、分散后而制成的建筑装饰涂料。此类涂料施工简易、安全，产品价格较为低廉。但其早期产品如聚乙烯醇水玻璃涂料（106涂料）、醋酸乙烯涂料（108涂料）等，因防水性能较差而渐被淘汰。目前，其改性产品如"酸改性水玻璃外墙涂料"等新型水性涂料因成膜温度低、耐老化、耐紫外线辐射，具有优良的耐水性能而被广泛使用。

（2）乳液型涂料。

乳液型涂料即各种"乳胶漆"，是将合成树脂（各种单体聚合或由天然高聚物经化学加工而成）以极细微粒分散于水中形成乳液（加适量乳化剂），以乳液为主要成膜物质并加入适量填料及辅料经研磨加工制成的涂料。此类乳液涂料以水为分散介质，无毒、无异味、不污染环境、施工安全方便，涂层附着力强；特别是其涂膜为开孔式，具有一定的透气性，有利于建筑结构基体内的水汽透过涂膜向外挥发而不会造成装饰涂膜起鼓破坏，有的产品甚至可以在比较潮湿的基层表面施工。

3. 无溶剂型涂料

无溶剂型涂料不使用溶剂作为分散剂、稀释剂，一般是以热固性树脂（在热、光、辐射或固化剂等作用下能固化成具有不溶性物质的聚合物，如聚酯树脂、环氧树脂、酚醛树脂等）作为成膜物质，经交联固化加工生产的涂料，施工后可形成厚度较大的装饰涂膜。此类涂料多用于建筑地面装饰涂布，可形成很厚的涂层。

11.3.2 建筑涂料涂饰施工

建筑涂料（油漆）的涂饰施工，目前主要有两种情况：一是施工单位根据设计要求和规范规定按所用涂料的具体应用特点进行涂饰施工；二是由提供涂料产品的生产厂家自备或指定的专业施工队伍进行施工，并确保涂饰工程质量的跟踪服务。

鉴于新型涂料产品层出不穷且日新月异,本节只介绍室内涂料涂饰施工的基本技术和施涂要点。

室内装饰装修工程的涂饰施工,主要是指建筑内墙、室内顶棚的抹灰面或混凝土面的涂料涂饰,以及木质材料装饰罩面、装饰造型、固定式家具等的饰面油漆工程。根据设计要求及所用涂料(油漆)品种,分别采用或配合使用喷涂、滚涂和刷涂等不同的涂饰做法。

(1)喷涂施工。

喷涂的优点是涂膜外观质量好,工效高,适宜于大面积施工。可通过调整涂料黏度、喷嘴口径大小及喷涂压力而获得不同的装饰质感。喷涂机具主要有空气压缩机、喷枪及高压胶管等,也可采用高压无气喷涂设备。

基层处理后,用稍作稀释的同品种涂料打底,或按所用涂料的具体要求采用其成品封底涂料进行基层封闭涂装。

大面积喷涂前宜先试喷,以利于获得涂料黏度调整、准确选择喷嘴及喷涂压力的大小等施涂数据;同时,其样板的涂层附着力、饰面色泽、质感和外观质量等指标应符合设计要求,并经建设单位(或房屋的业主)认可后再进行正式喷涂施工。喷涂时,空气压缩机的压力控制应根据气压、喷嘴直径、涂料稠度适当调节气门,以将涂料喷成雾状为佳。喷枪与被涂面应保持垂直状态;喷嘴距喷涂面的距离以喷涂后不流挂为度,通常为 500 mm 左右。喷嘴应与被涂面做平行移动,运行中要保持匀速;纵横方向做 S 形连续移动,相邻两行喷涂面重叠宽度宜控制在喷涂宽度的 1/3。当喷涂两个平面相交的墙角时,应将喷嘴对准墙角线。

涂层不应有施工接槎,必须接槎时,其接槎应在饰面较隐蔽部位;每一独立单元墙面不应出现涂层接槎。如果不能将涂层接槎留在理想部位,第二次喷涂必须采取遮挡措施,以避免出现不均匀缺陷。若涂层接槎部位出现颜色不匀,可先用砂纸打磨掉较厚涂层,然后大面满涂,不应进行局部修补。

(2)滚涂施工。

滚涂是将相应品种的涂料采用纤维毛滚类工具直接涂装于建筑基面;或是先将低层和中层涂料采用喷或刷的方法进行涂饰,而后使用压花滚筒压出凹凸花纹效果,表面再罩面漆的浮雕式施工做法。采用滚涂施工的装饰涂层外观浑厚自然或形成明晰的图案,具有较好的质感。

滚涂施工的首要关键是涂料的表面张力,应适于滚涂做法。要求所用涂料产品具有较好的流平性能,以避免出现拉毛现象。采用滚涂的涂料产品中,填充料的比例不能太大,胶黏度不能过高,否则施涂后的饰面容易出现皱纹。采用直接滚涂施工时,将蘸取涂料的毛滚先按 W 方式运动,将涂料大致滚涂于基层上,然后用不蘸取涂料的毛滚紧贴基层上、下、左、右往复滚动,使涂料在基层上均匀展开;最后用蘸取涂料的毛滚按一定方向满滚一遍。阴角及上下口等转角和边缘部位,宜采用排笔或其他毛刷另行刷涂修饰和找齐。

浮雕式涂饰的中层涂料应颗粒均匀,用专用塑料或橡胶滚筒蘸煤油或水均匀滚压,注意涂层厚薄一致;完全固化干燥后,间隔时间宜在 4 h 以上,再进行面层涂饰。当面层采用水性涂料时,浮雕涂饰的面层施工应采用喷涂。当面层涂料为溶剂型涂料时,应采用刷涂做法。

(3)刷涂施工。

涂料的刷涂法施工大多用于地面涂料涂布或较小面积的墙面涂饰工程,特别是装饰造型、美术涂饰或与喷涂、滚涂做法相配合的工序涂层施工。刷涂的施工温度宜在 10 ℃ 以上。

建筑涂料的刷涂工具通常为不同大小尺寸的油漆刷和排笔等,前者多用于溶剂型涂料(油漆)的刷涂操作,后者适用于水性涂料的涂饰。必要时,也可采用油画笔、毛笔、海绵块等与刷涂相配合进行美术涂装。采用排笔刷涂时的着力较小,刷涂后的涂层较厚,油漆刷则相反。在施工环境气温较高及涂料黏度小而容易进行刷涂操作时,可选择排笔刷涂操作;在环境气温较低、涂料黏度大而不易使用排笔时,宜用油漆刷施涂。也可以第一遍用油漆刷,第二遍用排笔,使涂层薄而均匀、色泽一致。

一般的涂料刷涂工程两遍即可完成,每一刷(或排笔)的涂刷拖长范围为 20～30 cm,反复运刷两三次即可,不宜在同一处过多涂抹,而造成涂料堆积、起皱、脱皮、塌陷等弊病。两次刷涂衔接处要严密,每一单元涂饰要一次刷完。刷涂操作宜按先左后右、先上后下、先难后易、先边后面(先刷涂边角部位后涂刷大面)的顺序进行。

室内装饰装修木质基层涂刷清漆时,木料表面的节疤、松脂部位应用虫胶漆封闭;钉眼处应用油性腻子嵌补。在刮腻子、上色前,应涂刷一遍封闭底漆,然后反复对局部进行拼色和修色。每修完一次,刷一遍中层漆,干燥后打磨,直至色调谐调统一,再施涂透明清漆的罩面涂层。木质基层涂刷调和漆时,应先刷清油一遍,待其干燥后用油性腻子将钉眼、裂缝、凹凸残缺处嵌补批刮平整,干燥后打磨光滑,再涂刷中层和面层油漆。

对泛碱、析盐的基层,应先用 3% 的草酸溶液清洗,然后用清水冲刷干净或在基层满刷一遍耐碱底漆,待其干燥后刮腻子,再涂刷面层涂料。涂料(油漆)表面的打磨,应待涂膜完全干透后进行;打磨时应注意用力均匀,不得磨透露底。

11.3.3 油漆工程的安全技术

油漆材料、所用设备必须有专人保管且设置在专用库房内,各类储油原料的桶必须有封盖。

在油漆材料库房内,严禁吸烟,且应有消防设备,其周围有火源时,应按防火安全规定隔绝火源。

油漆原料间照明应有防爆装置,且开关应设在门外。

使用喷灯加油不得加满,打气不应过足,使用时间不宜过长,点火时,灯嘴不准对人。

操作者应做好人体保护工作、坚持穿戴安全防护用具。

使用溶剂时(如甲苯等有毒物质)时,应防护好眼睛、皮肤等,且随时注意中毒现象。

熬胶、烧油桶应离开建筑物 10 m 以外,熬炼桐油时,应距建筑物 30～50 m。在喷涂硝基漆或其他挥发性、易燃性溶剂稀释的涂料时不准使用明火。

为了避免静电集聚引起事故,对罐体涂漆应有接地线装置。

11.4 建筑幕墙工程

建筑幕墙是由金属构件与玻璃、铝板、石材等面板材料组成的建筑外围护结构,大片连续,不承受主体结构的荷载,装饰效果好、自重小、安装速度快,是建筑外墙轻型化、装配化较为理想的形式,因此,在现代建筑中得到广泛应用。

幕墙结构的主要部分如图 11-11 所示,由面板构成的幕墙构件连接在横梁上,横梁连接在立柱上,立柱悬挂在主体结构上。为了使立柱在温度变化和主体结构侧移时有变形的余地,立柱上下由活动接头连接,立柱各段可以上下相对移动。

建筑幕墙按面板材料可分为玻璃幕墙、铝板幕墙、石材幕墙、钢板幕墙、预制彩色混凝土板幕墙、塑料幕墙、建筑陶瓷幕墙和铜质面板幕墙等。

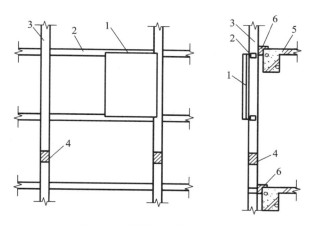

图 11-11　幕墙结构的主要部分

1—幕墙构件；2—横梁；3—立柱；4—立柱活动接头；5—主体结构；6—立柱悬挂点

11.4.1　玻璃幕墙

1. 玻璃幕墙分类

由于结构及构造形式不同，玻璃幕墙可分为明框玻璃幕墙、隐框玻璃幕墙、半隐框玻璃幕墙和全玻璃幕墙等；由于施工方法不同，又可分为现场组合的分件式玻璃幕墙和工厂预制后再在现场安装的单元式玻璃幕墙。

明框玻璃幕墙的玻璃板镶嵌在铝框内，形成四边都有铝框固定的幕墙构件。而幕墙构件又连接在横梁上，形成横梁、立柱均外露，铝框分隔明显的立面。明框玻璃幕墙是传统的形式，工作性能可靠，相对于隐框玻璃幕墙更容易满足施工技术水平的要求，应用广泛。

隐框玻璃幕墙一般是将玻璃用硅酮结构密封胶（也称结构胶）黏结在铝框上，大多数情况下，不再加金属构件，铝框全部隐蔽在玻璃后面，形成大面积全玻璃镜面。这种幕墙，玻璃与铝框之间完全靠结构胶黏结，结构胶要承受玻璃的自重、玻璃面板所承受的风荷载和地震荷载，还有温度变化等作用，因此，结构胶是保证隐框玻璃幕墙安全性的关键因素。

将玻璃两对边镶嵌在铝框内，另外两对边用结构胶黏结在铝框上，则形成半隐框玻璃幕墙，其中，立柱外露、横梁隐蔽的称竖框横隐玻璃幕墙；横梁外露、立柱隐蔽的称竖隐横框玻璃幕墙。

为游览观光需要，建筑物底层、顶层及旋转餐厅的外墙，有时使用大面积玻璃板，而且支撑结构也都采用玻璃肋，称之为全玻璃幕墙。高度不超过 4.5 m 的全玻璃幕墙，可以直接以下部为支撑；超过 4.5 m 的全玻璃幕墙，宜采用上部悬挂，以防失稳问题发生。

2. 玻璃幕墙常用材料

玻璃幕墙所使用的材料，概括起来，有骨架材料、面板材料、密封填缝材料、黏结材料和其他小材料五大类型。幕墙材料应符合国家现行产业标准的规定，并应有出厂合格证。幕墙作为建筑物的外围护结构，经常受自然环境不利因素的影响。因此，要求幕墙材料要有足够的耐候性和耐久性，具备防风雨、防日晒、防盗、防撞击、保温隔热等功能。

幕墙无论在加工制作、安装施工中，还是交付使用后，防火都是十分重要的。因此，应尽量采用不燃材料或难燃材料。但同前国内外都有少量材料还是不防火的，如双面胶带、填充棒等。因此，在设计及安装施工中都要加倍注意，并采取防火措施。

隐框和半隐框幕墙所使用的结构硅酮密封胶，必须有性能和与接触材料相容性试验合格报告。

接触材料包括铝合金型材、玻璃、双面胶带和耐候硅酮密封胶等。所谓相容性是指结构硅酮密封胶与这些材料接触时,只起黏结作用,而不发生影响黏结性能的任何化学变化。

玻璃是玻璃幕墙的主要材料之一,它直接制约幕墙的各项性能,同时也是幕墙艺术风格的主要体现者。幕墙所采用的玻璃通常有钢化玻璃、热反射玻璃、吸热玻璃、夹层玻璃、夹丝(网)玻璃和中空玻璃等。使用时应注意选择。

3. 玻璃幕墙安装施工

玻璃幕墙现场安装施工有单元式和分件式两种方式。单元式施工是将立柱、横梁和玻璃板材先在工厂拼装为一个安装单元(一般为一层楼高度),然后在现场整体吊装就位。分件式安装施工是最一般的方法,它将立柱、横梁、玻璃板材等材料分别运到工地,现场逐件进行安装,其主要工序如下。

视频 11-9 框架式幕墙隐框结构安装示意　　视频 11-10 玻璃幕墙安装工艺流程　　视频 11-11 阿布扎比斜塔玻璃幕墙施工

(1)放线定位。

放线定位即将骨架的位置弹到主体结构上。放线工作应根据土建单位提供的中心线及标高控制点进行。对于由横梁、立柱组成的幕墙骨架,一般先弹出立柱的位置,然后再将立柱的锚固点确定。待立柱通长布置完毕,再将横梁弹到立柱上。如果是全玻璃安装,则应首先将玻璃的位置弹到地面上,再根据外缘尺寸确定锚固点。放线是玻璃幕墙施工中技术难度较大的一项工作,要求充分掌握设计意图,并需具备丰富的工作经验。

(2)预埋件检查。

为了保证幕墙与主体结构连接可靠,幕墙与主体结构连接的预埋件应在主体结构施工时,按设计要求的数量、位置和方法进行埋设。施工安装前,应检查各连接位置预埋件是否齐全,位置是否符合设计要求。预埋件遗漏、位置偏差过大、倾斜时,要会同设计单位采取补救措施。

(3)骨架安装施工。

依据放线的位置,进行骨架安装。常采用连接件将骨架与主体结构相连。连接件与主体结构可以通过预埋件或后埋锚栓固定,但当采用后埋锚栓固定时,应通过试验确定其承载力。骨架安装一般先安装立柱(因为立柱与主体结构相连),再安装横梁。横梁与立柱的连接依据其材料不同,可以采用焊接、螺栓连接、穿插件连接或用角铝连接等方法。

(4)玻璃安装。

因玻璃幕墙的类型不同,固定玻璃的方法也不相同。钢骨架因型钢没有镶嵌玻璃的凹槽,多用窗框过渡,将玻璃安装在铝合金窗框上,再将窗框与骨架相连。铝合金型材的幕墙框架在成型时,已经将固定玻璃的凹槽随同整个断面一次挤压成型。玻璃与硬性金属之间,应避免直接接触,要用封缝材料过渡。对隐框玻璃幕墙,在玻璃框安装前应对玻璃及四周的铝框进行必要的清洁,保证嵌缝耐候胶能可靠黏结。安装前玻璃的镀膜面应粘贴保护膜加以保护,交工前再全部揭去。

(5)密封处理。

玻璃或玻璃组件安装完毕后,必须及时用耐候密封胶嵌缝密封,以保证玻璃幕墙的气密性、水密性等性能。

(6)清洁维护。

玻璃幕墙安装完成后,应从上到下用中性清洁剂对幕墙表面及外露构件进行清洁,清洁剂使用前应进行腐蚀性检验,证明对铝合金和玻璃无腐蚀作用后方可使用。

11.4.2　铝板幕墙

铝板幕墙强度高、质量轻；易于加工成型、质量精度高、生产周期短；防火、防腐性能好；装饰效果典雅庄重、质感丰富，是一种高档次的建筑外墙装饰。但铝板幕墙节点构造复杂、施工精度要求高，必须有完备的工具和经过培训有经验的工人才能操作完成。

铝板幕墙主要由铝合金板和骨架组成，骨架的立柱、横梁通过连接件与主体结构固定。铝合金板可选用已生产的各种定型产品，也可根据设计要求，与铝合金型材生产厂家协商定做。常见断面如图 11-12 所示。承重骨架由立柱和横梁拼成，多为铝合金型材或型钢制作。铝板与骨架用连接件连成整体，根据铝板的截面类型，连接件可以采用螺钉，也可采用特制的卡具。

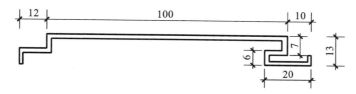

图 11-12　铝板常见断面(单位：mm)

铝板幕墙的主要施工工序：放线定位→连接件安装→骨架安装→铝板安装→收口处理。

铝板幕墙安装要求控制好安装高度、铝板与墙面的距离、铝板表面垂直度。施工后的幕墙表面应做到表面平整、连接可靠，无翘起、卷边等现象。

11.5　裱糊工程

11.5.1　常用材料及质量要求

壁纸是室内装饰中常用的一种装饰材料，广泛用于墙面、柱面及顶棚的裱糊装饰。裱糊工程常用的材料有塑料壁纸、墙布、金属壁纸、草席壁纸和胶黏剂等。

1. 塑料壁纸

塑料壁纸是目前应用较为广泛的壁纸。塑料壁纸主要以聚氯乙烯(PVC)为原料生产。塑料壁纸大致可分为三类，即普通壁纸、发泡壁纸和特种壁纸。

普通壁纸是以木浆纸作为基材，表面再涂以高分子乳液，经印花、压花而成。这种壁纸花色品种多，适用面广，价格低廉，耐光、耐老化、耐水擦洗，便于维护、耐用，广泛用于一般住房及公共建筑的内墙、柱面、顶棚的装饰。

发泡壁纸，亦称浮雕壁纸，是以纸作基材，涂塑掺有发泡剂的聚氯乙烯糊状料，印花后，再经加热发泡而成。壁纸表面呈凹凸花纹，立体感强，装饰效果好，并富有弹性。这类壁纸又有高发泡印花、低发泡印花、压花等品种。其中，高发泡纸发泡率较大，表面呈比较突出的、富有弹性的凹凸花纹，是一种装饰、吸声多功能壁纸，适用于影剧院、会议室、讲演厅、住宅顶棚等装饰。低发泡纸是在发泡平面印有图案的品种，适用于室内墙裙、客厅和内廊的装饰。

所谓特种壁纸，是指具有特殊功能的塑料面层壁纸，如耐水壁纸、防火壁纸、抗腐蚀壁纸、抗静电壁纸、健康壁纸、吸声壁纸等。

2. 墙布

墙布没有底纸，为便于粘贴施工，要有一定的厚度，才能比较挺括上墙。墙布的基材有玻璃纤维织物、合成纤维无纺布等,表面以树脂乳液涂覆后再印刷。由于这类织物表面粗糙,印刷的图案也比较粗糙,装饰效果较差。

3. 金属壁纸

金属壁纸面层为铝箔,由胶黏剂与底层贴合。金属壁纸有金属光泽,金属感强,表面可以压花或印花。其特点是强度高、不易破损、不会老化、耐擦洗、耐沾污,是一种高档壁纸。

4. 草席壁纸

草席壁纸以天然的草、席编织物作为面料。草席料预先染成不同的颜色和色调,用不同的密度和排列编织,再与底纸贴合,可得到各种不同外观的草席面壁纸。这种壁纸形成的环境使人更贴近大自然,并有温暖感。缺点是较易受机械损失,不能擦洗,保养要求高。

对壁纸的质量要求如下。

壁纸应整洁、图案清晰。印花壁纸的套色偏差不大于 1 mm,且无漏印。压花壁纸的压花深浅一致,不允许出现光面。此外,其褪色性、耐磨性、湿强度、施工性均应符合现行材料标准的有关规定。材料进场后经检验合格方可使用。运输和贮存时,所有壁纸均不得日晒雨淋;压延壁纸应平放;发泡壁纸和复合壁纸则应竖放。

胶黏剂应按壁纸的品种选用。

11.5.2 塑料壁纸的裱糊工程

1. 材料选择

塑料壁纸的选择包括选择壁纸的种类、色彩和图案花纹。选择时应考虑建筑物的用途、保养条件、有无特殊要求、造价等因素。

胶黏剂应有良好的黏结强度和耐老化性以及防潮、防霉和耐碱性,干燥后也要有一定的柔性,以适应基层和壁纸的伸缩。

商品壁纸胶黏剂有液状和粉状两种。液状的大多为聚乙烯醇溶液或其部分缩醛产物的溶液,粉状的多以淀粉为主。液状的使用方便,可直接使用,粉状的则需按说明配制。用户也可自行配制胶黏剂。

2. 基层处理

基层处理好坏对整个壁纸粘贴质量有很大的影响。各种墙面抹灰层只要具有一定强度,表面平整光洁,不疏松掉面都可直接粘贴塑料壁纸,例如水泥白灰砂浆、白灰砂浆、石膏砂抹灰、纸筋灰、石膏板、石棉水泥板等。

对基层总的要求是表面坚实、平滑,无毛刺、砂粒、凸起物、剥落、起鼓、大的裂缝,否则应视具体情况作适当的基层处理。

视基层情况可局部批嵌,凸出物应铲平,并填平大的凹槽和裂缝;较差的基层则宜满批。干后用砂纸磨光磨平。批嵌用的腻子可自行配制。

为防止基层吸水过快,引起胶黏剂脱水而影响壁纸黏结,可在基层表面刷一道用水稀释的 108 胶作为底胶进行封闭处理。刷底胶时,应做到均匀、稀薄、不留刷痕。

3. 粘贴施工要点

(1) 弹垂直线。

为使壁纸粘贴的花纹、图案、线条纵横连贯,在底胶干后,应根据房间大小、门窗位置、壁纸宽度和花纹图案进行弹线,从墙的阴角开始,以壁纸宽度弹垂直线,作为裱糊时的操作准线。

(2) 裁纸。

裱糊用壁纸,纸幅必须垂直,以保证花纹、图案纵横连贯一致。裁纸应根据实际弹线尺寸统筹规划。纸幅要编号并按顺序粘贴。分幅拼花裁切时,要照顾主要墙面花纹对称完整。裁切的一边只能搭缝,不能对缝。裁边应平直整齐,不得有纸毛、飞刺等。

（3）湿润。

以纸为底层的壁纸遇水会受潮膨胀,5～10 min 后胀足,干燥后又会收缩。因此,施工前,壁纸应浸水湿润,充分膨胀后粘贴上墙,可以使壁纸贴得平整。

（4）刷胶。

胶黏剂要求涂刷均匀、不漏刷。在基层表面涂刷胶黏剂应比壁纸刷宽 20～30 mm,涂刷一段,裱糊一张。如用背面带胶的壁纸,则只需在基层表面涂刷胶黏剂。裱糊顶棚时,基层和壁纸背面均应涂刷胶黏剂。

（5）裱糊。

裱糊施工时,应先贴长墙面,后贴短墙面,每个墙面从显眼的墙角以整幅纸开始,将窄条纸的现场裁切边留在不显眼的阴角处。被糊第一幅壁纸前应弹垂直线,作为裱糊时的准线。第二幅开始,先上后下对缝裱糊。对缝必须严密,不显接槎,花纹图案的对缝必须端正吻合,拼缝对齐后,再用刮板由上向下赶平压实。挤出的多余胶黏剂用湿棉丝及时揩擦干净,不得有气泡和斑污。每次裱糊 2～3 幅后,要吊线检查垂直度,以防造成累积误差。阳角转角处不得留拼缝,基层阴角若不垂直,一般不做对接缝,改为搭缝。裱糊过程中和干燥前,应防止穿堂风劲吹和温度的突然变化。冬期施工,应在采暖条件下进行。

（6）清理修整。

整个房间贴好后,应进行全面细致的检查,对未贴好的局部进行清理修整,要求修整后不留痕迹。

【典型例题】

1. 属于装饰抹灰的是（　　）。

A.普通抹灰　　　　　B.中级抹灰　　　　　C.高级抹灰　　　　　D.彩色抹灰

答案:D

2. 大理石结构紧密,强度高,吸水率低,和花岗石性能一样,但它的硬度比花岗石低,耐磨性不如花岗石,抗侵蚀能力较差,不宜用于（　　）。

A.室内　　　　　B.室外　　　　　C.墙面　　　　　D.地面

答案:B

3. 如果墙体经常受到潮湿的侵袭,那么就应该选用（　　）,否则裱糊质量难以保证。

A.锦缎　　　　　B.金属壁纸　　　　　C.防水、防潮的壁纸　　D.PVC 壁纸

答案:C

4. 瓷砖空鼓原因分析不可能的是（　　）。

A.施工原因,砖缝砂浆不饱满　　　　　　　B.管边、烟道边易空鼓

C.砖表面清理太干净,太光滑　　　　　　　D.原墙面抹灰层开裂空鼓,或抹灰层砂浆质量问题

答案:C

5. 图书馆底层书库不宜采用下列（　　）地面面层。

A.水磨石　　　　　B.木地板　　　　　C.磨光花岗岩板　　　D.塑料地板

答案:B

【**案例分析**】 下面简述几种典型的室内装饰及装修工程的优秀体现和控制措施(图 11-13～图 11-22)

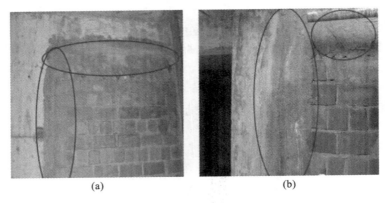

图 11-13

(1) 优秀体现。

抹灰前不同基体位置加强网铺设规范。

(2) 控制措施。

①先对不同基体交接位置用砂浆找平,再铺设加强网,并用砂浆抹压,有效保证加强网的抗拉性能。

②加强技术交底和工序检查。

图 11-14

(3) 优秀体现。

①抹灰前护角设置到位。

②水电线槽封堵密实、平整。

(4) 控制措施。

①结合室内空间净尺寸检验,规范设置护角(采用 1∶2.5 水泥砂浆、成锐角)和灰饼,并及时养护。

②线槽封堵前,应将线管固定牢固,垃圾清理干净并喷水湿润,再用水泥砂浆分层填嵌密实。

(5) 优秀体现。

①墙面抹灰在距门窗洞口(阳角)10 cm 左右范围事先留槎。

②窗洞口四周采用一次性收头工艺,有效避免阳角位置开裂。

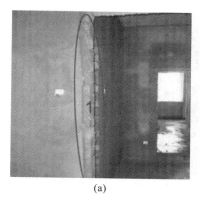

(a)　　　　　　　　　　　　(b)

图 11-15

（6）控制措施。

①按照集团公司提高房产品质控制要点,对还未安装门窗框无法进行收头的洞口,先抹灰接槎必须距洞口阳角不小于 10 cm,不得直接抹至阳角处。

②洞口抹灰收头必须一次完成,与先前抹灰接槎处应平整、光顺。

③安排专人落实养护和成品保护措施。

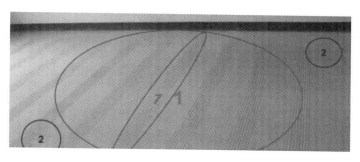

图 11-16

（7）优秀体现。

①室内地面水泥面层平整、密实,大面无色差,无修补痕迹,划纹均匀、顺直、清晰。

②室内净高尺寸及时进行检测并认真按照分户检验的要求做好标识点。

（8）控制措施。

①地面找平层施工前,应将楼板基层浮浆清除干净并洒水湿润,对结构净高尺寸检测后设置灰饼,施工时应随即用靠尺刮平,不得出现高差不一现象,完成后应认真落实覆盖浇水养护的成品保护措施,施工顺序安排应合理。

②竣工验收前,认真组织落实室内净高、平整度、有无空鼓等技术参数的分户检验,并做标识。

（9）优秀体现。

①室内地面找平层平整。

②结合室内功能和开间尺寸,在地面找平层、门洞位置设置了防开裂的伸缩缝。

（10）控制措施。

①严格按照楼地面施工验收规范和集团公司楼地面操作细则施工。

②做标识控制面层标高一致,伸缩缝嵌条应顺直,深度应与找平层厚度一致。

③加强过程跟踪检查。

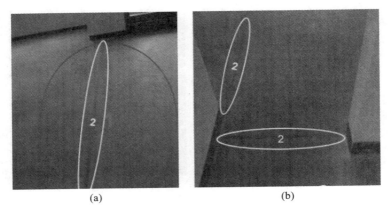

图 11-17

图 11-18

（11）优秀体现。

①室内地面找平层大面平整，无空鼓、裂缝。

②室内踢脚线顺直。

③室内墙面阴角方正、垂直。

（12）控制措施。

①水泥地面施工前基底处理要彻底（垃圾清理、提前洒水湿润）。

②地面标高控制点设置要准确（结合室内净尺寸检验）。

③随浇随抹密实，终凝前二次压光。

④阴角要挂线、踢脚线上口要拉通线控制。

⑤安排专人后期养护和落实成品保护。

（13）优秀体现。

坡屋面阴阳角线条顺直、挺拔。

（14）控制措施。

①抹灰前，对主体结构基层的阴阳角位置进行修正。

②必须按照规范要求设置方正、垂直的护角。

③抹灰时必须拉通线、吊垂线进行现场检查。

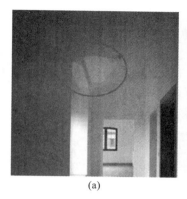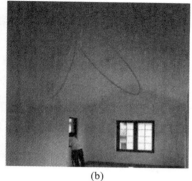

(a)　　　　　　　　　　　(b)

图 11-19

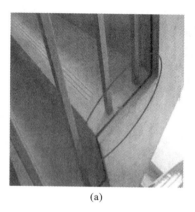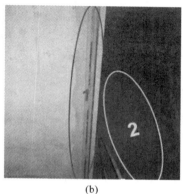

(a)　　　　　　　　　　　(b)

图 11-20

（15）优秀体现。

①毛坯交房室内楼梯踏板凸肩收头规范、方正且在梯板底部外侧设置了滴水线（槽）。

②剪力墙抹灰前做了界面处理，防空鼓、起壳措施到位。

（16）控制措施。

①为提高品质，要求设计明确细部节点的处理方式或施工单位提供处理方式请设计确认。

②粉刷前，对混凝土基层界面处理采用凿毛或水泥浆掺 801 胶。

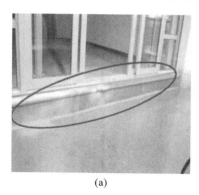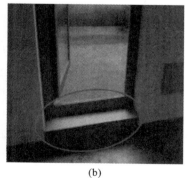

(a)　　　　　　　　　　　(b)

图 11-21

（17）优秀体现。

出阳（露）台门框下设置了上翻梁或者混凝土挡水坎，有效减少渗漏。

（18）控制措施。

审核门窗二次优化设计，要求在出阳露台门框下必须设置挡水坎，对不合理的门窗分格设计进行修正。

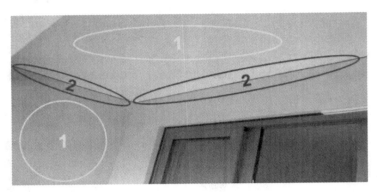

图 11-22

（19）优秀体现。

①墙面、天棚的涂料成品保护到位，无污染。

②阴角线处理顺直、水平、界面清晰。

（20）控制措施。

①为提高品质，要求设计明确细部节点的处理方式或施工单位提供处理方式请设计确认。

② 弹出阴角控制线。

③严把抹灰工序验收关。

④落实涂料施工的防交叉污染措施。

知识归纳

1. 一般抹灰指采用石灰砂浆、水泥砂浆、水泥混合砂浆、聚合物水泥砂浆和麻刀石灰、纸筋石灰、石膏灰等抹灰材料进行的涂抹施工。

2. 高级抹灰：一层底层，数层中层，一层面层，多遍成活。主要工序为阴阳角找方，设置标筋，分层赶平、修整，表面压光。要求抹灰表面光滑、洁净、颜色均匀、无抹纹，线角和灰线平直方正，清晰美观。

普通抹灰：一层底层、一层中层、一层面层（或一层底层、一层面层）。主要工序为阳角找方、设置标筋、分层赶平、修整和表面压光。要求表面洁净，接槎平整，线角顺直、清晰。

3. 装饰抹灰的种类很多，但底层的做法基本相同（均为 1∶3 水泥砂浆打底），仅面层的做法不同。

4. 饰面板（砖）的种类很多，常用的有天然石（大理石、花岗石）饰面板、人造石（大理石、水磨石、水刷石）饰面板、饰面砖（釉面瓷砖、面砖、陶瓷锦砖）和饰面墙板、金属饰面板等。

5. 饰面板（砖）胶黏法施工即利用胶黏剂将饰面板（砖）直接粘贴于基层上。此种施工方法具有工艺简单、操作方便、黏结力强、耐久性好、施工速度快等优点，是实现装饰装修工程干法施工的有效措施。对于边长大于 400 mm 或安装高度超过 1 m 的饰面板，多采用安装法施工。安装的工艺有湿法工艺、干法工艺和 G·P·C 工艺。

6. 涂饰工程包括油漆涂饰和涂料涂饰,它是将胶体的溶液涂敷在物体表面、使之与基层黏结,并形成一层完整而坚韧的保护薄膜,借此达到装饰、美化和保护基层免受外界侵蚀的目的。

7. 玻璃幕墙现场安装施工有单元式和分件式两种方式。单元式施工是将立柱、横梁和玻璃板材先在工厂拼装为一个安装单元(一般为一层楼高度),然后在现场整体吊装就位。分件式安装施工是最一般的方法,它将立柱、横梁、玻璃板材等材料分别运到工地,现场逐件进行安装,其主要工序如下:放线定位→预埋件检查→骨架安装施工→玻璃安装→密封处理→清洁维护。

8. 壁纸是室内装饰中常用的一种装饰材料,广泛用于墙面、柱面及顶棚的裱糊装饰。裱糊工程常用的材料有塑料壁纸、墙布、金属壁纸、草席壁纸和胶黏剂等。

独立思考

1. 试述抹灰的构造组成及各层次的作用。
2. 抹灰分为哪几类? 一般抹灰分几级? 其具体要求如何?
3. 抹灰前,对其基体应做哪些处理?
4. 一般抹灰的施工顺序有何要求?
5. 试述水磨石、水刷石的施工工艺及要点。
6. 瓷砖铺贴前为何要选砖和浸水阴干? 各有何要求?
7. 墙面石材安装方法有哪些? 各有何特点及利弊?
8. 裱糊及涂料施工工艺流程有何异同? 其作业条件各有哪些?

第 12 章 运筹帷幄之中，决胜千里之外
——施工组织概论

【导入语】 西汉·司马迁《史记·高祖本纪》："夫运筹策帷帐之中，决胜於千里之外，吾不如子房。镇国家，抚百姓，给馈饟，不绝粮道，吾不如萧何。连百万之军，战必胜，攻必取，吾不如韩信。此三者，皆人杰也，吾能用之，此吾所以取天下也。"建筑业施工亦是如此，开工之前做好前期的战略部署，项目才能顺利开展，完美收官。

本章目的是了解土木工程的特点与建设程序，掌握工程施工的一般程序；熟悉组织项目施工的原则，掌握施工准备工作的内容；了解施工组织设计的编制要求，掌握施工组织设计的类型、作用及主要内容；了解智能建造与建筑工业化协同发展的行业前沿知识。

12.1 概 述

土木工程施工组织是研究工程建设组织安排与系统管理的客观规律的一门学科。随着社会的不断进步和经济的发展，人类的建设规模越来越大，使用要求也越来越高，致使工程建设越来越复杂，做好施工组织对项目建设取得成功也越发重要，唯有运筹帷幄之中，方能决胜千里之外。

12.1.1 工程建设程序

工程建设程序是指建设项目在整个建设过程中各项工作的顺序关系。一个建设项目从决策到实施，主要须经历 6 个阶段、15 个步骤，其先后顺序如图 12-1 所示。坚持建设程序，工程建设才能顺利地进行。

12.1.2 工程建设项目划分

工程建设项目按其规模和复杂程度可划分为建设项目、单位工程、分部工程、子分部工程和分项工程（图 12-2）。

1. 建设项目

建设项目是指具有独立计划和总体设计文件，并能按总体设计要求组织施工，工程完成以后可以形成独立生产能力或使用功能的工程项目。例如，一所学校、一个住宅区、一条道路等。

2. 单位工程

单位工程是建设项目的组成部分，是指具有独立施工条件并能形成独立使用功能的建筑物或构筑物。例如，一个车间、一栋教学楼、一个构筑物、一段公路、一座桥梁等。

3. 分部工程

分部工程是单位工程的组成部分，可按单位工程的专业性质、建筑物部位而划分。例如一栋教

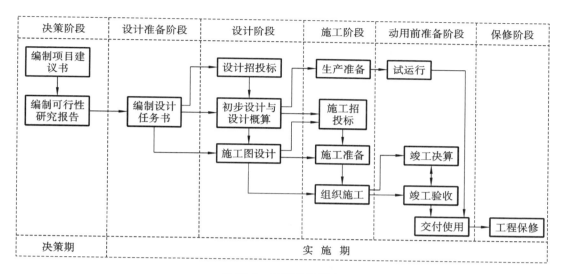

图 12-1　工程建设程序

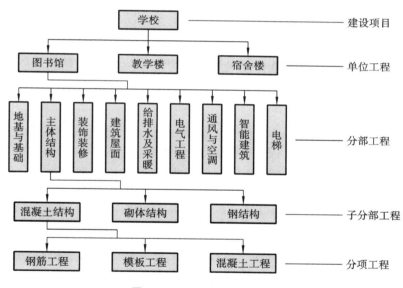

图 12-2　工程建设项目划分

学楼,按其部位可以划分为地基与基础、主体结构、屋面和装饰装修等分部工程,按其专业又分为给排水及采暖、电气、通风与空调等分部工程。

4. 子分部工程

子分部工程是对较大或复杂分部工程,按材料种类、施工特点、施工程序、专业系统及类别等进一步划分的工程。例如,地基与基础划分为土方、桩基、地下防水、混凝土基础等子分部工程;主体结构划分为混凝土结构、砌体结构、钢结构、木结构等子分部工程。

5. 分项工程

分项工程是子分部工程的组成部分。它是将子分部工程按主要工种、材料、施工工艺、设备类别等再细分的工程,是组织施工基本的作业单位。

12.1.3 土木工程产品及生产的特点

土木工程产品在其体形、功能、构造组成、所处空间、投资特征等方面,较其他产品存在明显的差异。产品本身的特点也决定了生产过程的特殊性,主要表现在以下几方面。

1. 产品的固定性与生产的流动性

各种建筑物和构筑物都是通过基础固定于地基上,其建造和使用地点在空间上是固定不动的。产品的固定性决定了生产的流动性。参与生产的人员以及所使用的机具、材料只能在不同的地区、不同的建造地点及不同的高度空间流动,使得生产难以做到稳定、连续、均衡。

2. 产品的多样性与生产的单件性

土木工程产品不但要满足各种使用功能的要求,还要达到某种艺术效果,体现出地区特点、民族风格以及物质文明与精神文明的特色,同时也受到材料、技术、经济、地区的自然条件等多种因素的影响和制约,其产品类型多样、姿色迥异、变化纷繁。产品的固定性和多样性决定了产品生产的单件性,即每一个土木工程产品必须单独设计和单独组织施工。

3. 产品的庞大性与生产的综合性、协作性

由于产品体型庞大、构造复杂,需要建设、施工、监理、构配件生产、材料供应、运输等各个方面以及各个专业施工单位之间的通力协作。在企业内部要组织多专业、多工种的综合作业。在企业外部,需要城市规划、勘察设计、消防、公用事业、环境保护、质量监督、科研试验、交通运输、银行财政、机具设备、能源供应、劳务等社会各部门和各领域的协作配合。只有协调好各方面关系,才能保质、保量、如期完成工程任务。

4. 产品的复杂性与施工的制约性

土木工程产品涉及范围广、类别杂、做法多样、形式多变;要与电力照明、通风空调、给水排水、消防、电信等多种系统共同组成整体;要使技术与艺术融为一体,这都充分体现了产品的复杂性。

工程在实施过程中,受政策法规、合同文件、设计图、人员素质、材料质量、能源供应、场地条件、周围环境、自然气候、安全隐患、基体特征等多种因素的制约和影响。因此,必须在精神上、物质上做好充分准备,以提高执行和应变的能力。

5. 产品投资大,施工工期紧

土木工程产品的生产属于基本建设的范畴,需要大量的资金投入。由于工程量大、工序繁多、工艺复杂、交叉作业及间歇等待多,再加上各种因素的干扰,生产周期较长,占用流动资金多。建设单位(业主)为了尽早使投资发挥效益,往往压限工期。施工单位为获得较好的效益,需寻求合理工期、恰当安排资源投入,以获得较好的效益。

以上特点对工程的组织实施影响很大,必须根据各个工程的具体情况,编制切实可行的施工组织设计,采取先进可靠的施工组织与管理方法,以保证工程圆满完成。

12.1.4 土木工程的施工程序

施工程序是指在整个工程实施阶段所必须遵循的一般顺序(图 12-3),现分述如下。

1. 承接施工任务,签订施工合同

目前,承接施工任务的方式主要是招投标,即通过参加投标,中标后方可承接施工任务。承接工程项目后,施工单位必须与建设单位(业主)签订施工合同,以减少不必要的纠纷,确保工程的实施和结算。

2. 调查研究，做好施工规划

施工合同签订后，施工总承包单位首先应对当地技术经济条件、气候条件、地质条件、施工环境、现场条件等方面做进一步调查分析，做好任务摸底。其次要部署施工力量，确定分包项目，寻求分包单位，签订分包合同。最后派前期工作人员进场，做好施工准备工作。

3. 落实施工准备工作，提出开工报告

施工准备工作是保证按计划完成施工任务的关键和前提，其基本任务是为施工创造必要的技术和物质条件，统筹安排施工力量和施工现场。施工准备工作通常包括技术准备、物资准备、劳动组织准备、施工现场准备和施工场外准备等方面。当一个项目能够满足工程开工后连续施工的要求时，施工单位即可向主管部门申请开工。

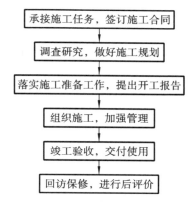

图 12-3　土木工程的施工程序

4. 组织施工，加强管理

开工报告获得批准后，即可进行工程的全面施工。此阶段是整个工程实施中一个主要的阶段，它决定了施工工期、产品质量、成本和施工企业的经济效益。因此，要做好"四控"（质量、进度、安全、成本控制）、"四管"（现场、合同、生产要素、信息管理）和"一协调"（搞好协调配合）。

5. 竣工验收，交付使用

竣工验收是对建设项目设计和施工质量的全面考核，也是一个法定的手续。根据国家有关规定，所有建设项目和单位工程建完后，必须进行工程检验与备案，凡是质量不合格的工程不准交工，不准报竣工面积，不能交付使用。

在工程验收阶段，施工单位应首先自检合格，确认具备竣工验收的各项要求，并经监理单位认可后，向建设单位提交"工程验收报告"；然后由建设单位组织设计、施工、监理等单位进行验收；验收合格后 15 日内向政府建设主管部门备案；施工单位与建设单位办理竣工结算和移交手续。施工单位应按合同约定，做好工程文件的整理和移交；建设单位应在工程竣工验收后 3 个月内，向当地城建档案管理机构移交一套符合规定的工程档案。

6. 回访保修，进行后评价

在法定及合同规定的保修期内，对出现质量缺陷的部位进行返修，以保证满足原有的设计质量和使用要求。国家规定，房屋建筑工程的基础工程、主体结构工程在设计合理使用年限内均为保修期，防水工程的保修期为 5 年，装饰装修及所安装的设备保修期为 2 年。进行定期回访、保修和后评价，不但方便用户、提高企业信誉，同时也为以后施工积累经验。

12.1.5　组织施工的原则

在进行工程项目施工组织时，应遵循以下基本原则。

1. 认真贯彻国家的建设法规和制度，严格执行建设程序

国家有关建设的法律法规是规范建筑活动的准绳，在改革与管理实践中逐步建立和完善的施工许可制度、从业资格管理制度、招标投标制度、总承包制度、发承包合同制度、工程监理制度、安全生产管理制度、工程质量责任制度、竣工验收制度等是规范建筑行业的重要保证，这对建立和完善建筑市场的运行机制,加强建筑活动的实施与管理,提供了重要的方法和依据。因此,在进行施工组织时,必须认真学习、充分理解并严格贯彻执行。

2. 遵循施工工艺和技术规律,合理安排施工程序和顺序

建筑产品及其生产过程有其本身的客观规律。既有建筑施工工艺及其技术方面的规律,也有建筑施工程序和施工顺序方面的规律。遵循这些规律去组织施工,就能保证各项施工活动的紧密衔接和相互促进,充分利用资源,确保工程质量,加快施工速度,缩短工期。

3. 采用流水作业法和网络计划技术组织施工

流水作业是组织土木工程施工的有效方法,可使施工连续、均衡、有节奏地进行,以达到合理使用资源、充分利用空间和时间的目的。网络计划技术是计划管理的科学方法,具有逻辑严密、层次清晰、关键问题明确,可进行计划优化、控制和调整,有利于计算机在计划管理中应用等优点。因而,在组织施工时应尽量采用。

4. 科学地安排季节性施工项目,确保全年生产的连续性和均衡性

由于建筑产品生产露天作业的特点,拟建工程项目的施工必然要受气候和季节的影响,冬季的严寒和夏季的多雨都不利于建筑施工的正常进行。在组织施工时,应充分了解当地的气象条件和水文地质条件,并采取相应的技术措施,确保全年连续、均衡地施工,并保证质量和安全。

5. 工厂预制和现场预制相结合,提高建筑工业化程度

建筑技术进步的重要标志之一是建筑产品工业化。建筑产品工业化的前提条件是建筑施工生产工业化,广泛采用预制装配式构件,扩大预制装配程度。将原来在现场完成的构配件加工制作活动和部分部品现场安装活动相对集中地转移到工厂中进行,改善工作条件,实现优质、快速、低耗的规模生产,用标准化、工厂化、机械化、科学化的成套技术来改造建筑业传统的生产方式,将其转移到现代大工业生产的轨道上来,为实现现场施工装配化创造条件。

6. 充分发挥机械性能,提高机械化程度

机械化施工可加快工程进度,减轻劳动强度,提高劳动生产率。为此,在选择施工机械时,应考虑能充分发挥机械的效能,并使土木工程的大型机械(如土方机械、吊装机械)能连续作业,以减少机械费用;同时,还应采取大型机械与中小型机械相结合、机械化与半机械化相结合、扩大机械化施工范围、实现综合机械化等方法,以提高机械化施工程度。

7. 采用先进的施工技术和科学的管理方法

先进的施工技术和科学的管理方法相结合,是保证工程质量,加速工程进度,降低工程成本,促进技术进步,提高企业人员素质的重要途径。因此,在编制施工组织设计及组织工程实施中,应尽可能采用新技术、新工艺、新材料、新设备和科学的管理方法。

8. 合理储备物资,减少暂设工程,科学布置施工平面图

精心地规划、合理地布置施工现场,是提高施工效率、节约施工用地、实现文明施工、确保安全生产的重要环节。尽量利用既有建筑物、已有设施、正式工程、地方资源为施工服务,是减少暂设工程,降低工程成本的重要途径。

12.2　施工准备工作

施工准备工作是为了保证工程顺利开工和施工活动正常进行所必须事先做好的各项准备工

作。它是生产经营管理的重要组成部分，也是施工程序中的重要一环。做好施工准备工作可以降低工程施工风险，降低工程成本，提高经济效益，并赢得社会信誉，从而实现管理现代化。

工程项目施工准备工作是对拟建工程目标、资源供应和施工方案的选择，及其空间布置和时间排列等方面进行的施工决策。

12.2.1　施工准备工作的分类

1. 按准备工作的范围分

按准备工作的范围不同，施工准备工作一般可分为全场性施工准备工作、单位工程施工条件准备工作和分部（分项）工程作业条件准备工作三种。

（1）全场性施工准备工作是以一个建筑工地为对象而进行的各项施工准备工作，是为全场性施工服务的。它不仅要为全场性的施工活动创造有利条件，还要兼顾单位工程施工条件的准备。

（2）单位工程施工条件准备工作是以一个建筑物或构筑物为对象而进行的施工条件准备工作，是为单位工程施工服务的。它不仅为该单位工程在开工前做好一切准备，而且要为分部（分项）工程或冬雨期施工进行作业条件的准备。

（3）分部（分项）工程作业条件准备工作是以一个分部（项）工程或冬、雨期施工项目为对象而进行的作业条件准备。

2. 按所处的施工阶段分

按所处的施工阶段不同，施工准备工作可分为开工前和各施工阶段开始前的施工准备工作。

（1）开工前的施工准备工作是在拟建工程正式开工之前所进行的一切施工准备工作，为拟建工程正式开工创造必要的条件。它既可能是全场性的施工准备，又可能是单位工程施工条件的准备工作。

（2）各施工阶段开始前的施工准备工作是在拟建工程开工之后，每个施工阶段正式开工之前所进行的一切施工准备工作，是为该施工阶段正式开工创造必要的条件。例如，民用住宅的施工，一般可分为基础工程、主体结构工程、屋面工程和装饰装修工程等施工阶段，每个施工阶段的施工内容不同，所需要的技术条件、物质条件、组织要求和现场布置等方面也不同，因此，在每个施工阶段开工之前，都必须做好施工准备工作。

综上可见：施工准备工作不仅是在拟建工程开工之前，而且贯穿整个建造过程始终。

12.2.2　施工准备工作计划

为落实各项施工准备工作，加强检查和监督，必须编制施工准备工作计划，见表 12-1。

表 12-1　施工准备工作计划

序号	施工准备项目	简要内容	负责单位	负责人	起止时间		备注
					月　日	月　日	

为了加快施工准备工作的进度,必须加强建设单位、设计单位和施工单位之间的协调工作,密切配合,建立健全施工准备工作的责任制度和检查制度,使施工准备工作有领导、有组织、有计划和分期分批地进行。

12.2.3 施工准备工作的内容

不同范围或不同阶段的施工准备工作,在内容上有所差异,但主要内容一般包括技术准备、资金准备、物资准备、劳动组织准备、施工现场准备和施工场外准备工作。

1. 技术准备

技术准备是施工准备工作的核心,对工程的质量、安全、费用、工期控制具有重要意义。其主要内容包括熟悉与审查施工图、调查分析原始资料、编制施工预算、编制施工组织设计。

(1)熟悉与审查施工图。

熟悉与审查施工图包括如下工作。

①审查施工图是否完整、齐全,以及设计图和资料是否符合国家规划、方针和政策。

②审查施工图与说明书在内容上是否一致,以及施工图与其各组成部分(如各专业)之间有无矛盾和错误。

③审查建筑与结构施工图在几何尺寸、标高、说明等方面是否一致,技术要求是否正确。

④审查工业项目的生产设备安装图及与其相配合的土建施工图在坐标、标高上是否一致,土建施工能否满足设备安装的要求。

⑤审查地基处理与基础设计同拟建工程地点的工程地质、水文地质等条件是否一致,以及建筑物与地下构筑物、管线之间的关系。

⑥明确拟建工程的结构形式和特点,摸清工程复杂、施工难度大和技术要求高的分部(分项)工程或新结构、新材料、新工艺;明确现有施工技术水平和管理水平能否满足工期和质量要求,找出施工的重点、难点。

⑦明确建设期限,分期、分批投产或交付使用的顺序和时间;明确建设单位可以提供的施工条件。

熟悉与审查施工图的程序通常分为自审阶段、会审阶段和现场签证阶段三个阶段。

(2)调查分析原始资料。

原始资料的收集主要是对工程环境、工程条件和施工条件等基础资料进行调查,以此作为施工准备工作的依据。资料的收集工作应有计划、有目的地进行,事先应拟定明确、详细的调查提纲、调查的内容、范围和要求等,应根据拟建工程的规模、性质、复杂程度及对当地了解程度而定,一般应包括如下。

①自然条件调查分析。

自然条件调查分析的主要内容包括建设地区水准点和绝对标高等情况;地质构造、土的性质和差别、地基土的承载力、地震级别和烈度等情况;河流流量、水质及水位变化等情况;地下水位、含水层厚度和水质等情况;气温、雨、雪、风和雷电等情况;土的冻结深度和冬雨期时间等。

②技术经济条件调查分析。

技术经济条件调查分析的主要内容包括建设地区地方施工企业的状况;施工现场的状况;当地可利用的地方材料状况;主要材料供应状况;地方能源和交通运输状况;地方劳动力和技术水

平状况；当地生活供应、教育和医疗卫生状况；当地消防、治安状况和参加施工单位的力量状况等。

（3）编制施工预算。

施工预算是根据施工图、施工组织设计或施工方案、施工定额等文件进行编制的，它是施工企业内部控制各项费用支出、考核用工、签发施工任务单、限额领料、进行经济核算的依据，也是进行工程分包的依据。

（4）编制施工组织设计。

工程项目施工生产活动是非常复杂的物质财富再创造的过程。为了正确处理人与物、主体与辅助、工艺与设备、专业与协作、供应与消耗、生产与储存、使用与维修以及它们在空间布置、时间安排之间的关系，必须根据拟建工程的规模、结构特点和建设单位的要求，在原始资料调查分析的基础上，编制出一份能切实指导该工程全部施工活动的科学方案，即施工组织设计。

2. 资金准备

资金准备应根据施工进度计划编制资金使用计划。

3. 物资准备

施工物资准备是指施工中必需的各种建筑材料和施工机械等的准备，它是一项复杂而细致的工作，关系到施工进度是否能得到有效保障。

建筑材料的准备应按照施工进度计划编制建筑材料需要量计划，并根据材料的需要量计划，组织货源，确定供应时间、地点和方式，签订物资供应合同。施工机械的准备应根据施工方案和施工进度，确定数量和进场时间。需租赁机械时，应提前签约。

4. 劳动组织准备

劳动组织准备的范围包括对大型综合建设项目的劳动组织准备、对单位工程的劳动组织准备。根据工程规模、结构特点和复杂程度，建立工程项目组织机构；根据投标书，结合建设项目实际，任命项目经理，组建工程项目建设领导机构。

根据施工组织方式，组建精干的专业施工队伍，确定各施工班组合理的劳动组织，制定劳动力需求计划。按照开工日期和劳动力需求计划，组织劳动力进场，并进行劳动纪律、施工质量、安全施工和文明施工教育，向施工队伍、工人进行施工组织设计和技术交底，建立健全各项管理制度。

5. 施工现场准备

施工现场是施工的全体参加者为达到优质、高速、节能、低耗的目标，而有节奏、均衡连续地进行施工的活动空间。施工现场的准备工作，主要是为工程的施工创造有利的施工条件和物资保证。其具体内容包括如下。

（1）做好施工场地的控制网测量。

按照建筑总平面图及给定的永久性坐标控制网和水准控制基桩，进行场区施工测量，设置场区的永久性坐标桩、水准基桩，建立场区工程测量控制网。

（2）现场条件。

施工现场应做到"四通一平"，即路通、水通、电通、网通及场地平整，为正常施工创造基本条件。

（3）临时设施的搭设。

施工现场所需的各种生产、生活所用的临时设施，包括各种库房、搅拌系统、生产作业棚、办公用房、宿舍、食堂等，均应按施工组织设计规定的数量、标准、位置、面积等要求进行修建。组织施工机具进场、组装和保养,做好建筑材料、构(配)件和制品的储存堆放,提供建筑材料的试验申请计划,做好新技术项目的试制和试验。做好冬、雨期施工准备。为了施工方便和行人安全,指定的施工用地周界应用围墙围挡起来,围挡的形式和材料应符合市容管理有关规定和要求。在主要出入口处应设明标牌,标明工程名称、施工队伍、工地负责人等。

6. 施工场外准备

施工现场外的准备工作内容包括材料设备的加工和订货,做好分包工作,向主管部门提交开工申请报告等。

12.3 施工组织设计

施工组织设计是指导土木工程施工全过程各项活动的技术、经济和组织的综合性文件,是施工技术与施工项目管理有机结合的产物,是工程开工后施工活动能有序、高效、科学、合理进行的保证。它的任务是要对具体的拟建工程施工准备工作和整个施工过程,在人力和物力、时间和空间、技术和组织上,做出统筹兼顾、全面合理的计划安排,实现科学管理,达到提高工程质量、加快工程进度、降低工程成本、预防安全事故的目的。

12.3.1 施工组织设计的分类

根据编制目的与编制阶段的不同,施工组织设计可分为投标施工组织设计(也称施工组织纲要)和实施性施工组织设计两类。

1. 投标施工组织设计

投标施工组织设计在投标前编制,是投标书的重要组成部分,是为取得工程承包权而编制的,它的主要作用是在技术上、组织上和管理手段上论证投标书中的投标报价、施工工期和施工质量三大目标的合理性和可行性。

2. 实施性施工组织设计

实施性施工组织设计是在中标、合同签订后,承包商根据合同文件的要求和具体的施工条件,对投标施工组织设计进行修改、充实、完善,并经监理工程师审核同意而形成的施工组织设计。

按照编制对象与作用的不同,实施性施工组织设计可分为施工组织总设计、单位工程施工组织设计和分部(分项)工程施工组织设计。

施工组织总设计、单位工程施工组织设计和分部(分项)工程施工组织设计,是对同一工程项目施工,不同广度、深度和作用的三个层次的施工设计文件。

施工组织总设计是对整个建设项目的全局性战略部署,其内容和范围比较概括;单位工程施工组织设计是在施工组织总设计的控制下,以施工组织总设计和企业施工计划为依据编制的,针对具体的单位工程,把施工组织总设计的有关内容具体化;分部(分项)工程施工组织设计是以施工组织总设计、单位工程施工组织设计和企业施工计划为编制依据的,针对具体的分部(分项)工程,把单位工程施工组织设计进一步具体化,它是专业工程具体的组织施工的设计。

施工组织设计应由项目负责人主持编制,可根据需要分阶段编制和审批。

12.3.2 施工组织设计的作用

(1)施工组织设计是对土木工程施工全过程进行合理安排、实行科学管理的重要手段和措施。

编制施工组织设计，可以全面考虑拟建工程的各种施工条件，扬长避短，制定合理的施工方案、技术经济、组织措施和合理的进度计划，提供最优的临时设施以及材料和机具在施工现场的布置方案，保证施工的顺利进行。

（2）统筹安排和协调施工中各种关系。

施工组织设计可把拟建工程的设计与施工、技术与经济、施工企业的全部施工安排与具体工程的施工组织工作更紧密地结合起来；也可把直接参加施工的各单位、协作单位之间的关系，各施工阶段和过程之间的关系更好地协调起来。

（3）为有关建设工作决策提供依据。

施工组织设计可为拟建工程的设计方案在经济上的合理性、在技术上的科学性和在实际施工上的可能性提供论证依据，也可为建设单位编制工程建设计划和施工企业编制企业施工计划提供依据。

12.3.3 施工组织设计的内容

施工组织设计的种类不同，编制的内容也有所差异，但都要根据编制的目的与实际需要，结合工程对象的特点、施工条件和技术水平进行综合考虑，做到切实可行、经济合理。施工组织设计主要内容如下：

①编制依据；

②工程概况；

③施工部署；

④施工方案或主要方法；

⑤施工进度计划；

⑥施工准备与资源配置计划；

⑦施工现场平面布置；

⑧施工管理计划。

12.3.4 施工组织设计的编制与审批

1. 投标施工组织设计的编制

投标施工组织设计的编制质量对能否中标具有重要意义，编制时要积极响应招标书的要求，明确提出对工程质量和工期的承诺以及实现承诺的方法和措施。其中，施工方案要先进、合理，针对性、可行性强；进度计划和保证措施要合理、可靠，质量措施和安全措施要严谨、有针对性；主要劳动力、材料、机具设备计划应合理；项目主要管理人员的资历和数量要满足施工需要，管理手段、经验和声誉状况等要适度表现。

2. 实施性施工组织设计的编制

（1）编制方法。

施工组织设计应由项目负责人主持编制，可根据需要分阶段编制和审批。

①对实行总包和分包的工程，总包单位负责编制施工组织设计，分包单位在总包单位的总体部署下，编制所分包部分的施工组织设计。

②施工组织设计编制前应确定编制人，并召开由建设单位、设计单位及施工分包单位参加的设

计要求和施工条件交底会。根据合同工期要求、资源状况及有关规定等进行广泛、认真的讨论,拟定主要部署,形成初步方案。

③对构造复杂、施工难度大以及采用新工艺和新技术的工程项目,要进行专业性的研究,组织专门会议,邀请有经验的人员参加,集中群众智慧,为施工组织设计的编制和实施打下坚实的群众基础。

④要充分发挥各专业、各职能部门的作用,吸收他们参加施工组织设计的编制和审定,以发挥企业整体优势,合理地进行交叉配合的程序设计。

⑤较完整的施工组织设计方案提出之后,要组织参编人员及单位进行讨论,逐项逐条地研究、修改后确定,形成正式文件后,送主管部门审批。

(2)编制要求。

编制施工组织设计必须在充分研究工程的客观情况和施工特点的基础上,根据合同文件的要求,并结合本企业的技术、管理水平和装备水平,从人力、财力、材料、机具和施工方法五个环节入手,进行统筹规划、合理安排、科学组织,充分利用时间和空间,力争以最少的投入取得产品质量好、成本低、工期短、效益好、业主满意的最佳效果。在编制时应做到以下几点。

①方案先进、可靠、合理、针对性强,符合有关规定。

②内容繁简适度,做到详略并举,因需制宜。

③突出重点,抓住关键。对工程上的技术难点、协调及管理上的薄弱环节、质量及进度控制上的关键部位等应重点编写,做到有的放矢,注重实效。

④留有余地,利于调整。要考虑到各种干扰因素对施工组织设计实施的影响,编制时应适当留出更改和调整的余地,以达到能够继续指导施工的目的。

3. 施工组织设计的审批

施工组织设计编制后,应履行审核、审批手续,施工组织总设计应由总承包单位的技术负责人审批,经总监理工程师审查后实施;单位工程施工组织设计应由施工单位技术负责人或其授权的技术人员审批,经总监理工程师审查后实施;重点、难点分部(分项)和专项工程施工方案应由施工单位技术负责人批准,经监理工程师审查后实施。

对规模较大的分部(分项)工程和专项工程(如钢结构工程)的施工方案,应按单位工程施工组织设计进行编制和审批。

由专业承包单位施工的分部(分项)工程或专项工程的施工方案,应由专业承包单位技术负责人或技术负责人授权的技术人员审批;有总承包单位时,应由总承包单位项目技术负责人核准备案。

对危险性较大的分部分项工程(如挖深 3 m 及以上的基坑支护、降水及土方开挖工程,采用大模板、滑模、爬模、飞模的工具式模板工程等),应编制安全专项施工方案,通过施工单位技术、安全、质量等部门的专业技术人员审核、技术负责人签字,并报总监理工程师签字后实施。对于超过一定规模的危险性较大的分部分项工程(如挖深 5 m 及以上基坑的土方开挖、支护、降水工程,采用滑模、爬模、飞模的工具式模板工程;搭设高 8 m,搭设跨度 18 m,施工总荷载 15 kN/m²、集中线荷载 20 kN/m 及以上的混凝土模板支撑工程等),施工单位应组织召开专家论证会(专家组成员由 5 名以上符合相关专业要求的专家组成,且为非参建方人员),并根据论证报告修改完善专项方案,经施工单位技术负责人、项目总监理工程师、建设单位项目负责人签字后,方可组织实施。

12.3.5　施工组织设计的贯彻、检查与调整

"纸上得来终觉浅,绝知此事要躬行。"施工组织设计的编制只是为实施拟建工程施工提供了一个可行的理想方案,要使这个方案得以实现,必须在施工实践中认真贯彻、执行施工组织设计。因此,要在开工前组织有关人员熟悉和掌握施工组织设计的内容,逐级进行交底,提出对策措施,保证其贯彻执行;要建立和完善各项管理制度,明确各部门的职责范围,保证施工组织设计的顺利实施;要加强动态管理,及时处理和解决施工中的突发事件和出现的主要矛盾;要经常对施工组织设计执行情况进行检查,必要时进行调整和补充,以适应变化的、动态的施工活动的需要,保证控制目标的实现。

项目施工过程中,若发生工程设计有重大修改,有关法律、法规、规范和标准实施、修订和废止,主要施工方法有重大调整,主要施工资源配置有重大调整,施工环境有重大改变等情况,应及时对施工组织设计进行修改或补充,并经重新审批后实施。

施工组织设计的贯彻、检查和调整,是一项经常性的工作,必须随着工程的进展不断地反复进行,并贯穿拟建工程项目施工活动的始终。

12.4　行业前沿之智能建造

行业前沿

住房和城乡建设部先后发布了《2011—2015 年建筑业信息化发展纲要》《关于推进建筑信息模型应用的指导意见》和《2016—2020 年建筑业信息化发展纲要》等文件,要求建筑业企业对大数据、云计算、物联网、3D 打印以及智能化等技术进行应用。2020 年 7 月,住房和城乡建设部等多个部门颁发《关于推动智能建造与建筑工业化协同发展的指导意见》,进一步明确提出了智能建造与建筑工业化协同发展的智能建造产业体系。推进智能建造已经成为国家推进建筑业高质量发展的关键举措,建筑业推进智能建造已是大势所趋。

进入新时代,经济发展的立足点和落脚点是最大限度地满足人民日益增长的美好生活需要,其中工程品质提升是公众的重要需求。工程品质的"品"是人们对审美的需求;"质"是工艺性、功能性以及环境性的大质量要求。推进智能建造是加速工程品质提升的重要方法。

同时,"新基建"的提出,为加速推进智能建造提供了难得机遇。新基建主要包括第五代移动通信技术基站、城际高速铁路和城市轨道交通、新能源汽车充电桩、大数据中心、工业互联网等领域。新基建推动了新兴技术的信息基础设施,新兴技术与"旧基建"融合的基础设施,支撑科学研究、技术开发、产品研制的创新基础设施 3 类基础设施建设。新基建为加速推进智能建造提供了更加完善的基础设施条件。推进智能建造充分发挥信息共享优势,借助于互联网和物联网等信息化手段,建造相关方可以便捷使用的工程项目建造管控平台,实现零距离、全过程、实时性的管控工程项目。

目前建筑业劳动生产率不高,主因是缺少建造全过程、全专业、全参与方和全要素协同实时管控的智能建造平台的高效管控,缺少便捷、实用和高效作业的机器人施工。如何坚持"以人为本"的发展理念,改善作业条件,减轻劳动强度,尽可能多地利用建筑机器人取代人工作业,已经成为建筑业寻求发展的共识。

12.4.1 指导思想

以习近平新时代中国特色社会主义思想为指导，全面贯彻党的二十大精神，增强"四个意识"，坚定"四个自信"，做到"两个维护"，坚持稳中求进工作总基调，坚持新发展理念，坚持以供给侧结构性改革为主线，围绕建筑业高质量发展总体目标，以大力发展建筑工业化为载体，以数字化、智能化升级为动力，创新突破相关核心技术，加大智能建造在工程建设环节应用，形成涵盖科研、设计、生产加工、施工装配、运营等全产业链融合一体的智能建造产业体系，提升工程质量安全、效益和品质，有效拉动内需，培育国民经济新的增长点，实现建筑业转型升级和持续健康发展。

12.4.2 基本原则

1. 市场主导，政府引导

充分发挥市场在资源配置中的决定性作用，强化企业市场主体地位，积极探索智能建造与建筑工业化协同发展路径和模式，更好发挥政府在顶层设计、规划布局、政策制定等方面的引导作用，营造良好发展环境。

2. 立足当前，着眼长远

准确把握新一轮科技革命和产业变革趋势，加强战略谋划和前瞻部署，引导各类要素有效聚集，加快推进建筑业转型升级和提质增效，全面提升智能建造水平。

3. 跨界融合，协同创新

建立健全跨领域跨行业协同创新体系，推动智能建造核心技术联合攻关与示范应用，促进科技成果转化应用。激发企业创新创业活力，支持龙头企业与上下游中小企业加强协作，构建良好的产业创新生态。

4. 节能环保，绿色发展

在建筑工业化、数字化、智能化升级过程中，注重能源资源节约和生态环境保护，严格标准规范，提高能源资源利用效率。

5. 自主研发，开放合作

大力提升企业自主研发能力，掌握智能建造关键核心技术，完善产业链条，强化网络和信息安全管理，加强信息基础设施安全保障，促进国际交流合作，形成新的比较优势，提升建筑业开放发展水平。

12.4.3 发展目标

到 2025 年，我国智能建造与建筑工业化协同发展的政策体系和产业体系基本建立，建筑工业化、数字化、智能化水平显著提高，建筑产业互联网平台初步建立，产业基础、技术装备、科技创新能力以及建筑安全质量水平全面提升，劳动生产率明显提高，能源资源消耗及污染排放大幅下降，环境保护效应显著。推动形成一批智能建造龙头企业，引领并带动广大中小企业向智能建造转型升级，打造"中国建造"升级版。

到 2035 年，我国智能建造与建筑工业化协同发展取得显著进展，企业创新能力大幅提升，产业整体优势明显增强，"中国建造"核心竞争力世界领先，建筑工业化全面实现，迈入智能建造世界强国行列。

12.4.4 重点任务

1. 加快建筑工业化升级

大力发展装配式建筑，推动建立以标准部品为基础的专业化、规模化、信息化生产体系。加快推动新一代信息技术与建筑工业化技术协同发展，在建造全过程加大建筑信息模型（building information modeling，BIM）、互联网、物联网、大数据、云计算、移动通信、人工智能、区块链等新技术的集成与创新应用。大力推进先进制造设备、智能设备及智慧工地相关装备的研发、制造和推广应用，提升各类施工机具的性能和效率，提高机械化施工程度。加快传感器、高速移动通信、无线射频、近场通信及二维码识别等建筑物联网技术的应用，提升数据资源利用水平和信息服务能力。加快打造建筑产业互联网平台，推广应用钢结构构件智能制造生产线和预制混凝土构件智能生产线。

2. 加强技术创新

加强技术攻关，推动智能建造和建筑工业化基础共性技术和关键核心技术研发、转移扩散和商业化应用，加快突破部品部件现代工艺制造、智能控制和优化、新型传感感知、工程质量检测和监测、数据采集与分析、故障诊断与维护、专用软件等一批核心技术。探索具备人机协调、自然交互、自主学习功能的建筑机器人批量应用。研发自主知识产权的系统性软件与数据平台、集成建造平台。推进工业互联网平台在建筑领域的融合应用，建设建筑产业互联网平台，开发面向建筑领域的应用程序。加快智能建造科技成果转化应用，培育一批技术创新中心、重点实验室等科技创新基地。围绕数字设计、智能生产、智能施工，构建先进适用的智能建造及建筑工业化标准体系，开展基础共性标准、关键技术标准、行业应用标准研究。

3. 提升信息化水平

推进数字化设计体系建设，统筹建筑结构、机电设备、部品部件、装配施工、装饰装修，推行一体化集成设计。积极应用自主可控的 BIM 技术，加快构建数字设计基础平台和集成系统，实现设计、工艺、制造协同。加快部品部件生产数字化、智能化升级，推广应用数字化技术、系统集成技术、智能化装备和建筑机器人，实现少人甚至无人工厂。加快人机智能交互、智能物流管理、增材制造等技术和智能装备的应用。以钢筋制作安装、模具安拆、混凝土浇筑、钢构件下料焊接、隔墙板和集成厨卫加工等工厂生产关键工艺环节为重点，推进工艺流程数字化和建筑机器人应用。以企业资源计划（enterprise resource planning，ERP）平台为基础，进一步推动向生产管理子系统的延伸，实现工厂生产的信息化管理。推动发展材料配送、钢筋加工、喷涂、地砖铺贴、隔墙板安装、高空焊接等现场施工环节，加强建筑机器人和智能控制造楼机等一体化施工设备的应用。

4. 培育产业体系

探索适用于智能建造与建筑工业化协同发展的新型组织方式、流程和管理模式。加快培育具有智能建造系统解决方案能力的工程总承包企业，统筹建造活动全产业链，推动企业以多种形式紧密合作、协同创新，逐步形成以工程总承包企业为核心、相关领先企业深度参与的开放型产业体系。鼓励企业建立工程总承包项目多方协同智能建造工作平台，强化智能建造上下游协同工作，形成涵盖设计、生产、施工、技术服务的产业链。

5. 积极推行绿色建造

实行工程建设项目全生命周期内的绿色建造，以节约资源、保护环境为核心，通过智能建造与建筑工业化协同发展，提高资源利用效率，减少建筑垃圾的产生，大幅降低能耗、物耗和水耗水平。

推动建立建筑业绿色供应链，推行循环生产方式，提高建筑垃圾的综合利用水平。加大先进节能环保技术、工艺和装备的研发力度，提高能效水平，加快淘汰落后的装备设备和技术，促进建筑业绿色改造升级。

6. 开放拓展应用场景

加强智能建造及建筑工业化应用场景建设，推动科技成果转化、重大产品集成创新和示范应用。发挥重点项目以及大型项目示范引领作用，加大应用推广力度，拓宽各类技术的应用范围，初步形成集研发设计、数据训练、中试应用、科技金融于一体的综合应用模式。发挥龙头企业示范引领作用，在装配式建筑工厂打造"机器代人"应用场景，推动建立智能建造基地。梳理已经成熟应用的智能建造相关技术，定期发布成熟技术目录，并在基础条件较好、需求迫切的地区，率先推广应用。

7. 创新行业监管与服务模式

推动各地加快研发适用于政府服务和决策的信息系统，探索建立大数据辅助科学决策和市场监管的机制，完善数字化成果交付、审查和存档管理体系。通过融合遥感信息、城市多维地理信息、建筑及地上地下设施的 BIM、城市感知信息等多源信息，探索建立表达和管理城市三维空间全要素的城市信息模型（city information modeling，CIM）基础平台。建立健全与智能建造相适应的工程质量、安全监管模式与机制。引导大型总承包企业采购平台向行业电子商务平台转型，实现与供应链上下游企业间的互联互通，提高供应链协同水平。

12.4.5 保障措施

1. 加强组织实施

各地要建立智能建造和建筑工业化协同发展的体系框架，因地制宜制定具体实施方案，明确时间表、路线图及实施路径，强化部门联动，建立协同推进机制，落实属地管理责任，确保目标完成和任务落地。

2. 加大政策支持

各地要将现有各类产业支持政策进一步向智能建造领域倾斜，加大对智能建造关键技术研究、基础软硬件开发、智能系统和设备研制、项目应用示范等的支持力度。对经认定并取得高新技术企业资格的智能建造企业可按规定享受相关优惠政策。企业购置使用智能建造重大技术装备可按规定享受企业所得税、进口税税收优惠等政策。推动建立和完善以企业投入为主体的智能建造多元化投融资体系，鼓励创业投资和产业投资投向智能建造领域。各相关部门要加强跨部门、跨层级统筹协调，推动解决智能建造发展遇到的瓶颈问题。

3. 加大人才培育力度

各地要制定智能建造人才培育相关政策措施，明确目标任务，建立智能建造人才培养和发展的长效机制，打造多种形式的高层次人才培养平台。鼓励骨干企业和科研单位依托重大科研项目和示范应用工程，培养一批领军人才、专业技术人员、经营管理人员和产业工人队伍。加强后备人才培养，鼓励企业和高等院校深化合作，为智能建造发展提供人才后备保障。

4. 建立评估机制

各地要适时对智能建造与建筑工业化协同发展相关政策的实施情况进行评估，重点评估智能建造发展目标落实与完成情况、产业发展情况、政策出台情况、标准规范编制情况等，并通报结果。

5. 营造良好环境

要加强宣传推广,充分发挥相关企事业单位、行业协会的作用,开展智能建造的政策宣传、技术指导、交流合作、成果推广。构建国际化创新合作机制,加强国际交流,推动开放合作,营造智能建造健康发展的良好环境。

知识归纳

1. 土木工程施工组织是研究工程建设组织安排与系统管理的客观规律的一门学科。土木工程产品具有固定性、多样性、庞大性、复杂性、投资大以及生产的流动性、单件性、综合性、协作性等特点。施工包括承接任务、施工规划、施工准备、组织施工、竣工验收、回访保修等程序。

2. 不同范围或不同阶段的施工准备工作,在内容上有所差异,但主要内容一般包括技术准备、资金准备、物资准备、劳动组织准备、施工现场准备和施工场外准备工作。

3. 施工组织设计是指导土木工程施工全过程各项活动的技术、经济和组织的综合性文件,是对整个建设项目的全局性战略部署。按照编制对象与作用的不同,实施性施工组织设计可分为施工组织总设计、单位工程施工组织设计和分部(分项)工程施工组织设计。

4. 智能建造指在工程项目建造过程中应用数字化软件、智能化机械和互联网平台等技术,将现在劳动密集、生产率低、同质竞争、行业满意度差的传统建造状况,转变为设计、施工、运维等全过程智能感知、分析、决策和执行的人机协同建造方式,以推动建筑业工业化、数字化、智能化升级,实现工程建设的高效益、高质量、低消耗、低排放的目标。

独立思考

1. 土木工程产品及其生产的特点有哪些?

2. 施工程序分为哪几个步骤?

3. 施工组织设计分为哪些种类? 各有何区别?

4. 施工组织设计的主要内容包括哪些?

5. 智能建造的重点任务是什么?

第13章 事半功倍——流水施工法

【导入语】《孟子·公孙丑上》中提道："故事半古之人，功必倍之，惟此时为然。"该句意思是齐国如能施行仁政，天下百姓必定十分喜欢，给百姓的恩惠只及古人的一半，而获得的效果必定能够加倍。治国理政需要良策，开展施工活动同样需要良方。本章主要学习组织施工的基本方式。

13.1　组织施工的基本方式

在土木工程施工当中，合理利用资源、时间、空间可以有效提高作业效率，缩短工期、降低造价。土木工程施工中，根据工程特点、工艺流程、工期要求、资源供应情况、平面及空间布置要求，可以采用的组织方式有依次施工、平行施工和流水施工等。土木工程施工内容繁杂、各施工过程间干扰较大。合理利用各种组织施工方式，对工程施工至关重要。

13.1.1　基本概念

依次施工：也称顺序施工，是按照施工对象依次进行的组织方式。各施工队按工艺顺序依次在施工对象上完成工作（图 13-1）。

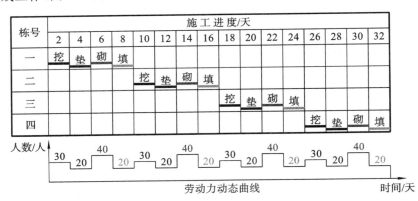

图 13-1　依次施工

平行施工：所有施工对象同时开工，齐头并进，同时完工的组织方式（图 13-2）。

流水施工：将拟建工程在竖向或平面空间上划分为若干个施工对象，将每个施工对象按工艺要求分解为若干个施工过程，并组建相应的专业工作队；然后组织每一个专业工作队按照施工流向要求，依次在各个施工对象上完成自己的工作；并使相邻两个工作队在开工时间上最大限度地、合理地搭接起来；而不同的施工队在同一时间内、不同的施工对象上进行平行作业（图 13-3）。

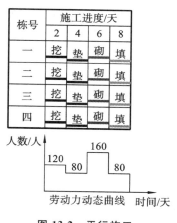

图 13-2　平行施工

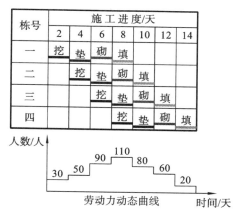

图 13-3　流水施工

13.1.2　组织方式特点

依次施工、平行施工和流水施工 3 种不同组织施工的方式在时间和劳动力资源配置方面各有特点,如表 13-1 所示。

表 13-1　施工组织方式的特点

施工组织方式	特点	具 体 内 容
依次施工	优点	①单位时间内投入的劳动力、材料及施工机具等资源较少,有利于资源供应; ②施工现场的组织、管理比较简单
	缺点	①未充分利用工作面,工期太长; ②采用专业队施工时,各专业队不能连续施工造成窝工现象,使得劳动力、材料等资源不能充分利用; ③若采用一个工作队完成任务,不利于保证施工质量,不利于提高劳动效率
平行施工	优点	充分利用了工作面,争取了时间,从而大大缩短了工期
	缺点	①若组织专业队施工,则劳动力的需求量极大,无连续作业的可能,材料、机具等资源也无法均衡利用; ②若采用混合队施工,则不利于提高施工质量和劳动生产率,单位时间内投入的资源成倍增长,不利于资源供应的组织工作,且造成生产、生活等临时设施大量增加,费用高、场地紧张; ③现场的组织、管理复杂
流水施工	优点	①充分利用工作面和人员,争取了时间,使得工期较短; ②工作队实现专业化施工,有利于提高劳动生产率和工程质量,各专业队连续施工不窝工; ③单位时间内投入的劳动力、施工机具、材料等资源量较均衡(流水段数越多,越明显),有利于资源供应的组织; ④为现场文明施工和科学管理创造了有利条件
	缺点	—

依次施工适用于施工场地小、资源供应不足、工期要求不紧的工程,主要由所需各个专业工种构成的混合工作队施工。

平行施工适用于工期十分紧迫、资源供应充足、工作面及工作场地较为宽裕、不计较代价时的抢工工程。

流水施工充分利用时间、空间和资源,实现连续、均衡地生产,被广泛应用。

13.2　组织流水施工的步骤

组织流水施工一般按以下步骤进行:

①将整个工程按施工阶段分解成若干个施工过程,并组织相应的专业队,使每个施工过程分别由固定的专业队完成;

②把建筑物在平面或空间上划分成若干个流水段(或称施工段);

③确定各专业队在各段上的工作持续时间,即"流水节拍";

④组织各专业队按一定的施工工艺,配备必要的机具,依次、连续地由一个流水段转移到另一个流水段,反复地完成同类工作;

⑤将不同的工作队完成各自施工过程的时间适当地搭接起来,使得各个工作队在不同的流水段上进行平行作业。

13.3　流水施工的参数

在组织流水施工时,用以表达流水施工在施工工艺、空间布置和时间排列方面开展状态的参数,统称为流水参数。它主要包括工艺参数、空间参数和时间参数,如表 13-2 所示。

表 13-2　流水施工参数

参 数 类 型	具 体 参 数
工艺参数	施工过程数(n);流水强度(v)
空间参数	工作面(A);施工层数(r);流水段数(m)
时间参数	流水节拍(t);流水步距(K);流水工期(T);搭接时间(C); 间歇时间(工艺间歇时间 S、组织间歇时间 G、施工过程间歇时间 Z_1、层间间歇时间 Z_2)

13.3.1　工艺参数

1. 施工过程数 n

施工过程数是指流水施工中的施工过程个数,应根据工程性质、工程复杂程度、进度计划类型、施工方案、施工队组织形式来确定。组织流水施工的过程数量不宜过多,应以主导施工过程为主,力求简洁。忽略占用时间少的施工过程,工作量较小且由一个专业队组同时或连续施工的几个施工过程可以合并为一项。

2. 流水强度 v

流水强度是指参与流水施工的某一施工过程在单位时间内所需完成的工程量。

13.3.2　空间参数

1. 工作面 A

组织流水施工时,某专业工种施工时为保证安全生产和有效操作所必须具备的活动空间,称为该工种的工作面。工作面的确定需考虑某工种在工程中的计划产量定额、操作规程、安全施工技术规程。

2. 施工层数 r

在组织流水施工时,为了满足结构构造及专业工种对施工工艺和操作高度的要求,需将施工对象在竖向上划分为若干个操作层,这些操作层就称为施工层。施工层的划分,要按施工工艺的具体要求及建筑物、楼层和脚手架的高度来确定。

如:对于室内抹灰,可将每一楼层作为一个施工层;对于外墙抹灰、贴外墙面砖等,可将每步架或每个水平分格作为一个施工层。

3. 流水段数 m

在组织流水施工时,通常把施工对象在平面上划分成劳动量大致相等的若干个区段,这些区段就叫施工段或流水段。分段的目的是使各个专业队有自己的工作空间,避免工作中的相互干扰,使得各队能够同时在不同的空间上进行平行作业,进而缩短工期。

流水段划分原则如下。

①同一专业队在各个流水段上的劳动量应大致相等,相差不宜超过 5%,以便组织等节奏的流水施工。

②分段要以主导施工过程为主,段数不宜过多,以免使工期延长。

③流水段的大小应满足主要施工过程工作队对工作面的要求,以保证施工效率和安全。

④分段位置应有利于结构的整体性和外观效果。应尽量利用沉降缝、伸缩缝、防震缝作为分段界线;或者以混凝土施工缝、后浇带、砌体结构的门窗洞口,以及装饰的分格条、阴角等作为分段界线,以减少留槎,便于连接和修复。

⑤当施工有层间关系,分段又分层时,若要保证各队连续施工,则每层段数(m)应大于或等于施工过程数(n)及施工队组数($\sum b_i$),以保证施工队能及时向另一层转移。

13.3.3　时间参数

1. 流水节拍 t

在组织流水施工时,一个专业队在一个流水段上施工作业的持续时间,称为流水节拍。它是流水施工的基本参数之一。

影响流水节拍数值的因素主要有项目施工时所采取的施工方案、各流水段投入的劳动力人数或施工机械数量、工作班次,以及该流水段工程量。

(1) 流水节拍的计算方法。

①定额计算法。它是根据各施工段的工程量、能够投入的资源(人、机械和材料)量进行计算,计算公式如下。

$$t_i = \frac{P_i}{R_i N_i} \tag{13.1}$$

式中:t_i——某专业队在第 i 个流水段的流水节拍;

R_i——某专业队在第 i 个流水段投入的工作人数或机械台数;

N_i——某专业队在第 i 个流水段的工作班次；

P_i——某专业队在第 i 个流水段的劳动量(工日)或机械台班量(台班)，可用下式计算。

$$P_i = \frac{Q_i}{S_i} \text{ 或 } P_i = Q_i H_i \tag{13.2}$$

式中：Q_i——某专业队在第 i 个流水段要完成的工程量；

S_i——某专业队在第 i 个流水段的计划产量定额；

H_i——某专业队在第 i 个流水段的计划时间定额。

②工期计算法。对已经确定了工期的工程项目，其流水节拍的确定步骤如下。首先根据工期要求，按经验或有关资料确定各施工过程的工作持续时间；然后根据每一施工过程的工作持续时间及流水段数确定流水节拍，可按下式计算。

$$t_i = \frac{T_i}{rm_i} \tag{13.3}$$

式中：t_i——流水节拍；

T_i——某施工过程的工作待续时间；

m_i——某施工过程划分的流水段数；

r——施工层数。

③经验估算法。它是根据以往的施工经验、结合现有的施工条件进行估算。为了提高其准确程度，往往先估算出该施工过程流水节拍的最长、最短和最可能三种时间，然后采用加权平均的方法，求出较为可行的流水节拍值，这种方法也称为三时估算法，计算公式如下。

$$t_i = \frac{a_i + 4c_i + b_i}{6} \tag{13.4}$$

式中：t_i——某施工过程在第 i 个流水段的流水节拍；

a_i——某施工过程在第 i 个流水段的最短估计时间；

b_i——某施工过程在第 i 个流水段的最长估计时间；

c_i——某施工过程在第 i 个流水段的最可能估计时间。

(2)确定流水节拍时应注意的问题。

①确定专业队人数时，应尽可能不改变原有的劳动组织状况，以便领导；且应符合劳动组合要求(如技工和普工的合理比例、最少人数等)，使其具备集体协作的能力。此外，还应考虑工作面的限制。

②确定机械数量时，应考虑机械设备的供应情况、工作效率及其对场地的要求。

③受技术操作或安全质量等方面限制的施工过程(如砌墙受每日施工高度的限制)，应当满足其作业时间长度、间歇性或连续性等限制的要求。

④应考虑材料和构配件供应能力和储存条件的影响和限制。

⑤根据工期的要求，选取恰当的工作班制。当工期较为宽松，工艺上无连续施工要求时，可采取一班制；否则，应适当加班。

⑥便于组织施工、避免转移时浪费工时，流水节拍值尽量取整。

2. 流水步距 K

在组织流水施工时，相邻两个专业队相继投入工作的最小时间间隔，称为流水步距。

3. 流水工期 T

流水工期是指从第一个专业队投入流水施工开始，到最后一个专业队完成流水施工为止的整个持续时间。一项工程往往由许多流水段构成，因此，流水工期并非工程总工期。

4. 搭接时间 C

组织流水施工时,前一个施工过程的专业队还未撤出,就允许后一个施工过程的专业队提前进入该段施工,两者在同一流水段上同时施工的时间称为搭接时间。如主体结构施工阶段,梁板支模完成一部分后可以提前插入钢筋绑扎工作。

5. 间歇时间

组织流水施工时,除要考虑相邻专业队之间的流水步距外,有时还需根据技术要求或组织安排,考虑相邻两个施工过程在时间上不能衔接施工而留出必要的等待时间,这个"等待时间"称为间歇时间。

间歇时间按间歇的性质不同可分为工艺间歇时间 S 和组织间歇时间 G,按位置不同也可分为施工过程间歇时间 Z_1 和层间间歇时间 Z_2。

（1）工艺间歇时间 S。

由于材料性质或施工工艺的要求所需等待的时间称为工艺间歇时间,如楼板混凝土浇筑后需养护一定时间才能进行后续工序作业等。

（2）组织间歇时间 G。

由于施工组织、管理方面的要求所需等待的时间称为组织间歇时间,如施工人员及机械的转移、砌筑墙身前的弹线、钢筋隐蔽检验验收等。

（3）施工过程间歇时间 Z_1。

在同一个施工层内,相邻两个施工过程之间的工艺间歇时间或组织间歇时间统称为施工过程间歇时间。

（4）层间间歇时间 Z_2。

在相邻两个施工层之间,前一施工层的最后一个施工过程与后一个施工层相应流水段上的第一个施工过程之间的工艺间歇时间或组织间歇时间统称为层间间歇时间。如现浇钢筋混凝土框架结构施工,当第一层第一段的楼面混凝土浇筑完毕,需养护一定时间后才能进行第二层第一段的柱钢筋绑扎施工。

13.4　流水施工组织方法

根据组织流水施工的工程对象,流水施工组织方法可分为分项工程流水、分部工程流水、单位工程流水和群体工程流水。

按流水节拍的特征,流水施工组织方法又可分为有节奏流水和无节奏流水。其中有节奏流水应分为等节奏流水和异节奏流水。

流水施工的基本组织方式包括全等节拍流水、成倍节拍流水、分别流水法。

13.4.1　全等节拍流水

全等节拍流水也称固定节拍流水。它是在各个施工过程的流水节拍全部相等（为一固定值）的条件下,组织流水施工的一种方式。这种组织方式使施工活动具有较强的节奏感。

（1）形式与特点。

全等节拍流水的施工进度计划,如图 13-4 所示。

全等节拍流水的特点:

①流水节拍全部相等,为一常数;

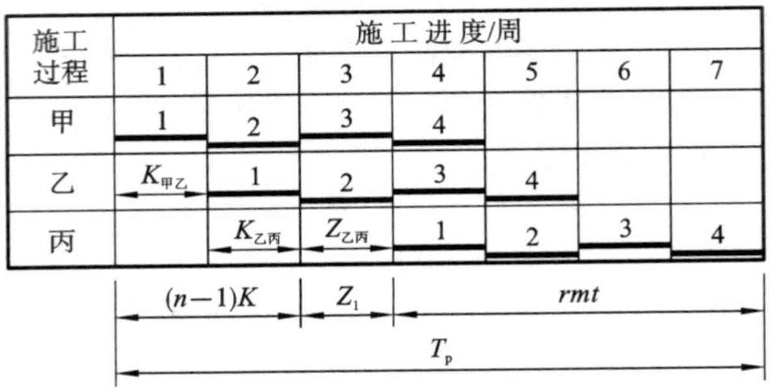

图 13-4　全等节拍流水施工进度计划

②流水步距与流水节拍相等；

③专业队数等于施工过程数；

④每个专业队都能连续施工；

⑤各工作面在无间歇的情况下可以连续施工。

（2）全等节拍流水施工的组织步骤与方法。

①划分施工过程，组织施工队。

②确定流水段数 m，分段应根据工程具体情况遵循分段原则进行。若无层间关系，则流水段数等于或大于同时施工的施工队数；若有层间关系，每层的流水段数取值要符合以下要求：

当无间歇与搭接时间时，取 $m=n$，保证施工队能连续施工；

当有间歇与搭接时间时，$m = n + \dfrac{\sum Z_1}{K} + \dfrac{Z_2}{K} - \dfrac{\sum C}{K}$，当计算结果有小数时，应只入不舍取整数；当每层的间歇或搭接时间不完全相等时，应取各层中最大的 $\sum Z_1$、Z_2 和最小的 $\sum C$ 进行计算。

③确定流水节拍 t。

④确定流水步距 K，则 $K=t$。

⑤计算流水工期 T_p 见式（13.5）和式（13.6）。

$$T_p = \sum K + T_n + \sum Z_1 - \sum C = (n-1)K + rmt + \sum Z_1 - \sum C \qquad (13.5)$$

$$K = t \text{ 时}, T_p = (rm+n-1)K + \sum Z_1 - \sum C \qquad (13.6)$$

式中：$\sum K$——流水步距总和；

T_n——最后一个施工队的工作持续时间；

$\sum Z_1$——各相邻施工过程间的间歇时间之和；

$\sum C$——各相邻施工过程间的搭接时间之和；

r——施工层数。

⑥绘制流水施工进度计划表。

【典型例题 13.1】　某基础工程各施工过程的工程量、产量定额、劳动量见表 13-3。若每个施工过程的作业人数最多可供应 55 人，砌砖基后需间歇 2 天再回填。试组织全等节拍流水。

表 13-3 各施工过程的工程量、产量定额、劳动量

施工过程	工程量/m³	产量定额/(m³/工日)	劳动量/工日
挖槽	800	5	160
打灰土垫层	280	4	70
砌砖基	240	1.2	200
回填土	420	7	60

解：

（1）确定段数 m。

无层间关系，取 $m=4$ 段，则每段劳动量 $P_{挖}=40$ 工日，$P_{垫} \approx 18$ 工日，$P_{砌}=50$ 工日，$P_{填}=15$ 工日。

（2）确定流水节拍 t。

砌砖基劳动量最大，人员供应最紧，为主要施工过程。

$t_{砌}=P_{砌}/R_{砌}=50/55=0.91$，取 $t_{砌}=1$（天），则 $R_{砌}=P_{砌}/t_{砌}=50/1=50$（人）。

令其他施工过程的节拍均为1，并配备人数：

$$R_{挖}=P_{挖}/1=40/1=40（人）$$
$$R_{垫}=P_{垫}/1=18/1=18（人）$$
$$R_{填}=P_{填}/1=15/1=15（人）$$

（3）确定流水步距 K。

取 $K=t=1$（天）

（4）计算流水工期 T_p。

$$T_p=(rm+n-1)K+\sum Z_1 - \sum C = (1 \times 4+4-1) \times 1+2-0=9（天）$$

（5）绘制流水施工进度表。

施工过程	施工进度/天								
	1	2	3	4	5	6	7	8	9
挖槽	①	②	③	④					
打灰土垫层		①	②	③	④				
砌砖基			①	②	③	④			
回填土				←—Z_1=2—→		①	②	③	④

13.4.2 成倍节拍流水

成倍节拍流水是指同一个施工过程的节拍全部相等，而不同施工过程的节拍虽然不等，但同为某一常数的倍数。

（1）成倍节拍流水特点。

成倍节拍流水具有以下特点：

①同一个施工过程的流水节拍均相等，而各施工过程之间的节拍不等，但同为某一常数的倍数；

②流水步距彼此相等，且等于各施工过程流水节拍的最大公约数；

土木工程施工

③专业队总数（$\sum b_i$）大于施工过程数（n）；

④每个专业队都能够连续施工；

⑤若没有间歇要求，可保证各工作面均不停歇。

（2）成倍节拍流水的组织步骤和方法。

①使流水节拍满足同一个施工过程的节拍全部相等，而不同施工过程的节拍成倍数的要求。

②计算流水步距。流水步距等于各施工过程流水节拍的最大公约数。

③计算各施工过程需配备的队组数 b_i，$b_i = t_i/K$。

④确定每层流水段数。

没有层间关系时，应根据工程具体情况遵循分段原则进行分段，并使总的流水段数等于或多于同时施工的专业队组数。

有层间关系时，若要保证各队连续作业，则每层的最小流水段数确定如下。

无间歇或搭接时间时，可取

$$m = \sum b_i \tag{13.7}$$

有间歇或搭接时间时，取

$$m = \sum b_i + \frac{\sum Z_1}{K} + \frac{Z_2}{K} - \frac{\sum C}{K} \tag{13.8}$$

式中：$\sum b_i$——施工的专业队总数；

其他符号同前，当出现小数时，应只入不舍取整数。

⑤计算流水工期 T_p。

$$T_p = \sum K + T_n + \sum Z_1 - \sum C = (rm + \sum b_i - 1)K + \sum Z_1 - \sum C \tag{13.9}$$

式中符号同前。

⑥绘制流水施工进度表。

【典型例题 13.2】 某工程分 2 层叠制构件，有 3 个主要施工过程，节拍为：扎筋——3 天，支模——3 天，浇筑——6 天。要求层间间歇时间不少于 2 天；且支模后需经 3 天检查验收，方可浇筑混凝土。试组织成倍节拍流水。

解：

（1）确定流水步距 K：节拍最大公约数为 3，则 $K=3$。

（2）计算施工队组数 b_i：

$$b_{钢} = 3/3 = 1（个）$$
$$b_{木} = 3/3 = 1（个）$$
$$b_{混} = 6/3 = 2（个）$$

（3）确定流水段数 m：

层间间歇时间为 2 天，施工过程间歇时间为 3 天，则

$$m = \sum b_i + \sum Z_1/K + Z_2/K = (1+1+2) + 3/3 + 2/3 \approx 5.7（段）$$

取 $m = 6$ 段。

（4）计算流水工期 T_p：

$$T_p = (rm + \sum b_i - 1)K + \sum Z_1 - \sum C = (2\times6+4-1)\times3 + 3 - 0 = 48（天）$$

（5）绘制流水施工横道图。

施工过程	队组	3	6	9	12	15	18	21	24	27	30	33	36	39	42	45	48
扎筋	1	1.1	1.2	1.3	1.4	1.5	1.6	2.1	2.2	2.3	2.4	2.5	2.6				
支模	1		1.1	1.2	1.3	1.4	1.5	1.6	2.1	2.2	2.3	2.4	2.5	2.6			
浇筑	1			Z_1		1.1		1.3		1.5		2.1		2.3		2.5	
	2					1.2		1.4		1.6		2.2		2.4		2.6	

从理论上讲,很多工程均能满足成倍节拍流水的条件,但实际工程若不能划分成足够的流水段或配备足够的资源,则不能使用该法。

13.4.3　分别流水

在工程项目实际施工中,通常每个施工过程在各个流水段上的工程量彼此不等,或各个专业队的生产效率相差悬殊,导致大多数的流水节拍也不尽相等,因而不可能组织成全等节拍流水或等步距成倍节拍流水。在这种情况下,往往利用流水施工的基本概念,在满足施工工艺要求,符合施工顺序的前提下,使相邻的两个专业队既不互相干扰,又能在开工的时间上最大限度地搭接起来,形成每个专业队都能连续作业的无节奏流水施工,也称为分别流水。

（1）分别流水特点。

分别流水的特点如下:

①各施工过程的流水节拍不全相等;

②流水步距不尽相等;

③专业队数等于施工过程数;

④在一个施工层内,每个专业队都能够连续施工;

⑤流水段可能有空闲时间。

（2）分别流水组织方法。

分别流水组织方法如下。

①分解施工过程,组织相应的专业施工队。

②划分流水段,确定流水段数。

③计算每个施工过程在各个流水段上的流水节拍。

④计算各相邻施工队间的流水步距,常采用"节拍累加数列错位相减取大差"作为流水步距,其计算步骤如下:根据专业队在各流水段上的流水节拍,求累加数列;按照施工顺序,分别将相邻两个施工过程的节拍累加数列错位相减,即将后一施工过程的节拍累加数列向右移动一位,再上下相减,取相减的结果中数值最大者,作为两施工过程专业队之间的流水步距。

⑤计算流水工期。

$$T_p = \sum K + T_n + \sum Z_1 - \sum C \tag{13.10}$$

式中:$\sum K$——各相邻两个专业队之间的流水步距之和;

T_n——最后一个专业队总的工作持续时间;

$\sum Z_1$——各施工过程之间的间歇(包括工艺间歇与组织间歇)时间之和;

$\sum C$——各相邻施工过程之间的搭接时间之和。

⑥绘制流水施工进度表。

【典型例题 13.3】 某工程分为 4 段,仅考虑 1 个施工层,有甲、乙、丙 3 个施工过程。其在各段上的流水节拍分别为:甲——3 周、2 周、2 周、4 周,乙——1 周、3 周、2 周、2 周,丙——3 周、2 周、3 周、2 周,试组织分别流水施工。

解:

(1)确定流水步距。

甲节拍累加值	3	5	7	11	
乙节拍累加值		1	4	6	8
差值	3	4	3	5	−8

取最大值 $K_{甲-乙}=5$ 周

乙节拍累加值	1	4	6	8	
丙节拍累加值		3	5	8	10
差值	1	1	1	0	−10

取最大值 $K_{乙-丙}=1$ 周

(2)计算流水工期。

$$T_p = \sum K + T_n + \sum Z_1 - \sum C = (5+1) + 10 + 0 - 0 = 16(周)$$

(3)绘制施工进度表。

分别流水可以在节拍不规则的情况下使用,也可以在成倍节拍中流水段数、施工队组、工作面和资源不足的情况下使用。典型例题 13.3 是在一个施工层内 4 个施工段,若出现多个施工层,各施工层间应保持适当的流水步距以免施工过程在工作面上发生冲突。

(3)多施工层分别流水的组织方法。

层间的流水主要受时间和空间限制,时间限制是指任何一个施工队未完成前一施工层工作时,后一施工层就没有开始时间。空间限制是指若前一施工层的任何一个流水段工作未完,则后一施工层相应流水段没有施工空间。两种限制条件根据工程具体情况可用施工过程持续时间的最大值(T_{max})与流水步距的总和($K_{总}$)的关系进行判定。

当 $T_{max}>K_{总}$ 时,具有 T_{max} 值施工过程的施工队可以全部连续作业,其他施工过程可依次按与该施工过程的步距关系安排作业。若 $T_{\max}$ 值同属几个施工过程,则其相应施工队均可连续作业。该情况下的流水工期

$$T_{\text{p}} = r \sum K + (r-1)K_{\text{层间}} + T_n + (r-1)(T_{\max} - K_{\text{总}}) = r \sum K + (r-1)(T_{\max} - \sum K) + T_n$$

$$(13.11)$$

当有间歇和搭接时间时,

$$T_{\text{p}} = r \sum K + (r-1)(T_{\max} - \sum K) + T_n + (r-1)Z_2 + \sum Z_1 - \sum C \qquad (13.12)$$

式中:$K_{\text{总}}$——施工过程之间及相邻的施工层之间的流水步距总和($K_{\text{总}} = \sum K + K_{\text{层间}}$);

$T_{\max}$——一个施工层内各施工过程中持续时间的最大值,即 $T_{\max} = \{T_1, T_2, T_3, \cdots, T_n\}$;

r——施工层数;

$\sum K$——施工过程之间的流水步距之和;

$K_{\text{层间}}$——施工层之间的流水步距;

T_n——最后一个施工过程在一个施工层的施工持续时间;

Z_2——施工层之间的间歇时间;

$\sum Z_1$——在一个施工层中施工过程之间的间歇时间之和;

$\sum C$——在一个施工层中施工过程之间的搭接时间之和。

当 $T_{\max} = K_{\text{总}}$ 时,$T_{\max}$ 值施工过程的施工队可以连续作业,流水工期为

$$T_{\text{p}} = r \sum K + (r-1)K_{\text{层间}} + T_n \qquad (13.13)$$

当有间歇和搭接时间时,

$$T_{\text{p}} = r \sum K + (r-1) \sum K_{\text{层间}} + T_n + (r-1)Z_2 + \sum Z_1 - \sum C \qquad (13.14)$$

当 $T_{\max} < K_{\text{总}}$ 时,除一层以外的各施工层施工只受空间限制,可按层间工作面连续来安排第一个施工过程施工,其他施工过程均按已定步距依次施工,各施工队均不能连续作业。流水工期同式(13.13)和式(13.14)。

【典型例题 13.4】 某工程为 3 个施工层,每层分为 4 段,有甲、乙、丙三个施工过程,施工顺序为甲→乙→丙。各施工过程在各段上的流水节拍:甲为 1 天、3 天、1 天、1 天,乙为 2 天、2 天、2 天、2 天,丙为 2 天、1 天、2 天、3 天。试编制流水施工计划。

解:

(1) 确定流水步距。

							差值最大值	流水步距
甲的节拍累加数列	1	4	5	6				
乙的节拍累加数列		2	4	6	8			
丙的节拍累加数列			2	3	5	8		
甲的节拍累加数列				1	4	5	6	
甲乙数列差值	1	2	1	0			2	$K_{\text{甲-乙}} = 2$
乙丙数列差值		2	2	3	3		3	$K_{\text{乙-丙}} = 3$
丙甲数列差值			2	1	3	-6	3	$K_{\text{层间}} = 3$

（2）流水方式判别。

$$T_{max}=8（天）$$
$$K_{总}=2+3+3=8（天）$$

$T_{max}=K_{总}$，则乙过程和丙过程施工队可以连续作业。

（3）计算流水工期。

$$T_p=r\sum K+(r-1)K_{层间}+T_n=3\times(2+3)+(3-1)\times 3+8=29（天）$$

（4）施工进度计划。

施工过程		施工进度/天

施工过程		1	2	3	4	5	6	7	8	9	10	11	12	13	14	15	16	17	18	19	20	21	22	23	24	25	26	27	28	29
一层	甲	①		②		③	④																							
	乙			①		②		③		④																				
	丙						①		②		③			④																
二层	甲									①		②		③	④															
	乙											①		②		③		④												
	丙														①		②		③		④									
三层	甲																	①		②		③	④							
	乙																			①		②		③		④				
	丙																					①	②	③			④			

▌知识归纳▐

1. 组织施工的基本方式有三种：依次施工、平行施工、流水施工，三种方式各有特点，在工程施工中根据实际情况合理选择。

2. 流水施工施工参数包括三类：工艺参数、空间参数、时间参数。

参数类型	具体参数
工艺参数	施工过程数(n)；流水强度(v)
空间参数	工作面(A)；施工层数(r)；流水段数(m)
时间参数	流水节拍(t)；流水步距(K)；流水工期(T)；搭接时间(C)； 间歇时间（工艺间歇时间S、组织间歇时间G、施工过程间歇时间Z_1、层间间歇时间Z_2）

3. 流水施工的基本组织方式：全等节拍流水、成倍节拍流水、分别流水。流水施工的组织步骤与方法。

4. 绘制施工进度计划表。

▌独立思考▐

1. 流水施工优势比较明显，你是否认为在工作当中只能选择流水施工？

2. 流水施工的主要参数有哪些？如何选定？

3. 试分析分层分段流水作业时,流水段数与施工过程数或施工队数之间的关系。

4. 如何确定一般成倍节拍流水的流水步距?

5. 已知某工程施工过程数 $n=3$,各施工过程的流水节拍为 $t_1=t_2=t_3=3$ 天,施工段数 $m=4$,试组织流水施工,计算总工期,绘出施工进度计划表。

6. 某工程包括 4 个施工过程,3 个施工段,各施工过程按最合理的流水施工组织确定的流水节拍为:

(1) $t_1=t_2=t_3=t_4=2$ 天,并有 $Z_{2,3}=1$ 天,$C_{3,4}=1$ 天;

(2) $t_1=4$ 天,$t_2=2$ 天,$t_3=4$ 天,$t_4=2$ 天,并有 $Z_{2,3}=2$ 天。

试分别组织流水施工,绘制施工进度计划表。

7. 某工程项目由 3 个分项工程组成,划分为 6 个施工段。各分项工程在各个施工段上的持续时间依次为 6 天、2 天和 4 天。试编制成倍节拍流水施工方案。

8. 某项工程项目由挖地槽、做垫层、砌基础和回填土 4 个分项工程组成,该工程在平面上划分为 6 个施工段。各分项工程在各施工段上的流水节拍如表 13-4 所示。做垫层后,其相应施工段至少应有养护时间 2 天。试编制该工程流水施工方案。

表 13-4 施工持续时间表

分项工程名称	流水节拍/天					
	①	②	③	④	⑤	⑥
挖地槽	3	4	3	4	3	3
做垫层	2	1	2	1	2	2
砌基础	3	2	2	3	2	3
回填土	2	2	1	2	2	2

第14章 深谋远虑、见微知著——网络计划

【导入语】 《礼记·中庸》:"凡事豫则立,不豫则废。言前定则不跲,事前定则不困,行前定则不疚,道前定则不穷。"这句话的意思是凡事有准备才能做成功,没有做好准备则会失败。说话先有准备,就不会辞穷理屈站不住脚;做事先有准备,就不会遇到困难挫折;行事前计划先有定夺,就不会发生错误后悔的事。

网络计划技术就是对现场施工流程的准备计划,它既是一种科学的计划方法,又是一种有效的生产管理方法。网络计划的最大特点在于它能够提供施工管理所需要的多种信息,对管理人员合理地组织生产,知道管理的重点应放在何处、怎样缩短工期、在哪里挖掘潜力、如何降低成本等。在工程管理中提高应用网络计划技术的水平,必能进一步提高工程管理的水平。

14.1 概　　述

为了适应生产发展和科技进步的需要,20世纪50年代国外陆续采用了计划管理的新方法。这些方法尽管名目繁多,但内容却大同小异,都是利用网络图的形式来表达各项工作的先后顺序和相互关系,这种方法统称为网络计划法。

我国从20世纪60年代开始引进和应用这种方法,在提高建筑施工企业的管理水平、缩短工期、降低成本、提高劳动生产率等方面,均取得了显著的成效。

14.1.1 横道计划与网络计划的表达形式及特点

横道计划是将整个工程任务的每个分部分项施工过程结合时间坐标线,用一系列横向条形线段分别表达各施工过程起止时间和先后或平行搭接的施工顺序。

网络计划是在网络图上加注各项工作的时间参数而成的工作进度计划,按其表达方法不同,可分为双代号网络计划和单代号网络计划两种。双代号网络计划是用一系列注明施工过程延续时间的箭线以及带编号的圆形节点所组成的网状图形表达进度计划;单代号网络计划是用一系列注明施工过程延续时间及编号的圆形(或方形)节点以及联系箭线所组成的网状图形表达的进度计划。

例如,某工程项目有A、B、C三个施工过程,每个施工过程划分为三个施工段,其流水节拍分别为3天、2天、1天。该工程项目用横道图表示的进度计划(即横道计划)如图14-1所示;用网络图表示的网络计划如图14-2所示。

从图14-1、图14-2两图中可以看出,其工程计划内容完全相同,但表达形式则完全不一样,它们各有不同的特点。

1. 横道计划的优缺点

横道计划具有编制容易、绘图简便、形象直观的优点。它用时间坐标明确地表示了施工起止时间、作业持续时间、工作进度、搭接方式、总工期等,便于统计劳动力、材料、机具的需用量等。

横道计划不能全面地反映整个施工活动中各工序之间的联系和相互依赖与制约的逻辑关系,

(a) 部分施工过程间断施工　　(b) 各施工过程连续施工

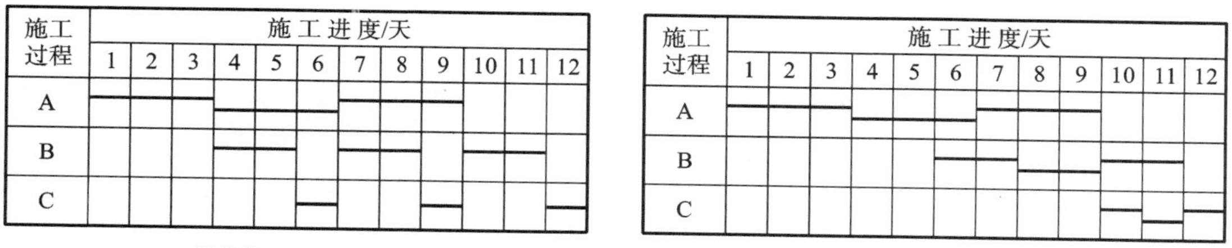

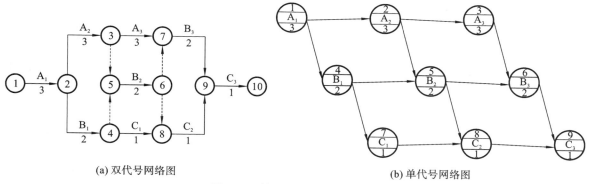

图 14-1　某工程项目横道计划图

(a) 双代号网络图　　(b) 单代号网络图

图 14-2　某工程项目网络计划图

不便于各种时间计算；不能明确反映影响工期的关键工序，使人抓不住工作重点；看不到计划中的潜力，不便于对计划进行科学的调整和优化。

2. 网络计划的优缺点

网络计划具有以下优点。

(1) 网络图把施工过程中的各有关工作组成了一个有机的整体，能全面而明确地表达出各项工作开展的先后顺序和反映出各项工作之间的相互制约和相互依赖的关系。

(2) 能进行各种时间参数的计算。

(3) 能在名目繁多、错综复杂的计划中找出决定工程进度的关键工作，便于计划管理者集中力量抓主要矛盾，确保工期，避免盲目施工。

(4) 通过优化，能够从许多可行方案中，选出最优方案。

(5) 在计划的执行过程中，某一工作由于某种原因推迟或者提前完成时，可以预见到它对整个计划的影响程度，而且能根据变化的情况迅速进行调整，保证自始至终对计划进行有效的控制与监督。

(6) 利用网络计划中反映出的各项工作的时间储备，可以更好地调配人力、物力，以达到降低成本的目的。

(7) 可以利用计算机进行时间参数计算、优化和调整。

网络计划具有以下缺点。

(1) 不利用计算机进行计划的时间参数计算、优化和调整，可能因实际计算量大，调整复杂，与横道图相比较为困难。

(2) 网络计划对计划人员的素质要求较高，在计算机未普及利用、管理人员素质较低的施工企业，受到一定的制约。

14.1.2 网络计划技术的基本原理

网络计划技术是用网络计划对任务的工作进度进行安排和控制，以保证实现预定目标的科学的计划管理技术。在建筑工程计划管理中，可以将网络计划技术的基本原理归纳如下。

（1）把一项工程的全部建造过程分解为若干项工作，并按其开展顺序和相互制约、相互依赖的关系，绘制出网络图。

（2）进行时间参数计算，找出关键工作和关键线路。

（3）利用最优化原理，改进初始方案，寻求最优网络计划方案。

（4）在网络计划执行过程中，进行有效监督与控制，以最少的消耗，获得最佳的经济效果。

14.1.3 工程网络计划的类型

（1）工程网络计划按工作持续时间的特点划分为肯定型网络计划、非肯定型网络计划、随机网络计划等。

（2）工程网络计划按工作和事件在网络图中的表示方法划分为：事件网络以节点表示事件的网络计划；工作网络以箭线表示工作的网络计划（即双代号网络计划）；工作网络以节点表示工作的网络计划（即单代号网络计划）。

（3）工程网络计划按计划平面的个数划分为单平面网络计划、多平面网络计划（又称多阶网络计划、分级网络计划）。

我国《工程网络计划技术规程》（JGJ/T 121—2015）推荐的常用工程网络计划类型包括双代号网络计划、单代号网络计划、双代号时标网络计划。

双代号网络图是以箭线及其两端节点的编号表示工作的网络图。

单代号网络图是以节点及其编号表示工作，以箭线表示工作之间逻辑关系的网络图。

双代号时标网络计划是以时间坐标为尺度编制的网络计划，如图 14-3 所示。

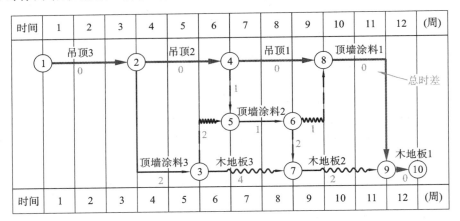

图 14-3 某工程项目双代号时标网络计划

14.2 双代号网络计划

双代号网络计划是用双代号网络图表达任务构成和工作顺序，并加注工作时间参数的一种进度计划。双代号网络图是由若干个表示工作项目的箭线和表示事件的节点所构成的网状图形，是我国建筑业应用较为广泛的一种网络计划表达形式。

14.2.1　双代号网络图的组成

双代号网络图由箭线、节点、节点编号、虚箭线、线路五个基本要素组成。对于每一项工作而言，其基本形式如图 14-4 所示。

图 14-4　用双代号网络图表示一项工作的基本形式

1. 箭线

在双代号网络图中，一条箭线表示一项工作，又称工序、作业或活动。而工作所包括的范围可大可小，既可以是一道工序，也可以是一个分项工程或一个分部工程，甚至是一个单位工程。每项工作的进行必然要占用一定的时间，往往也要消耗一定的资源（如劳动力、材料、机械设备）。

在无时标的网络图中，箭线的长短并不反映该工作占用时间的长短。箭线所指的方向表示工作进行的方向，箭线的尾端表示该项工作的开始，箭头端则表示该项工作的结束。工作名称应标注在水平箭线的上方或垂直箭线的左侧，工作的持续时间（也称作业时间）则标注在水平箭线的下方或垂直箭线的右侧。

2. 节点

在双代号网络图中，节点代表一项工作的开始或结束，用圆圈表示。箭线尾部的节点称为该箭线所示工作的开始节点，箭线头部的节点称为该箭线所示工作的结束节点。在一个完整的网络图中，除了最前的起点节点和最后的终点节点，其余任何一个节点都具有双重含义，既是前面工作的结束点，又是后面工作的开始点。节点仅为前后两项工作的交接点，只是一个"瞬间"概念，因此它既不消耗时间，也不消耗资源。

3. 节点编号

在双代号网络图中，一项工作可以用其箭线两端节点内的号码来表示，以方便网络图的检查与计算。对一个网络图中的所有节点应进行统一编号，不得有缺编和重号现象，顺箭线方向由小到大。编号宜在绘图完成、检查无误后，顺着箭头方向依次进行。为了便于修改和调整，可隔号编号。

4. 虚箭线

虚箭线又称虚工作，它表示一项虚拟的工作，用带箭头的虚线表示。虚箭线可起到联系、区分和断路作用，是双代号网络图中表达一些工作之间的相互联系、相互制约关系，保证逻辑关系正确的必要手段。虚工作没有工作名称和工作延续时间。虚工作既不消耗时间，也不消耗资源。

5. 线路

在双代号网络图中，从起点节点开始，沿箭线方向连续通过一系列箭线与节点，最后到达终点节点所经过的通路称为线路。线路可依次用该通路上的节点代号来记述，也可依次用该通路上的工作名称来记述。如图 14-5 所示的双代号网络图中，线路有：①→②→④→⑥(8 天)、①→②→③→④→⑥(10 天)、①→②→③→⑤→⑥(9 天)、①→③→④→⑥(14 天)、①→③→⑤→⑥(13 天)，共 5 条线路。

每条线路都有自己确定的完成时间，它等于该线路上各项工作持续时间的总和，也是完成这条线路上所有工作的计划工期。其中，第四条线路耗时(14 天)最长，对整个工程的完工起着决定性

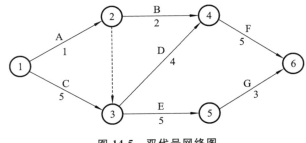

图 14-5　双代号网络图

的作用,称为关键线路;其余的线路均称为非关键线路。处于关键线路上的各项工作称为关键工作,关键工作的完成速度将直接影响整个计划工期。关键线路上的箭线采用粗箭线、双箭线或其他颜色的箭线表示。

14.2.2　双代号网络图的绘制

网络计划技术是土木工程施工中编制施工进度计划和控制施工进度的主要手段。因此,在绘制网络图时必须遵循一定的基本规则和要求,使网络图能正确地表达整个工程的施工工艺流程和各项工作开展的先后顺序以及它们之间相互制约、相互依赖的逻辑关系。

1. 绘制网络图的基本规则

(1) 必须正确地表达各项工作之间的先后顺序和逻辑关系。在绘制网络图时,要根据施工顺序和施工组织的要求,正确地反映各项工作之间的先后顺序和相互制约、相互依赖的关系。这些关系是多种多样的,常见的几种表示方法见表 14-1。

表 14-1　双代号网络图中各项工作之间逻辑关系的表示方法

序号	网络图中的表示方法	工作之间的逻辑关系	说　　明
1	A 工作完成后进行 B 工作	○—A→○—B→○	A 工作制约着 B 工作的开始,B 工作依赖着 A 工作
2	A、B、C 三项工作同时开始	A、B、C 三项工作同时开始图	A、B、C 三项工作称为平行工作
3	A、B、C 三项工作同时结束	A、B、C 三项工作同时结束图	A、B、C 三项工作称为平行工作

序号	网络图中的表示方法	工作之间的逻辑关系	说　　明
4	有 A、B、C 三项工作,只有 A 完成后,B、C 才能开始	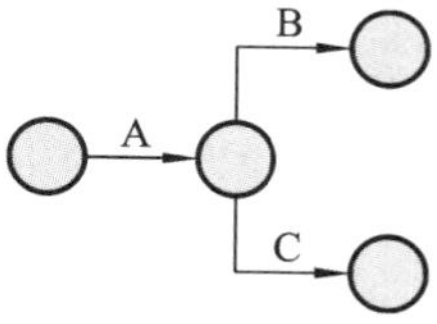	A 工作制约着 B、C 工作的开始,B、C 为平行工作
5	有 A、B、C 三项工作,C 工作只有在 A、B 完成后才能开始	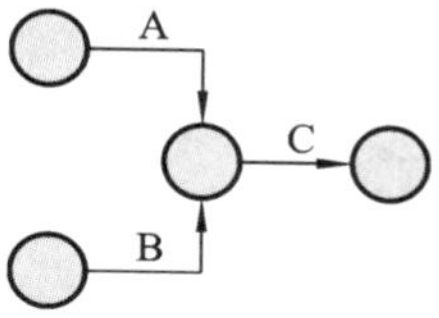	C 工作依赖着 A、B 工作,A、B 为平行工作
6	有 A、B、C、D 四项工作,只有当 A、B 完成后,C、D 才能开始	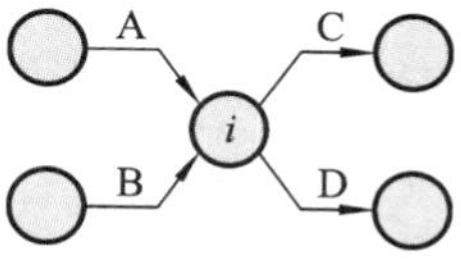	通过中间节点 i 正确地表达了 A、B、C、D 工作之间的关系
7	有 A、B、C、D 四项工作,A 完成后 C 才能开始,A、B 完成后 D 才能开始	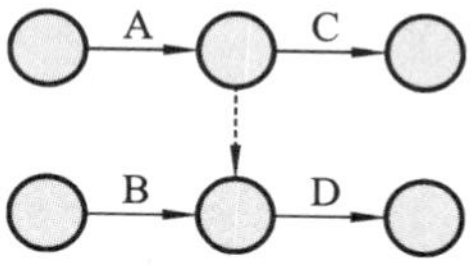	D 与 A 之间引入了逻辑连接(虚工作),从而正确地表达了它们之间的制约关系
8	有 A、B、C、D、E 五项工作,A、B 完成后 C 才能开始,B、D 完成后 E 才能开始	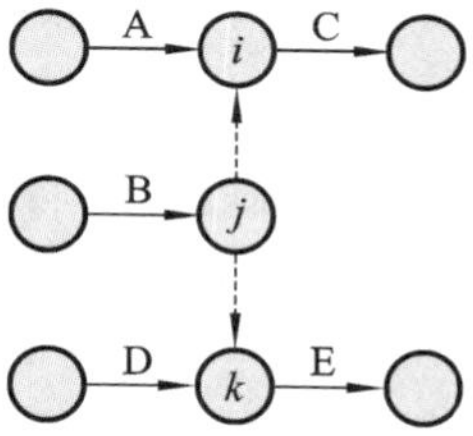	虚工作 ji 反映出 C 工作受到 B 工作的制约,虚工作 jk 反映出 E 工作受到 B 工作的制约
9	有 A、B、C、D、E 五项工作,A、B、C 完成后 D 才能开始,B、C 完成后 E 才能开始	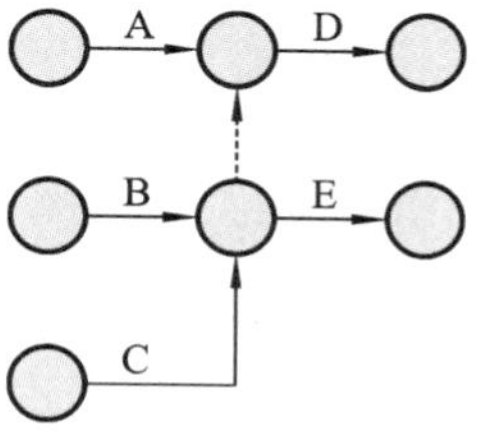	虚工作反映出 D 工作受到 B、C 工作的制约
10	A、B 两项工作分三个施工段,平行施工	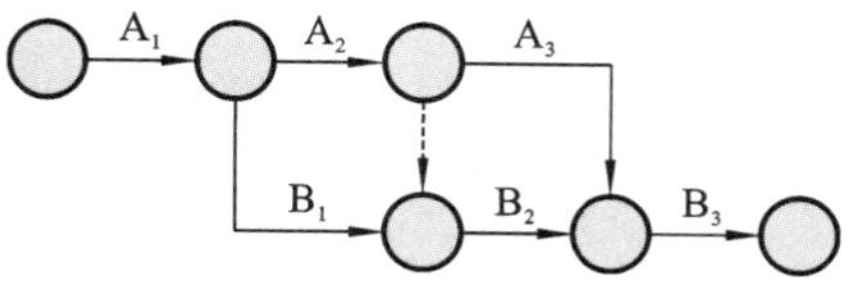	每个工种工程建立专业工作队,在每个施工段上进行流水作业,虚工作表达了工种间的工作面关系

（2）在一个网络图中，只能有一个起点节点和一个终点节点。起点节点是指只有外向箭线而无内向箭线的节点，如图14-6（a）所示；终点节点则是只有内向箭线而无外向箭线的节点，如图14-6（b）所示。

（3）网络图中不允许出现循环回路。图14-7中的③→④→②→③即为循环回路，它使得工程永远不能完成。

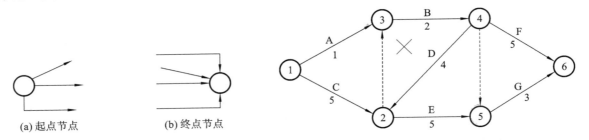

图14-6　起点节点和终点节点 　　　　　图14-7　有循环回路错误的网络图

（4）网络图中不允许出现相同编号的工作。如图14-8（a）中，出现了重名现象，容易造成混乱，遇到这种情况，应增加一个节点和一条虚箭线，如图14-8（b）、（c）所示。

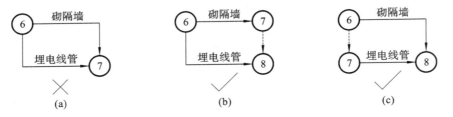

图14-8　相同编号工作错误及其改进示意

（5）不允许出现无开始节点或无结束节点的工作。如图14-9（a）所示，"抹灰"为无开始节点的工作，这在网络图中是不允许的。其正确的画法是：将"砌墙"工作划分为两个施工段，引入一个节点，这样，抹灰工作就有了开始节点，如图14-9（b）所示。同理，在无结束节点时，也可采取同样的方法进行处理。

图14-9　无开始节点工作错误及其改进示意

以上是绘制网络图的基本规则，在绘图时必须严格遵守。

2. 绘制网络图的要求与方法

（1）布局规整、条理清晰、重点突出。

绘制网络图时，应尽量采用水平箭线和垂直箭线形成网格结构，尽量减少斜箭线，使网络图规整、清晰；应尽量把关键工作和关键线路布置在中心位置，尽可能把密切相连的工作安排在一起，以突出重点，便于使用。

（2）交叉箭线的处理方法。

绘制网络图时,应尽量避免箭线交叉,必要时可通过调整布局达到目的,如图 14-10 所示。当箭线交叉不可避免时,应采用"过桥法"或"指向法"表示,如图 14-11 所示。

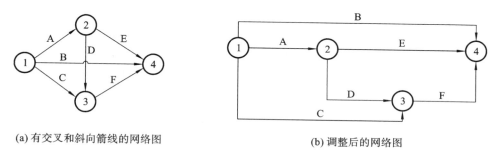

(a) 有交叉和斜向箭线的网络图　　　(b) 调整后的网络图

图 14-10　箭线交叉及其调整方法

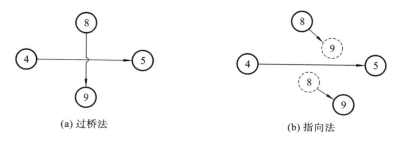

(a) 过桥法　　　(b) 指向法

图 14-11　箭线交叉的处理方法

（3）起点节点和终点节点的"母线法"。

在网络图的起点节点有多条外向箭线、终点节点有多条内向箭线时,可以采用母线法绘图,如图 14-12 所示。对中间节点处有多条外向箭线或多条内向箭线者,在不至于造成混乱的前提下也可采用母线法绘制。

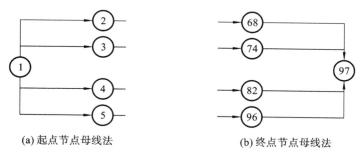

(a) 起点节点母线法　　　(b) 终点节点母线法

图 14-12　母线法示意

（4）网络图的排列方法。

为了使网络计划更形象、更清楚地反映出建筑装饰装修工程施工的特点,绘图时可根据不同的工程情况、施工组织方法和使用要求,采用不同的排列方法,使各工作在工艺上及组织上的逻辑关系准确而清楚,以便于计划的计算、调整和使用。

如果是为了突出反映各施工层段之间的组织关系,可以把同一个工种或施工队组作业的不同施工层段排列在同一水平线上,不但施工组织顺序清楚,而且能明确地反映同一工种或施工队组的连续作业状况,如图 14-13(a)所示。

如果是为了突出反映各施工过程之间的工艺关系，可以把在同一个施工层段上的不同施工过程排列在同一水平线上，不但施工工艺顺序清楚，且同一工作面上各工作队之间的关系明确，如图14-13(b)所示。

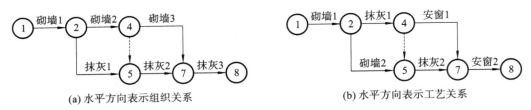

(a) 水平方向表示组织关系　　　　　　　(b) 水平方向表示工艺关系

图 14-13　网络图的排列方法

（5）减少不必要的箭线和节点。

如图 14-14(a)所示，此图在施工顺序、流水关系及网络逻辑关系上都是合理的，但这个网络图过于烦琐。可将不必要的虚箭线和节点去掉，如图 14-14(b)所示。这既使网络图简单明了，又不会改变其逻辑关系。

(a) 简化前　　　　　　　　　　　　　(b) 简化后

图 14-14　网络图简化示意

（6）绘制要求。

①绘制步骤。

第一步，绘制出一张符合逻辑关系的网络计划草图。首先画出从起点节点开始的所有箭线；然后从左到右依次绘出紧接其后的节点和箭线，直到终点节点；最后检查网络图中各施工过程之间的逻辑关系。

第二步，整理网络图，使网络图条理清楚，层次分明，排列整齐，便于交流。

②绘制要求。

严格遵循网络图的绘制规则，是保证网络图绘制正确的前提。但为了使网络图布置合理，层次分明，重点突出，在绘制时应注意如下要求。

a. 网络图中不允许出现双向箭头及无箭头的箭线，如图 14-15 所示。

b. 在网络图中，箭线应以水平线为主，竖线和斜线为辅，不应画成曲线，如图14-16所示。

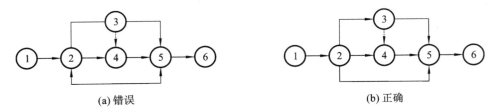

(a) 错误　　　　　　　　　　　　　(b) 正确

图 14-15　网络图绘制要求（一）

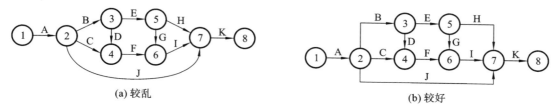

(a) 较乱　　　　　　　　　　　　　(b) 较好

图 14-16　网络图绘制要求（二）

c.在网络图中应正确运用虚箭线，如图 14-17 所示。

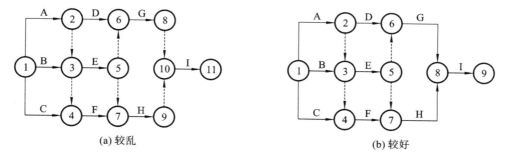

(a) 较乱　　　　　　　　　　　　　(b) 较好

图 14-17　网络图绘制要求（三）

d.在网络图中不允许出现相同编号的工作，如图 14-18 所示。

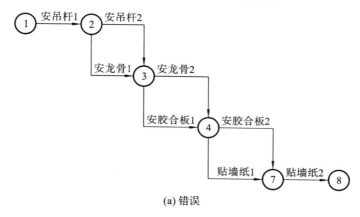

(a) 错误

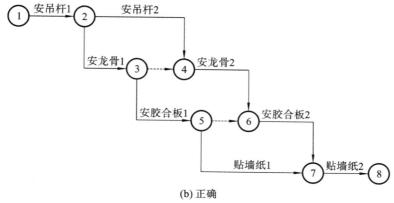

(b) 正确

图 14-18　网络图绘制要求（四）

【典型例题 14.1】 试根据表 14-2 中各施工过程的逻辑关系，绘制出双代号网络图。

表 14-2　某工程各施工过程的逻辑关系

施工过程名称	A	B	C	D	E	F	G	H	I	J	K
紧前施工过程	—	A	A	B	B	E	A	D、C	E	F、G、H	I、J
紧后施工过程	B、C、G	D、E	H	H	F、I	J	J	J	K	K	—

其网络图的绘制步骤如下：从 A 出发绘出其紧后施工过程 B、C、G→从 B 出发绘出其紧后施工过程 D、E→从 C、D 出发绘出其紧后施工过程 H→从 E 出发绘出其紧后施工过程 F、I→从 F、G、H 出发绘出其紧后施工过程 J→从 I、J 出发绘出其紧后施工过程 K。根据以上步骤绘出草图，认真检查和调整每个施工过程之间的逻辑关系，最后绘制出排列整齐、条理清楚、层次分明、形象直观的双代号网络图，如图 14-19 所示。

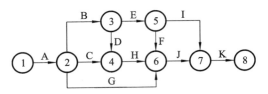

典型例题
14.2

图 14-19　网络图的绘制步骤

14.2.3　双代号网络计划时间参数计算

1. 概述

掌握了网络图的绘制方法，就能够根据实际工程的需要做出施工进度计划的网络安排。但这个计划安排得是否经济、合理，是否符合有关部门对这项工程在工期、劳动力、材料指标等方面的具体要求，还需要进行时间参数计算、调整优化，起到指导或控制工程施工的作用。

（1）网络计划时间参数计算的目的。

①找出关键线路，以便进行调整优化，并在施工过程中抓住主要矛盾。

②计算出时差。时差是在非关键工作中存在的富裕时间。通过计算时差可以看出每项非关键工作到底有多少可以灵活运用的机动时间，以便调整其工作开始及持续的时间，达到优化网络计划和保证工期的目的。

③求出工期。计算工期是拟定整个工程计划总工期的基础，也是检查计划合理性的依据。

（2）计算条件。

本节只研究肯定型网络计划。因此，其计算必须是在工作、工作的持续时间以及工作之间的逻辑关系都已确定的情况下进行。

（3）计算内容。

网络计划的时间参数主要包括每项工作的最早可能开始和完成时间、最迟必须开始和完成时间、总时差、自由时差、计算工期。根据要求，各项工作有时只计算个别参数。

（4）计算手段与方法。

对于简单的网络计划，可以采用人工计算；对于复杂的网络计划，应采用计算机程序进行编制、绘图与计算。常用的计算方法有图上计算法、节点标号法等。

（5）双代号网络计划的有关时间参数。

双代号网络图的时间参数可分为节点时间参数、工作时间参数及工作时差三种。节点时间参数根据时间的含义又分为节点最早时间（ET_i）和节点最迟时间（LT_i），工作时间参数又分为工作最早开始时间（ES_{i-j}）、工作最早结束时间（EF_{i-j}）、工作最迟完成时间（LF_{i-j}）、工作最迟开始时间（LS_{i-j}），工作时差又分为总时差（TF_{i-j}）和自由时差（FF_{i-j}）。其计算方法有工作计算法和节点号快速计算法。

2. 图上计算法

对于正在计算的某项工作，称为"本工作"，紧排在本工作之前的工作为本工作的紧前工作，紧排在本工作之后的工作为本工作的紧后工作，如图 14-20 所示。

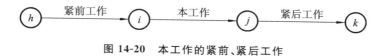

图 14-20　本工作的紧前、紧后工作

各工作的时间参数计算完成后，应标注在水平箭线的上方或垂直箭线的左侧。标注的形式及每个参数的位置，需根据计算参数的个数不同，分别按图 14-21～图 14-23 的规定标注。

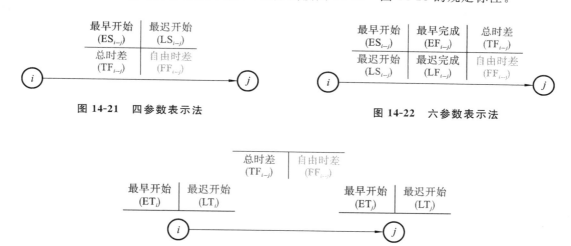

图 14-21　四参数表示法　　　　　图 14-22　六参数表示法

图 14-23　节点表示法

此外，无论是工作的开始时间还是完成时间，都以时间单位的刻度线上所标时刻为准（图 14-24），即"某天以后开始""第某天末完成"。称工程的第一项工作 A 是从"0 天以后开始"（实际上是从第 1 天开始），"第 1 天末完成"。称它的紧后工作 B 在"1 天以后开始"（而实际上是从第 2 天开始），"第 3 天末完成"。

工作	时间					
	0　1　2　3　4　5　6					
	1	2	3	4	5	6
A						
B						

图 14-24　开始与完成时间示意

网络图的工作计算法是按公式计算的，它不需要计算节点时间参数。

（1）最早时间（含最早开始、最早完成）的计算。

①工作最早开始时间（ES）。

工作最早开始时间是指在各紧前工作全部完成后，本工作有可能开始的最早时间。工作 i—j

的最早开始时间用 ES_{i-j} 表示。由于最早开始时间是以紧前工作的最早完成时间为依据的,该参数的计算必须从起点节点开始,顺箭线方向逐项进行,直到终点节点为止。

凡与起点节点相连的工作都是计划的起始工作,当未规定其最早开始时间 ES_{i-j} 时,其值都定为零,如网络计划起点节点代号为 1,则 $ES_{i-j}=0$。

其他工作的最早开始时间等于其紧前工作的最早开始时间加该紧前工作的持续时间所得之和的最大值,即

$$ES_{i-j} = \max\{ES_{h-i} + D_{h-i}\} \tag{14.1}$$

式中:ES_{i-j}——工作 $i-j$ 的最早开始时间;

$\quad\quad ES_{h-i}$——工作 $i-j$ 的紧前工作 $h-i$ 的最早开始时间;

$\quad\quad D_{h-i}$——工作 $i-j$ 的紧前工作 $h-i$ 的持续时间。

②工作最早完成时间(EF)。

工作最早完成时间是在各紧前工作全部完成后,本工作有可能完成的最早时刻。其值等于该工作最早开始时间与其持续时间(D_{i-j})之和。计算公式为

$$EF_{i-j} = ES_{i-j} + D_{i-j} \tag{14.2}$$

每项工作的最早开始时间计算后,应立即计算其最早完成时间,以便紧后工作相关时间参数的计算。

③计算示例。

【典型例题 14.3】 计算如图 14-25 所示网络图中各项工作的最早时间,并将计算出的工作参数按要求标注于图上。

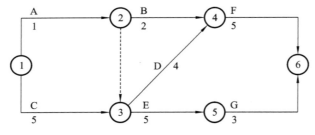

图 14-25 网络图

其中,工作 A、工作 C 均是该网络计划的起始工作,所以 $ES_{1-2}=0$ 天,$ES_{1-3}=0$ 天。工作 A 的最早完成时间为 $EF_{1-2}=ES_{1-2}+D_{1-2}=0+1=1$(天)。同理,工作 C 的最早完成时间为 $EF_{1-3}=0+5=5$(天)。工作 B 的紧前工作是 A,因此 B 的最早开始时间就等于工作 A 的最早完成时间,为 1 天以后;工作 B 的最早完成时间为 $1+2=3$(天)。同理,工作 2—3 的最早开始时间也为 1 天以后,最早完成时间为 $1+0=1$(天)。在这里需要注意,虚工作也必须同样进行计算。工作 D 有 C 和 2—3(虚工作)两个紧前工作,应待其全都完成,D 才能开始。因此,D 的最早开始时间应取 C 和 2—3 最早完成时间的较大值,即 $\max\{5,1\}=5$(天);工作 D 的最早完成时间为 $5+4=9$(天)。同理,工作 E 的最早开始时间也为 5 天以后,最早完成时间为 $5+5=10$(天)。其他工作的计算与此类似。计算结果如图 14-26 所示。

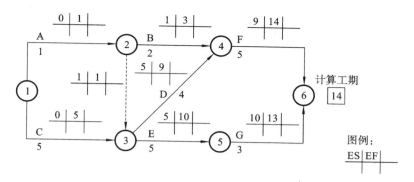

图 14-26 网络图各项工作的最早时间计算结果

④计算规则。

通过以上的计算分析,可归纳出最早时间的计算规则为"顺线累加,逢多取大"。

(2)确定网络计划的工期。

当全部工作的最早开始时间与最早完成时间计算完成后,可假设终点节点后面还有工作,则其最早开始时间即为该网络计划的"计算工期";"计算工期"也可以理解为以网络计划的终点节点为完成节点的工作的最早开始时间加该工作的持续时间所得之和的最大值,即

$$T_c = \max\{ES_{i-n} + D_{i-n}\} \tag{14.3}$$

式中:T_c——网络计划的计算工期;

ES_{i-n}——以网络计划的终点节点 n 为完成节点的工作的最早开始时间;

D_{i-n}——以网络计划的终点节点 n 为完成节点的工作的持续时间。

典型例题 14.3 中,计算工期 $T_c = 14$ 天。

有了计算工期,还须确定网络计划的"计划工期"T_p。当未对计划提出工期要求时,可取计划工期 $T_p = T_c$。当合同约定或上级主管部门提出了"要求工期"T_r 时,则应取计划工期 $T_p \leqslant T_r$。典型例题 14.3 中没有规定要求工期,故将计算工期就作为计划工期,即 $T_p = T_c = 14$ 天。

(3)最迟时间(含最迟开始、最迟完成)的计算。

①工作最迟完成时间(LF)。

工作最迟完成时间是指在不影响整个工程按期(计划工期)完成的条件下,一项工作必须完成的最迟时刻,工作 $i-j$ 的最迟完成时间用 LF_{i-j} 表示。

a.计算顺序。该计算需依据计划工期或紧后工作的要求进行。因此,应从网络图的终点节点开始,逆着箭线方向朝起点节点依次逐项计算,也即形成一个逆箭线方向的减法过程。

b.计算方法。网络计划中,终结工作 $i-n$ 的最迟完成时间 LF_{i-n} 应按计划工期 T_p 确定,即

$$LF_{i-n} = T_p$$

其他工作 $i-j$ 的最迟完成时间等于其各紧后工作最迟开始时间中的最小值,也就是说本工作的最迟完成时间不得影响任何紧后工作,进而不影响工期。计算公式如下。

$$LF_{i-j} = \min\{LS_{j-k}\} \tag{14.4}$$

②工作最迟开始时间(LS)。

工作最迟开始时间是在不影响整个任务按期完成的条件下,本工作最迟必须开始的时刻。计算公式如下。

$$LS_{i-j} = LF_{i-j} - D_{i-j} \tag{14.5}$$

③计算示例。

若图 14-26 所得到的计算工期满足要求,被确认为计划工期,其最迟时间计算:在图 14-27 中,F 和 G 均为结束工作,所以最迟完成时间就等于计划工期,即(LF$_{4-6}$=LF$_{5-6}$=14 天);在网络图上直接计算并将数字标注在指定位置上,计算结果如图 14-27 所示。

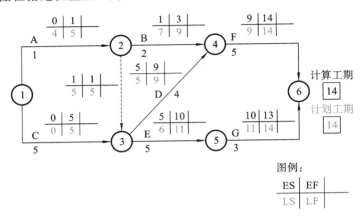

图 14-27 网络图各项工作的最迟时间计算结果

④计算规则。

通过以上计算分析,可归纳出工作最迟时间的计算规则,即"逆线累减,逢多取小"。

(4)工作时差的计算。

时差是指在工作或线路中可以利用的机动时间,这个机动时间是指最多允许推迟的时间,时差越大,工作的时间潜力也越大。常用的时差有工作总时差和自由时差。

①工作总时差(TF)。

工作总时差是指在不影响计划工期的前提下,一项工作可以利用的机动时间。工作 $i-j$ 的总时差用 TF$_{i-j}$ 表示。工作总时差等于工作最迟开始时间减工作最早开始时间,也等于工作最迟完成时间减工作最早完成时间,即

$$TF_{i-j} = LS_{i-j} - ES_{i-j} = LF_{i-j} - EF_{i-j} \qquad (14.6)$$

在网络图上直接计算并将数字标注在指定位置上,如图 14-28 所示。

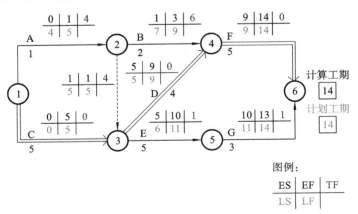

图 14-28 网络图各项工作的总时差计算结果

从以上计算可知,工作 C、D、F 的总时差为零,即这些工作在计划执行过程中没有机动时间,这

样的工作称为关键工作。由关键工作所组成的线路称为关键线路。在网络图上,判断关键工作的充分条件是

$$ES_{i-j} = LS_{i-j} \tag{14.7}$$

但必须指出,当工期有规定时,总时差最小的工作为关键工作。关键工作用粗线或双箭线表示在网络图上,图 14-28 中双箭线所表示的①→③→④→⑥即为关键线路。在一个网络计划中,关键线路至少有一条,但不一定只有一条。

工作总时差是网络计划调整与优化的基础,是控制施工进度、确保工期的重要依据。需要注意,若利用工作总时差,将可能影响其后续工作的最早开始时间(但不影响最迟开始时间),可能引起相关线路上各项工作时差的重分配。

②自由时差的计算。

自由时差是在不影响其紧后工作按最早开始时间的前提下,工作所具有的机动时间。工作 $i-j$ 的自由时差用 FF_{i-j} 表示。

工作 $i-j$ 自由时差等于该工作的紧后工作的最早开始时间减本工作最早完成时间的最小值。当工作 $i-j$ 与其紧后工作 $j-k$ 之间无虚工作时,

$$FF_{i-j} = \min\{ES_{j-k} - EF_{i-j}\} \tag{14.8}$$

对于网络计划的结束工作,应将计划工期看作紧后工作的最早开始时间进行计算。

如图 14-29 所示,工作 A 的最早完成时间为 1 天末,而其紧后工作 2—3 和 B 的最早开始时间为 1 天以后,所以工作 A 的自由时差为 1-1=0(天)。工作 2—4 的自由时差为 9-3=6(天)。工作 G 是结束工作,所以其自由时差应为 14-13=1(天)。其他工作的计算结果如图 14-29 所示。

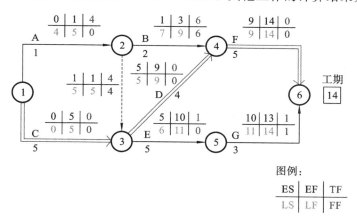

图 14-29　网络图各项工作的自由时差计算结果

自由时差的利用不会对其他工作产生任何影响,因此,常利用它来变动工作的开始时间或增加持续时间,以达到工期调整和资源优化的目的。

3. 节点标号法

当只需求出网络计划的计算工期和找出关键线路时,可采用节点标号法进行快速计算。其步骤如下。

①设网络计划起点节点的标号值为零,即 $b_1=0$。

②顺箭线方向逐个计算节点的标号值。每个节点的标号值,等于以该节点为完成节点的各工作的开始节点标号值与相应工作持续时间之和的最大值,即

$$b_j = \max\{b_i + D_{i-j}\} \tag{14.9}$$

土木工程施工

将标号值的来源节点及得出的标号值标注在节点上方。

③节点标号完成后,终点节点的标号值即为计算工期。

④从网络计划终点节点开始,逆箭线方向按源节点找出关键线路。

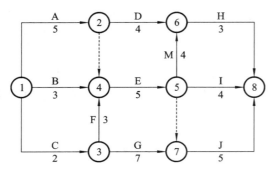

图 14-30　某工程网络计划

【典型例题 14.4】　某工程网络计划如图 14-30 所示,试用标号法求出工期并找出关键线路。

解:

(1) 设起点节点标号值 $b_1=0$。

(2) 对其他节点依次进行标号。各节点的标号值计算如下,并将源节点号和标号值标注在图 14-31 中。

$$b_2=b_1+D_{1-2}=0+5=5(天)$$
$$b_3=b_1+D_{1-3}=0+2=2(天)$$
$$b_4=\max\{(b_1+D_{1-4}),(b_2+D_{2-4}),(b_3+D_{3-4})\}=\max\{(0+3),(5+0),(2+3)\}=5(天)$$
$$b_5=b_4+D_{4-5}=5+5=10(天)$$
$$b_6=\max\{(b_2+D_{2-6}),(b_5+D_{5-6})\}=\max\{(5+4),(10+4)\}=14(天)$$
$$b_7=\max\{(b_3+D_{3-7}),(b_5+D_{5-7})\}=\max\{(2+7),(10+0)\}=10(天)$$
$$b_8=\max\{(b_5+D_{5-8}),(b_6+D_{6-8}),(b_7+D_{7-8})\}=\max\{(10+4),(14+3),(10+5)\}=17(天)$$

(3) 该网络计划的工期为 17 天。

(4) 根据源节点逆箭线找出关键线路。两条关键线路如图 14-32 所示双箭线。

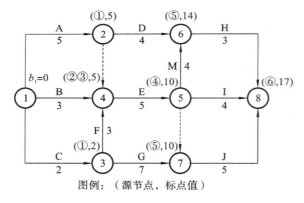

图 14-31　对节点进行标号

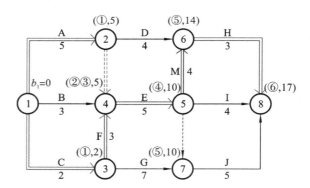

图 14-32　根据源节点逆箭线找出关键线路

14.3　单代号网络图

单代号网络图是以节点及其编号表示工作,以箭线表示工作之间逻辑关系的网络图,如图 14-33 所示。单代号网络图是网络计划的另一种表达方式。

单代号网络图绘图方便,图面简洁,不必增加虚箭线,因此产生逻辑错误的可能性较小,弥补了双代号网络图的不足,具有容易被非专业人员所理解和易于修改的优点,所以近年来被广泛应用。

— 330 —

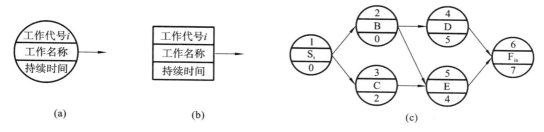

图 14-33　单代号网络图

14.3.1　单代号网络图的组成

单代号网络图是由节点、箭线和线路三个基本要素组成的。

（1）节点。单代号网络图中每一个节点表示一项工作，宜用圆圈或矩形表示。工作名称、持续时间和工作代号均标注在节点内，如图 14-33（a）、（b）所示。

（2）箭线。单代号网络图中，箭线表示工作之间的逻辑关系，箭线可以画成水平直线、折线或斜线。箭线水平投影的方向自左向右，表示工作进行的方向。单代号网络图中没有虚箭线。

（3）线路。单代号网络图的线路同双代号网络图的线路的含义是相同的。

14.3.2　单代号网络图的绘制

单代号网络图的绘图规则如下。

（1）单代号网络图各项工作之间逻辑关系的表示方法见表 14-3。

（2）单代号网络图中严禁出现循环回路。

（3）单代号网络图中不允许出现双向箭线或没有箭头的箭线。

（4）单代号网络图中不允许出现没有箭尾节点的箭线和没有箭头节点的箭线。

（5）单代号网络图中不允许出现重复编号的工作。

（6）绘制单代号网络图时，箭线不宜交叉。当交叉不可避免时，可采用断线法、过桥法或指向法绘制。

表 14-3　单代号网络图各项工作之间逻辑关系的表示方法

序号	描　　　述	表 示 方 法
1	A 工序完成后，B 工序才能开始	A → B
2	A 工序完成后，B、C 工序才能开始	A → B, C

序号	描 述	表 示 方 法
3	A、B 工序完成后，C 工序才能开始	
4	A、B 工序完成后，C、D 工序才能开始	
5	A、B 工序完成后，D 工序才能开始，且 A 工序完成后，C 工序才能开始	

单代号网络图的绘图规则及注意事项基本同双代号网络图，所不同的是：单代号网络图只能有一个起点节点和一个终点节点，当网络图中有多项起点节点或多项终点节点时，应在网络图的两端分别设置一个虚拟的节点，作为该网络图的起点节点(S_t)和终点节点(F_{in})，如图 14-33(c)所示。

【典型例题 14.5】 根据表 14-4 中各项工作的逻辑关系绘制单代号网络图。

表 14-4 某工程各项工作的逻辑关系

工作代号	A	B	C	D	E	F	G	H
紧前工作	—	—	A	A、B	B	C、D	D	D、E
紧后工作	C、D	D、E	F	F、G、H	H	—	—	—
持续时间	3	2	5	7	4	4	10	6

绘图结果如图 14-34 所示。

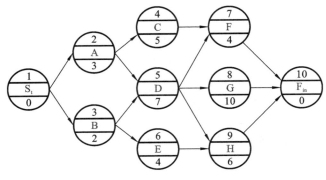

图 14-34 绘图结果

14.3.3　单代号网络计划时间参数计算

单代号网络计划的时间参数与双代号网络计划相似，主要包括以下内容：工作持续时间 D_i、工作最早开始时间 ES_i、工作最早完成时间 EF_i、工作最迟开始时间 LS_i、工作最迟完成时间 LF_i、总时差 TF_i、自由时差 FF_i、计算工期 T_c、要求工期 T_r、计划工期 T_p、时间间隔 $LAG_{i,j}$。

单代号网络计划时间参数的标注形式如图 14-35 所示。

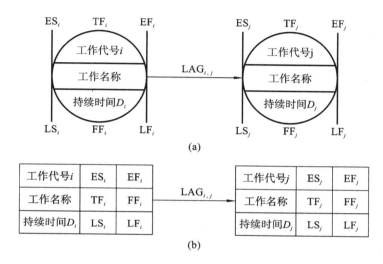

(a)

(b)

图 14-35　单代号网络计划时间参数的标注形式

以图 14-36 为例，用图上计算法（结合分析计算法）介绍单代号网络计划时间参数的计算方法。

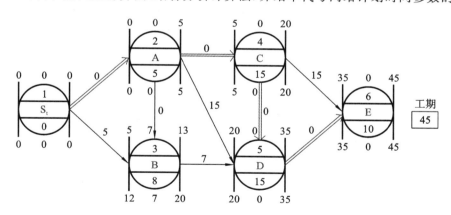

图 14-36　单代号网络计划时间参数的计算

1. 工作最早时间的计算

从起点节点开始，顺箭头方向依次进行，即"顺线累加，逢多取大"。

（1）最早开始时间（ES）。

起点节点（起始工作）的最早开始时间如无规定，其值为零；其他工作的最早开始时间等于其紧前工作最早完成时间的最大值，即

$$ES_i = \max\{EF_h\}$$

(14.10)

（2）最早完成时间（EF）。

一项工作的最早完成时间（EF）等于其最早开始时间与本工作持续时间之和，即

$$EF_i = ES_i + D_i \tag{14.11}$$

图 14-36 所示的最早开始时间和最早完成时间计算如下。

$ES_1 = 0$（天）　　　　　　　　　　　$EF_1 = ES_1 + D_1 = 0 + 0 = 0$（天）

$ES_2 = EF_1 = 0$（天）　　　　　　　　$EF_2 = ES_2 + D_2 = 0 + 5 = 5$（天）

$ES_3 = \max\{EF_1, EF_2\} = \max\{0, 5\} = 5$（天）　　$EF_3 = ES_3 + D_3 = 5 + 8 = 13$（天）

其他工作的计算结果直接写在如图 14-36 所示中的相应位置。

终点节点的最早完成时间即为计算工期 T_c。无"要求工期"时，取计划工期等于计算工期，即 $T_p = T_c = 45$ 天。将计划工期标注在终点节点的右侧，并用方框框起来，如图 14-36 所示。

2. 相邻两项工作时间间隔的计算

时间间隔（LAG）是指相邻两项工作之间可能存在的最大间歇时间。i 工作与 j 工作的时间间隔记为 $LAG_{i,j}$。其值为后项工作的最早开始时间与前项工作的最早完成时间之差，计算公式如下。

$$LAG_{i,j} = ES_j - EF_i \tag{14.12}$$

图 14-37 中相邻工作之间的时间间隔为

$$LAG_{5,6} = ES_6 - EF_5 = 35 - 35 = 0（天）$$

$$LAG_{4,6} = ES_6 - EF_4 = 35 - 20 = 15（天）$$

其他工作间的时间间隔的计算结果直接写在图 14-36 中的相应位置。

3. 工作总时差的计算

工作总时差可按下式计算

$$TF_i = LS_i - ES_i = LF_i - EF_i \tag{14.13}$$

也可以从网络计划的终点节点开始，逆着箭线方向依次按下列公式计算

$$TF_i = \min\{TF_j + LAG_{i,j}\} \tag{14.14}$$

图 14-35 中各工作的总时差计算如下。

$$TF_1 = LS_1 - ES_1 = 0 - 0 = 0（天）$$

$$TF_2 = LS_2 - ES_2 = 0 - 0 = 0（天）$$

其他工作的总时差计算结果直接写在图 14-36 中的相应位置。

4. 工作自由时差的计算

工作自由时差（FF）的计算没有顺序要求，按以下规定进行。

①终点节点 n 所代表工作的自由时差应为

$$FF_n = T_p - EF_n \tag{14.15}$$

②其他工作 i 的自由时差应为

$$FF_i = \min\{LAG_{i,j}\} \tag{14.16}$$

图 14-36 中各工作的自由时差计算如下。

$$FF_6 = T_p - EF_6 = 45 - 45 = 0（天）\qquad FF_5 = LAG_{5,6} = 0（天）$$

$$FF_4 = \min\{LAG_{4,5}, LAG_{4,6}\} = \min\{0, 15\} = 0（天）$$

其他工作的自由时差计算结果直接写在图 14-36 中的相应位置。

5. 工作最迟时间的计算

（1）最迟完成时间。

计算工作最迟时间，应从网络计划的终点节点开始，逆着箭线方向依次逐项计算，直至起点节点。

①终点节点 n 所代表工作的最迟完成时间，应该按网络计划的计划工期 T_p 确定，即

$$LF_n = T_p \tag{14.17}$$

②其他工作的最迟完成时间等于其各紧后工作最迟开始时间的最小值，即

$$LF_i = \min\{LS_j\} \tag{14.18}$$

或等于本工作最早完成时间与总时差之和，即

$$LF_i = EF_i + TF_i \tag{14.19}$$

（2）最迟开始时间。

工作的最迟开始时间等于其最迟完成时间减去本工作的持续时间，即

$$LS_i = LF_i - D_i \tag{14.20}$$

或等于本工作最早开始时间与总时差之和，即

$$LS_i = ES_i + TF_i \tag{14.21}$$

计算图 14-36 的最迟完成时间和最迟开始时间如下。

$LF_6 = T_p = 45（天）$　　　　　　　　　　　$LS_6 = LF_6 - D_6 = 45 - 10 = 35（天）$

$LF_5 = LS_6 = 35（天）$　　　　　　　　　　　$LS_5 = LF_5 - D_5 = 35 - 15 = 20（天）$

$LF_4 = \min\{LS_5, LS_6\} = \min\{20, 35\} = 20（天）$　　$LS_4 = LF_4 - D_4 = 20 - 15 = 5（天）$

其他工作的计算结果直接写在图 14-36 中的相应位置。

以上各项时间参数的计算顺序是：$ES_i \rightarrow EF_i \rightarrow T_c \rightarrow T_p \rightarrow LAG_{i,j} \rightarrow TF_i \rightarrow FF_i \rightarrow LF_i \rightarrow LS_i$。此外，也可以按双代号网络图的计算方法进行计算，其计算顺序是：$ES_i \rightarrow EF_i \rightarrow T_c \rightarrow T_p \rightarrow LF_i \rightarrow LS_i \rightarrow TF_i \rightarrow FF_i \rightarrow LAG_{i,j}$。

6. 关键工作和关键线路的确定

单代号网络计划关键工作的确定方法与双代号网络计划相同，即总时差最小的工作为关键工作。由此判断图 14-36 中的关键工作为："1""2""4""5""6"共五项。在单代号网络计划中，从起点节点开始到终点节点均为关键工作，且所有工作之间的时间间隔均为零的线路为关键线路。由此可以判断出，图 14-36 的关键线路为：1→2→4→5→6，并用粗箭线标出关键线路。

14.4　双代号时标网络计划

14.4.1　概念

时标网络计划是指以时间坐标为尺度编制的网络计划，如表 14-5 所示。它综合应用了横道图时间坐标和网络计划的原理，汲取了两者的长处，兼有横道计划的直观性和网络计划的逻辑性，故在工程中的应用较非时标网络计划更广泛。

时标计划表中部的刻度线宜为细线，为了使图面清楚，此线也可以不画。时标的时间单位应根据需要在编制网络计划之前确定，可为天、周、旬、月或季等。时间坐标的刻度（工程标尺）代表的时间可以是一个时间单位，也可以是时间单位的整数倍，但不应小于一个时间单位。时标可标注在时标计划表的顶部或底部，必要时可以在顶部时标之上或底部时标之下加注日历对应的时间。

表 14-5　时标计划表

14.4.2　双代号时标网络计划的特点与适用范围

1. 时标网络计划的特点

（1）在时标网络计划中，各条工作箭线的水平投影长度即为各项工作的持续时间，它们能明确地表达各项工作的起止时间和先后施工的逻辑关系，使计划表达形象直观，一目了然。

（2）能在时标网络计划图上直接显示各项工作的主要时间参数，并可以直接判断出关键线路。

（3）有时标的限制，在绘制时标网络计划图时，不会出现"循环回路"之类的逻辑错误。

（4）可以利用时标网络直接统计资源的需要量，以便进行资源优化和调整，并对进度计划的实施进行控制和监督。

（5）因箭线受时标的约束，故用手工绘图不容易，修改也较难。使用计算机编制、修改时标网络图则较方便。

2. 时标网络计划的适用范围

（1）工作项目较少、工艺过程较为简单的工程，能迅速地边绘图、边计算、边调整。

（2）对于大型复杂的工程，可以先绘制局部网络计划，然后再综合起来绘制出比较简明的总网络计划。

（3）实施性（或作业性）网络计划。

（4）年、季、月等周期性网络计划。

（5）使用实际进度前锋线进行进度控制的网络计划。

14.4.3　双代号时标网络计划的绘制

1. 绘制的基本要求

（1）在时标网络计划中，以实箭线表示实工作，以虚箭线表示虚工作，以波形线表示工作的自由时差。箭线宜采用水平箭线或水平段与垂直段组成的箭线形式，不宜采用斜箭线形式。

（2）时标网络计划中所有符号在时间坐标上的水平投影位置，都必须与其时间参数相对应。节点中心必须对准相应的时标位置，它在时间坐标上的水平投影长度应视为零。

（3）虚工作必须以垂直方向的虚箭线表示，有自由时差时加波形线表示。

2. 绘制方法

时标网络计划的编制应在绘制草图后，直接进行绘制或经计算后按时间参数绘制。按时间参数绘制时，将每项工作按计算出的最早开始时间绘制在时标计划表上而成。对于较简单的网络计划，可用直接绘制法，其步骤如下。

（1）绘制时标计划表。

（2）将起点节点定位于时标计划表的起始刻度线上。

（3）按工作的持续时间在时标计划表上绘制起点节点的外向箭线。

（4）工作的箭头节点必须在其所有的内向箭线绘出以后，定位在这些内向箭线中最晚完成的实箭线箭头处。

（5）某些内向实箭线长度不足以到达该箭头节点时，用波形线补足。虚箭线应竖向绘制，如果虚箭线的开始节点和结束节点之间有水平距离，也以波形线补足。

（6）用上述方法自左至右依次确定其他节点的位置。

3. 绘制示例

【典型例题 14.6】　某装修工程有 3 个楼层，有吊顶、顶墙涂料和铺木地板 3 个施工过程。其中每层吊顶施工时间确定为 3 周、顶墙涂料施工时间定为 2 周、铺木地板施工时间定为 1 周完成。试绘制时标网络计划。

先绘制其标注时间的网络计划草图，如图 14-37 所示。再按要求绘制时标网络计划如下：将起点节点①定位在图 14-38 所示的时标计划表的起始刻度线上。绘制①节点的外向箭线①→②。自左至右依次确定其余各节点的位置；②、③、④、⑥、⑩节点之前只有一条内向箭线，则在其内向箭线绘制完成后即可在其末端将上述节点绘出；⑤、⑦、⑧、⑨节点则必须待其前面的两条内向箭线都绘制完成后，才能定位在这些内向箭线中最晚完成的时刻处。这些节点均有长度不足以达到该节点的内向实箭线，故用波形线补足。绘制完成的时标网络计划如图 14-38 所示。绘图时，应使节点尽量向左靠，并避免箭线向左斜。当工期较长时，宜标注持续时间。

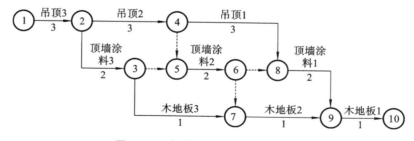

图 14-37　标注时间的网络计划草图

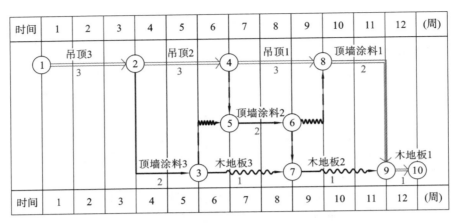

图 14-38 由图 14-37 绘制的时标网络计划

14.5 网络计划的优化

网络计划编制完毕并经过时间参数计算后,得出计划的最初方案,但它只是一种可行方案,不一定是比较合理的或最优的方案。为此,还必须对网络计划的初步方案进行优化处理或调整。

网络计划的优化是在满足既定约束的条件下,按某一目标(工期、成本、资源),通过对网络计划的不断调整,寻求相对满意或最优计划方案的过程。网络计划优化的目标,应该按计划任务的需要和条件选定,主要包括工期目标、费用目标、资源目标。因此,网络计划优化的主要内容有工期优化、费用优化、资源优化。

14.5.1 工期优化

当网络计划的计算工期不能满足要求工期时,即计算工期小于或大于要求工期时,应该进行工期优化,可以通过延长或缩短计算工期以达到工期目标,保证按期完成任务。

工期优化的条件是各种资源(包括劳动力、材料、机械等)充足,只考虑时间问题。

1. 计算工期小于要求工期

如果计算工期小于要求工期不多,一般不必优化。

如果计算工期小于要求工期较多,则宜优化。优化方法是:延长关键工作中资源占用量大或直接费用高的工作持续时间(通常采用减少劳动力等资源需用量的方法),重新计算各工作计算参数,反复多次进行,直至满足要求工期为止。

2. 计算工期大于要求工期

当计算工期大于要求工期时,可以通过压缩关键工作的持续时间来达到优化目标。

(1)优化步骤。

①计算并找出初始网络计划的计算工期、关键线路及关键工作。

②按要求工期计算应该缩短的时间 ΔT。

$$\Delta T = T_c - T_r \tag{14.22}$$

式中:T_c——计算工期;

T_r——要求工期。

③确定各关键工作能缩短的持续时间。

④在关键线路上，按下列因素选择应优先压缩其持续时间的关键工作：缩短持续时间后对质量和安全影响不大的关键工作；有充足备用资源的关键工作；缩短持续时间所需增加的费用最少的关键工作。

⑤将应该优先压缩持续时间的关键工作压缩至最短持续时间，并重新计算网络计划的计算工期，找出关键线路。若被压缩的工作变成了非关键工作，则应该将其持续时间延长，使之成为关键工作。

⑥若计算工期仍超过要求工期，则重复以上步骤，直到满足工期要求或工期已经不能再缩短为止。

⑦当所有关键工作的持续时间都已达到最短持续时间而工期仍不能满足要求时，应该对计划的原技术、组织方案进行调整，如果仍不能达到工期要求，则应该对要求工期重新审定，必要时可以提出要求改变工期。

（2）缩短网络计划工期的方法。

①改变施工组织安排，往往是缩短网络计划工期的捷径。如重新划分施工段数、最大限度地安排流水施工，改变各施工段之间先后施工的顺序或相互之间的逻辑关系等。

②缩短某些关键工作的持续时间来逐步缩短网络计划工期。其方法有以下两种：采用技术措施或改变施工方法，提高工效等；采取组织措施，如增加劳动力、机械设备，当工作面受到限制时可以采用两班制或三班制等。

③综合采用上述几种方法。当有多种可行方案均能达到缩短工期的目的时，应该对各种可行方案进行技术经济比较，从中选择最优方案。

（3）缩短网络计划工期时应注意的问题。

①在缩短网络计划工期的过程中，当出现多条关键线路时，必须将各条关键线路的持续时间同时缩短同一数值，否则不能达到缩短工期的目的。

②在缩短关键线路的持续时间时，应逐步缩短，不能将关键工作缩短成非关键工作。同时，若因关键线路长度缩短而导致非关键线路成为关键线路，则需要同时缩短非关键线路上有关工作的持续时间，以达到缩短工期的要求。

典型例题
14.7

14.5.2　费用优化

费用优化又称成本优化，是寻求成本最低时的最短工期安排，或者按要求工期寻求成本最低时的计划安排过程。因此，费用优化又称工期-成本优化。

1. 工期与费用的关系

工程施工的总费用包括直接费用和间接费用两种。

直接费用是指在工程施工过程中，直接消耗在工程项目上的活劳动和物化劳动，包括人工费、材料费、机械使用费以及冬、雨期施工增加费、特殊地区施工费、夜间施工费等。一般情况下，直接费用是随着工期的缩短而增加的。间接费用是与整个工程有关的、不能或不宜直接分摊给每道工序的费用，它包括与工程有关的管理费用、全工地性设施的租赁费、现场临时办公设施费、公用和福利事业费及占用资金应付的利息等。间接费用一般与工程的工期成正比关系，即工期越长，间接费用越多，工期越短，间接费用越少。

如果把直接费用和间接费用加在一起，必然有一个总费用最少的工期，即最优工期。上述关系可由图 14-39 所示的工期-费用曲线表示。

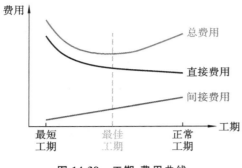

图 14-39　工期-费用曲线

2. 费用优化的方法

费用优化的基本方法是不断地从时间和费用的关系中,找出能使工期缩短且直接费用增加最少的工作,缩短其持续时间,同时考虑间接费用叠加,便可以求出费用最低时相应的最优工期和工期一定时相应的最低费用。

3. 费用优化的步骤

(1) 按工作正常持续时间找出关键工作及关键线路并计算工期。

(2) 按下列公式计算各项工作的直接费率。

① 按下式近似计算工作 $i-j$ 的直接费费用增加率(简称直接费率)α_{i-j}^{D}:。

$$\alpha_{i-j}^{D} = \frac{CC_{i-j} - CN_{i-j}}{DN_{i-j} - DC_{i-j}} \tag{14.23}$$

式中:CC_{i-j}——将工作 $i-j$ 持续时间缩短为最短持续时间后,完成该工作所需的直接费用;

CN_{i-j}——在正常条件下完成工作 $i-j$ 所需的直接费用;

DN_{i-j}——工作 $i-j$ 的正常持续时间;

DC_{i-j}——工作 $i-j$ 的最短持续时间。

【典型例题 14.8】　某工作的正常持续时间为 6 天,所需直接费为 2000 元,在增加人员、机具及进行加班的情况下,其最短持续时间为 4 天,而直接费为 2400 元,则直接费率为

$$\alpha_{i-j}^{D} = \frac{(2400 - 2000)\ 元}{(6-4)\ 天} = 200\ 元 / 天$$

② 有些工作的直接费与持续时间是根据不同施工方案分别估算的,不能用数学公式计算,只能在几个方案中进行选择。

(3) 考虑工期变化带来的间接费用及其他损益,在此基础上计算总费用。

$$C_t^T = \sum C_{i-j}^{D} + \alpha^{ID} t \tag{14.24}$$

式中:$\sum C_{i-j}^{D}$——各工作的直接费之和;

α^{ID}——工程间接费率,即工期每缩短或延长一个单位时间所需减少或增加的费用;

t——缩短或延长的工期。

(4) 逐步压缩工期,寻求最优方案。当只有一条关键线路时,将直接费率最小的一项工作压缩至最短持续时间,并找出关键线路。当有多条关键线路时,就需压缩一项或多项直接费率或组合直接费率最小的工作,并以其中正常持续时间与最短持续时间的差值最小为幅度进行压缩,并找出关键线路。若被压缩工作变成了非关键工作,则应减少对它的压缩时间使之仍为关键工作。但关键工作可以被动地(即未经压缩)变成非关键工作,关键线路也可以因此而变成非关键线路。

在确定了压缩方案以后,必须将被压缩工作的直接费率或组合直接费率与间接费率进行比较,如等于间接费率,则已得到优化方案;如小于间接费率,则需继续压缩;如大于间接费率,则在此之前的小于间接费率的方案即为优化方案。

典型例题 14.9

（5）绘出优化后的网络计划。绘图后，在箭线上方注明直接费，在箭线下方注明优化后的持续时间。

（6）计算优化后网络计划的总费用。

14.5.3　资源优化

资源是指完成某建设项目所需的人力、材料、机械设备和资金等的统称。完成某建设项目所需的资源量基本上是不变的，不可能通过资源优化将其减少。资源优化是通过改变工作的开始时间，使资源按时间的分布符合优化目标。如在资源有限时尽可能缩短工期，在工期一定时尽可能均衡资源。

本节讨论的资源优化在时标网络计划上进行，且假设各项工作均不切分。

1. 资源有限-工期最短的优化

资源有限-工期最短的优化是通过调整计划安排，满足资源限制条件，并使工期拖延最少的过程。

（1）优化的前提条件。

在优化过程中，原网络计划的逻辑关系不改变，各工作持续时间不改变。除规定可中断的工作外，一般不允许中断工作，应保持其连续性。各工作每天的资源需要量是均衡、合理的，在优化过程中不予变更。

（2）优化方法。

若所缺资源仅为某一项工作使用，则只需根据现有资源重新计算该工作持续时间，再重新计算网络计划的时间参数，即可得到调整后的工期。如果该项工作延长的时间在其时差范围内，则总工期不会改变；如果该项工作为关键工作，则总工期将顺延。

若所缺资源为同时施工的多项工作使用，则必须后移某些工作，但应使工期延长最短。调整的方法是将该处的一些工作移到另一些工作之后，以减少该处的资源需用量。如该处有两个工作 $m-n$ 和 $i-j$，则有 $i-j$ 移到 $m-n$ 之后或 $m-n$ 移到 $i-j$ 之后两个调整方案，如图 14-40 所示。

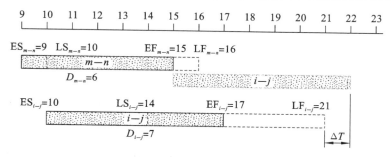

图 14-40　工作 $i-j$ 调整对工期的影响

将 $i-j$ 移至 $m-n$ 之后时，工期延长值

$$\Delta T_{m-n,i-j} = \mathrm{EF}_{m-n} + D_{i-j} - \mathrm{LF}_{i-j} = \mathrm{EF}_{m-n} - (\mathrm{LF}_{i-j} - D_{i-j}) = \mathrm{EF}_{m-n} - \mathrm{LS}_{i-j} \quad (14.25)$$

当工期延长值 $\Delta T_{m-n,i-j}$ 为负值或 0 时，对工期无影响；为正值时，工期将延长。故应取 ΔT 最小的调整方案，即要将 LS 值最大的工作排在 EF 值最小的工作之后。

方案 1：将 $i-j$ 排在 $m-n$ 之后，则 $\Delta T_{m-n,i-j} = \mathrm{EF}_{m-n} - \mathrm{LS}_{i-j} = 15-14 = 1$（天）。

方案 2：将 $m-n$ 排在 $i-j$ 之后，则 $\Delta T_{i-j,m-n} = \mathrm{EF}_{i-j} - \mathrm{LS}_{m-n} = 17-10 = 7$（天）。应选方案 1。

当 $\min\{\mathrm{EF}\}$ 和 $\max\{\mathrm{LS}\}$ 属于同一工作时，则应找出 EF_{m-n} 的次小值及 LS_{i-j} 的次大值代替，组

成两种方案,即

$$\Delta T_{m-n,i-j} = (\text{次小 EF}_{m-n}) - \max\{\text{LS}_{i-j}\} \tag{14.26}$$

$$\Delta T_{m-n,i-j} = \min\{\text{EF}_{m-n}\} - (\text{次大 LS}_{i-j}) \tag{14.27}$$

取计算值小的调整顺序。

(3)优化步骤。

①检查资源需要量。从网络计划开始的第 1 天起,从左至右计算资源需用量 R_t,并检查其是否超过资源限量 R_a。如果整个网络计划都满足 $R_t < R_a$,则该网络计划就已经达到优化要求;如果出现 $R_t > R_a$,就应进行调整。

②计算和调整。先找出发生资源冲突时段的所有工作,再按上述方法计算 $\Delta T_{m-n,i-j}$,确定调整的方案并进行调整。

③重复以上步骤,直至出现优化方案为止。

2. 工期固定-资源均衡的优化

典型例题
14.10

该优化是通过调整计划安排,在工期不变的条件下,使资源需要量尽可能均衡。资源均衡可以有效地缓解供应矛盾、减少临时设施的规模,从而有利于工程组织管理,并可降低工程费用。常用优化方法有削高峰法和方差值最小法,在此只介绍方差值最小法。

(1)方差值(σ^2)最小法的基本原理。

方差值是指每天计划需要量 R_t 与平均需要量 R_m 之差的平方和的平均值,即

$$\sigma^2 = \frac{1}{T}\sum_{t=1}^{T}[R_t - R_m]^2 \tag{14.28}$$

为使计算简便,将上式展开并作如下变换

$$\sigma^2 = \frac{1}{T}\sum_{t=1}^{T}[R_t^2 - 2R_tR_m + R_m^2] = \frac{1}{T}\sum_{t=1}^{T}R_t^2 - 2\frac{1}{T}\sum_{t=1}^{T}R_tR_m + \frac{1}{T}\sum_{t=1}^{T}R_m^2 \tag{14.29}$$

而

$$\frac{1}{T}\sum_{t=1}^{T}R_t = R_m \tag{14.30}$$

代入上式,得

$$\sigma^2 = \frac{1}{T}\sum_{t=1}^{T}R_t^2 - R_m^2 \tag{14.31}$$

上式中 T 与 R_m 为常数,因此,只要 $\frac{1}{T}\sum_{t=1}^{T}R_t^2$ 最小就可使得方差值 σ^2 最小。

(2)优化的步骤与方法。

①按最早时间绘出符合工期要求的时标网络计划,找出关键线路,求出各非关键工作的总时差,逐日计算出资源需要量或绘出资源需要量动态曲线。

②优化调整的顺序。由于工期已定,只能调整非关键工作。其顺序为:自终点节点开始,逆箭线逐个进行。对完成节点为同一个节点的工作,须先调整开始时间较迟者。在所有工作都按上述顺序进行了一次调整之后,再按该顺序逐次进行调整,直至所有工作既不能向右移也不能向左移为止。

③工作可移性的判断。由于工期已定,关键工作不能移动。非关键工作能否移动,主要看是否能削峰填谷或降低方差值。判断方法如下。

a.若将工作 k 向右移动一天,则在移动后该工作完成的那一天的资源需要量应等于或小于右

移前工作开始那一天的资源需要量。也就是说不得在削了高峰后，又填出新的高峰。若用 r_k 表示 k 工作的资源强度，i、j 分别表示工作移动前开始和完成的那一天，则应满足下式要求。

$$R_{j+1} + r_k \leqslant R_i \tag{14.32}$$

b. 若将工作 k 向左移动一天，则在左移后该工作开始那一天的资源需要量应等于或小于左移前工作完成那一天的资源需要量，否则也会产生削峰又填谷成峰的问题，即应符合下式要求。

$$R_{i-1} + r_k \leqslant R_j \tag{14.33}$$

c. 若将工作 k 右移一天或左移一天不能满足上述要求，则可考虑在其总时差范围内，右移或左移数天后能否使资源需要量更加均衡。

向右移动时，判别式为

$$[(R_{j+1} + r_k) + (R_{j+2} + r_k) + (R_{j+3} + r_k) + \cdots] \leqslant [R_i + R_{i+1} + R_{i+2} + \cdots] \tag{14.34}$$

典型例题
14.11

向左移动时，判别式为

$$[(R_{i-1} + r_k) + (R_{i-2} + r_k) + (R_{i-3} + r_k) + \cdots] \leqslant [R_j + R_{j+1} + R_{j+2} + \cdots] \tag{14.35}$$

知识归纳

1. 工程网络计划按工作和事件在网络图中的表示方法划分为：以节点表示事件的网络计划；以箭线表示工作的网络计划（即双代号网络计划）；以节点表示工作的网络计划（即单代号网络计划）。

2. 双代号网络图由箭线、节点、节点编号、虚箭线、线路五个基本要素组成。

3. 绘制网络图时，应尽量采用水平箭线和垂直箭线形成网络结构，尽量少用斜箭线，使网络图规整、清晰；应尽量把关键工作和关键线路布置在中心位置，尽可能把密切相连的工作安排在一起，以突出重点，便于使用。

4. 单代号网络图是以节点及其编号表示工作，以箭线表示工作之间逻辑关系的网络图。

5. 网络计划的优化是在满足既定约束的条件下，按某一目标（工期、成本、资源），通过对网络计划的不断调整，寻求相对满意或最优计划方案的过程。网络计划优化的目标，应该按计划任务的需要和条件选定，主要包括工期目标、费用目标、资源目标。因此，网络计划优化的主要内容有工期优化、费用优化、资源优化。

独立思考

1. 什么是网络计划？试简述其优缺点。

2. 工作和虚工作有什么区别？在双代号网络图中，虚工作有何作用？

3. 什么是关键工作和关键线路？

4. 双代号网络图的绘制规则有哪些？

5. 网络计划的时间参数有哪些？各有何意义？

6. 网络计划的优化包括哪几个方面？

7. 网络计划的工期优化包括哪几个步骤？

8. 当网络计划的计算工期超过规定工期时，应压缩哪些工作？

第15章 事前定则不困——单位工程施工组织设计

15.1 概 述

单位工程施工组织设计是以单位工程为对象编制的,是规划和指导单位工程从施工准备到竣工验收全过程施工活动的技术经济文件,是施工组织总设计的具体化,也是施工单位编制季度、月份施工计划、分部(分项)工程施工方案,以及劳动力、材料、机械设备等供应计划的主要依据。单位工程施工组织设计是在工程中标、签订承包合同后,由项目经理组织,在项目技术负责人领导下进行编制的,是施工前的一项重要准备工作。单位工程施工组织设计编制合理才能做到"止如丘山,发如风雨,战无不胜"。

15.1.1 单位工程施工组织设计的作用

单位工程施工组织设计是对施工过程和施工活动进行全面规划和安排,据以确定各分部分项工程开展的顺序及工期、主要分部分项工程的施工方法、施工进度计划、各种资源的供需计划、施工准备工作及施工现场的布置。其作用主要表现在以下几个方面。

(1)贯彻施工组织总设计对该工程的规划精神以及施工合同的要求。

(2)拟定施工部署、选择确定合理的施工方法和机械,落实建设意图。

(3)编制施工进度计划,确定合理的搭接配合关系,保证工期目标的实现。

(4)确定各种劳动力、材料、机械设备的配置计划,为施工准备、调度安排及现场布置提供依据。

(5)合理布置施工场地,充分利用空间,减少运输和暂设费用,保证施工顺利、安全地进行。

(6)制定实现质量、进度、成本和安全目标的具体计划,为施工项目管理提出技术和组织方面的指导性意见。

15.1.2 单位工程施工组织设计的编制依据

1. 主管部门及建设单位的要求

如上级主管部门或建设单位对工程的开竣工日期、施工许可证等方面的要求,以及施工合同中关于质量、工期、费用等方面的规定。

2. 施工图及设计单位对施工的要求

如单位工程的全部施工图、会审记录和标准图等有关设计资料,对于复杂的建筑工程,还要有设备图样和设备安装对土建施工的要求,以及设计单位对新结构、新材料、新技术和新工艺的要求。

3．施工组织总设计

当该单位工程是某建设项目或建筑群的一个组成部分时，应从总体的角度考虑，在满足施工组织总设计既定条件和要求的前提下编制该单位工程施工组织设计。

4．施工企业年度生产计划

应用施工企业年度生产计划对该工程下达的施工安排和有关技术经济指标来指导单位工程施工组织设计的编制。

5．施工现场的资源情况

如施工中需要的劳动力、材料、施工设备及工器具、预制构件的供应能力和来源情况等。

6．建设单位可能提供的条件

如供水、供电、施工道路、施工场地及临时设施等条件。

7．施工现场条件和勘察资料

如施工现场的地形、地貌、水准点、地上或地下的障碍物、工程地质和水文地质、气象、交通运输等资料。

8．预算或报价文件和有关规程、规范等资料

如工程的预算文件、国家的施工验收规范、质量标准、操作规程和有关定额等内容。

15.1.3　单位工程施工组织设计的编制内容

根据工程的性质、规模、结构特点、技术复杂程度和施工条件，单位工程施工组织设计的内容、深度和广度可以有所不同。单位工程施工组织设计的内容一般包括：

（1）工程概况及施工特点分析；

（2）施工方法与相应的技术组织措施，即施工方案；

（3）施工进度计划；

（4）劳动力、材料、机械设备等配置计划；

（5）施工准备工作计划；

（6）施工现场平面布置图；

（7）保证质量、安全、成本等符合要求的技术措施；

（8）各项技术经济指标。

15.1.4　单位工程施工组织设计的编制程序

单位工程施工组织设计应在调查研究、明确工程特点与环境特点的基础上，拟定施工部署、选定施工方案、编制各种计划、布置施工现场、制定管理计划、计算各项指标，经过反复讨论、修改后，报请上级部门和监理机构批准。具体编制程序如图 15-1 所示。

15.1.5　工程概况及其特点分析

单位工程施工组织设计中的工程概况，是对拟建工程的工程特点、建设地点特征、施工条件、施工特点、组织机构等所做的一个简要而又突出重点的文字描述。对于建筑、结构不复杂及规模不大的拟建工程，其工程概况也可采用表格的形式。

为了弥补文字叙述或表格介绍的不足，一般需要附上拟建工程平、立、剖面简图，图中注明轴线尺寸、总长、总宽、总高、层高等主要建筑尺寸，细部构造尺寸无须注明，图形简洁明了。一般还需附上主要工程量一览表，见表 15-1。

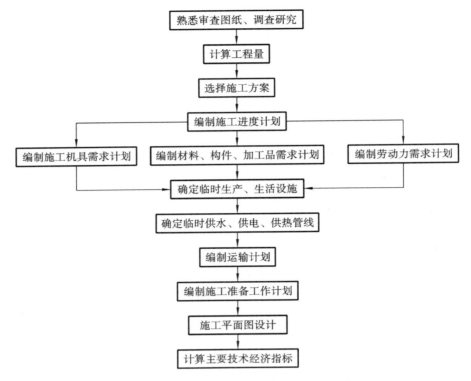

图 15-1　单位工程施工组织设计的编制程序

表 15-1　主要工程量一览表

序号	分部分项工程名称	工程量		序号	分部分项工程名称	工程量	
		单位	数量			单位	数量
1				6			
2				7			
3				8			
4				9			
5				...			

　　工程概况中要针对工程特点,结合调查资料进行分析研究,找出关键性的问题加以说明。此外,应着重说明新材料、新结构、新工艺的施工特点。

1. 工程建设概况

　　工程建设概况主要包括拟建工程的建设单位,工程名称、性质、用途、作用和建设目的、资金来源及工程投资额,开、竣工日期,设计单位、监理单位、施工单位,施工图纸情况,施工合同、主管部门的有关文件或要求,以及组织施工的指导思想等。

2. 建筑设计特点

　　建筑设计特点主要包括拟建工程的建筑面积,平面形状和平面组合情况,层数、层高、总高度、总长度和总宽度等尺寸及室内外装饰要求的情况,并附有拟建工程的平、立、剖面简图。

3. 结构设计特点

　　结构设计特点主要包括基础构造特点及埋置深度,设备基础的形式,桩基础的根数及深度,主体结构的类型,墙、柱、梁、板的材料及截面尺寸,预制构件的类型、重量及安装位置,楼梯构造及形式等。

4. 设备安装工程设计特点

设备安装工程设计特点主要包括建筑采暖卫生与煤气工程、建筑电气安装工程、通风与空调工程、电梯安装工程的设计要求。

5. 工程施工特点

不同类型的建筑、不同条件下的工程施工,均有其不同的施工特点:砖混结构住宅建设的施工特点是砌砖和抹灰工程量大、水平与垂直运输量大等;现浇钢筋混凝土高层建筑的施工特点主要有结构和施工机具设备的稳定性要求高等。对工程施工特点的描述是工程施工的重点。

6. 建设地点特征

建设地点特征主要包括拟建工程的位置、地形,工程地质和水文地质条件;不同深度的土壤分析;冻结时间与冻土深度;地下水位与水质;气温;冬雨期起止时间;主导风向与风力;地震烈度等特征。

7. 施工条件

施工条件主要包括水、电、道路及场地的"三通一平"情况;施工现场及周围环境情况;当地的交通运输条件;材料、预制构件的生产及供应情况;施工机械设备的落实情况;劳动力,特别是主要施工项目的技术工种的落实情况;内部承包方式、劳动组织形式及施工管理水平;现场临时设施的解决等。

8. 项目组织机构

应说明建筑业企业对拟建工程实行项目管理所采取的组织形式、人员配备等情况。选择项目组织时应考虑项目性质、施工企业类型、企业人员素质、企业管理水平等因素。常用的项目组织形式有工作队式、部门控制式、矩阵式、事业部式等。合适的项目组织机构有利于加强对拟建工程的工期、质量、安全、成本等的管理,使管理渠道畅通、管理秩序井然,便于落实责任、严明考核和奖罚机制。

15.2　施工方案设计

施工方案与施工方法是单位工程施工组织设计的核心问题,是单位工程施工组织设计中带有决策性的重要环节,是决定整个工程全局的关键。施工方案的合理性,直接影响到工程进度、施工平面布置、施工质量、安全生产和工程成本等。

一般来说,施工方案的设计包括确定施工流向和施工程序、确定施工顺序、选择施工方法和施工机械等。

15.2.1　确定施工流向

施工流向是指一个单位工程(或施工过程)在平面上或空间上开始施工的部位及其进展方向。它主要解决一个建筑物(或构筑物)在空间上的合理施工顺序问题。生产厂房(单层建筑物)可按其车间、工段等分区分段地确定平面上的施工流向;多层房屋除确定每层的施工流向外,还需确定其层间或单元空间上的施工流向;道路工程可在确定施工的起点后,沿道路前进方向,将道路分为若干区段,如 1 km 一段。施工流向的确定,涉及一系列施工过程的开展和进展,是施工组织的重要环节。在确定施工流向时应考虑以下几个因素。

1. 生产工艺流程

这是确定施工流向的关键因素。一般对生产工艺上影响其他工段试车投产或生产使用上要求急的工段、部位先安排施工,如工业厂房内要求先试车生产的工段应先施工。

2. 建设单位对生产和使用的要求

根据建设单位的要求对急需生产和使用的工段先施工,这往往是确定施工流向的基本因素,也是施工单位全面履行合同条款应尽的义务。如高层宾馆、饭店等,可以在主体结构施工到一定层数后,进行地面上若干层的设备安装与室内外装修。

3. 工程的繁简程度和施工过程间的相互关系

单位工程各部分的繁简程度不同,一般对技术复杂、新结构、新工艺、新材料、新技术、工程量大、工期较长的工段或部位先施工。如高层框架结构先施工建筑主楼部分,后施工裙房部分。

4. 工程现场条件和施工方法、施工机械

工程现场条件,如施工场地的大小、道路布置等,以及采用的施工方法和施工机械,是确定施工起点和流向的主要因素。当选定了挖土机械和垂直运输机械后,这些机械的开行路线或布置位置就决定了基础挖土和结构吊装的施工起点流向;土方工程边开挖边向外运余土,施工的起点一般应选在离道路远的部位,按由远而近的流向进行。

5. 房屋的高低层或高低跨和基础的深浅

在高低跨并列的单层工业厂房结构安装中,柱的吊装从并列处开始;在高低跨并列的多层建筑中,层数高的区段先施工;屋面防水层应按先高后低的方向施工,同一屋面则由檐口到屋脊方向施工;基础的深浅不一致时,应按先深后浅的顺序施工。

6. 施工组织的分层分段

施工层、施工段的划分部位也是决定施工起点流向时应考虑的因素。在确定施工流向的分段部位时,应尽量利用建筑物的伸缩缝、沉降缝、抗震缝、平面有变化处和留槎接缝不影响结构整体性的部位,且应使各段工程量大致相等,以便组织有节奏流水施工,并应使施工段数与施工过程数相协调,避免窝工;还应考虑分段的大小与劳动组织(或机械设备)及其生产能力相适应,保证足够的工作面,便于操作,提高生产效率。

7. 分部分项工程的特点及其相互关系

各分部分项工程的施工起点流向有其自身的特点,如一般基础工程由施工机械和方法决定其平面的施工起点流向;主体结构从平面上看,一般从哪一边先开始都可以,但竖向一般应自下而上施工;装饰工程竖向的施工起点流向比较复杂,室外装饰一般采用自上而下的流向,室内装饰则可采用自上而下、自下而上、自中而下再自上而中三种流向。密切相关的分部分项工程,如果前面施工过程的起点流向确定,则后续施工过程也就随之而定。如单层工业厂房的土方工程的起点流向决定了柱基础、某些构件预制、吊装施工过程的起点流向。

下面以多层建筑物室内装饰工程为例加以说明。

(1)室内装饰工程自上而下的施工起点流向。

室内装饰工程自上而下的施工起点流向通常是指主体结构工程封顶、屋面防水层完成后,从顶层开始逐层向下进行施工,如图15-2所示。其优点是,主体结构完成后有一定的沉降时间,且防水层已做好,容易保证装饰工程质量不受沉降和下雨影响。而且自上而下的流水施工,工序之间交叉少,便于施工和成品保护,垃圾清理也方便。其缺点是不能与主体工程搭接施工,工期较长。因此,当工期宽松时应选择此种施工起点流向。

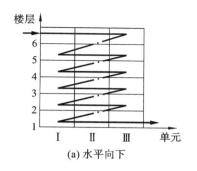
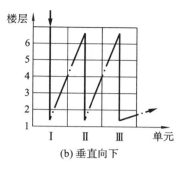

(a) 水平向下 (b) 垂直向下

图 15-2 室内装饰工程自上而下的施工起点流向

（2）室内装饰工程自下而上的施工起点流向。

室内装饰工程自下而上的施工起点流向通常是指主体结构工程施工到三层以上时，装饰工程施工从一层开始，逐层向上进行，如图 15-3 所示。优点是主体结构工程与装饰工程交叉施工，工期短。缺点是工序交叉多，成品保护难，质量和安全不易保证。因此，如采用此种施工起点流向，必须采取一定的技术组织措施来保证质量和安全；如上下两相邻楼层中，应先抹好上层地面，再做下层顶棚抹灰。当工期紧张时可采用此种施工起点流向。

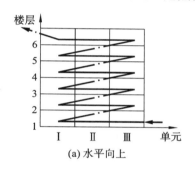
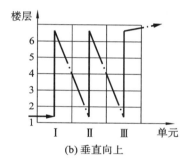

(a) 水平向上 (b) 垂直向上

图 15-3 室内装饰工程自下而上的施工起点流向

（3）室内装饰工程自中而下再自上而中的施工起点流向。

它综合了上述两种流向的优点，通常适于中、高层建筑装饰施工，如图 15-4 所示。

15.2.2 确定施工程序

施工程序是指单位工程中各分部工程或施工阶段的先后次序及其制约关系，主要是解决时间搭接上的问题。确定施工程序时应注意以下几点。

1. 施工准备工作

单位工程开工前必须做好一系列准备工作，尤其是施工现场的准备工作。在具备开工条件后，还应撰写开工报告，经上级审查批准后方可开工。

单位工程的开工条件是：施工图纸经过会审并有记录；施工组织设计已批准并进行交底；施工合同已签订且执照已办理；施工图预算和施工预算已编制并审定；现场障碍物已清除且"三通一平"已基本完成；永久性或半永久性坐标和水准点已设置；材料、构件、机具、劳动力安排等已落实并能按时进场；各项临时设施已搭设并能满足需要；现场安全宣传牌已树立；安全防火等设施已具备。

2. 单位工程施工程序

单位工程施工必须遵守"先地下后地上""先土建后设备""先主体后围护""先结构后装修"的施

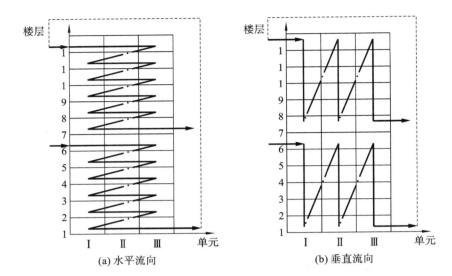

图 15-4　室内装饰工程自中而下再自上而中的施工起点流向

工程序。

（1）先地下后地上。

地上工程开始以前，尽量把管道、线路等地下设施敷设完毕，并完成或基本完成土方工程和基础施工，以免对地上部分施工产生干扰。

（2）先土建后设备。

不论是工业建筑还是民用建筑，土建施工应先于水、暖、煤气、电、卫、通信等建筑设备的安装。但它们之间更多的是穿插配合的关系，一般在土建施工的同时要配合进行有关建筑设备安装的预埋工作。尤其在装修阶段，要从保质量、降成本的角度，处理好相互之间的关系。

（3）先主体后围护。

应先施工框架主体结构，后施工围护结构。

（4）先结构后装修。

先结构后装修在一般情况下适用，有时为了缩短工期，也可以部分搭接施工。如在冬季施工之前，应尽可能完成土建和围护结构的施工，以利于施工中的防寒和室内作业的开展；又如大板建筑施工，大板承重结构部分和某些装饰部分宜在加工厂同时完成。

3. 土建施工与设备安装施工程序

在工业厂房的施工中，除了要完成一般工程，还要完成工艺设备和工艺管道的安装工程。一般来说，有以下三种施工程序。

（1）封闭式施工法。

先建造厂房基础，安装结构，而后进行设备基础的施工。当设备基础不大，设备基础对厂房结构的稳定性无影响，而且在冬、雨季施工时比较适用此方法。

这种方法的优点：土建工作面大，加快了施工速度，有利于合理选择预制和吊装方案；由于主体工程先完成，设备基础施工不受气候的影响；可利用厂房吊车梁为设备基础施工服务。这种方法的缺点：出现重复工作，如挖基槽、回填土等施工过程；设备基础施工条件差，而且拥挤；不能提前为设备安装提供工作面，工期较长。

（2）敞开式施工法。

先对厂房基础和设备基础进行施工，而后对厂房结构进行安装。此方法对于设备基础较大较深，基坑挖土范围与柱基础的基坑挖土连成一片，或深于厂房柱基础，而且在厂房所建地点的土质不好时比较适用。敞开式施工的优缺点与封闭式施工的优缺点正好相反。

（3）设备安装与土建施工同时进行。

这是在土建施工为设备安装创造了必要条件，同时能防止设备被砂浆、建筑垃圾等污染的情况下，适宜采用的施工程序，如建造水泥厂的施工。

15.2.3 确定施工顺序

施工顺序是指各施工过程之间施工的先后次序。它既要满足施工的客观规律，又要合理解决各工种在时间上的搭接问题。

1. 确定施工顺序的基本原则

（1）符合施工工艺的要求。

这种要求反映施工工艺上存在的客观规律和相互制约关系，一般是不能违背的。例如，基础工程未做完，其上部结构就不能进行；浇筑混凝土必须在安装模板、钢筋绑扎完成，并经隐蔽工程验收后才能开始。

（2）与施工方法协调一致。

例如，在装配式单层工业厂房的施工中，如果采用分件吊装法，施工顺序是先吊柱，再吊梁，最后吊一个节间的屋架和屋面板。

（3）考虑施工组织的要求。

施工顺序可能有几种方案时，就应从施工组织的角度进行分析、比较，选择经济合理，有利于施工和开展工作的方案。例如，有地下室的高层建筑，其地下室地面工程可以安排在地下室顶板施工前进行，也可以在顶板铺设后施工。从施工组织方面考虑，前者施工较方便，上部空间宽敞，可利用吊装机械直接将地面施工用的材料吊到地下室；而后者地面材料的运输和施工就比较困难了。

（4）考虑施工质量的要求。

如屋面防水施工，必须等找平层干燥后才能进行，否则将影响防水工程的质量。

（5）考虑当地气候条件。

如雨季和冬季到来之前，应先做完室外各项施工过程，为室内施工创造条件；冬季施工时，可先安装门窗玻璃，再做室内地面和墙面抹灰。

（6）考虑安全施工的要求。

如脚手架应在每层结构施工之前搭好。

2. 多层砖混结构的施工顺序

多层砖混结构的施工特点是：砌砖工程量大、装饰工程量大、材料运输量大、便于组织流水施工等。施工时，一般可分为基础、主体结构、屋面和装饰工程等施工阶段，如图 15-5 所示。

（1）基础工程的施工顺序。

基础工程施工是指室内地坪以下所有工程的施工。其施工顺序一般为：挖基槽→做垫层→砌基础→铺设防潮层→回填土。若有地下障碍物、坟穴、防空洞、软弱地基等情况，则应先处理；若有地下室，则在砌筑完基础或其一部分后，砌地下室墙，做完防潮层后，浇筑地下室楼板，最后回填土。

施工时，挖基槽与做垫层之间搭接应紧凑，以防积水浸泡或暴晒地基，影响其承载能力。垫层施工完后，一定要留有技术间歇时间，使其具有一定强度后，再进行下一道工序的施工。

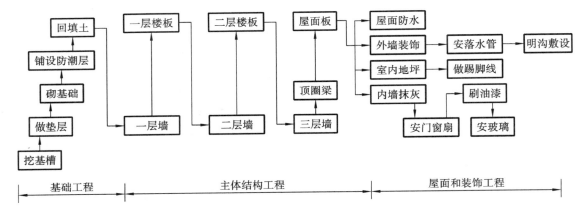

图 15-5 三层砖混结构居住房屋的施工顺序

各种管沟的挖土和管道铺设等工程,应尽可能与基础施工配合,平行搭接施工。

(2)主体结构工程的施工顺序。

主体结构工程施工通常包括搭脚手架、砌筑墙体、安门窗框、安过梁、安预制楼板、现浇雨篷和圈梁、安楼梯、安屋面板等分项工程。其中砌筑墙体和安楼板是主导工程,现浇卫生间楼板、各层预制楼梯段的安装必须与墙体砌筑和楼板安装密切配合,一般应在砌墙、安楼板的同时或相继完成。

(3)屋面和装饰工程的施工顺序。

屋面工程涉及卷材防水屋面和刚性防水屋面。卷材防水屋面一般按找平层→隔气层→保温层→找平层→防水层→保护层的顺序施工。对于刚性防水屋面,现浇钢筋混凝土防水层应在主体完成或部分完成后,尽快开始分段施工,从而为室内装饰工程创造条件。一般情况下,屋面工程和室内装饰工程可以搭接或平行施工。

室内装饰工程的内容主要有:顶棚、地面和墙面抹灰;安门窗扇、安玻璃、刷油漆、做踢脚线等,其中抹灰是主导工程。

同一层的室内抹灰的施工顺序有两种:一是地面→顶棚→墙面;二是顶棚→墙面→地面。前一种施工顺序的优点是地面质量容易保证,便于收集落地灰,节省材料;缺点是地面需要养护时间和采取保护措施,影响工期。后一种施工顺序的优点是墙面抹灰与地面抹灰之间不需养护时间,工期可以缩短;缺点是落地灰不易收集,地面的质量不易保证,容易产生地面起壳。

其他室内装饰工程通常采用的施工顺序为:底层地面多在各层顶棚、墙面和楼地面完成后进行;楼梯间和楼梯抹面多在整个抹灰冻结之前加速干燥,抹灰前应将门窗扇和玻璃安装好;钢门窗一般框、扇在加工厂拼接完后运至现场,在抹灰之前或之后进行安装;为了防止油漆弄脏玻璃,通常采用先油漆门窗框和扇,后安装玻璃的施工顺序。

(4)水暖电卫等工程的施工顺序。

水暖电卫工程不像土建工程那样分成几个明显的施工阶段,它一般是与土建工程中有关分部分项工程紧密配合、穿插进行的,其顺序一般如下。

①在基础工程施工时,回填土前,应完成上、下水管沟,以及暖气管沟垫层和墙壁的施工。

②在主体结构工程施工时,应在砌砖墙或现浇钢筋混凝土楼板时,预留上、下水和暖气管孔及电线孔槽,预埋木砖或其他预埋件。但抗震房屋应按有关规范进行。

③在屋面和装饰工程施工前,安装相应的各种管道和电气照明用的附墙暗管、接线盒等。水暖电卫等其他设备安装均穿插在地面或墙面的抹灰前后进行。但采用明线的电线,应在室内粉刷之

后进行。

室外上下水管道等工程的施工,可以安排在土建工程之前或其中进行。

3. 高层现浇混凝土结构综合商住楼的施工顺序

高层现浇混凝土结构综合商住楼的施工通常可划分为地基与基础工程、主体结构工程、屋面及装饰工程几个阶段。

(1)地基与基础工程的施工顺序。

高层现浇框架-剪力墙结构基础,若有地下室,且需地基处理,基础工程的施工顺序为:土方开挖→处理地基垫层→地下室底板防水及底板→地下室墙、柱、顶板→地下室外墙防水→回填土。

土方开挖时需注意防护和支护,如有桩基础,还需确定打桩的施工顺序。对于大体积混凝土,还需确定分层浇筑施工顺序,并安排测温工作。施工时,应根据气候条件,加强对垫层和基础混凝土的养护,在基础混凝土达到拆模要求时及时拆模,并尽早回填土,为上部结构施工创造条件。

(2)主体结构工程的施工顺序。

主体结构工程施工阶段的工作包括安装垂直运输设施及搭设脚手架,每一层分段施工框架-剪力墙混凝土结构,砌筑围护结构墙体等。其中,每层每段的施工顺序为:测量放线→柱、剪力墙钢筋绑扎→墙柱设备管线预埋→验收→墙柱模板支设→验收→浇筑墙柱混凝土→养护拆模→梁、板、梯模板支设→测量放线→板底层筋绑扎→设备管线预埋敷设→验收→梁梯钢筋、板上层筋绑扎→验收→浇筑梁、梯、板混凝土→养护→拆模。柱、墙、梁、板、梯的支模、绑筋等施工过程的工程量大,耗用的劳动力、材料多,对工程质量、工期起着决定性作用。故需将高层框架-剪力墙结构在平面上分段、在竖向上分层,组织流水施工。

砌筑围护结构墙体的施工包括砌筑墙体、安门窗框、安预制过梁、现浇构造柱等。高层建筑砌筑围护结构墙体一般可安排在框架-剪力墙结构施工到 3~4 层(或拟建层数一半)后即插入施工,以缩短工期,为后续室内外装饰工程施工创造条件。

(3)屋面及装饰工程的施工顺序。

屋面工程的施工顺序及其与室内外装饰工程的关系和砖混结构建筑施工顺序基本相同。高层框架-剪力墙结构建筑的装饰工程是综合性的系统工程,其施工顺序与砖混结构建筑施工顺序基本相同,但要注意目前装饰工程新工艺、新材料层出不穷,安排施工顺序时应综合考虑工艺、材料要求及施工条件等因素。施工前应预先完成与之交叉配合的水暖煤电卫等设备的安装,尤其注意天棚内水暖煤电卫等设备的安装未完成之前,不得进行天棚施工。施工时,先作样板或样板间,与甲方监理共同检查认可后方可大面积施工,以保证施工质量。安排立体交叉施工或先后顺序时应特别注意成片保护。

4. 装配式单层工业厂房的施工顺序

装配式单层工业厂房的施工特点是:基础施工复杂、土石方工程量大、构件预制量大等。其施工一般分为基础工程、预制工程、结构安装工程、围护工程和装饰工程五个施工阶段。其施工顺序如图 15-6 所示。

(1)基础工程的施工顺序。

基础工程的施工顺序一般为:挖基坑→做垫层→杯形基础→回填土等。

当中型或重型工业厂房建设在土质较差的地区时,通常采用桩基础。此时,为了缩短工期,常将打桩工程安排在施工准备阶段进行。

在基础工程开始前,同民用房屋一样,应首先处理地下的洞穴等,然后确定施工起点流向,划分施工段,以便组织流水施工。应确定钢筋混凝土基础或垫层与基坑之间的搭接程度及所需技术间

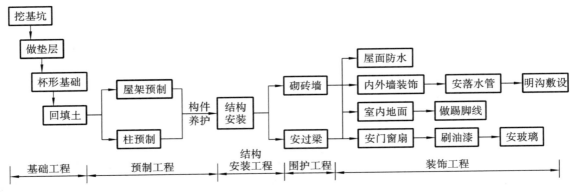

图 15-6 装配式单层工业厂房施工顺序

歇时间,在保证质量的条件下,尽早拆模和回填,以免暴晒和水浸地基,并提供就地预制场地。

在确定施工顺序时,必须确定厂房柱基础与设备基础的施工顺序,它常常影响到主体结构和设备安装的方法与开始时间,通常有两种方案可选择。

①当厂房柱基础的埋置深度大于设备基础埋置深度时,一般采用厂房柱基础先施工,设备基础后施工的"封闭式"施工顺序。

通常,当厂房施工处于冬、雨期时,或设备基础不大,或采用沉井等特殊施工方法施工的较大较深的基础,均可采用"封闭式"施工顺序。

②当设备基础埋置深度大于厂房柱基础的埋置深度时,一般采用厂房柱基础与设备基础同时施工的"开敞式"施工顺序。

当厂房的设备基础较大较深,基坑的挖土范围连成一片,或深于厂房柱基础,以及地基的土质情况不稳定时,才采用设备基础先施工的顺序。

当设备基础与柱基础埋置深度相同或接近时,可以选择任意一种施工顺序。

(2)预制工程的施工顺序。

排架结构单层工业厂房构件的预制,通常采用加工厂预制和现场预制相结合的方法进行。一般重量较大或运输不便的大型构件,可在拟建车间现场就地预制,如柱、托架梁、屋架和吊车梁等。中小型构件可在加工厂预制,如大型屋面板等标准构件和木制品等宜在专门的生产厂家预制。在具体确定预制方案时,应结合构件技术要求、工期规定、当地加工能力、现场施工和运输条件等因素进行技术经济分析后确定。

钢筋混凝土构件预制工程的施工顺序为:预制构件的支模→绑扎钢筋→预埋铁件→浇筑混凝土→养护→预应力钢筋的张拉→拆模→锚固→灌浆等。

预制构件开始制作的日期、制作的位置、起点流向和顺序,在很大程度上取决于工作面准备工作完成的情况和后续工程的要求,如结构安装的顺序等。通常只要基础回填土、场地平整完成一部分,结构安装方案已定,构件平面布置图已绘出,就可以制作预制构件。制作的起点流向应与基础工程的施工起点流向相一致。

当采用分件安装方法时,预制构件的预制有以下三种方案。

①当场地狭窄而工期允许时,构件预制可分别进行。先预制柱和梁,待柱和梁安装完再预制屋架。

②当场地宽敞时,可在柱、梁制作完就进行屋架预制。

③当场地狭窄,且工期要求紧迫时,可先将柱和梁等构件在拟建车间外进行预制。另外,为满

足吊装强度要求,有时先预制屋架。

当采用综合吊装法吊装时,构件需一次制作。这时应视场地具体情况确定构件是全部在拟建车间内部就地预制,还是分一部分在拟建车间外预制。

（3）结构安装工程的施工顺序。

结构安装工程是单层工业厂房施工中的主导工程。其施工内容为柱、吊车梁、连系梁、地基梁、托架、屋架、天窗架、大型屋面板等构件的吊装、校正和固定。

构件开始吊装日期取决于吊装前准备工作完成的情况。当柱基杯口弹线和杯底标高抄平、构件的检查和弹线、构件的吊装验算和加固、起重机械的安装等准备工作完成后,构件混凝土强度已达到规定的吊装强度,就可以开始吊装。钢筋混凝土柱和屋架的强度应分别达到70％和100％设计强度后方可进行吊装;预应力钢筋混凝土屋架、托架梁等构件在混凝土强度达到100％设计强度时,才能张拉预应力钢筋,而灌浆后的砂浆强度要达到 15 N/mm² 才可以进行就位和吊装。

吊装的顺序取决于安装方法。若采用分件吊装法,其吊装顺序一般是:第一次吊装柱,随后校正与固定;混凝土强度达到设计强度70％后,第二次吊装车梁、连系梁、基础梁等;第三次吊装屋盖构件。有时也可将第二次、第三次合并为一次进行。若采用综合吊装法,其吊装顺序一般是:先吊装 4～6 根柱并迅速校正和固定,再吊装各类梁及屋盖系统的全部构件,如此依次逐个节间吊装,直至整个厂房吊装完毕。

抗风柱的安装顺序一般有如下两种。

①在吊装柱的同时先安装该跨一端的抗风柱,另一端则在屋盖安装以后进行。

②全部抗风柱的安装均待屋盖安装完毕后进行。

（4）围护工程的施工顺序。

围护工程施工阶段包括墙体砌筑和屋面工程。在厂房结构安装工程结束后,或安装完一部分区段后即可开始内、外墙砌筑工程的分段分层流水施工。不同的分项工程之间可组织立体交叉平行流水施工。墙体工程、屋面工程和地面工程应紧密配合,如墙体施工完成,应考虑屋面工程和地面工程施工。

脚手架工程应配合砌筑搭设,在完成室外装饰之后,做散水坡之前拆除。内隔墙的砌筑应根据内隔墙的基础形式而定,有的需要地面工程完成之后进行,有的则可在地面工程之前与外墙同时进行。

屋面防水工程的施工顺序,基本与砖混结构居住房屋的屋面防水施工顺序相同。

（5）装饰工程的施工顺序。

装饰工程的施工又可分为室内装饰施工和室外装饰施工。一般单层厂房的装饰工程不占总工期,而与其他施工过程穿插进行。地面工程应在设备基础、墙体砌筑工程完成了一部分和埋入地下的管道电缆或管道沟完成后随即进行,或视具体情况穿插进行;门窗安装一般与砌筑工程穿插进行,也可以在砌筑工程完成后开始安装,视具体条件而定。

15.2.4　选择施工方法和施工机械

1. 选择施工方法

施工方法是工程施工期间所采用的技术方案、工艺流程、组织措施、检验手段等。它直接影响施工进度、质量、安全以及工程成本。选择施工方法时应注意以下事项。

（1）重点关注影响整个工程施工的分部（分项）工程或专项工程施工方法并进行必要的技术核算。

（2）对主要分项工程（工序）明确施工工艺要求。

（3）对易发生质量通病、易出现安全问题、施工难度大、技术含量高的分项工程（工序）等应做出重点说明。

对在单位工程施工中占重要地位的、工程量大的分部（分项）工程，施工技术复杂或对质量起关键作用的分部（分项）工程，特种结构工程，或由专业施工单位施工的特殊专业工程的施工方法，都应做出重点说明。

（4）对于工程中推广应用的新技术、新工艺、新材料和新设备，可以依据目前国家和地方的推广政策来选择，也可以根据工程具体情况由企业创新；对于企业创新的技术和工艺，要制定理论和试验研究实施方案，并组织鉴定评价和制定计划。

（5）对于季节性施工，应根据施工地点的实际气候特点，制定具有针对性的施工措施。并在施工过程中，根据气象部门的预报资料，对具体措施进行细化处理、提出具体要求。

（6）对于人们熟悉的、工艺简单的分项工程，加以概括说明，提出应注意的特殊问题即可，不必拟定详细的施工方法。

选择主要项目的施工方法，应包括以下内容。

（1）土石方工程。

确定土方开挖方法、放坡要求，石方爆破方法，是否需要土石方施工机械，土石方调配方案，选择地下水、地表水的排除方法，确定排水沟、集水井位置或降水方法和所需设备等。

（2）基础工程。

确定基础施工缝留设位置、技术要求，基础中垫层、混凝土和钢筋混凝土施工的技术要求，地下室施工的技术要求和防水要求，桩基础的施工方法和施工机械。

（3）砌筑工程。

明确砖墙的组砌方法和质量要求，脚手架搭设方法和技术要求等。

（4）混凝土及钢筋混凝土工程。

确定模板类型和支模方法，钢筋的加工、绑扎和焊接方法，商品混凝土的采购、运输、浇筑的顺序和方法，泵送混凝土和普通垂直运输混凝土机械，振捣设备的类型和规格，施工缝的留设位置，预应力混凝土的施工方法、控制应力和张拉设备。

（5）结构安装工程。

确定构件的制作、运输、装卸、堆放方法，所需的机具、设备型号、数量和对运输道路的要求，安装方法、安装顺序、机械位置。

（6）装饰工程。

确定室内外装修的施工方法、工艺流程和劳动组织，所需机械设备、材料堆放、平面布置和储存要求，并组织流水施工。

2．选择施工机械

选择施工机械时应注意以下几点。

（1）选择主导的施工机械。如基础工程的土方机械，主体结构工程的垂直、水平运输机械，结构安装工程的起重机械等。

（2）选择与主导施工机械配套的辅助施工机械。在选择辅助施工机械时，必须充分发挥主导施工机械的生产效率，使它们的生产能力协调一致，并确定出辅助施工机械的类型、型号和数量。如土方工程中自卸汽车的载重量应为挖土机斗容量的整数倍，汽车的数量应保证挖土机连续工作，使挖土机的效率充分发挥。

（3）为便于施工机械的管理，同一施工现场的机械型号应尽可能少，当工程量大而且集中时，应选用专业化施工机械；当工程量小而分散时，要选择多用途施工机械。

（4）选用施工单位的现有机械，以减少施工的投资额，提高现有机械的利用率，降低成本。若不能满足工程需要，则购置或租赁所需新型机械。

3．专项施工方案

（1）在《建设工程安全生产管理条例》（国务院令第 393 号）中规定：对达到一定规模的危险性较大的分部（分项）工程编制专项施工方案，并附安全验算结果，经施工单位技术负责人、总监理工程师签字后实施，由专职安全生产管理人员进行现场监督。达到一定规模的危险性较大的分部（分项）工程包括：①基坑支护与降水工程；②土方开挖工程；③模板工程；④起重吊装工程；⑤脚手架工程；⑥拆除爆破工程；⑦国务院建设行政主管部门或者其他有关部门规定的其他危险性较大的工程。

此外，涉及深基坑、地下暗挖工程、高大模板工程的专项施工方案，施工单位还应当组织专家进行论证、审查。除上述《建设工程安全生产管理条例》中规定的分部（分项）工程外，施工单位还应根据项目特点和地方政府部门有关规定，对具有一定规模的重点、难点分部（分项）工程进行相关论证。

（2）有专业承包单位施工的分部（分项）工程或专项工程的施工方案，应由专业承包单位技术负责人或技术负责人授权的技术人员审批；有总承包单位时，应由总承包单位项目技术负责人核准备案。

（3）规模较大的分部（分项）工程和专项工程的施工方案应按单位工程施工组织设计进行编制和审批。如主体结构为钢结构的大型建筑工程，其钢结构分部规模很大且在整个工程中占有重要的地位，需另行分包。遇有这种情况的分部（分项）工程或专项工程，其施工方案应按施工组织设计进行编制和审批。施工方案应由项目技术负责人审批；重点、难点分部（分项）工程和专项工程施工方案应由施工单位技术部门组织相关专家评审，施工单位技术负责人批准。

15.3　单位工程施工进度计划

单位工程施工进度计划是在确定了施工方案的基础上，根据工期要求和各种资源供应条件，遵循各施工过程合理的施工顺序，用图表的形式表示工程从开始施工到全部竣工，各施工过程在时间和空间上的合理安排和搭接关系。《建筑施工组织设计规范》（GB/T 50502—2009）对施工进度计划的界定是：为实现项目设定的工期目标，对各项施工过程的施工顺序、起止时间和相互衔接关系所作的统筹策划和安排。

施工进度计划要保证拟建工程在规定的期限内完成，保证施工的连续性和均衡性，节约施工费用。在此基础上，可以编制劳动力计划、材料供应计划、机械设备需用量计划等。因此，施工进度计划是施工组织设计中一项非常重要的内容，通常有横道图和网络图两种表示方法。

15.3.1　编制依据

《建筑施工组织设计规范》（GB/T 50502—2009）和《建设工程项目管理规范》（GB/T 50326—2017）规定，编制施工进度计划需依据建筑工程施工的客观规律和施工条件，结合工期定额，综合考虑资金、材料、设备、劳动力等资源的投入，以及合同文件、项目管理规划文件、资源条件与内外部约束条件等。具体应包括以下内容。

（1）合同文件对施工工期及开竣工日期的要求。

（2）施工总进度计划。

（3）主要分部分项工程的施工方案。

（4）劳动力、材料、设备、资金等资源投入。

（5）劳动定额、机械台班定额和企业施工管理水平。

（6）工期定额。

（7）施工人员的技术素质和劳动效率等。

15.3.2　编制程序

单位工程施工进度计划编制程序如图15-7所示。

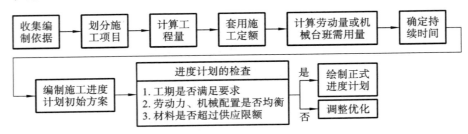

图 15-7　单位工程施工进度计划编制程序

15.3.3　编制步骤

（1）划分施工过程。

施工过程是进度计划的基本组成单元。根据工程的结构特点、施工方案和劳动组织进行施工过程的划分，主要包括直接在建筑物（或构筑物）上进行施工的所有分部分项工程。划分时，应注意以下问题。

①施工过程划分的粗细程度主要取决于施工进度计划的客观需要。编制控制性进度计划时，施工过程可划分得粗一些，通常只列出分部工程名称，如砖混结构房屋的控制性施工进度计划，只列出基础工程、主体工程、屋面工程和装修工程四个施工过程。而对于实施性的施工进度计划，项目划分得要细一些，如上述屋面工程应进一步划分为找平层、隔汽层、保温层、找平层、防水层等分项工程。

②施工过程的划分要结合所选择的施工方案。若施工方案或施工方法不同，施工过程名称、数量、内容和施工顺序也会有所不同。如深基坑施工需降水，当采用放坡开挖时，其施工过程有井点降水和挖土两项；当采用桩支护时，其施工过程包括井点降水、支护桩和挖土三项。

③适当简化施工进度计划内容，避免工程项目划分过细、重点不突出。可将某些穿插性分项工程合并到主要分项工程中，可将在同一时间内由同一工程队施工的过程合并为一个施工过程，次要的零星分项工程则可合并为其他工程。

④水暖电卫工程和设备安装工程通常由专业施工队负责施工。因此，在施工进度计划中只要反映出这些工程与土建工程如何配合即可。

所有施工过程应基本按施工顺序先后排列，所采用的施工项目名称可参考现行定额手册上的项目名称。

（2）计算工程量。

通常，可直接用施工图预算所计算的工程量数据，但应注意有些项目的工程量应按实际情况做适当调整。如土方工程施工中挖土工程量，应根据土壤的类别和采用的施工方法等进行调整。计算时应注意以下几个问题。

①各分部分项工程的工程量计算单位应与《建设工程工程量清单计价规范》（GB 50500—2013）所规定的单位一致。

②结合选定的施工方法和安全技术要求计算工程量。

③结合施工组织要求，分区分段和分层计算工程量。

④编制其他计划时，工程量数据应做到一次计算，多次使用。

（3）确定劳动量和机械台班数量。

计算劳动量或机械台班数量时，可根据各分部分项工程的工程量施工方法和现行的劳动定额，结合实际情况加以确定。一般应按下式计算。

$$P = \frac{Q}{S} \tag{15.1}$$

或

$$P = Q \cdot H \tag{15.2}$$

式中：P——劳动量（工日）或机械台班数量（台班）；

Q——某分部分项工程的工程量（m^3、m^2、t）；

S——产量定额，即单位工日或台班完成的工程量$[（m^3、m^2、t）/（工日或台班）]$；

H——时间定额$[（工日或台班）/（m^3、m^2、t）]$。

在使用定额时，可能会出现以下几种情况。

①计划中的一个项目包括了定额中同一性质不同类型的几个分项工程。这时可用其所包括的各分项工程的工程量与其产量定额（或时间定额）算出各自的劳动量，然后求和，即为计划中项目的劳动量，一般应按下式计算。

$$P = \frac{Q_1}{S_1} + \frac{Q_2}{S_2} + \cdots + \frac{Q_n}{S_n} = \sum_{i=1}^{n} \frac{Q_i}{S_i} \tag{15.3}$$

式中：P——计划中某一工程项目的劳动量；

Q_1、Q_2、$\cdots$、Q_n——同一性质各个不同类型分项工程的工程量；

S_1、S_2、$\cdots$、S_n——同一性质各个不同类型分项工程的产量定额；

n——计划中的一个工程项目所包括定额中同一性质不同类型分项工程的个数。

或先计算平均定额，再用平均定额计算劳动量。

当同一性质不同类型分项工程的工程量相等时，平均定额可用其绝对平均值，可按下式计算。

$$H = \frac{H_1 + H_2 + \cdots + H_n}{n} \tag{15.4}$$

式中：H——同一性质不同类型分项工程的平均时间定额；

其他符号同前。

当同一性质不同类型分项工程的工程量不相等时，平均定额应用加权平均值，可按下式计算。

$$S = \frac{Q_1 + Q_2 + \cdots + Q_n}{\dfrac{Q_1}{S_1} + \dfrac{Q_2}{S_2} + \cdots + \dfrac{Q_n}{S_n}} = \frac{\sum\limits_{i=1}^{n} Q_i}{\sum\limits_{i=1}^{n} \dfrac{Q_i}{S_i}} \tag{15.5}$$

式中:S——同一性质不同类型分项工程的平均产量定额;

其他符号同前。

②有些新技术或特殊的施工方法,无定额可遵循。可将类似项目的定额进行换算,或根据试验资料确定,或采用下式计算。

$$S = (a + 4m + b)/6 \tag{15.6}$$

式中:a——最乐观估计的产量定额;

b——最保守估计的产量定额;

m——最可能估计的产量定额。

(4)确定各施工过程的持续时间。

计算各施工过程的持续时间一般有以下两种方法。

①根据配备在某施工过程的施工工人数量或机械数量来确定。可按下式计算。

$$t = \frac{P}{RN} \tag{15.7}$$

式中:t——完成某施工过程的持续时间;

P——完成某施工过程所需劳动量(工日)或机械台班数量(台班);

R——完成某施工过程投入的人数或机械台数;

N——每天工作班数。

②根据工期要求倒排进度。根据规定总工期、工期定额和施工经验,确定各施工过程的施工时间,然后再按各施工过程需要的劳动量或机械台班数,确定各施工过程需要的机械台数或工人数。可按下式计算。

$$R = \frac{P}{tN} \tag{15.8}$$

计算时首先按一班制考虑,若算得的机械台班数或工人数超过工作面所能容纳的数量,可增加工作班次或采取其他措施,使每班投入的机械数量或人数减少到合理的范围。

(5)编制施工进度计划的初始方案。

各施工过程的施工天数和施工顺序确定后,按照流水施工的原则,根据划分的施工段组织流水施工,首先安排控制工期的主导施工过程,使其尽可能连续施工;其次对其他施工过程尽量进行穿插、搭接或平行作业;最后把各施工过程在各施工段的流水作业最大限度地搭接起来,即形成单位工程施工进度计划的初始方案。

(6)施工进度计划的检查与调整。

施工进度计划的初始方案确定后,应进行检查、调整和优化。其内容包括:①各施工过程的施工顺序、平行搭接和技术组织间歇是否合理;②初始方案的工期能否满足合同规定的工期要求;③主要工种工人是否连续施工;④各种资源需要量是否均衡。

经过检查,对不符合要求的部分进行调整,如增加或缩短某施工过程的持续时间、改变施工方法或施工技术组织措施等。

此外,建筑施工是一个复杂的生产过程,往往会因人力、物力及现场客观条件的变化而打破原定计划。因此,在施工过程中,应随时掌握工程动态,经常检查和调整计划,才能使工程自始至终处于有效的计划控制中。

15.4　施工准备计划和资源配置计划

15.4.1　施工准备计划

根据《建筑施工组织设计规范》(GB/T 50502—2009),施工准备应包括技术准备、现场准备和资金准备等。

因此,为了落实各项施工准备工作,加强检查和监督,必须根据各项施工准备工作的内容、时间和人员,编制出施工准备工作计划表,如表 15-2 所示。

表 15-2　施工准备工作计划表

序号	施工准备项目	简要内容	负责单位	负责人	开始时间	结束时间	备注

15.4.2　资源配置计划

各项资源需要量计划可用来确定建筑工地的临时设施,并按计划供应材料、构件,调配劳动力和机械设备,以保证施工顺利进行。在编制单位工程施工进度计划后,就要着手编制各项资源需要量计划。

(1)劳动力需要量计划。

将施工进度计划表中所列各施工过程每天(或旬、月)劳动量、人数进行汇总,就可编制出劳动力需要量计划,如表 15-3 所示。

表 15-3　劳动力需要量计划

序号	工种名称	总劳动量/工日	每月需要量/工日					
			1	2	3	4	5	6

(2)主要材料需要量计划。

主要材料需要量计划主要作为组织备料、确定仓库和堆场面积及组织运输的依据。其编制方法是将施工预算中工料分析表或进度计划表中各施工过程所需的材料,按材料名称、规格、数量、供应时间进行计算汇总,如表 15-4 所示。

表 15-4　主要材料需要量计划

序号	材料名称	规格	需要量		供应时间	备注
			单位	数量		

(3)构件和半成品需要量计划。

它主要用于落实加工订货单位,并按照所需规格、数量、时间,组织加工、运输,确定仓库或堆场,一般根据施工图和施工进度计划编制,如表 15-5 所示。

表 15-5　构件和半成品需要量计划

序号	构件、半成品名称	规格	图号	需要量		使用部位	加工单位	供应时间	备注
				单位	数量				

（4）施工机械需要量计划。

根据施工方案和施工进度计划确定施工机械的类型、数量、进场时间。其编制方法是将施工进度计划表中每天施工过程及所需的机械类型、数量和施工日期进行汇总，即得出施工机械需要量计划，如表 15-6 所示。

表 15-6　施工机械需要量计划

序号	机械名称	类型、型号	需要量		货源	使用起止时间	备注
			单位	数量			

15.5　施工平面图设计

15.5.1　施工平面图的内容

单位工程施工平面图是对一个建筑物或构筑物在施工用地范围内，对各项生产、生活设施及其他辅助设施等进行平面规划和空间布置所得到的图。

单位工程施工平面图根据工程规模、特点和施工现场的条件，按照一定的设计原则正确地解决施工期间所需的各种临时设施与永久性建筑物和拟建建筑物之间的合理位置关系。它是施工现场布置的依据，也是施工准备工作的一项重要工作，是进行文明施工、节约土地、减少临时设施费用的先决条件。其绘制比例一般为 1∶500～1∶200。

单位工程施工平面图设计的内容如下。

①建筑总平面图上已建和拟建的地上和地下的一切房屋、构筑物以及其他设施的位置和尺寸。

②测量放线标桩位置、地形等高线和土方取弃场地。

③布置在工程施工现场的垂直运输设施的位置。

④搅拌系统、材料、半成品加工、构件和机具的仓库或堆场。

⑤生产和生活用临时设施的布置。

⑥场内临时施工道路的布置，及其与场外交通的连接。

⑦布置在工程施工现场的供电设施、供水供热设施、排水排污设施和通信线路的位置。

⑧施工现场必备的安全、消防、保卫和环境保护等设施的位置。

⑨必要的图例、比例尺、方向和风向标记。

15.5.2　施工平面图的设计原则

施工现场就是建筑产品的组装厂。建筑工程和施工场地千差万别，使得施工现场平面布置因人、因地而异。合理布置施工现场，对保证工程施工顺利进行具有重要意义。施工现场平面布置应遵循方便、经济、高效、安全、环保、节能的原则。具体应符合下列原则。

①在保证工程顺利进行的前提下,平面布置应力求紧凑,节约用地。

②合理组织运输,尽量减少二次搬运,最大限度缩短工地内部运距。

③充分利用既有建(构)筑物和既有设施为项目施工服务,减少临时设施的数量,降低临时设施的建造费用。

④符合节能、环保、安全和消防等要求。

⑤遵守当地主管部门和建设单位关于施工现场安全文明施工的相关规定。

15.5.3　施工平面图的设计步骤

单位工程施工平面图的设计步骤一般是:确定起重机的位置→确定仓库、材料和构件堆场、加工厂的位置→布置运输道路→布置生产、生活用临时设施→布置水电管线→计算技术经济指标。

1. 垂直运输机械的布置

垂直运输机械的位置直接影响仓库、各种材料和构件等的位置,以及道路、水电线路的布置等,它是施工现场布置的核心,必须首先确定。由于各种起重机械的性能不同,其布置方式也不相同。

①塔式起重机。

塔式起重机是集起重、垂直提升、水平输送三种功能于一身的机械设备。按在工地上使用架设的要求不同,塔式起重机可分为固定式、有轨式、附着式和内爬式四种。

固定式塔式起重机无须铺设轨道,但其作业范围较小;附着式塔式起重机占地面积小,且起重量大,可自行升高,但对建筑物作用有附着力;内爬式塔式起重机布置在建筑物中间,且作用的有效范围大,适用于高层建筑施工。

在确定塔式起重机服务范围时,最好将建筑物平面尺寸包括在塔式起重机服务范围内,以保证将各种构件与材料直接吊运到建筑物的设计部位,尽可能不出现死角。若实在无法避免,则要求死角越少越好,同时在死角上应不出现吊装最重、最高的预制构件,且在确定吊装方案时,提出具体的技术和安全措施,以保证这部分死角的构件顺利安装。例如,同时使用塔式起重机和龙门架以解决这个问题,如图 15-8 所示。但要确保塔吊回转时没有碰撞的可能,确保施工安全。

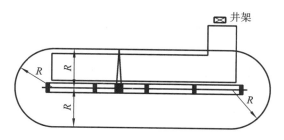

图 15-8　塔吊龙门架配合示意

此外,在确定塔式起重机服务范围时应考虑有较宽的施工用地,以便安排构件堆放,以及使搅拌设备出料斗能直接挂钩起吊,但如果采用泵送方案,则无须考虑搅拌设备,同时也应将主要道路安排在塔吊服务范围之内。

有轨式塔式起重机可沿轨道两侧全幅作业内进行吊装,但占用施工场地大,路基工作量大,且使用高度受一定限制,一般沿建筑物长向布置,其位置、尺寸取决于建筑物的平面形状、尺寸、构件重量、起重机的性能及四周施工场地的条件等因素。

②自行无轨式起重机械。

自行无轨式起重机械分履带式、轮胎式和汽车式三种。它们一般不用作垂直和水平运输,仅作装卸和起吊构件之用,适用于装配式单层工业厂房主体结构的吊装,也可用于混合结构(如大梁等较重构件的吊装方案)。

③固定式垂直运输机械。

井架、龙门架等固定式垂直运输设备的布置,主要根据机械性能、建筑物的平面形状和尺寸、施工段的划分、材料来向和已有运输道路情况而定。按照充分发挥起重机械的能力,并使地面和楼面的水平运距最小的原则进行布置。布置时应考虑以下几点。

a. 当建筑物的各部位高度相同时,应布置在施工段的分界线附近。

b. 当建筑物各部位高度不同时,应布置在高低分界线较高部位一侧。

c. 井架、龙门架的位置宜布置在窗口处,以避免砌墙留槎和减少井架拆除后的修补工作。

d. 井架、龙门架的数量要根据施工进度、垂直提升的构件和材料数量、台班工作效率等因素计算确定,其服务范围一般为 50～60 m。

e. 卷扬机的位置不应距离提升机太近,以便司机看到整个升降过程,一般要求此距离大于或等于建筑物的高度,且距外脚手架的水平距离为 3 m 以上。

f. 井架应立在外脚手架之外,并应有一定距离(一般 5～6 m)。

④外用施工电梯。

在高层建筑施工中使用外用施工电梯时,应考虑便于施工人员的上下和物料集散,外用施工电梯口至各施工地点的平均距离最短,便于安装附墙装置,有良好的夜间照明。

⑤混凝土泵和泵车。

工程使用的商品混凝土通常采用泵送的方法进行施工。因此,混凝土泵宜考虑设置在道路畅通,供料方便,距离浇筑地点近,配管、排水、供水、供电方便的地方,且在混凝土泵作用范围内不得有高压线。

2. 搅拌系统、加工厂、仓库、材料、构件堆场的布置

场地要尽量靠近使用地点或在起重机能力范围内,并考虑运输和装卸的方便。

如果现场设置搅拌站,则要与砂、石堆场和水泥库(罐)一起考虑,既要靠近,又要便于大宗材料的运输装卸。

木工棚、钢筋加工棚可离建筑物稍远,但应有一定的场地堆放木材、钢筋和成品。仓库、堆场的布置应能适应各个施工阶段的需要。按照材料使用的先后,同一场地可以供多种材料或构件堆放。易燃、易爆品的仓库位置必须遵守防火、防爆安全距离的要求。

石灰、淋灰池要接近灰浆搅拌站布置。构件重量大的,要布置在起重机臂下,构件重量小的,可远离起重机。

3. 运输道路的修筑

应按材料和构件运输的需要,沿着仓库和堆场进行道路布置。运输道路宽度要符合如下规定:单行道不小于 3 m,双车道不小于 5.5 m。路基要经过设计,转弯半径要满足运输要求,要结合地形在道路两侧设排水沟。现场应设环形路,在易燃品附近也要尽量设计成进出容易的道路。木材场两侧应有 6 m 宽通道,端头处应有 12 m×12 m 回车场,消防车道宽不小于 3.5 m。

4. 生产生活用临时设施的布置

生产生活用临时设施应使用方便、有利施工、符合防火安全的要求,一般应设在工地出入口附近,尽量利用已有设施,修建时必须要经过计算来确定面积。

5. 水电管网的布置

①施工水网的布置。施工用的临时给水管,一般由建设单位的干管或市政干管接到用水地点。

布置时应力求管网总长度最短,管径的大小和水龙头数量需视工程规模大小通过计算确定。应按防火要求布置室外消防栓,消防栓应沿道路设置,距道路应不大于 2 m,距建筑物外墙不应小于 5 m,也不应大于 25 m,消防栓的间距不应大于 120 m,工地消防栓应设有明显的标志,且周围 3 m 以内不准堆放建筑材料。

②临时供电设施。为了安全和维修方便,施工现场一般采用架空配电线路,且要求现场架空线与施工建筑物水平距离不小于 10 m,架空线与地面距离不小于 6 m,跨越建筑物或临时设施时,垂直距离不小于 2.5 m。现场线路应尽量架设在道路的一侧,且尽量保持线路水平,在低压线路中,电杆间距应为 25~40 m,分支线及引入线均应由电杆处接出,不得由两杆之间接线。单位工程施工用电应在施工总平面图中统筹考虑,包括用电量计算、电源选择、电力系统选择和配置。若为独立的单位工程,应根据计算的用电量和建设单位可提供电量决定是否选用变压器,变压器的设置应将施工期使用与以后长期使用结合考虑,其位置应远离交通要道口处,布置在现场边缘高压线接入处,并在 2 m 以外用高度大于 1.7 m 铁丝网围住以保证安全。

15.5.4　单位工程施工平面图的评价指标

评价单位工程施工平面图的设计质量,可通过计算下列技术经济指标加以分析,以确定施工平面图的最终方案。

(1)施工占地系数。

$$施工占地系数 = \frac{施工占地面积}{建筑面积} \times 100\% \tag{15.9}$$

(2)施工场地利用率。

$$施工场地利用率 = \frac{施工设施占用面积}{施工用地面积} \times 100\% \tag{15.10}$$

(3)临时设施投资率。

$$临时设施投资率 = \frac{临时设施费用综合(元)}{工程总造价(元)} \times 100\% \tag{15.11}$$

【典型例题】

1.(多选题)根据《建筑施工组织设计规范》,单位工程施工组织设计中的施工部署应包括(　　)。

A. 施工资源配置计划　　B. 施工进度安排和空间组织　　C. 施工重点和难点分析

D. 工程项目管理组织机构　　E. 施工现场平面布置

答案:BD

2.(多选题)单位工程施工组织设计的编制依据包括(　　)。

A. 工程设计文件　　B. 工程地质条件　　C. 工程施工合同

D. 可行性研究报告　　E. 与工程有关的资源供应情况

答案:ABCE

3.(多选题)资源配置计划包括(　　)等内容。

A. 临时设施计划　　B. 主要材料配置计划　　C. 施工机具配置计划

D. 构配件配置计划　　E. 劳动力配置计划

答案:BCDE

知识归纳

1. 单位工程施工组织设计是以单位工程为对象编制的,是规划和指导单位工程从施工准备到竣工验收全过程施工活动的技术经济文件。

2. 单位工程施工组织设计的编制依据包括主管部门及建设单位的要求;施工图及设计单位对施工的要求;施工组织总设计;施工企业年度生产计划;施工现场的资源情况;建设单位可能提供的条件;施工现场条件和勘察资料;预算或报价文件和有关规程、规范等资料。

3. 施工方案的设计包括确定施工流向和施工程序;确定各施工过程的施工顺序;主要分部分项工程的施工方法和施工机械选择;单位工程施工的流水组织;主要的技术组织措施等。

4. 施工顺序是指各施工过程之间施工的先后次序。它既要满足施工的客观规律,又要合理解决好各工种之间在时间上的搭接问题。其基本原则:符合施工工艺的要求;与施工方法协调一致;考虑施工组织的要求;考虑施工质量的要求;考虑当地气候条件;考虑安全施工的要求。

5. 单位工程施工平面图是对一个建筑物或构筑物在施工用地范围内,对各项生产、生活设施及其他辅助设施等进行平面规划和空间布置所得到的图。

6. 单位工程施工平面图的设计包括建筑总平面图上已建和拟建的地上和地下的一切房屋、构筑物以及其他设施的位置和尺寸;测量放线标桩位置、地形等高线和土方取弃场地;布置在工程施工现场的垂直运输设施的位置;搅拌系统、材料、半成品加工、构件和机具的仓库或堆场;生产和生活用临时设施的布置;场内临时施工道路的布置,及其与场外交通的连接;布置在工程施工现场的供电设施、供水供热设施、排水排污设施和通信线路的位置;施工现场必备的安全、消防、保卫和环境保护等设施的位置;必要的图例、比例尺、方向和风向标记。

独立思考

1. 单位工程施工组织设计的内容有哪些? 施工部署和施工方案各包括哪些方面的内容?
2. 简述确定一般房屋建筑工程的施工展开程序应遵循的原则。
3. 确定施工顺序应考虑哪些原则?
4. 简述现浇框架结构办公楼、剪力墙结构住宅楼在结构施工阶段的施工顺序。
5. 内外装饰的施工流向如何安排?
6. 施工机械选择的内容及原则包括哪些?
7. 砖混住宅、框架教学楼的施工方法与机械选择应着重哪些内容?
8. 施工进度计划的类型及形式各有哪些?

第 16 章　提纲而众目张，振领而群毛理
——施工组织总设计

【导入语】《宋史·职官志八》："提纲而众目张，振领而群毛理。"施工组织总设计是施工全局的"纲"，也是"领"，唯有做好全面规划和统筹安排，施工才能有条不紊地开展。

本章学习目标为了解施工组织总设计的作用、编制程序和依据；熟悉施工组织总设计的内容；掌握施工部署和施工方案编制的主要内容；掌握临时用水、用电的计算方法；了解总进度计划及总平面图编制的内容与方法；了解装配式施工的施工方案编制方法。

16.1　概　　述

16.1.1　任务与作用

施工组织总设计是以整个建设项目为对象，根据初步设计或扩大初步设计图纸以及其他有关资料和现场施工条件编制，用以指导整个工地各项施工准备和施工活动的技术经济文件。施工组织总设计对整个项目的施工过程起统筹规划、重点控制的作用。

施工组织总设计的内容主要包括工程概况和特点分析；施工部署和施工方案；施工总进度计划；各项资源需用量计划；全场性暂设工程；施工总平面图；技术经济指标。

施工组织总设计应由项目负责人主持编制，由总承包单位技术负责人审批。

16.1.2　内容

施工组织总设计一般包括如下内容。

(1) 编制依据。

(2) 工程项目概况。

(3) 施工部署及主要项目的施工方案。

(4) 施工总进度计划。

(5) 总体施工准备。

(6) 主要资源配置计划。

(7) 施工总平面布置。

(8) 目标管理计划及技术经济指标。

16.1.3　编制程序

施工组织总设计的编制程序如图 16-1 所示。

该编制程序是根据施工组织总设计中各项内容的内在联系而确定的。其中，调查研究是编制

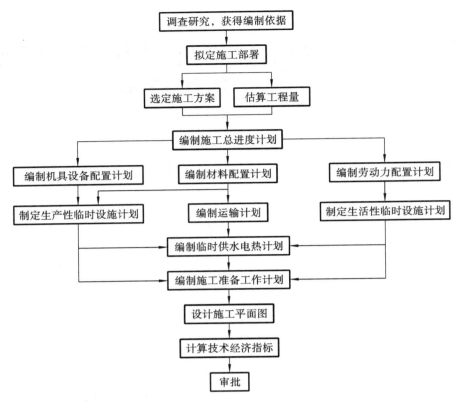

图 16-1 施工组织总设计的编制程序

施工组织总设计的准备工作,目的是获取足够的信息,为编制施工组织总设计提供依据。施工部署和施工方案是第一项重点内容,是编制施工进度计划和进行施工总平面图设计的依据。施工总进度计划是第二项重点内容,必须在编制施工部署和施工方案之后进行,只有编制了施工总进度计划,才具备编制其他计划的条件。施工总平面图是第三项重点内容,需依据施工方案和各种计划需求进行设计。

16.1.4 编制依据

为了保证施工组织总设计的编制工作顺利进行,且能在实施中切实发挥指导作用,编制时必须密切地结合工程实际情况。主要编制依据如下。

1. 与工程建设有关的法律、法规和文件

与工程建设有关的法律、法规和文件主要包括国家批准的基本建设计划、可行性研究报告、工程项目一览表、分期分批临时工程项目和投资计划;地区主管部门的批件、建设单位对施工的要求;施工单位上级主管部门下达的施工任务计划;工程施工合同或招投标文件;工程材料和设备的订货指标;引进材料和设备供货合同等。

2. 设计文件及有关资料

设计文件及有关资料包括建设项目的初步设计、扩大初步设计或技术设计的有关图样、设计说明书、建筑区域平面图、建筑总平面图、建筑竖向设计、总概算或修正概算等。

3. 施工组织纲要

施工组织纲要(投标施工组织设计)提出了施工目标和初步的施工部署,在施工组织总设计中要深化部署，履行所承诺的目标。

4. 现行法规、标准

现行法规、标准包括与本工程建设有关的国家、行业和地方现行的法律、法规、规范、规程、标准、图集等。

5. 工程勘察和技术经济资料

工程勘察资料包括建设地区的地形、地貌、工程地质及水文地质、气象等自然条件等。技术经济资料包括建设地区可能为建设项目服务的建筑安装企业、预制加工企业的人力、设备、技术和管理水平；工程材料的来源和供应情况；交通运输情况；水、电供应情况；商业和文化教育水平和设施情况等。

此外，编制依据还应包括类似建设项目的施工组织总设计和有关总结资料。

16.1.5 工程概况的编写

工程概况是对整个工程项目的总说明，应包括项目主要情况、承包范围和主要施工条件等。

1. 项目主要情况

该项内容是要描述工程的主要特征和工程的全貌，为施工组织总设计的编制及审核提供前提条件。因此，应写明以下内容。

（1）项目名称、性质（工业或民用）、地理位置、建设规模（占地总面积、总投资或产成、分期分批建设范围等）、项目构成等。

（2）建设、勘察、设计和监理等相关单位的情况。

（3）设计概况，包括建筑面积、建筑高度、建筑层数、结构形式、建筑结构及装饰用料、建筑抗震设防烈度、安装工程和机电设备的配置等。在项目设计概况中应列出工程构成表及其特征表（表16-1）。

表 16-1 工程构成及其特征

序号	单位工程名称	建筑结构特征	建筑面积/m²	占地面积/m²	层数	构筑物体积/m³	备注
1							
2							
...							

（4）承包范围及主要分包工程范围。

（5）施工合同或招标文件对项目施工的重点要求等。

2. 承包的范围

依据合同约定，明确总承包范围、各分包单位的承包范围。

3. 项目主要施工条件

（1）建设地点气象状况，包括气温、雨、雪、风和雷电等气象变化情况，以及冬雨期时间和冻结深度等。

（2）项目施工区域地形和工程水文地质状况，包括地形变化和绝对标高、地质构造、土的性质和类别、地基承载力、河流流量和水质、最高洪水和枯水期的水位、地下水位的高低变化、含水层的厚度、流向和水质等。

（3）项目施工区域地上、地下管线及相邻的地上、地下建（构）筑物情况。

（4）与项目施工有关的道路、河流等状况。

（5）当地建筑材料、设备供应和交通运输等服务能力状况，包括主要材料、特殊材料和生产工艺设备供应条件及交通运输条件。

（6）当地供电、供水、供热和通信能力状况。按照施工需求，描述相关资源供应能力及解决方案。

4. 其他内容

如有关本建设项目的决议、合同或协议；土地征用范围、数量和居民搬迁时间；需拆迁与平整场地的要求等。

16.2 施工部署与施工方案

施工部署与施工方案是对整个建设项目的统筹规划和全面安排，主要解决影响建设项目全局的重大战略问题。它是施工组织总设计的核心，直接影响建设项目的进度、质量、成本三大目标的实现。

16.2.1 施工部署

施工部署主要内容包括项目组织体系、施工区域（或任务）的划分与组织安排、施工控制目标、项目展开程序及空间组织、主要施工准备等。

1. 项目组织体系

项目组织体系应包含建设单位、承包和分包单位及其他参建单位，应以框图表示，明确各单位在本项目的地位及负责人，如图 16-2 所示。

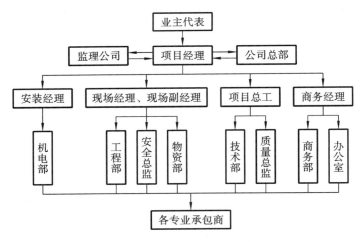

图 16-2 某建设工程项目的管理组织体系

2. 施工区域（或任务）的划分与组织安排

在明确施工项目管理体制、组织机构和管理模式的条件下，划分各施工单位的任务，明确总包与分包的关系，建立施工现场统一的组织领导机构及职能部门，确定综合的和专业化的施工组织，明确各单位之间分工与协作关系，确定各分包单位分期分批的主攻项目和穿插项目。

3. 施工控制目标

施工控制目标是指在合同文件中规定或施工组织纲要中承诺的建设项目的施工总目标，单位工程的工期、成本、质量、安全、环境等目标，工期、成本、质量的量化目标见表 16-2。

表 16-2　工期、成本、质量的量化目标

序号	单位工程名称	建筑面积 /m²	控制工期			控制成本 /万元	控制质量(合格或优良等)
			工期/月	开工日期	竣工日期		
1							
2							
...							

4. 项目展开程序及空间组织

根据建设项目施工总目标及总程序的要求,确定分期分批施工的合理展开程序,并合理确定每个独立交工系统及其单位工程的开竣工时间。在确定展开程序时,应主要考虑以下几点。

(1)在满足合同工期要求的前提下,根据其使用功能、业主要求、工程规模、资金情况等分期分批施工。

(2)统筹安排各类施工项目,保证重点,兼顾其他,确保按期交付使用。

(3)一般应按先地下后地上、先深后浅、先主线后支线、先管线后筑路的原则进行安排。

(4)注意工程交工的配套,使建成的工程能迅速投入生产或交付使用,尽早发挥该部分的投资效益。

(5)避免已完工程的使用与在建工程的施工相互妨碍和干扰,保证使用和施工方便。

(6)注意资源供应与技术条件之间的平衡,以便合理地利用资源,促进均衡施工。

(7)注意季节的影响,将不利于某季节施工的工程提前或推后,但应保证不影响质量和工期。

5. 主要施工准备

主要施工准备是指全现场的准备,包括思想、组织、技术、物资等准备:①安排好场内外运输主干道、水源、电源及其引入方案;②安排好场地平整方案,全场性排水、防洪技术措施;③安排好生产、生活基地,做出构件的现场预制、工厂预制或采购规划;④对开发和使用的新技术、新工艺做出部署,对绿色施工制定实施对策与评价方法。

16.2.2　主要项目施工方案的确定

施工组织总设计中要拟定一些主要工程项目的施工方案。这些项目通常是建设项目中工程量大、施工难度大、工期长,对整个建设项目的建成起关键性作用的建筑物(或构筑物),以及全场范围内工程量大、影响全局的特殊分项工程。拟定主要工程项目的施工方案目的是进行技术和资源的准备工作,同时也为了施工的顺利开展和现场的合理布置。其内容包括施工方法、施工工艺流程、施工机械设备等。施工方法的确定要兼顾技术的先进性和经济上的合理性。对施工机械的选择,应使主导机械的性能既能满足工程的需要,又能发挥其效能,在各个工程上能够实现综合流水作业,减少其拆、装、运的次数。辅助配套机械的性能应与主导施工机械相适应,以充分发挥主导施工机械的工作效率。

16.3　施工总进度计划

施工总进度计划是施工现场各项施工活动在时间上的体现。编制的基本依据是施工部署中的施工方案和工程项目的开展程序。其作用在于确定各个建筑物及其主要工种、工程、准备工作和全

土木工程施工

工地性工程的施工期限及其开工和竣工的日期,从而确定建筑施工现场劳动力、材料、成品、半成品、施工机械的需要数量和调配情况,以及现场临时设施的数量、水电供应数量和能源、交通的需要数量等。

编制施工总进度计划的基本要求是:保证拟建工程在规定的期限内完成;迅速发挥投资效益;保证施工的连续性和均衡性;节约施工费用。编制步骤如下。

1. 划分项目并计算工程量

根据批准的总承建任务一览表,列出工程项目一览表并分别计算各项目的工程量。施工总进度计划主要起控制作用,因此,项目划分不宜过细,可按确定的工程项目的展开程序进行排列。施工总进度计划应突出主要项目,一些附属的、辅助的及小型的项目可以合并。

计算各工程项目工程量的目的是正确选择施工方法和主要的施工、运输机械,初步规划各主要项目的流水施工,计算各项资源的需要量。因此,工程量只需粗略计算,可依据设计图及相关定额手册,分单位工程计算主要实物量。将计算所得的各项工程量填入工程量总表及总进度计划表中(表 16-3)。

表 16-3　施工总(综合)进度计划表形式

样号	单位工程名称	土建工程指标		设备安装指标		造价/万元			进度计划							
		单位	数量	单位	数量	合计	建设工程	设备安装	××年				××年			
									Ⅰ	Ⅱ	Ⅲ	Ⅳ	Ⅰ	Ⅱ	Ⅲ	Ⅳ
1																
2																
…																
资源动态图	施工总进度计划的技术经济指标分析															

2. 确定各单位工程的施工期限

根据工程类型、结构特征、装饰装修的等级、工程复杂程度、施工管理水平、施工方法、机械化程度、施工现场条件与环境等因素确定单位工程的施工期限。但工期应控制在合同工期以内,无合同工期的工程,应按工期定额或类似工程的经验确定。

3. 确定各单位工程的开竣工时间和相互搭接关系

根据建设项目总工期、总的展开程序和各单位工程的施工期限,可进一步安排各施工项目的开竣工时间和相互搭接关系。安排时应注意以下要求。

(1)同一时期开工的项目不宜过多,以免分散有限的人力、物力。

(2)尽量使劳动力、机具和物质消耗在全工程上达到均衡,避免出现突出的高峰和低谷,并保证主要工种和主要机械能连续施工。

(3)根据使用要求和施工可能,尽量组织大流水施工。

(4)考虑施工总平面图的空间关系。为解决建筑物同时施工可能导致施工作业面狭小的问题,可以对相邻建筑物的开竣工时间或施工顺序进行调整,以避免或减少相互干扰。

4. 编制初步施工总进度计划

初步施工总进度计划可以用横道图或网络图形式表达。由于在工程实施过程中情况复杂多变,施工总进度计划只能起到控制性作用,故不必过细,否则将不便于优化。

编制初步施工总进度计划时，应尽量安排全工地性的流水作业。安排时应以工程量大、工期长的单位工程或子单位工程为主导，组织若干条流水线，并以此带动其他工程。

5. 编制正式施工总进度计划

初步施工总进度计划绘制完成后，应对其进行检查。检查内容包括是否满足总工期及起止时间的要求、各施工项目的搭接是否合理、资源需要量动态曲线是否较为均衡等。

如发现问题，应进行优化，主要方法是改变某些工程的起止时间或调整主导工程的工期。如果是利用计算机程序编制计划，还可分别进行工期优化、费用优化及资源优化。经调整符合要求后，编制正式施工总进度计划（图 16-3）。

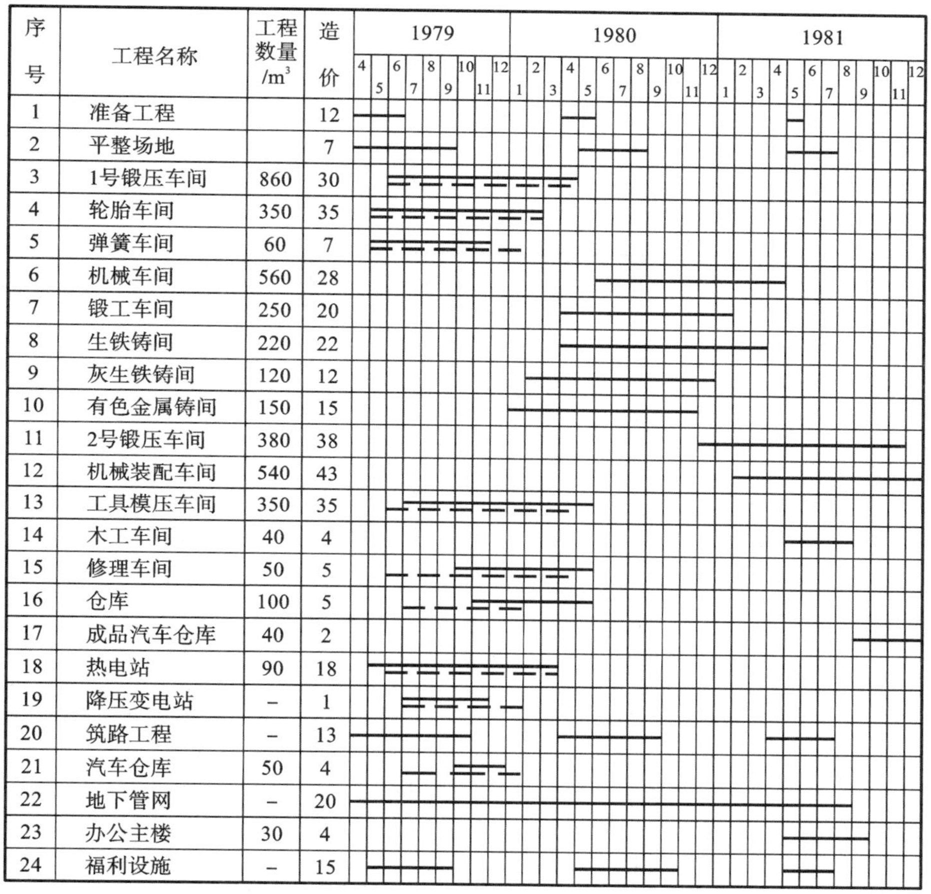

序号	工程名称	工程数量 /m³	造价	1979	1980	1981
1	准备工程		12			
2	平整场地		7			
3	1号锻压车间	860	30			
4	轮胎车间	350	35			
5	弹簧车间	60	7			
6	机械车间	560	28			
7	锻工车间	250	20			
8	生铁铸间	220	22			
9	灰生铁铸间	120	12			
10	有色金属铸间	150	15			
11	2号锻压车间	380	38			
12	机械装配车间	540	43			
13	工具模压车间	350	35			
14	木工车间	40	4			
15	修理车间	50	5			
16	仓库	100	5			
17	成品汽车仓库	40	2			
18	热电站	90	18			
19	降压变电站	–	1			
20	筑路工程	–	13			
21	汽车仓库	50	4			
22	地下管网	–	20			
23	办公主楼	30	4			
24	福利设施	–	15			

图 16-3　某汽车制造厂施工总进度计划

16.4　资源配置计划与总体施工准备

资源配置计划的编制需依据施工部署和施工总进度计划，编制重点在于确定劳动力及材料、构配件、加工品、施工机具等主要物资的需要量和时间，以便组织供应，保证施工总进度计划的实现，同时也为场地布置及临时设施的规划提供依据。

16.4.1 劳动力配置计划

劳动力配置计划是确定暂设工程规模和组织劳动力进场的依据,它根据工程量总表、施工准备工作计划、施工总进度计划、概(预)算定额和有关经验资料,分别确定出每个单位工程专业工种的劳动量、工人数和进场时间,然后逐项按月或季度汇总,得出整个建设项目劳动力配置计划(表16-4)。

表16-4 整个建设项目劳动力配置计划

序号	单位工程名称	工种名称	劳动量/工日	需要量/人														
				20××年										20××年				
				3	4	5	6	7	8	9	10	11	12	1	2	3	4	…
1																		
…			—															

注:工种名称除生产工人外,还应包括附属、辅助用工(如运输、构件加工、材料保管等)以及服务和管理用工。

16.4.2 物资配置计划

1. 主要材料和预制品配置计划

主要材料和预制品配置计划是组织材料和预制品加工、订货、运输、确定堆场和仓库的依据。它是根据施工图、工程量、消耗定额和施工总进度计划而编制的。

根据各工种工程量汇总表所列各建筑物主要施工项目的工程量,查询相关定额或指标,便可得出所需的材料、构配件和半成品的需要量。然后根据总进度计划表,大致估算出某些主要材料在某季度某月的需要量,从而编制出材料、构配件和半成品的配置计划(表16-5)。

表16-5 主要材料和预制品配置计划

序号	单位工程名称	材料和预制品					需要量												
		编号	品名	规格	单位	总量	20××年									20××年			
							4	5	6	7	8	9	10	11	12	1	2	3	4 …
1																			
…																			

注:主要材料可按型钢、钢板、钢筋、管材、水泥、木材、砖、砌块、砂、石、防水卷材等分别列表。

2. 主要施工机具和设备配置计划

该计划是组织机具供应、计算配电线路及选择变压器、进行场地布置的依据。主要施工机具和设备配置计划可根据施工总进度计划及主要项目的施工方案和工程量,套用定额或按经验确定(表16-6)。

表 16-6 主要施工机具和设备配置计划

序号	单位工程名称	施工机具和设备					需要置								
							20××年					20××年			
		编码	名称	型号	单位	电功率	8	9	10	11	12	1	2	3	…
1															
…															
	合计														

注:①机具、设备名称可按土方、钢筋混凝土、起重、金属加工、运输、木加工、脚手架等分类填写。

②需要量按月或季度编制。

3. 大型临时设施计划

大型临时设施计划应本着尽量利用已有或拟建工程的原则,按照施工部署、施工方案、各种配置计划,并根据业务量和临时设施计算结果进行编制(表 16-7)。

表 16-7 大型临时设施计划

序号	项目	名称	需用量		利用现有建筑	利用拟建永久工程	新建	单价/(元/m²)	造价/万元	占地/m²	修建时间
			单位	数量							
1											
…											
	合计										

注:项目名称包括生产、生活用房,临时道路,临时用水、用电和供暖系统等。

16.4.3 总体施工准备

总体施工准备包括技术准备、现场准备和资金准备,其主要内容如下。

(1)土地征用、居民拆迁和现场障碍拆除工作。

(2)确定场内外运输及施工用干道、水电来源及其引入方案。

(3)制定场地平整及全场性排水、防洪方案。

(4)安排好生产和生活基地建设,包括混凝土集中搅拌站,预制构件厂,钢筋、木材加工厂,机修厂及职工生活福利设施等。

(5)落实材料、加工品、构配件的货源和运输储存方式。

(6)按照建筑总平面图要求,做好现场控制网测量工作。

(7)组织新结构、新材料、新技术、新工艺的试制、试验和人员培训。

(8)编制各单位工程施工组织设计和制定施工技术措施等。

应根据施工部署与施工方案、资源计划及临时设施计划编制准备工作计划表,其表格形式如表 16-8 所示。

表 16-8 准备工作计划表

序号	准备工作名称	准备工作内容	主办单位	协办单位	完成日期	负责人
1						
2						
…						

16.5 全场性暂设工程

为满足工程项目施工需要,在工程正式开工前,要按照工程项目施工准备计划的要求建造相应的暂设工程,为项目建设创造良好的施工条件,保证项目连续、均衡、有节奏地顺利进行。暂设工程的规模因工程要求而异,主要包括工地加工厂组织、工地仓库组织、工地运输组织、办公及福利设施组织、工地供水和供电组织等。

16.5.1 临时加工厂及作业棚

临时加工厂及作业棚属生产性临时设施,包括混凝土及砂浆搅拌站、混凝土构件预制厂、木材加工厂、钢筋加工厂、金属结构加工厂等;木工作业棚、电锯房、钢筋作业棚、锅炉房、发电机房、水泵房等现场作业棚房;各种机械存放场所。所有这些设施的建筑面积主要取决于设备尺寸、工艺过程、安全防火等要求,通常可参考有关经验指标等资料确定。

对于混凝土构件预制厂、锯木车间、模板和细木加工车间、钢筋加工棚等,其建筑面积可按下式计算

$$F = \frac{KQ}{TS\alpha} \tag{16.1}$$

式中:F——所需建筑面积(m^2);

K——不均衡系数,取 1.3~1.5;

Q——加工总量;

T——加工总时间(月);

S——每平方米场地月平均加工量定额;

α——场地或建筑面积利用系数,取 0.6~0.7。

常用各种临时加工厂的面积可参考有关资料。

16.5.2 临时仓库与堆场

仓库有各种类型,其中转运仓库是设置在火车站、码头和专用线卸货场的仓库;中心仓库(或称总仓库)是储存整个工地(或区域型建筑企业)所需物资的仓库,通常设在现场附近或区域中心;现场仓库就近设置;加工厂仓库是专供本厂储存物资的仓库。以下主要介绍中心仓库和现场仓库。

1. 确定储备量

材料储备既要确保施工的正常需要,又要避免过多积压,减少仓库面积和投资,减少管理费用和占压资金。通常的储备量是以合理储备天数来确定,同时考虑现场条件、供应与运输条件以及材料本身的特点,材料的总储备量一般不少于该种材料总用量的20%~30%。

(1)建筑群的材料储备量按下式计算。

$$q_1 = K_1 Q_1 \tag{16.2}$$

式中:q_1——总储备量;

K_1——储备系数,型钢、木材、用量小或不常使用的材料取 0.3~0.4,用量多的材料取 0.2~0.3;

Q_1——该项材料的最高年度或季度(与总储备时间一致)的需要量。

（2）单位工程材料储备量按下式计算。

$$q_2 = nQ/T \qquad\qquad (16.3)$$

式中：q_2——现场材料储备量；

n——储备天数；

Q——计划期内材料、半成品和制品的总需要量；

T——需要该项材料的施工天数，大于 n。

2. 确定仓库或堆场面积

仓库或堆场面积可用下式计算。

$$F = q/P \qquad\qquad (16.4)$$

式中：F——仓库或堆场面积（m^2），包括通道面积；

q——材料储备量（q_1 或 q_2）；

P——单位面积能存放的材料、半成品和制品的数量（表 16-9）。

表 16-9　部分材料储备参考数据

序号	材料名称	储备天数/d	单位储备量	堆置高度/m	仓库类型
1	工字钢、槽钢	40～50	0.8～0.9 t/m^2	0.5	露天
2	电线、电缆	40～50	0.3 t/m^2	2.0	库或棚
3	木材	40～50	0.8 m^3	2.0	露天
4	原木	40～50	0.9 m^3	2.0	露天
5	成材	30～40	0.7 m^3	3.0	露天
6	水泥	30～40	1.4 t	1.5	露天
7	生石灰（袋装）	10～20	1～1.3 t	1.5	棚
8	砂、石子（人工堆置）	10～30	1.2 m^3	1.5	棚
9	砂、石子（机械堆置）	10～30	2.4 m^3	3.0	露天
10	混凝土砌块	10～30	1.4 m^3	1.5	露天
11	砖	10～30	1.4 m^3	1.5	露天
12	黏土瓦、水泥瓦	10～30	0.25 千块	1.5	棚
13	水泥混凝土管	20～30	0.5 t	1.5	露天
14	防水卷材	20～30	15～24 卷	2.0	库
15	钢筋骨架	3～7	0.12～0.18 t	—	露天
16	金属结构	3～7	0.16～0.24 t	—	露天
17	钢门窗	10～20	0.65 t	2	棚
18	模板	3～7	0.7 m^3	2	露天
19	轻质混凝土制品	3～7	1.1	2	露天
20	水、电及卫生设备	20～30	0.35 t	1	库、棚各约占 1/4

注：储备天数根据材料特点及来源、供应季节、运输条件等确定，一般现场加工的成品、半成品或就地供应的材料取表中之小值，外地供应及铁路运输或水运者取大值。

16.5.3　运输道路

工地运输道路应尽量利用永久性道路，或先修筑永久性道路路基并铺设简易路面。主要道路应布置成环形、U形,次要道路可布置成单行线,但应有回车场。现场临时道路的技术要求及路面的种类和厚度(表 16-10、表 16-11)。

表 16-10　现场临时道路的技术要求

指 标 名 称	技 术 标 准
设计车速/(km/h)	<20
路基宽度/m	6.5～7(双车道);4.5～5(单车道);3.5(困难地段)
路面宽度/m	6～6.5(双车道);3.5～4(单车道)
平面曲线最小半径/m	20(平原、丘陵地区);15(山区);12(回头弯道)
最大纵坡/(%)	6(平原地区);8(丘陵地区);11(山区)
纵坡最短长度/m	110(平原地区);50(山区)
桥面宽度/m	4～4.5
桥涵载量等级/t	1.3 倍车载总重

表 16-11　现场临时道路的路面种类和厚度

序号	路面种类	特点及其使用条件	路基土壤	路面厚度/cm	材料配合比
1	混凝土路面	雨天照常通车,可通行较多车辆,强度高、不扬尘、造价高	一般土	15～20	强度等级:不低于C20
2	级配砾石路面	雨天照常通车,可通行较多车辆,但材料级配要求严格	砂质土	10～15	黏土:砂:石子=1:0.7:3.5
			黏质土或粉土	14～18	
3	碎(砾)石路面	雨天照常通车,碎(砾)石本身含土较多,不加砂	砂质土	10～18	碎(砾)石>65%,当地土<35%
			黏质土或粉土	15～20	
4	炉渣或矿渣路面	可维持雨天通车,通行车辆较少,当附近有此项材料可利用时	一般土	10～15	炉渣或矿渣75%,当地土25%
			较松软土	15～30	
5	风化石屑路面	雨天不通车,通行车辆较少,附近有石屑可利用时	一般土	10～15	石屑90%,黏土10%

16.5.4　办公及福利设施组织

1. 办公及福利设施类型

(1)行政管理和生产用房,包括工地办公室、传达室、消防、车库及各类行政管理用房和辅助性修理车间等。

(2)居住生活用房,包括家属宿舍、职工单身宿舍、食堂、医务室、招待所、小卖部、浴室、理发室、开水房、厕所等。

(3)文化生活用房,包括俱乐部、图书室、邮亭、广播室等。

2. 办公、生活及福利设施的规划

(1)确定工地人数。

①直接参加施工生产的工人,也包括机械维修、运输、仓库及动力设施管理人员等。

②行政及技术管理人员。

③为工地上居民生活服务的人员。

④以上各项人员的家属。

上述人员的比例，可按国家有关规定或工程实际情况计算。

（2）确定办公、生活及福利设施建筑面积。

工地人数确定后，就可按实际经验或面积指标计算出所需建筑面积，具体计算公式如下。

$$S = NP \qquad (16.5)$$

式中：S——建筑面积（m^2）；

N——人数；

P——建筑面积指标，详见表 16-12。

表 16-12　办公、生活及福利设施建筑面积参考指标

序号	临时房屋名称		参考指标/（m²/人）	指标使用方式
1	办公室		3～4	按使用人数
2	宿舍	双层床	2.0～2.5	（扣除不在工地住人数）
		单层床	3.5～4.0	（扣除不在工地住人数）
		家属宿舍	16～25	视工期长短，距基地远近，取 0～30%
3	食堂		0.5～0.8	按高峰就餐人数
4	食堂兼礼堂		0.6～0.9	按高峰平均人数
5	其他	医务所	0.05～0.07	按高峰年平均人数，不小于 30 m²
		浴室	0.07～0.1	按高峰年平均人数
		理发室	0.01～0.03	按高峰年平均人数
		俱乐部	0.1	按高峰年平均人数
		小卖部	0.03	按高峰年平均人数，不小于 40 m²
		招待所	0.06	按高峰年平均人数
		托儿所	0.03～0.06	按高峰年平均人数
		其他公用	0.05～0.10	按高峰年平均人数
6	小型设施	开水房	—	10～40 m²
		厕所	0.02～0.07	按工地平均人数
		工人休息室	0.15	按工地平均人数
		自行车棚	0.8～1.0	按骑车上班人数

所需要的各种生活、办公房屋，应尽量利用施工现场及其附近的永久性建筑物。不足的部分修建临时建筑物。

（3）临时房屋的形式及尺寸。

修建临时建筑物时，应遵循经济、适用、装拆方便的原则，按照当地的气候条件、工期、本单位的现有条件以及现场暂设的有关规定等，确定结构类型和形式。

临时房屋的形式主要分为活动式和固定式。活动式房屋搭设快捷、移动运输方便、可重复利用。其中彩钢夹心板活动房屋使用更为广泛，它外观整洁，有较好的保温、防火性能，可建 1～3 层，

能节约场地,一般房屋净高 2.6 m 以上,进深 3.3~5.7 m,开间 3.3~3.6 m,可多开间连通使用。固定式临时房屋常采用砖木结构,常用尺寸及布置要求见表 16-13。

表 16-13　固定式临时房屋常用尺寸及布置要求

序号	房屋用途	跨度/m	开间/m	檐高/m	布 置 说 明
1	办公室	4~5	3~4	2.5~3.0	窗口面积,约为地面的 1/8
2	宿舍	5~6	3~4	2.5~3.0	床板距地 0.4~0.5 m,过道 1.2~1.5 m
3	工作间、机械房、材料库	6~8	3~4	按具体情况定	—
4	食堂兼礼堂	10~15	4	4.0~4.5	剧台进深约 10 m,需设足够的出入口
5	工作棚、停机棚	8~10	4	按具体情况定	—
6	工地医务室	4~6	3~4	2.5~3.0	—

16.5.5　工地供水组织

工地临时供水的类型主要包括生产用水、生活用水和消防用水三种。生产用水又包括工程施工用水、施工机械用水;生活用水又包括施工现场生活用水和生活区生活用水。

1. 确定用水量

(1) 施工工程用水量。

$$q_1 = K_0 \sum (Q_1 \times N_1) \times K_1 / (b \times 8 \times 3600) \tag{16.6}$$

式中:q_1——施工工程用水量(L/s);

K_0——未预见的施工用水系数(1.05~1.15);

Q_1——施工高峰期日工程量(以实物计量单位表示);

N_1——施工用水定额,见表 16-14;

b——每天工作班次;

K_1——用水不均衡系数,见表 16-15。

(2) 施工机械用水量。

$$q_2 = K_0 \times \sum (Q_2 \times N_2) \times K_2 / (8 \times 3600) \tag{16.7}$$

式中:q_2——施工机械用水量(L/s);

K_0——未预见的施工用水系数(1.05~1.15);

Q_2——同种机械台数(台);

N_2——施工机械用水定额;

K_2——施工机械用水不均衡系数,见表 16-15。

(3) 施工现场生活用水量。

$$q_3 = P_1 \times N_3 \times K_3 / (b \times 8 \times 3600) \tag{16.8}$$

式中:q_3——施工现场生活用水量(L/s);

P_1——施工现场高峰期生活人数;

N_3——施工现场生活用水定额,视当地气候、工程而定,见表 16-16;

K_3——施工现场生活用水不均衡系数,见表 16-15;

b——每天工作班次。

（4）生活区生活用水量。

$$q_4 = P_2 \times N_4 \times K_4 / (24 \times 3600)$$

（16.9）

式中：q_4——生活区生活用水量（L/s）；

P_2——生活区居民人数（人）；

K_4——生活区用水不均衡系数，见表 16-15；

N_4——生活区昼夜全部用水定额，见表 16-16。

（5）消防用水量。

消防用水量 q_5 见表 16-17。

（6）总用水量 Q。

①当 $(q_1 + q_2 + q_3 + q_4) \leqslant q_5$ 时，则 $Q = q_5 + (q_1 + q_2 + q_3 + q_4)/2$；

②当 $(q_1 + q_2 + q_3 + q_4) > q_5$ 时，则 $Q = q_1 + q_2 + q_3 + q_4$；

③当 $(q_1 + q_2 + q_3 + q_4) < q_5$，且工地面积小于 50000 m² 时，则取 $Q = q_5$。

最后计算的总用水量，还应增加 10%，以补偿水管渗漏损失。

表 16-14　施工用水定额

用水名称	单位	耗水量	用水名称	单位	耗水量
浇筑混凝土全部用水	/m³	1700～2400	抹灰工程全部用水	/m²	30
搅拌普通混凝土	/m³	250	砌耐火砖砌体（包括砂浆搅拌）	/m³	100～150
搅拌轻质混凝土	/m³	300～350	浇砖	/千块	200～250
混凝土自然养护	/m³	200～400	浇硅酸盐砌块	/m³	300～350
混凝土蒸汽养护	/m³	500～700	抹灰（不包括调制砂浆）	/m²	4～6
模板浇水湿润	/m²	10～15	楼地面抹砂浆	/m²	190
搅拌机清洗	/台班	600	搅拌砂浆	/m³	300
人工冲洗石子	/m³	1000	石灰消化	/t	3000
机械冲洗石子	/m³	600	原土地坪、路基	/m²	0.2～0.3
洗砂	/m³	1000	上水管道工程	/m	98
砌筑工程全部用水	/m³	150～250	下水管道工程	/m	1130
砌石工程全部用水	/m³	50～80	工业管道工程	/m	35

表 16-15　用水不均衡系数

符　号	用水类型	不均衡系数
K_1	施工工程用水 生产企业用水	1.5 1.25
K_2	施工机械、运输机械用水	2.0
K_3	施工现场生活用水	1.3～1.5
K_4	生活区生活用水	2.0～2.5

表 16-16　生活用水定额

序　号	用水对象	单　位	耗　水　量
1	生活用水（盥洗、饮用）	L/（人·日）	25～30
2	食堂	L/（人·日）	15～20
3	浴室（淋浴）	L/（人·次）	50
4	洗衣	L/（人·日）	30～35
5	理发室	L/（人·次）	15
6	医院	L/（病床·日）	100～150

表 16-17　消防用水量

序号	用水部位	用水硬目	按火灾同时发生次数计	耗水流量/（L/s）
1	居住区	5000 人以内	一次	10
		10000 人以内	二次	10～15
		25000 人以内	二次	15～20
2	施工现场	25 hm² 以内	二次	10～15
		每增加 25 hm² 递增		5

2．选择水源

工地临时供水的水源有供水管道和天然水源两种。应尽可能利用现有永久性供水设施或现场附近已有供水管道。若无供水管道或其供水域难以满足使用要求，则考虑使用江、河、水库、泉水、井水等天然水源。选择水源时应注意下列因素：

（1）水量充足可靠；

（2）生活饮用水、生产用水的水质应符合要求；

（3）尽量与农业、水利综合利用；

（4）取水、输水、净水设施要安全、可靠、经济；

（5）施工、运转、管理和维护方便。

3．确定供水系统

在没有市政管网供水的情况下，需设置临时供水系统。临时供水系统由取水设施、贮水构筑物（水塔及蓄水池）、输水管和配水管线综合而成。

（1）确定取水设施。取水设施一般由进水装置、进水管和水泵组成。取水口距河底（或井底）一般不小于 0.5 m。给水工程所用水泵有离心泵、潜水泵等，所选用的水泵应具有足够的抽水能力和扬程。

（2）确定贮水构筑物。贮水构筑物一般包括水池、水塔或水箱。在临时供水时，如水泵房不能连续抽水，则需设置贮水构筑物。其容量由每小时消防用水决定，但不得少于 10 m³。贮水构筑物（水塔）高度应按供水范围、供水对象位置及水塔本身的位置来确定。

（3）确定供水管径。在计算出工地的总需水量后，可按下式计算供水管径。

$$D = [4000Q/(\pi \cdot v)]^{1/2} \qquad (16.10)$$

式中:D——供水管内径(mm);

$\quad Q$——用水量(L/s);

$\quad v$——管网中水的流速(m/s),见表 16-18。

(4)选择管材。临时给水管道材料应根据管道尺寸和压力进行选择,一般干管为钢管或铸铁管,支管为钢管。

表 16-18　临时水管经济流速

项次	管径/mm	流速/(m/s)	
		正常时间	消防时间
1	支管 $D<100$	2	—
2	生产消防管 $D=100\sim300$	1.3	>3.0
3	生产消防管道 $D>300$	$1.5\sim1.7$	2.5
4	生产用水管道 $D>300$	$1.5\sim2.5$	3.0

16.5.6　工地供电组织

工地临时供电组织包括计算用电总量、选择电源、确定变压器、确定导线截面面积、布置配电线路和配电箱。

1. 工地总用电量计算

施工现场用电量大体上可分为动力用电和照明用电两类。在计算用电量时,应考虑全工地使用的电力机械设备、工具和照明的用电功率;施工总进度计划中,施工高峰期同时用电数量;各种电力机械的情况,总用电量可按下式计算。

$$P = (1.05 \sim 1.1)\left[K_1\left(\sum P_1/\cos\phi\right) + K_2\sum P_2 + K_3\sum P_3 + K_4\sum P_4\right] \quad (16.11)$$

式中:P——供电设备总需要容量(kV·A);

$\quad P_1$——电动机额定功率(kW);

$\quad P_2$——电焊机额定容量(kV·A);

$\quad P_3$——室内照明容量(kW);

$\quad P_4$——室外照明容量(kW);

$\quad \cos\phi$——电动机的平均功率因数(施工现场最高为 $0.75\sim0.78$,一般为 $0.65\sim0.75$);

$\quad K_1$、K_2、K_3、K_4——需要系数,见表 16-19。

表 16-19　需要系数 K 值

用电名称	数　量	需要系数	
		K	数值
电动机	$3\sim10$ 台	K_1	0.7
	$11\sim30$ 台		0.6
	30 台以上		0.6
加工厂动力设备			0.5

用 电 名 称	数 量	需 要 系 数	
		K	数值
电焊机	3~10 台 10 台以上	K_2	0.6 0.5
室内照明		K_3	0.8
室外照明		K_4	1.0

如施工中需用电热,应将其用电量计入总量。单班施工时,最大用电负荷量以动力用电量为准,不考虑照明用电。

各种机械设备以及室外照明用电参考有关定额。

2. 选择电源

选择临时供电电源,通常有如下几种方案。

(1) 完全由工地附近的电力系统供电,即在全面开工之前将永久性供电外线工程完成,设置临时变电站。

(2) 先将工程项目的永久性变配电室建成,直接为施工供应电能。

(3) 工地附近的电力系统能供应一部分,工地需增设临时电站以补充不足。

(4) 利用附近的高压电网,申请临时加设配电变压器。

(5) 工地处于新开发地区,还没有电力系统时,完全由自备临时电站供给。

在制定方案时,应根据工程实际情况,经过分析比较后确定。

3. 确定变压器的功率

现场所需变压器的功率可由下式计算。

$$P = K(\sum P_{max}/\cos\phi) \tag{16.12}$$

式中:P——变压器输出功率(kV·A);

K——功率损失系数,取 1.05;

P_{max}——各施工区最大计算负荷(kW);

$\cos\phi$——功率因数。

根据计算所得容量,选用足够功率的变压器。

4. 确定配电导线截面面积

配电导线要正常工作,必须具有足够的机械强度、能够耐受电流通过所产生的温升,且电压损失在允许范围内。因此,选择配电导线有以下三种方法。

(1) 按机械强度确定。导线必须具有足够的机械强度,以防止因受拉或机械损伤而折断。在不同敷设方式下,按机械强度要求的导线最小截面可参考有关资料。

(2) 按允许电流选择。导线必须能承受负荷电流长时间通过所引起的温升。

①三相五线制线路中的电流可按下式计算。

$$I = P/(\sqrt{3}V\cos\phi) \tag{16.13}$$

②二线制线路中的电流可按下式计算。

$$I = P/(V\cos\phi) \tag{16.14}$$

式中:I——电流(A);

$\quad P$——功率(W);

$\quad V$——电压(V);

$\quad \cos\phi$——功率因数,临时电网取 0.7~0.75。

考虑导线的允许温升,各类导线在不同的敷设条件下具有不同的持续允许电流值,在选择导线时,电流值不能超过该值。

(3) 按允许电压降确定。为了将导线引起的电压降控制在一定限度内,配电导线的截面面积可用下式确定。

$$S = (\sum P \times L)/C\varepsilon \qquad (16.15)$$

式中:S——导线横断面面积(mm^2);

$\quad P$——负荷电功率或线路输送的电功率(kW);

$\quad L$——送电电路的距离(m);

$\quad C$——系数,视导线材料、送电电压及配电方式而定,如铜线 380 V 时取 77,220 V 时取 12.8;

$\quad \varepsilon$——允许的相对电压降(即线路的电压损失),一般为 2.5%~5%。

选择导线截面时应同时满足上述三项要求,即以求得的三个截面面积中最大者为准,从导线的产品目录中选用线芯,通常先根据负荷电流选择导线截面,然后再以机械强度和允许电压降进行复核。

16.6 施工总平面布置

施工总平面图是拟建项目施工场地的总布置图。它按照施工方案和施工进度的要求,对施工现场的道路交通、材料仓库、附属企业、临时房屋、临时水电管线等作出合理的规划布置,从而正确处理全工地施工期间所需各项设施和永久建筑以及拟建工程之间的空间关系。

16.6.1 设计的内容

1. 永久性设施的布置

永久性设施的布置包括整个建设项目既有建筑物和构筑物、其他设施及拟建工程的位置和尺寸。

2. 临时性设施的布置

为全工地施工服务的既有和拟建临时性设施的布置内容如下。

(1) 场地临时围墙,施工用的各种道路。

(2) 加工厂、制备站及主要机械的位置。

(3) 各种材料、半成品、构配件的仓库和主要堆场。

(4) 行政管理用房,宿舍、食堂、文化生活福利等用房。

(5) 水源、电源、动力设施,临时给水排水管线,供电线路及设施。

(6) 机械站、车库位置。

(7) 一切安全、消防设施。

3. 其他

其他包括永久性测量放线标桩的位置,必要的图例、方向标志、比例尺等。

16.6.2 设计的依据

（1）各种设计资料，包括建筑总平面图、地形地貌图、区域规划图、建设项目范围内有关的一切已有和拟建的各种设施位置。

（2）建设地区的自然条件和技术经济条件。

（3）建设项目的建设概况、施工方案、施工进度计划，以便了解各施工阶段情况，合理规划施工场地。

（4）各种建筑材料、构件、加工品、施工机械和运输工具需要量一览表，以便规划工地内部的储放场地和运输线路。

（5）各构件加工厂规模、仓库及其他临时设施的数量和外轮廓尺寸。

16.6.3 设计的原则

（1）尽量减少施工用地，少占农田，使平面布置紧凑合理。

（2）合理组织运输，减少运输费用，保证运输方便通畅。

（3）施工区域划分和场地的确定应符合施工流程要求，尽量减少专业工种和各工程之间的干扰。

（4）充分利用各种永久性建筑物、构筑物和原有设施为施工服务，降低临时设施的费用。

（5）各种生产生活设施应便于工人的生产和生活。

（6）满足安全防火和劳动保护的要求。

16.6.4 设计的步骤与要求

1. 绘出整个施工场地范围及基本条件

其内容包括场地的围墙和既有的建筑物、道路、构筑物以及其他设施的位置和尺寸。

2. 布置临时设施及堆场

（1）场外交通的引入。

在设计施工总平面图时，必须从确定大宗材料、构件和生产工艺设备运入施工现场的运输方式开始。当大宗施工物资由铁路运来时，首先解决如何引入铁路专用线问题；当大宗施工物资由公路运来时，由于公路布置较灵活，一般先将仓库、材料堆场等布置在最经济合理的地方，再布置通向场外的公路线；当大宗施工物资由水路运来时，必须解决如何利用原有码头和是否增设码头，以及大型仓库和加工厂与码头关系的问题。一般施工场地都有永久性道路与之相邻，但应确定起点和进场位置，考虑转弯半径和坡度限制，使之有利于场地施工。

（2）仓库与材料堆场的布置。

仓库与材料堆场设置在运输方便、位置适中、运距较短并且安全、防火的地方，并以不同材料、设备和运输方式加以区分。

（3）加工厂布置。

各种加工厂布置应以方便使用、安全防火、运输费用最少、不影响建筑安装工程正常施工为原则。一般应将加工厂集中布置在工地边缘，且与相应的仓库或材料堆场靠近。

①混凝土搅拌站。当现浇混凝土量大时，宜在工地设置集中搅拌站；当运输条件较差时，以分散搅拌为宜。

②预制加工厂。一般设置在建设单位的空闲地带上，例如材料堆场专用线转弯的扇形地带或场外邻近处。

③钢筋加工厂。当需进行大量的机械加工时，宜设置中心加工厂，其位置应靠近预制构件加工厂；对于小型构件和简单钢筋的加工，可靠近使用地点布置钢筋加工棚。

④木材加工厂。一般原木、锯材堆场布置在铁路、公路或水路沿线附近，木材加工厂也应设置在这些地段附近；锯木、成材、细木加工和成品堆放，应按工艺流程布置，并应设置在施工区的下风向边缘。

⑤金属结构、电焊和机修等厂房。它们生产上联系密切，应尽可能布置在一起。

（4）布置内部运输道路。

①根据各加工厂、仓库和各施工对象的相对位置，研究货物流程图，区分主要道路和次要道路，进行道路的规划。

②尽可能利用原有或拟建的永久性道路。

③合理安排施工道路与场内地下管网的施工顺序，保证场内运输道路时刻畅通。

④科学确定场内运输道路宽度，合理选择运输道路的路面结构。场区临时干线和施工机械行驶路线，最好采用碎石级配路面，以利修补。主要干道应按环形布置采用双车道，宽度不小于 6 m，次要道路宜采用单车道，宽度不小于 3.5 m，并设置回车场。

（5）行政与生活临时设施的布置。

全工地性行政管理用房宜设在工地入口处，以便对外联系，也可设在工地中间，便于全工地管理。工人用的福利设施应设置在工人较集中的地方或工人必经之处，应使生活区与施工区隔离。食堂可布置在工地内部或工地与生活区之间。

（6）临时水电管网的布置。

当有可以利用的水源、电源时，可将其先接入工地，再沿主要干道布置干管、主线，然后与各用户接通。临时总变电站应设置在高压电引入处，不应放在工地中心；临时水池应放在地势较高处。

上述各设计步骤是互相联系、互相制约的，在进行平面布置时应综合考虑、反复修正。

16.6.5　施工总平面图的绘制要求

施工总平面图的比例一般为 1：1000 或 1：2000，绘制时应使用规定的图例或以文字标明。在进行各项布置后，经综合分析比较和调整修改，形成施工总平面图，并作必要的文字说明，标上图例、比例、指北针等。完成的施工总平面图要比例正确，图例规范，字迹端正，线条粗细分明，图面整洁美观。

许多大型建设项目的建设工期很长，随着工程的进展，施工现场的面貌及需求将不断改变。因此，应按不同施工阶段分别绘制施工总平面图。

16.7　目标管理计划及技术经济指标

16.7.1　目标管理计划

目标管理计划主要阐述质量、进度、成本、安全、环保等各项目标的要求，建立保证体系，制定所需采取的主要措施。

1. 质量管理计划

建立施工质量管理体系，必须按照施工部署中确定的施工质量目标要求，以及国家质量评定与验收标准、施工规范和规程有关要求,找出影响工程质量的关键部位或环节,设置施工质量控制点,制定施工质量保证措施(组织、技术、经济、合同等方面的措施)。

2. 进度保证计划

根据合同工期及工期总体控制计划,分析影响工期的主要因素,建立控制体系,制定保证工期的措施。

3. 施工总成本计划

根据建设项目的计划成本总指标,制定节约费用、控制成本的措施。

4. 安全管理计划

确定安全组织机构,明确安全管理人员的职责和权限,建立健全安全管理规章制度(含安全检查、评价和奖励),制定安全技术措施。

5. 文明施工及环境保护管理计划

确定建设项目施工总环保目标和独立交工系统施工环保目标,确定环保组织机构和环保管理人员,明确施工环保事项内容和措施。例如,防烟尘和防噪声,防爆破危害、打桩震害,地下既有管线或文物保护,卫生防疫和绿化工作,现场及周边交通环境保护等。

16.7.2 技术经济指标

为了考核施工组织总设计的编制质量以及将产生的效果,应计算下列技术经济指标。

1. 施工工期

施工工期是指建设项目从施工准备到竣工投产使用的持续时间,应计算的相关指标如下。

(1)施工准备期:从施工准备开始到主要项目开工为止的全部时间。

(2)部分投产期:从主要项目开工到第一批项目投产使用的全部时间。

(3)单位工程工期:指建设项目中各单位工程从开工到竣工的全部时间。

2. 劳动生产率

(1)全员劳动生产率[元/(人·年)]。

(2)单位用工(工日/m^2,按竣工面积计算)。

(3)劳动力不均衡系数。

$$劳动力不均衡系数 = \frac{施工期日高峰人数}{施工期日平均人数} \tag{16.16}$$

3. 工程质量

工程质量是指合同要求的质量等级和施工组织设计预期达到的质量等级。

4. 降低成本

(1)降低成本额。

$$降低成本额 = 承包成本额 - 计划成本 \tag{16.17}$$

(2)降低成本率。

$$降低成本率 = (降低成本额 / 承包成本额) \times 100\% \tag{16.18}$$

5. 安全指标

安全指标以发生的安全事故频率控制数表示。

6. 机械指标

(1)机械化程度。

$$机械化程度 = \frac{机械化施工完成的工作量}{总工作量} \times 100\% \tag{16.19}$$

（2）施工机械完好率。

$$机械完好率 = \frac{机械完好台班数}{机械进场总台数} \times 100\% \qquad (16.20)$$

（3）施工机械利用率。

$$机械利用率 = \frac{机械作业台日数}{机械进场总台日数} \times 100\% \qquad (16.21)$$

7. 预制化施工水平

$$预制化施工水平 = \frac{在工厂及现场预制的工作量}{总工作量} \times 100\% \qquad (16.22)$$

8. 临时工程

（1）临时工程投资比例。

$$临时工程投资比例 = \frac{全部临时工程投资}{建安工程总量} \qquad (16.23)$$

（2）临时工程费用比例。

$$临时工程费用比例 = \frac{临时工程投资 - 回收费 + 租用费}{建安工程总量} \qquad (16.24)$$

9. 节约成效

分别计算节约钢材、木材、水泥三大材的百分比,记录节水、节电情况。

16.8　装配式施工组织设计工程案例

某高层住宅楼装配式施工组织设计文件详见二维码。

某高层住宅
楼装配式施
工组织设计

知识归纳

1. 施工组织总设计是以整个建设项目为对象,根据初步设计或扩大初步设计图纸以及其他有关资料和现场施工条件编制,用以指导整个工地各项施工准备和施工活动的技术经济文件。施工组织总设计的内容主要包括工程概况和特点分析;施工部署和施工方案;施工总进度计划;各项资源需用量计划;全场性暂设工程;施工总平面图;技术经济指标。

2. 施工部署与施工方案是对整个建设项目的统筹规划和全面安排,主要解决影响建设项目全局的重大战略问题。施工部署主要内容包括项目组织体系、施工区域(或任务)的划分与组织安排、施工控制目标、项目展开程序及空间组织、主要施工准备等。

3. 施工总进度计划是施工现场各项施工活动在时间上的体现。编制施工总进度计划的基本步骤是:划分项目并计算工程量;确定各单位工程的施工期限;确定各单位工程的开竣工时间和相互搭接关系;编制初步施工总进度计划;编制正式施工总进度计划。

4. 资源配置计划的编制需依据施工部署和施工总进度计划,重点确定劳动力及材料、构配件、加工品、施工机具等主要物资的需要量和时间,以便组织供应,保证施工总进度计划的实现,同时也为场地布置及临时设施的规划准备提供依据。

独立思考

16.1　试述施工组织总设计的内容。

16.2 施工组织总设计中,施工部署、总进度计划、总平面图三者的编制顺序如何?

16.3 试述在确定项目展开程序时应优先安排哪些项目,以确保按期交付使用?

16.4 施工部署的内容有哪些?

16.5 在确定各项目展开程序时,一般应遵循的原则有哪些?

16.6 施工组织总设计中,应确定哪些项目的施工方法?

参 考 文 献

［1］ 麻江涛.岩土工程中的深基坑支护施工探析——以某大厦深基坑支护工程为例［J］.房地产世界,2022,373(17):152-154.

［2］ 张弛.软土地区超大深基坑开挖中的地下水控制技术及工程案例［J］.工程与建设,2021,35(6):1238-1239,1244.

［3］ 康明斌.浅析厦门某市政道路综合管廊工程基坑回填施工工艺［J］.绿色环保建材,2021,175(9):85-86.

［4］ 穆静波.土木工程施工(含移动端助学视频)［M］.北京:机械工业出版社,2018.

［5］ 重庆大学,同济大学,哈尔滨工业大学.土木工程施工［M］.3版.北京:中国建筑工业出版社,2016.

［6］ 韩俊强,袁自峰.土木工程施工技术［M］.武汉:武汉大学出版社,2017.

［7］ 张谊,刘云.土木工程施工［M］.成都:西南交通大学出版社,2016.

［8］ 张建为,朱敏捷.土木工程施工［M］.北京:机械工业出版社,2017.

［9］ 陆赐麟.预应力钢结构学科的新成就及其在我国的工程实践［J］.土木工程学报,1999,32(3):3-10.

［10］ 朱龙.预应力钢结构［C］//全国金属制品信息网第23届年会暨2013金属制品行业技术信息交流会,2013:36-44.